计算机科学丛书

原书第4版

Python程序设计基础

[美] 托尼·加迪斯（Tony Gaddis） 著

苏小红 叶麟 袁永峰 译

Starting Out with Python
Fourth Edition

机械工业出版社
China Machine Press

图书在版编目（CIP）数据

Python 程序设计基础（原书第 4 版）/（美）托尼·加迪斯（Tony Gaddis）著；苏小红，叶麟，袁永峰译 . —北京：机械工业出版社，2018.11（2020.8 重印）

（计算机科学丛书）

书名原文：Starting Out with Python, Fourth Edition

ISBN 978-7-111-61174-5

I. P… II. ①托… ②苏… ③叶… ④袁… III. 软件工具 – 程序设计 – 教材 IV. TP311.561

中国版本图书馆 CIP 数据核字（2018）第 235235 号

本书版权登记号：图字　01-2017-7503

Authorized translation from the English language edition, entitled *Starting Out with Python, Fourth Edition*, ISBN 978-0-13-444432-1 by Tony Gaddis, published by Pearson Education, Inc., Copyright © 2018, 2015, 2012, 2009 Pearson Education, Inc.

All rights reserved. No part of this book may be reproduced or transmitted in any form or by any means, electronic or mechanical, including photocopying, recording or by any information storage retrieval system, without permission from Pearson Education, Inc.

Chinese simplified language edition published by China Machine Press, Copyright © 2019.

本书中文简体字版由 Pearson Education（培生教育出版集团）授权机械工业出版社在中华人民共和国境内（不包括香港、澳门特别行政区及台湾地区）独家出版发行。未经出版者书面许可，不得以任何方式抄袭、复制或节录本书中的任何部分。

本书封底贴有 Pearson Education（培生教育出版集团）激光防伪标签，无标签者不得销售。

本书使用 Python 语言讲授编程概念和解决问题的方法。通过示例、伪代码、流程图和其他工具，读者可以学习如何设计程序的逻辑，并使用 Python 实现这些程序。本书中的程序包括突出特定编程主题的简短示例，以及更深入解决问题的程序。

本书面向编程零基础的初学者，清晰、友好、易于理解，是非常理想的编程入门课程教材，也适合作为以 Python 为语言的编程逻辑与设计课程教材。

出版发行：机械工业出版社（北京市西城区百万庄大街 22 号　邮政编码：100037）

责任编辑：姚　蕾　　　　　　　　　　　　责任校对：殷　虹

印　　刷：北京市荣盛彩色印刷有限公司　　版　　次：2020 年 8 月第 1 版第 3 次印刷

开　　本：185mm×260mm　1/16　　　　　印　　张：33

书　　号：ISBN 978-7-111-61174-5　　　　定　　价：99.00 元

凡购本书，如有缺页、倒页、脱页，由本社发行部调换

客服热线：（010）88378991　88361066　　投稿热线：（010）88379604

购书热线：（010）68326294　88379649　68995259　　读者信箱：hzjsj@hzbook.com

版权所有·侵权必究

封底无防伪标均为盗版

本书法律顾问：北京大成律师事务所　韩光 / 邹晓东

出版者的话

Starting Out with Python, Fourth Edition

文艺复兴以来，源远流长的科学精神和逐步形成的学术规范，使西方国家在自然科学的各个领域取得了垄断性的优势；也正是这样的优势，使美国在信息技术发展的六十多年间名家辈出、独领风骚。在商业化的进程中，美国的产业界与教育界越来越紧密地结合，计算机学科中的许多泰山北斗同时身处科研和教学的最前线，由此而产生的经典科学著作，不仅擘划了研究的范畴，还揭示了学术的源变，既遵循学术规范，又自有学者个性，其价值并不会因年月的流逝而减退。

近年，在全球信息化大潮的推动下，我国的计算机产业发展迅猛，对专业人才的需求日益迫切。这对计算机教育界和出版界都既是机遇，也是挑战；而专业教材的建设在教育战略上显得举足轻重。在我国信息技术发展时间较短的现状下，美国等发达国家在其计算机科学发展的几十年间积淀和发展的经典教材仍有许多值得借鉴之处。因此，引进一批国外优秀计算机教材将对我国计算机教育事业的发展起到积极的推动作用，也是与世界接轨、建设真正的世界一流大学的必由之路。

机械工业出版社华章公司较早意识到"出版要为教育服务"。自1998年开始，我们就将工作重点放在了遴选、移译国外优秀教材上。经过多年的不懈努力，我们与Pearson，McGraw-Hill，Elsevier，MIT，John Wiley & Sons，Cengage等世界著名出版公司建立了良好的合作关系，从他们现有的数百种教材中甄选出Andrew S. Tanenbaum，Bjarne Stroustrup，Brain W. Kernighan，Dennis Ritchie，Jim Gray，Afred V. Aho，John E. Hopcroft，Jeffrey D. Ullman，Abraham Silberschatz，William Stallings，Donald E. Knuth，John L. Hennessy，Larry L. Peterson等大师名家的一批经典作品，以"计算机科学丛书"为总称出版，供读者学习、研究及珍藏。大理石纹理的封面，也正体现了这套丛书的品位和格调。

"计算机科学丛书"的出版工作得到了国内外学者的鼎力相助，国内的专家不仅提供了中肯的选题指导，还不辞劳苦地担任了翻译和审校的工作；而原书的作者也相当关注其作品在中国的传播，有的还专门为其书的中译本作序。迄今，"计算机科学丛书"已经出版了近两百个品种，这些书籍在读者中树立了良好的口碑，并被许多高校采用为正式教材和参考书籍。其影印版"经典原版书库"作为姊妹篇也被越来越多实施双语教学的学校所采用。

权威的作者、经典的教材、一流的译者、严格的审校、精细的编辑，这些因素使我们的图书有了质量的保证。随着计算机科学与技术专业学科建设的不断完善和教材改革的逐渐深化，教育界对国外计算机教材的需求和应用都将步入一个新的阶段，我们的目标是尽善尽美，而反馈的意见正是我们达到这一终极目标的重要帮助。华章公司欢迎老师和读者对我们的工作提出建议或给予指正，我们的联系方法如下：

华章网站：www.hzbook.com
电子邮件：hzjsj@hzbook.com
联系电话：（010）88379604
联系地址：北京市西城区百万庄南街1号
邮政编码：100037

译者序
Starting Out with Python, Fourth Edition

相比于计算机硬件，程序设计语言一直是计算机舞台上最为活跃、最为耀眼的明星。据不完全统计，目前已经诞生了超过2000种程序设计语言，可谓百花齐放。然而，大浪淘沙，一部分程序设计语言如泥牛入海般地悄无踪影。而Java、C、C++和Python却依然傲视群雄。程序设计语言之间此消彼长的纷争局面也恰恰反映了语言并无高低贵贱，无须非我即他。而本书的主角——Python程序设计语言正是"天下武功唯快不破"的集大成者。Python的"快"体现在：①起手快，与C语言"九层之台起于累土"的厚重相比，Python语言的易学易用可以让编程新手有"信手拈来""立竿见影"的轻快；②开发快，Python语言强大的社区支持和数以万计的第三方库，可以让编程任务有"他山之石""左右逢源"的畅快；③覆盖快，Python语言是TensorFlow、paddlepaddle等最新人工智能框架的首选，可以让编程达人有"凭高望远""敢为人先"的痛快。

本书的译者曾在哈尔滨工业大学计算机学院主讲"高级语言程序设计（Python）"课程，在授课过程中深切地感受到一本合适的教材对学生的重要性。和选择编程语言一样，适合的就是最好的。一本好的教材不仅关注知识的传授，还可以激发学生浓厚的学习兴趣，这也是程序设计语言强调实践的关键所在。虽然关于Python程序语言的书籍在市面上已有不少，但大多面向具有一定编程基础的读者，不是专门为初次接触Python语言的读者而精心定制的。作为教科书，本书面向零基础编程的读者，对Python语言进行了深入浅出而细致的讲解，更难能可贵的是，本书为初学者量身定制了大量的编程习题和实践问题，可以让读者感同身受地体会Python之美和程序设计之美。

本书由苏小红、袁永峰和叶麟三位主译，他们都是活跃在程序设计语言课程教学实践中的一线老师。机械工业出版社华章公司编辑张梦玲在本书的整个翻译过程中提供了许多帮助，在此予以衷心感谢。

译文虽经多次修改和校对，但由于译者的水平有限，加之时间仓促，疏漏及缺点、错误在所难免，我们真诚地希望读者不吝赐教，不胜感激。

译　者
2018年10月于哈尔滨工业大学

前言

Starting Out with Python, Fourth Edition

本书面向编程零基础的初学者,使用 Python 语言来讲授编程概念和解决问题的方法。通过易于理解的示例、伪代码、流程图和其他工具,学生可以学习如何设计程序的逻辑,然后使用 Python 实现这些程序。本书是非常理想的编程入门课程的教材,也适合作为以 Python 为语言的编程逻辑与设计课程的教材。

本书的特点是清晰、友好、易于理解的描述。此外,它有着丰富而简明实用的示例程序,包括突出特定编程主题的简短示例,以及更深入解决问题的程序。每章提供一个或多个案例研究,对具体问题进行逐步分析,并向学生展示如何解决它。

先控制结构,然后类

Python 是一种完全面向对象的编程语言,但是读者不必在开始编程时就去理解面向对象的概念。本教材首先向读者介绍数据存储、输入和输出、控制结构、函数、序列和列表、文件 I/O 以及从标准类库中创建的对象的基本原理。然后,介绍如何编写类,探索继承和多态性以及学习编写递归函数。最后,介绍如何开发简单的事件驱动的 GUI 应用程序。

第 4 版的变化

本书清晰的写作风格和以前版本一样。然而,也做出了许多补充和改进,总结如下:

- 在第 2 章到第 5 章中增加了 Python 龟(Turtle)图形库的新节。机器龟图形库是 Python 的标准部分,以有趣的方式向从来没有编写过代码的学生介绍编程概念。这个库允许学生通过编写 Python 语句在画布上移动游标来绘制图形。
  新的机器龟图形库章节设计灵活,可以作为选学内容纳入现有的教学大纲,或者完全跳过。
- 第 2 章增加了关于命名常量的新节(2.9 节)。虽然 Python 不支持真正的常量,但可以创建变量名,这些名称象征着在程序执行时不应更改。本节教授学生避免使用"幻数",并创建符号名,使其代码更加自文档化和易于维护。
- 第 7 章增加了使用 matplotlib 包从列表中绘制图表的新节(7.10 节)。新节介绍了如何安装 matplotlib 包,并使用它绘制折线图、条形图和饼图。
- 第 13 章增加了在 GUI 应用程序中使用 Canvas 控件绘制图形的新节(13.9 节)。新节介绍了如何使用 Canvas 控件绘制直线、矩形、椭圆、弧、多边形和文本。
- 增加了一些新的、更具挑战性的编程问题。
- 附录 E 是一个讨论各种形式 import 语句的新附录。
- 附录 F 是一个讨论如何使用 pip 实用程序安装第三方模块的新附录。

各章概览

第 1 章:计算机与编程

本章首先对计算机的工作方式、数据的存储和操作方式以及使用高级语言编写程序的原因进行非常具体和易于理解的解释。本章中还介绍了 Python、交互模式、脚本模式和 IDLE 环境。

第 2 章：输入、处理与输出

本章介绍程序的开发周期、变量、数据类型和使用顺序结构编写的简单程序。学生可以学习如何编写简单的程序：从键盘读取输入、执行数学运算并输出到屏幕上。作为设计程序的工具，本章也对伪码和流程图进行了介绍。本章最后介绍了机器龟图形库。

第 3 章：选择结构与布尔逻辑

本章介绍关系运算符和布尔表达式，并展示如何使用选择结构控制程序流程，涉及 if、if-else 和 if-elif-else 语句，还讨论了嵌套选择结构和逻辑运算符。本章最后讨论了如何使用选择结构测试机器龟的状态。

第 4 章：循环结构

本章展示如何使用 while 循环和 for 循环创建循环结构，讨论了计数器、累加器和标记，以及验证输入的循环技术。本章最后介绍如何使用循环和机器龟图形库进行绘图设计。

第 5 章：函数

本章首先介绍如何编写和调用 void 函数，展示了使用函数对程序进行模块化的好处，并讨论了自顶向下的设计方法。然后，介绍如何将参数传递给函数，讨论了常见的库函数，如生成随机数的函数。在学习如何调用库函数并使用其返回值之后，讲解如何定义和调用自己的函数。接下来介绍如何使用模块来组织函数。本章最后讨论了如何使用函数模块化机器龟图形库代码。

第 6 章：文件和异常

本章介绍顺序文件的输入和输出，学习如何读取和写入大量数据，并将数据存储为字段和记录。本章最后讨论异常并演示如何编写异常处理的代码。

第 7 章：列表和元组

本章介绍 Python 中序列的概念，并探讨两个常见 Python 序列的使用：列表和元组。学生学习使用列表进行类似数组的操作，例如在列表中存储对象、遍历列表、搜索列表中的元素以及计算列表中元素的总和和平均值。本章讨论了切片和许多列表方法，涉及一维和二维列表。本章还包括对 matplotlib 包的讨论，以及如何使用它从列表中绘制图表。

第 8 章：深入字符串

本章介绍如何更加细致地处理字符串，讨论遍历字符串中各个字符的字符串切片和算法，并介绍用于字符和文本处理的内置函数和字符串方法。

第 9 章：字典和集合

本章介绍字典和集合数据结构，学习将数据存储为字典中的键值对、检索值、更改现有值、添加新键值对以及删除键值对。学生学习如何将值存储为集合中的唯一元素，并执行常见的集合操作，例如并集、交集、差集和对称差集。本章最后对对象序列化进行了讨论，并介绍了 Python pickle 模块。

第 10 章：类与面向对象编程

本章比较面向过程和面向对象的编程实践，涵盖了类和对象的基本概念，并讨论了属性、方法、封装和数据隐藏、__init__ 函数（类似于构造函数）、访问器、赋值器，学习如何使用 UML 对类进行建模，以及如何在特定问题中查找类。

第 11 章：继承

本章继续学习继承和多态，所涉及的主题包括超类、子类、__init__ 函数在继承、方法覆盖和多态中的工作方式。

第 12 章：递归

本章讨论递归及其在问题求解中的应用，给出了递归调用的可视化跟踪和递归应用，展示了许多任务的递归算法，例如查找因子，求最大公约数，对列表中的一系列值求和，并给出了经典汉诺塔的例子。

第 13 章：GUI 编程

本章讨论使用 Python 的 tkinter 模块设计 GUI 应用程序的基本方法，包括标签、按钮、输入字段、单选按钮、复选框和对话框等基本控件。学生还可以学习 GUI 应用程序中的工作方式以及如何编写回调函数来处理事件。本章包括对 Canvas 控件的讨论，以及如何使用它来绘制直线、矩形、椭圆、弧、多边形和文本。

附录 A：Python 安装

本附录解释如何下载和安装 Python 3 解释器。

附录 B：IDLE 简介

本附录概述 Python 附带的 IDLE 集成开发环境。

附录 C：ASCII 码表

作为参考，本附录列出 ASCII 字符集。

附录 D：预定义颜色

本附录列出可与机器龟图形库、matplotlib 和 tkinter 一起使用的预定义颜色名称。

附录 E：import 语句详解

本附录讨论使用 import 语句的各种方法。例如，可以使用 import 语句导入模块、类、函数或为模块分配别名。

附录 F：使用 pip 工具安装模块

本附录讨论如何使用 pip 实用工具从 Python 包索引或 PyPI 安装第三方模块。

附录 G：检查点参考答案

本附录给出了正文中出现的检查点问题的答案。

本书的组织

本教材以循序渐进的方式讲授编程。每一章都包含了一组主题，并随着学生的进展来逐步积累知识。虽然可以很容易地按照章节现在的顺序进行讲授，但可以有一定的灵活性，以按照希望的顺序进行教学安排。图 P-1 显示了章节之间的依赖关系。箭头指明讲授某章节之前必须覆盖的章节。

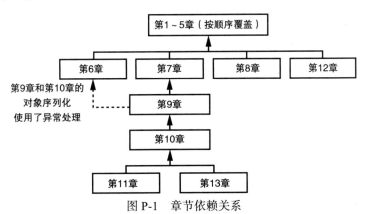

图 P-1 章节依赖关系

本书的特点

	概念	每个主要节从概念开始，概括了本节的要点。
	示例程序	每章都有大量完整和部分的示例程序，旨在突出当前主题。
	聚光灯	每章都有一个或多个聚光灯案例研究，提供详细的、循序渐进的问题分析，并告诉学生如何解决它们。
	注	贯穿全书，对有趣的或经常被误解的上下文相关的主题进行简短的解释。
	提示	提供解决不同编程问题的最佳技术。
	警告	提醒学生注意可能导致程序出现故障或数据丢失的编程技术或实践。
	检查点	贯穿全书，在学习新主题后快速检查学生的掌握情况。
	复习题	位于每章末，包括多项选择题、判断题、算法工作室、简答题和编程题。

补充材料⊖

学生在线资源

以下资源可在 www.pearsonhighered.com/cs-resources 上找到：

- 每个示例程序的源代码
- 本书的配套视频注释

教师资源

- 所有复习题的答案
- PPT
- 测试库

致谢

感谢下列评审人员的专业建议：

Sonya Dennis
Morehouse College

Diane Innes
Sandhills Community College

John Kinuthia
Nazareth College of Rochester

Frank Liu
Sam Houston State University

Haris Ribic
SUNY at Binghamton

Anita Sutton
Germanna Community College

Christopher Urban
SUNY Institute of Technology

Nanette Veilleux
Simmons College

Brent Wilson
George Fox University

⊖ 关于本书教辅资源，只有使用本书作为教材的教师才可以申请，需要的教师请联系机械工业出版社华章公司，电话 13601156823，邮箱 wangguang@hzbook.com。——编辑注

以前版本的审稿人:

Paul Amer
University of Delaware

James Atlas
University of Delaware

James Carrier
Guilford Technical Community College

John Cavazos
University of Delaware

Desmond K. H. Chun
Chabot Community College

Barbara Goldner
North Seattle Community College

Paul Gruhn
Manchester Community College

Bob Husson
Craven Community College

Diane Innes
Sandhills Community College

Daniel Jinguji
North Seattle Community College

Gary Marrer
Glendale Community College

Keith Mehl
Chabot College

Shyamal Mitra
University of Texas at Austin

Vince Offenback
North Seattle Community College

Smiljana Petrovic
Iona College

Raymond Pettit
Abilene Christian University

Janet Renwick
University of Arkansas–Fort Smith

Ken Robol
Beaufort Community College

Eric Shaffer
University of Illinois at Urbana-Champaign

Tom Stokke
University of North Dakota

Ann Ford Tyson
Florida State University

Karen Ughetta
Virginia Western Community College

Linda F. Wilson
Texas Lutheran University

还要感谢家人和朋友对我所有项目的支持。感谢 Matt Goldstein 编辑和 Kristy Alaura 助理编辑的指导和鼓励,感谢营销经理 Demetrius Hall 的辛勤工作,感谢 Sandra Rodriguez 领导的生产团队。谢谢大家!

目 录
Starting Out with Python, Fourth Edition

出版者的话
译者序
前言

第1章 计算机与编程 1
- 1.1 简介 1
- 1.2 硬件和软件 2
  - 1.2.1 硬件 2
  - 1.2.2 软件 4
- 1.3 计算机如何存储数据 5
  - 1.3.1 存储数字 6
  - 1.3.2 存储字符 7
  - 1.3.3 高级数字存储 8
  - 1.3.4 其他类型的数据 8
- 1.4 程序如何工作 9
  - 1.4.1 从机器语言到汇编语言 11
  - 1.4.2 高级语言 11
  - 1.4.3 关键字、操作符和语法概述 12
  - 1.4.4 编译器和解释器 13
- 1.5 使用Python 14
  - 1.5.1 安装Python 14
  - 1.5.2 Python解释器 14
  - 1.5.3 交互模式 15
  - 1.5.4 在脚本模式下编写和运行Python程序 16
  - 1.5.5 IDLE编程环境 16
- 复习题 17

第2章 输入、处理与输出 20
- 2.1 设计一个程序 20
  - 2.1.1 程序开发周期 20
  - 2.1.2 设计过程中的更多技术细节 21
  - 2.1.3 理解程序将要完成的任务 21
  - 2.1.4 决定为完成任务所需采取的步骤 21
  - 2.1.5 伪码 22
  - 2.1.6 流程图 22
- 2.2 输入、处理与输出 23
- 2.3 用print函数显示输出 24
- 2.4 注释 26
- 2.5 变量 27
  - 2.5.1 用赋值语句创建变量 27
  - 2.5.2 变量命名规则 29
  - 2.5.3 用print函数显示多项内容 30
  - 2.5.4 变量再赋值 30
  - 2.5.5 数值数据类型和数值文本 31
  - 2.5.6 用数据类型str来存储字符串 32
- 2.6 从键盘读取输入 34
- 2.7 执行计算 37
  - 2.7.1 浮点数除法与整数除法 39
  - 2.7.2 运算符的优先级 39
  - 2.7.3 用圆括号将运算分组 40
  - 2.7.4 指数运算符 42
  - 2.7.5 求余运算符 42
  - 2.7.6 将数学公式转换成程序语句 43
  - 2.7.7 混合数据类型的表达式与数据类型转换 45
  - 2.7.8 长语句拆分 46
- 2.8 关于数据输出的更多介绍 47
  - 2.8.1 抑制print函数的换行功能 47
  - 2.8.2 指定一个输出项分隔符 47
  - 2.8.3 转义字符 48
  - 2.8.4 用运算符+来显示多个输出项 49
  - 2.8.5 数据格式化 49
  - 2.8.6 科学记数法形式的格式化 50
  - 2.8.7 插入逗号分隔符 51
  - 2.8.8 指定最小域宽 51
  - 2.8.9 格式化浮点数为百分数形式 52

2.8.10	格式化整数	52
2.9	有名常量	53
2.10	机器龟图形库简介	54
	2.10.1 使用机器龟来画线	55
	2.10.2 机器龟的转向	55
	2.10.3 将机器龟的朝向设置为特定的角度	57
	2.10.4 获取机器龟的当前朝向	57
	2.10.5 画笔的抬起和放下	57
	2.10.6 绘制圆和点	58
	2.10.7 修改画笔的宽度	59
	2.10.8 改变画笔的颜色	59
	2.10.9 修改背景的颜色	59
	2.10.10 重新设置屏幕	59
	2.10.11 指定图形窗口的大小	59
	2.10.12 移动机器龟到指定的位置	60
	2.10.13 获取机器龟的当前位置	60
	2.10.14 控制机器龟的动画速度	61
	2.10.15 隐藏机器龟	61
	2.10.16 在图形窗口中显示文本	61
	2.10.17 图形填充	62
	2.10.18 用命令 turtle.done() 来保持图形窗口的开放状态	63
复习题		70

第 3 章 选择结构与布尔逻辑 76

3.1	if 语句	76
	3.1.1 布尔表达式与关系运算符	77
	3.1.2 综合应用	79
3.2	if-else 语句	82
3.3	字符串比较	84
3.4	嵌套的选择结构与 if-elif-else 语句	88
	3.4.1 测试一组条件	91
	3.4.2 if-elif-else 语句	93
3.5	逻辑运算符	94
	3.5.1 运算符 and	95
	3.5.2 运算符 or	95
	3.5.3 短路定值	96
	3.5.4 运算符 not	96
	3.5.5 再次分析判定贷款资格的程序	96
	3.5.6 另一个判定贷款资格的程序	97
	3.5.7 用逻辑运算符检查数据范围	98
3.6	布尔变量	99
3.7	机器龟图形库：判断机器龟的状态	100
	3.7.1 获取机器龟的位置	100
	3.7.2 获取机器龟的朝向	100
	3.7.3 检测画笔是否被放下	101
	3.7.4 判断机器龟是否可见	101
	3.7.5 获取当前颜色	101
	3.7.6 获取画笔的线宽	102
	3.7.7 获取机器龟的画线速度	102
复习题		107

第 4 章 循环结构 114

4.1	循环结构简介	114
4.2	while 循环：条件控制的循环	115
	4.2.1 while 循环是先测试的循环	117
	4.2.2 无限循环	119
4.3	for 循环：计数控制的循环	120
	4.3.1 在 for 循环中使用 range 函数	122
	4.3.2 在循环内部使用目标变量	123
	4.3.3 让用户控制循环迭代	126
	4.3.4 生成一个取值范围从高到低的迭代序列	127
4.4	计算累加和	128
4.5	标记	131
4.6	验证输入的循环	133
4.7	嵌套循环	137
4.8	机器龟图形库：用循环语句进行绘图设计	142
复习题		145

第 5 章 函数 150

5.1	函数简介	150
	5.1.1 使用函数模块化程序的好处	150
	5.1.2 void 函数和有返回值函数	151
5.2	定义和调用 void 函数	152

5.2.1　函数名 152
　　5.2.2　定义和调用函数 152
　　5.2.3　Python 的缩进 155
5.3　使用函数设计程序 156
　　5.3.1　使用函数流程图化程序 156
　　5.3.2　自顶向下的设计 157
　　5.3.3　层次图 157
　　5.3.4　暂停执行直到用户按 Enter 键 160
5.4　局部变量 160
5.5　向函数传递参数 162
　　5.5.1　参数变量的作用域 164
　　5.5.2　传递多个参数 165
　　5.5.3　改变参数 166
　　5.5.4　关键字参数 168
5.6　全局变量和全局常量 169
5.7　有返回值的函数简介：生成随机数 172
　　5.7.1　标准库函数和 import 语句 173
　　5.7.2　产生随机数 173
　　5.7.3　交互模式下的随机数实验 176
　　5.7.4　randrange、random 和 uniform 函数 179
　　5.7.5　随机数种子 179
5.8　自己编写有返回值的函数 181
　　5.8.1　充分利用 return 语句 182
　　5.8.2　如何使用有返回值的函数 182
　　5.8.3　使用 IPO 图 184
　　5.8.4　返回字符串 187
　　5.8.5　返回布尔值 188
　　5.8.6　返回多个值 189
5.9　math 模块 190
5.10　在模块中存储函数 192
5.11　机器龟图形库：使用函数模块化代码 195
复习题 200

第 6 章　文件和异常 208

6.1　文件输入和输出简介 208
　　6.1.1　文件类型 209
　　6.1.2　文件访问方法 210
　　6.1.3　文件名和文件对象 210
　　6.1.4　打开文件 211
　　6.1.5　指定文件的位置 211
　　6.1.6　将数据写入文件 212
　　6.1.7　从文件读取数据 213
　　6.1.8　将换行符连接到字符串 215
　　6.1.9　读取字符串并删除其中的换行符 216
　　6.1.10　将数据追加到已有文件 217
　　6.1.11　读写数值数据 218
6.2　使用循环处理文件 221
　　6.2.1　使用循环读取文件并检查文件的结尾 221
　　6.2.2　使用 Python 的 for 循环读取多行 223
6.3　处理记录 227
6.4　异常 237
　　6.4.1　处理多个异常 242
　　6.4.2　使用 except 语句捕获所有异常 243
　　6.4.3　显示异常的默认错误信息 244
　　6.4.4　else 语句 245
　　6.4.5　finally 语句 246
　　6.4.6　如果异常没有被处理怎么办 247
复习题 247

第 7 章　列表和元组 251

7.1　序列 251
7.2　列表简介 251
　　7.2.1　重复运算符 252
　　7.2.2　使用 for 循环在列表上迭代 253
　　7.2.3　索引 253
　　7.2.4　len 函数 254
　　7.2.5　列表是可变的 254
　　7.2.6　连接列表 256
7.3　列表切片 257
7.4　使用 in 操作符在列表中查找元素 259
7.5　列表方法和有用的内置函数 261
　　7.5.1　del 语句 265

	7.5.2 min 和 max 函数 ············ 265
7.6	复制列表 ······························ 266
7.7	处理列表 ······························ 267
	7.7.1 计算列表中的数值之和 ······ 269
	7.7.2 计算列表中数值的平均值 ··· 269
	7.7.3 将列表作为参数传递给函数 ··· 270
	7.7.4 从函数返回一个列表 ········ 271
	7.7.5 处理列表和文件 ················ 274
7.8	二维列表 ······························ 277
7.9	元组 ·································· 280
	7.9.1 重点是什么 ······················ 281
	7.9.2 列表和元组间的转换 ········ 282
7.10	使用 matplotlib 包画出列表 数据 ·································· 282
	7.10.1 导入 pyplot 模块 ············ 283
	7.10.2 绘制折线图 ···················· 283
	7.10.3 绘制条形图 ···················· 290
	7.10.4 绘制饼图 ······················ 293
复习题 ·· 296

第 8 章 深入字符串 ···················· 302

8.1	字符串的基本操作 ···················· 302
	8.1.1 访问字符串中的单个字符 ······ 302
	8.1.2 字符串连接 ······················ 305
	8.1.3 字符串是不可变的 ············ 306
8.2	字符串切片 ···························· 307
8.3	测试、搜索和操作字符串 ············ 311
	8.3.1 使用 in 和 not in 测试字符串 ··· 311
	8.3.2 字符串方法 ······················ 311
	8.3.3 重复操作符 ······················ 318
	8.3.4 分割字符串 ······················ 319
复习题 ·· 321

第 9 章 字典和集合 ···················· 326

9.1	字典 ···································· 326
	9.1.1 创建字典 ························ 326
	9.1.2 从字典中检索值 ················ 327
	9.1.3 使用 in 和 not 操作符测试字典 中的值 ································ 327
	9.1.4 向已有字典中添加元素 ······ 328

	9.1.5 删除元素 ························ 329
	9.1.6 获取字典中元素的数量 ······ 329
	9.1.7 字典中数据类型的混合 ······ 330
	9.1.8 创建空字典 ······················ 331
	9.1.9 使用 for 循环遍历字典 ······ 331
	9.1.10 常用字典方法 ·················· 332
9.2	集合 ···································· 344
	9.2.1 创建集合 ························ 345
	9.2.2 获取集合中元素的数量 ······ 345
	9.2.3 添加和删除元素 ················ 346
	9.2.4 使用 for 循环在集合上迭代 ··· 347
	9.2.5 使用 in 和 not in 操作符判断 集合中的值 ························ 348
	9.2.6 求集合的并集 ···················· 348
	9.2.7 求集合的交集 ···················· 349
	9.2.8 求两个集合的差集 ············ 349
	9.2.9 求集合的对称差集 ············ 350
	9.2.10 求子集和超集 ·················· 350
9.3	序列化对象 ···························· 354
复习题 ·· 359

第 10 章 类与面向对象编程 ········ 365

10.1	面向过程和面向对象程序设计 ···· 365
	10.1.1 对象可重用性 ·················· 366
	10.1.2 一个常见的对象例子 ········ 366
10.2	类 ······································ 367
	10.2.1 类定义 ·························· 368
	10.2.2 隐藏属性 ························ 373
	10.2.3 在模块中存储类 ·············· 375
	10.2.4 BankAccount 类 ·············· 376
	10.2.5 __str__ 方法 ················ 379
10.3	使用实例 ······························ 381
	10.3.1 Accessor 和 Mutator 方法 ····· 385
	10.3.2 传递对象作为参数 ············ 388
10.4	设计类的技巧 ························ 400
	10.4.1 统一建模语言 ·················· 400
	10.4.2 使用类解决问题 ·············· 400
	10.4.3 确定一个类的任务 ············ 405
	10.4.4 这仅仅是开始 ·················· 408
复习题 ·· 408

第 11 章　继承 413

- 11.1 继承简介 413
  - 11.1.1 泛化和特殊化 413
  - 11.1.2 继承和 is a 关系 413
  - 11.1.3 UML 图中的继承 420
- 11.2 多态 424
- 复习题 430

第 12 章　递归 432

- 12.1 递归简介 432
- 12.2 递归求解问题 434
  - 12.2.1 使用递归计算阶乘 434
  - 12.2.2 直接递归和间接递归 436
- 12.3 递归算法示例 437
  - 12.3.1 递归求解列表中元素的和 437
  - 12.3.2 斐波那契数列 438
  - 12.3.3 求最大公约数 439
  - 12.3.4 汉诺塔 440
  - 12.3.5 递归与循环 443
- 复习题 443

第 13 章　GUI 编程 446

- 13.1 GUI 446
- 13.2 tkinter 模块 447
- 13.3 Label 控件 449
- 13.4 Frame 控件 451
- 13.5 Button 控件和信息对话框 453
- 13.6 使用 Entry 控件获得输入 456
- 13.7 使用标签显示输出 458
- 13.8 Radio 按钮和 Check 按钮 464
  - 13.8.1 Radio 按钮 464
  - 13.8.2 Radiobutton 的回调函数 466
  - 13.8.3 Check 按钮 466
- 13.9 使用 Canvas 组件绘制图形 468
  - 13.9.1 Canvas 组件的屏幕坐标系 469
  - 13.9.2 绘制直线：create_line 方法 470
  - 13.9.3 绘制矩形：create_rectangle 方法 472
  - 13.9.4 绘制椭圆：create_oval 方法 473
  - 13.9.5 绘制弧：create_arc 方法 475
  - 13.9.6 绘制多边形：create_polygon 方法 478
  - 13.9.7 绘制文本：create_text 方法 480
- 复习题 483

附录 A　Python 安装 488

附录 B　IDLE 简介 490

附录 C　ASCII 码表 494

附录 D　预定义颜色 495

附录 E　import 语句详解 499

附录 F　使用 pip 工具安装模块 501

附录 G　检查点参考答案 502

第 1 章
Starting Out with Python, Fourth Edition

计算机与编程

1.1 简介

生活中人们越来越多地使用电脑来解决实际问题。在学校，学生使用计算机完成学业，如撰写论文、搜索文章、发送电子邮件和参加在线课程。在工作中，人们使用计算机分析数据、制作演示文稿、进行电子交易、与客户和同事在线交流、控制机器设备制造以及执行其他许多事情。在家里，人们使用电脑来完成账单支付、在线购物、与朋友和家人通信以及玩游戏等。别忘了，手机、平板电脑、智能手机、汽车导航系统以及其他许多设备也都是计算机。计算机已经覆盖我们日常生活的方方面面。

计算机之所以可以做很多事情，是因为它们可以被编程。这意味着计算机不仅仅可完成一项工作，而是可完成程序告诉它们做的任何工作。程序是计算机完成某种任务时执行的一组指令。例如，图 1-1 显示了 Microsoft Word 和 PowerPoint 这两个常用程序的屏幕截图。

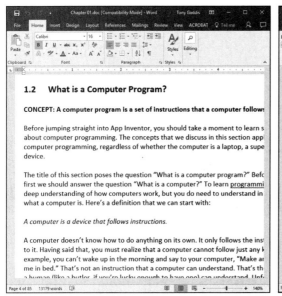 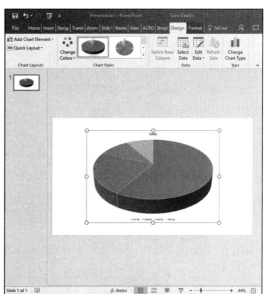

图 1-1　Microsoft Word 和 PowerPoint 应用程序

程序通常被称为软件。软件对计算机至关重要，因为它控制着计算机的一切。计算机的所有软件都是由程序员或软件开发人员创建的。所谓程序员或软件开发人员是指经过培训的具备设计、开发和测试计算机程序技能的人员。计算机程序设计是一个令人兴奋和值得从事的职业。你会发现程序员可以在商业、医药、政府、执法、农业、学术、娱乐等诸多领域择业。

本书以 Python 语言介绍了计算机编程的基本概念。对于初学者来说，Python 语言是一个不错的选择，因为它易于学习并且可以快速上手编写程序。Python 也是一种强大的语言，深受专业软件开发人员的欢迎。据报道，谷歌、美国国家航空航天局、YouTube、游戏公司、纽约证券交易所和其他许多公司都在使用 Python。

在开始学习编程之前，你需要了解关于计算机及其工作原理的一些基本知识。这将为后续学习计算机科学奠定坚实的基础。本章中，首先，将讨论组成计算机的硬件。其次，将学习计算机如何存储数据并执行程序。最后，将简要介绍编写 Python 程序的编辑软件。

1.2 硬件和软件

概念：构成计算机的物理设备称为计算机硬件。在计算机上运行的程序称为软件。

1.2.1 硬件

术语硬件是指构成计算机的所有物理设备或组件。计算机不是一个单一的设备，而是一组能够协同工作的设备。就像组成交响乐团的不同乐器一样，电脑中的每个设备都有其自身的部分。

如果你曾购买过电脑，你可能会看到导购单上列出了微处理器、内存、磁盘驱动器、视频显示器、图形卡等硬件。除非你已经掌握了很多有关计算机的知识，或者至少有一位朋友了解这些知识，否则了解这些不同的硬件将会是一个挑战。如图 1-2 所示，典型的计算机系统包含以下主要硬件：

- 中央处理器（CPU）
- 内存
- 辅助存储设备
- 输入设备
- 输出设备

下面我们详细了解这些硬件。

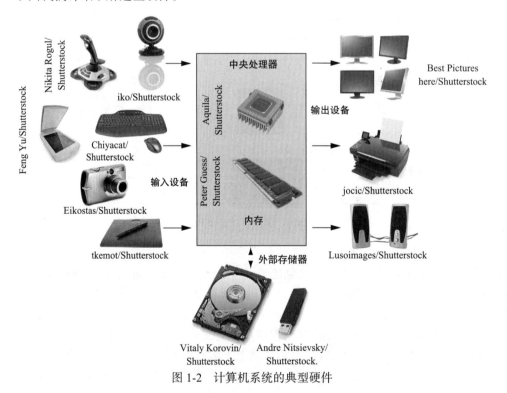

图 1-2　计算机系统的典型硬件

1. CPU

当计算机执行程序给它预先设定的任务时，称为计算机正在运行或正在执行程序。实际运行程序的计算机部分是中央处理器（CPU）。CPU 是计算机中最重要的硬件，因为如果没有它，计算机将无法运行软件。

在最早的计算机中，CPU 是由真空管和开关等电气和机械部件组成的巨大设备。图 1-3 显示了这样的设备。照片中的两名女性正在使用历史悠久的 ENIAC 计算机。ENIAC 被许多人认为是世界上第一台可编程电子计算机。它建于 1945 年，用于计算美国陆军的炮弹弹道表。这台机器就是一个高 8 英尺⊖，长 100 英尺，重达 30 吨的大型 CPU。

图 1-3　ENIAC 计算机（由美国陆军历史计算机图像提供）

如今，CPU 是被称为微处理器的小芯片。图 1-4 显示了持有现代微处理器的实验室技术人员的照片。除了比早期计算机上的旧机电 CPU 体积小得多，微处理器还更加强大。

图 1-4　实验室技术人员展示现代化的微处理器

2. 内存

内存是计算机的一种工作部件。这是计算机在程序运行时存储程序代码以及程序正在处

⊖　1 英尺 = 0.3048 米。——编辑注

理数据的地方。例如，你正在使用文字处理程序为某个课程写一篇文章。这时，文字处理程序和文章都存储在内存中。

内存通常被称为随机存取存储器（Random Access Memory，RAM）。CPU 能够快速访问存储在 RAM 中任意位置的数据。RAM 通常是一种易失性内存，仅在程序运行时用于临时存储。计算机关闭时，RAM 的内容将被删除。RAM 存储在芯片中，如图 1-5 所示。

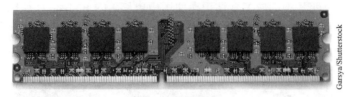

图 1-5　内存芯片

3. 辅助存储设备

辅助存储（简称辅存）是一种可以长时间保存数据的存储器，即使计算机未接电源也是如此。程序通常存储在辅存中，并根据需要加载到内存中。重要的数据（如 Word 文档、工资数据和库存记录）也会保存到辅存中。

最常见的辅存设备是磁盘驱动器（简称硬盘）。传统的硬盘将数据通过磁编码到旋转的圆盘上存储。将数据存储在固态存储器中的固态驱动器（也称固态硬盘）越来越流行。固态硬盘没有移动部件，运行速度比传统硬盘快。大多数计算机都有一些辅存设备，无论是传统的硬盘还是固态硬盘均安装在机箱内。连接到计算机通信端口之一的外接存储设备（也称移动硬盘）也可用于存储数据。移动硬盘主要用于创建重要数据的备份副本或将数据移动到另一台计算机。

除了移动硬盘外，还有许多类型的存储设备用于复制数据并将其移动到其他计算机。例如，USB 驱动器是插入计算机的 USB（通用串行总线）端口的小型设备。虽然 USB 驱动器作为磁盘驱动器出现在系统中，但这些驱动器实际上并不包含磁盘。它们将数据存储在称为闪存的特殊类型存储器中。USB 驱动器，也被称为记忆棒和闪存，价格低廉、可靠，并且可以放在口袋里便携。

诸如 CD（光盘）和 DVD（数字多功能光盘）之类的光学设备在数据存储中也很受欢迎。数据不是以磁性方式记录在光盘上，而是被编码为光盘表面上的一系列凹坑。CD 和 DVD 驱动器使用激光检测凹坑并读取编码数据。光盘容纳数据量大，而且由于可刻录的 CD 和 DVD 驱动器现在很常见，所以它们是创建数据备份副本的良好媒介。

4. 输入设备

输入是指计算机从人和其他设备收集的任何数据。收集数据并将其发送到计算机系统的部件称为输入设备。常见的输入设备是键盘、鼠标、扫描仪、麦克风和数码相机。磁盘驱动器和光盘驱动器也可以被视为输入设备，因为程序和数据从它们中获取并加载到计算机的内存中。

5. 输出设备

输出是指计算机为人或其他设备生成的数据。它可能是销售报告、项目列表或图形图像。数据被发送到输出设备并进行格式化和显示。常见的输出设备是视频显示器和打印机。磁盘驱动器和 CD 刻录机也可以被视为输出设备，因为计算机系统将数据发送给它们以便保存。

1.2.2　软件

从打开电源开关到关闭系统，计算机执行的所有操作都由软件控制。现有软件分为两大类：系统软件和应用软件。大多数计算机程序属于两者之一。下面分别介绍这两种软件。

1. 系统软件

控制和管理计算机基本操作的程序称为系统软件。系统软件通常包括以下类型的程序。

（1）操作系统

操作系统是计算机上最基本的一组程序。操作系统控制计算机硬件的内部运行、管理连接到计算机的所有设备、允许从存储设备中保存或读取数据、允许其他程序在计算机上运行。用于笔记本电脑和台式电脑的流行操作系统如 Windows、Mac OS 和 Linux。移动设备的流行操作系统如 Android 和 iOS。

（2）实用工具

实用工具执行专门的任务、辅助计算机的运行或保护数据。实用工具如病毒扫描程序、文件压缩程序和数据备份程序。

（3）软件开发工具

软件开发工具是编程人员用来创建、修改和测试软件的程序。汇编程序、编译程序和解释程序都属于此类程序的范畴。

2. 应用程序软件

使计算机处理日常工作的程序称为应用程序软件。通常人们花费大量时间在计算机上使用这些程序。图 1-1 显示了两个常用应用程序的运行示例：一个文字处理程序（Microsoft Word）和一个演示文档程序（PowerPoint）。其他应用软件还有如电子表格程序、电子邮件程序、网页浏览器和游戏程序等。

检查点

1.1 什么是程序？
1.2 什么是硬件？
1.3 列出计算机系统的五个主要部件。
1.4 计算机实际运行程序的是哪个部件？
1.5 计算机运行时，哪个部件可用来存储程序及其数据？
1.6 即使计算机没有电，哪个部件也可以长时间保存数据？
1.7 计算机的哪个部件从人和其他设备收集数据？
1.8 计算机的哪个部件为人或其他设备格式化并显示数据？
1.9 什么基本程序控制计算机硬件的内部运行？
1.10 执行专门任务的程序（如病毒扫描程序、文件压缩程序或数据备份程序）称为什么软件？
1.11 文字处理程序、电子表格程序、电子邮件程序、网页浏览器和游戏程序属于哪一类软件？

1.3 计算机如何存储数据

概念： 存储在计算机中的所有数据都被转换为 0 和 1 的序列。

计算机的内存被分成很小的存储单元，称为字节（byte）。1 字节的内存只够存储字母或小数字。为了做更多的事情，计算机必须有很多字节。今天的大多数计算机都有数百万甚至数十亿字节的内存单元。

每个字节被分成八个较小的存储位置，每一个存储位置称为位（bit）。术语位代表二进制数。计算机科学家通常把位看作可以开关的微小开关。但是，位并不是传统意义上的真正

"开关"。在大多数计算机系统中，位是可以保持正电荷或负电荷的微小电子元件。计算机科学家将正电荷视为开，将负电荷视为关。图1-6显示了计算机科学家把一个内存字节抽象为一组开关，每个开关都处于打开或关闭的位置。

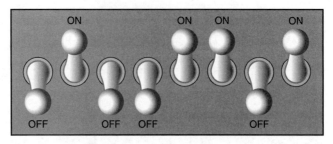

图1-6　将一个字节看作八个开关

当一段数据存储在一个字节中时，计算机用八位开/关模式来表示数据。例如，图1-7中左边的图案显示如何将数字77存储在字节中，右边的图案显示如何将字母A存储在字节中。下面将解释这些模式的含义。

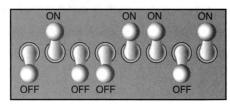
数字77在字节中的表示

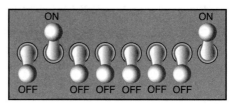
字母A在字节中的表示

图1-7　数字77和字母A的位表示

1.3.1　存储数字

位可以用来表示数字。在计算机系统中，根据该位是打开还是关闭，它可以表示两个不同值，例如关闭的位表示数字0，打开的位表示数字1，这完全对应于二进制编码系统。在二进制编码系统（简称二进制）中，所有的数值都可以用0和1组成的序列表示。下面是用二进制编码表示数字的例子：

10011101

在二进制数表示中每个数字的每个进位都有一个值。从最右边的数字开始向左移动，进位的值为2^0、2^1、2^2、2^3等（如图1-8所示）。图1-9显示了与计算的二进制进位相同的图表。从最右边的数字开始向左移动，对应的进位值为1、2、4、8等。

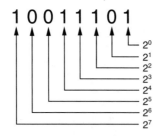

图1-8　二进制数字的值为2的幂

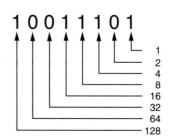

图1-9　二进制数的值

要确定二进制数的值,只需将所有值为 1 的进位值相加即可。例如,二进制数 10011101 中,1 的进位值是 1、4、8、16 和 128(如图 1-10 所示)。所有这些进位值的总和是 157。因此,二进制数 10011101 对应的十进制值是 157。

图 1-11 显示了数字 157 是如何存储在一个字节内存中的。每个 1 由一位的开表示,并且每个 0 由一位的关表示。

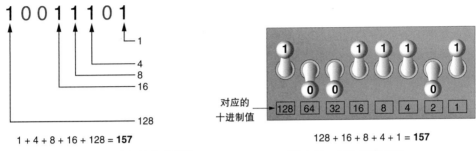

图 1-10　二进制数 10011101 对应的十进制值　　　图 1-11　157 的位表示

当一个字节中的所有进位都设置为 0(关闭)时,则该字节的值为 0。当一个字节中的所有进位都设置为 1(打开)时,该字节表示可以存储在其中的最大值。可以存储在一个字节中的最大值是 1 + 2 + 4 + 8 + 16 + 32 + 64 + 128 = 255。这个限制的存在是因为一个字节只有 8 位。

如果需要存储大于 255 的数字,该怎么办?答案很简单:使用多个字节存储。例如,假设将两个字节放在一起,这就是 16 位。这 16 位的进位值将是 2^0、2^1、2^2、2^3、…、2^{15}。如图 1-12 所示,可以存储在两个字节中的最大值为 65 535。如果需要存储比这更大的数字,则需要更多字节。

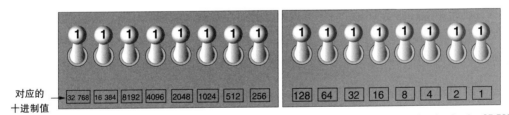

图 1-12　两个字节用于表示大数字

提示:如果你感到不知所措,请放松一下!编程时不必将数字转换为二进制,这个过程发生在计算机内部,从长远来看,这个知识对你成为一个更好的程序员很有帮助。

1.3.2　存储字符

存储在计算机内存中的任何数据都必须作为二进制数存储(包括如字母和标点符号这样的字符)。当一个字符被存储在内存中时,它首先被转换为一个数字编码,再把数字编码转换为二进制数存储在内存中。

多年来,已经开发出不同的编码方案来表示计算机内存中的字符。历史上,这些编码方案中最重要的是美国信息交换标准码(American Standard Code for Information Interchange,

ASCII）。ASCII 是一组 128 个的数字编码，用来表示英文字母、各种标点符号和其他字符。例如，大写字母 A 的 ASCII 代码是 65。当在计算机键盘上键入大写字母 A 时，数值 65 将存储在内存中（当然，这是一个二进制数）。如图 1-13 所示。

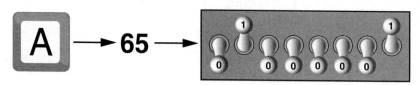

图 1-13　字母 A 存储在内存中的编号为 65

提示：首字母缩写词 ASCII 发音为"askee"。

同理，大写字母 B 的 ASCII 码是 66，大写字母 C 是 67，依此类推。附录 C 显示了所有的 ASCII 码及其代表的字符。

ASCII 字符集是在 20 世纪 60 年代初开发的，被大多数计算机制造商采用。然而，ASCII 是有限的，因为它只定义了 128 个字符的代码。为了解决这个问题，在 20 世纪 90 年代早期开发了 Unicode 字符集。Unicode 是一种广泛的编码方案，与 ASCII 兼容，但也可以表示世界上许多语言的字符。今天，Unicode 正迅速成为计算机行业中使用的标准字符集。

1.3.3　高级数字存储

之前学习了二进制数字以及它们是如何存储在内存中的。在阅读该部分时，你可能会想到二进制编码系统只能用于表示从 0 开始的整数。负数和实数（如 3.141 59）不能用本章介绍的简单二进制编码技术来表示。

计算机使用编码方案和二进制编号系统也能够将负数和实数存储在内存中。负数使用称为二进制补码的技术进行编码，实数用浮点符号进行编码。你不需要知道这些编码方案是如何工作的，只需要知道它们用于将负数和实数转换为二进制格式。

1.3.4　其他类型的数据

计算机通常被称为数字设备，所谓数字设备是可以与二进制数据一起工作的任何设备。以二进制形式存储的数据（数字化数据）可以用来描述任何的东西。在本节中，我们讨论了数字和字符是如何以二进制形式存储的，但计算机也可以处理许多其他类型的数据。

例如，使用数码相机拍摄的照片。这些图像由称为像素的小点组成（术语"像素"代表图片元素）。如图 1-14 所示，图像中的每个像素都被转换为代表像素颜色的数字编码。数字编码作为二进制数存储在内存中。

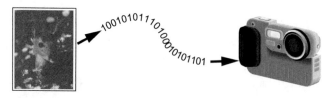

图 1-14　数字图像以二进制格式存储

在 CD 播放机、iPod 或 MP3 播放机上播放的音乐也是数字化的。一首数字歌曲被分成小块，称为样本。每个样本都被转换成一个二进制数，可以存储在内存中。歌曲分成的样本越多，播放时听起来就越像原始音乐。CD 质量歌曲每秒被分成 44 000 多个样本！

✅ 检查点

1.12 多少内存足以存储 ASCII 字母表或小数字？
1.13 一个微小的可以设置为开或关的"开关"，称为什么？
1.14 在什么编码系统中，所有的数值都写成 0 和 1 的序列？
1.15 ASCII 的用途是什么？
1.16 什么编码方案足以代表世界上许多语言的特征？
1.17 "数字化数据"和"数字设备"各是什么意思？

1.4 程序如何工作

概念：计算机的 CPU 只能理解以机器语言编写的指令。因为人们发现直接使用机器语言编写整个程序非常困难，所以发明了其他编程语言。

CPU 是计算机中最重要的硬件，它是计算机执行程序的部件。因此 CPU 被称为"计算机的大脑"，并被称为"智慧"。这些都是比喻，CPU 不是一个大脑，并且它不聪明。CPU 只是专门用于执行特定事情的电子设备。CPU 被设计用于执行如下操作：

- 从主存中读取数据
- 两个数相加
- 两个数相减
- 两个数相乘
- 两个数相除
- 存储单元内数据迁移
- 判断两个数是否相等

从 CPU 执行操作的列表中可以看到，CPU 只能对数据进行简单的操作。然而，CPU 本身并不会做任何事情，必须明确告诉它该做什么。这就是程序设计的目的，即程序是 CPU 执行操作的指令列表。

程序中的每条指令都是一条请求 CPU 执行特定操作的命令。下面是一个程序中的指令示例：

10110000

虽然看起来它只是一系列的 0 和 1，然而，对于一个 CPU 来说，这是一条执行操作的指令⊖。因为 CPU 只理解用机器语言编写的指令，机器语言指令总是二进制的。

一条机器语言指令代表 CPU 能够执行的一种操作，例如，相加的指令、相减的指令等。CPU 可以执行的整套操作被称为 CPU 的指令集。

 注：目前比较知名的微处理器公司是 Intel（英特尔）、AMD 和 Motorola（摩托罗拉）。一般电脑上都会有一个显示所使用微处理器品牌的图标。

每个品牌的微处理器都有自己独特的指令集，不同品牌的微处理器指令集一般不能通用。例如，英特尔微处理器的指令不能被摩托罗拉微处理器执行。

⊖ 这是英特尔微处理器的实际指令。它告诉微处理器将值读入 CPU。

前面的机器语言指令仅是一个指令的示例。然而，计算机执行任何有价值的任务都需要很多指令。因为 CPU 只知道如何执行非常基本的操作，所以完成一项任务需要 CPU 执行许多操作才行。例如，如果计算机计算从储蓄账户中获得的利息金额，则 CPU 必须按照正确的顺序执行大量指令。因此一个程序包含数千乃至数百万条机器语言指令是很平常的。

程序通常存储在辅存（如硬盘）中。在计算机上安装程序时，程序会被从 CD-ROM 复制或者从网站下载到计算机的硬盘中。

程序存储在辅存（如硬盘）中，每次 CPU 执行时都必须将其复制到内存中。例如，假设硬盘上有一个文字处理程序。要执行该程序，使用鼠标双击该程序的图标。这会使程序从磁盘复制到内存中。然后，计算机的 CPU 执行内存中程序的副本。这个过程如图 1-15 所示。

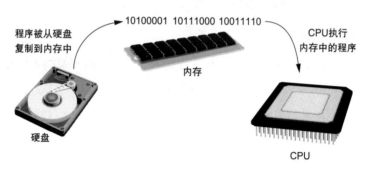

图 1-15　程序被复制到内存中后执行

当 CPU 执行一个程序中的指令时，进行一个读取 – 解析 – 执行的指令周期过程。对于程序中的每条指令，该周期由如下三个步骤组成：

1）**读取**。读取程序（即一个机器语言指令构成的长队列）。指令周期的第一步是将下一条待执行指令从内存中读取到 CPU 中。

2）**解析**。机器语言指令是一个二进制数，表示一个执行 CPU 操作的命令。CPU 解析刚刚从内存中取出的指令，以确认应该执行的操作。

3）**执行**。指令周期的最后一步是执行操作。

图 1-16 演示了以上三个步骤。

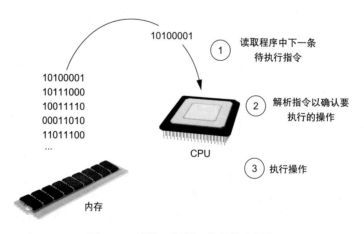

图 1-16　读取 – 解析 – 执行指令周期

1.4.1 从机器语言到汇编语言

如前所述,计算机只能执行用机器语言编写的程序。一个程序可能有数千甚至数百万的二进制指令,编写这样的程序将非常烦琐、耗时。用机器语言编程也很困难,因为将 0 或 1 放错位置会导致程序运行错误。

尽管计算机的 CPU 只能理解机器语言,但是使用机器语言来编写程序是不切实际的。出于这个原因,在早期程序设计中,创建汇编语言[⊖]来代替机器语言。汇编语言不使用二进制数来表示指令,而是使用称为助记符的缩写来表示指令。例如,在汇编语言中,助记符 add 表示数据相加,mul 表示数据相乘,mov 将值移动到内存中指定的位置。当程序员使用汇编语言编写程序时,可以借助助记符编写而不是二进制数。

 注:有许多不同版本的汇编语言。每个品牌的 CPU 都有自己的机器语言指令集,对应的每个品牌的 CPU 也都有自己的汇编语言。

然而 CPU 只理解机器语言,汇编语言程序不能由 CPU 执行。因此使用称为汇编程序(汇编器)的特殊程序将汇编语言程序翻译成机器语言程序。这个过程如图 1-17 所示。由汇编器创建的机器语言程序可以由 CPU 执行。

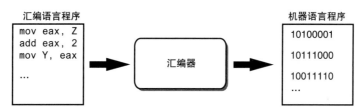

图 1-17 汇编器将汇编语言程序翻译为机器语言程序

1.4.2 高级语言

尽管使用汇编语言不需要编写二进制机器语言指令,但并不容易掌握和使用它。汇编语言主要是机器语言的直接替代品,与机器语言一样,它要求对 CPU 硬件结构和工作原理了解更多。最简单的程序也要编写大量汇编语言的指令。由于汇编语言在本质上与机器语言非常接近,因此它被称为低级语言。

20 世纪 50 年代,开始出现称为高级语言的新一代编程语言。高级语言允许编写功能强大且复杂的程序,而无须知道 CPU 如何工作,也无须编写大量的低级指令。另外,大多数高级语言使用易于理解的词语。例如,如果程序员正在使用 COBOL(这是 20 世纪 50 年代创建的早期高级语言之一),他会编写以下指令在计算机屏幕上显示消息 Hello World:

```
DISPLAY "Hello world"
```

在本书中使用的 Python 语言是一种现代高级编程语言。在 Python 中使用以下指令显示消息 Hello World:

```
print('Hello world')
```

用汇编语言做同样的事情需要几条指令,并且需要对 CPU 如何与计算机的输出设备交互有深度了解。从这个例子可以看出,高级语言允许程序员专注于他们想要用程序执行的任

⊖ 第一种汇编语言约在 20 世纪 40 年代由剑桥大学开发,与历史上的 EDSAC 计算机一起使用。

务，而不是 CPU 如何执行这些程序的细节。

自 20 世纪 50 年代以来，已经创建了数千种高级语言。表 1-1 列出了其中几种知名的语言。

表 1-1 程序设计语言

程序语言	说明
Ada	Ada 创建于 20 世纪 70 年代，主要是美国国防部的应用。该语言是以艾达伯爵夫人的名字命名的，她是计算机领域的一位有影响力的历史人物
BASIC	初学者通用符号指令代码（Beginners All-purpose Symbolic Instruction Code）是一种通用语言，是在 20 世纪 60 年代初设计的，对于初学者来说是足够简单的。今天，BASIC 有许多不同的版本
FORTRAN	FORmula TRANslator 是第一个高级编程语言。它是在 20 世纪 50 年代设计的，用于进行复杂的数学计算
COBOL	Common Business-Oriented Language 是在 20 世纪 50 年代创建的，它是为商业应用而设计的
Pascal	Pascal 创建于 1970，最初是为编程教学而设计的。这门语言是为了纪念数学家、物理学家和哲学家布莱士·帕斯卡而命名的
C、C++	C 和 C++（读作"c plus plus"）是贝尔实验室开发的功能强大的通用语言。C 语言是 1972 年创建的，C++ 语言是 1983 年创建的
C#	C#（读作 C Sharp），这种语言是由微软在 2000 年左右创建的，用于开发基于微软 .NET 平台的应用程序
Java	Java 是由 Sun Microsystems 在 20 世纪 90 年代早期创建的，它既可开发在单机 PC 上运行的程序，也可以开发运行于服务器上的网络程序
JavaScript	在 20 世纪 90 年代创建的 JavaScript 可以在网页中运行程序。尽管它的名字有 Java 字样，但是 JavaScript 与 Java 无关
Python	Python 是本书使用的语言，它是 90 年代初创建的通用语言，在商业和学术应用中已经很流行
Ruby	Ruby 是 20 世纪 90 年代创建的一种通用语言，它逐渐成为在 Web 服务器上运行的程序的流行语言
Visual Basic	Visual Basic（通常称为 VB），最初是在 20 世纪 90 年代初创建的。是一种微软基于 Windows 的编程语言和软件开发环境。允许程序员快速创建窗口应用程序

1.4.3 关键字、操作符和语法概述

每个高级语言都有自己的一组预定义词，程序员必须使用它们来编写程序。组成高级编程语言的词被称为关键字或保留字。每个关键字都有特定的含义，不能用于任何其他目的。表 1-2 显示了所有的 Python 关键字。

表 1-2 Python 语言的关键字

and	del	from	None	True
as	elif	global	nonlocal	try
assert	else	if	not	while
break	except	import	or	with
class	False	in	pass	yield
continue	finally	is	raise	
def	for	lambda	return	

除关键字外，编程语言还有对数据执行各种操作的操作符。例如，所有编程语言都有算

术运算符来执行算术运算。在 Python 以及其他大多数语言中，+ 符号是两个数相加的运算符。以下求 12 和 75 的和：

```
12 + 75
```

Python 语言中还有许多其他操作符，后续章节会陆续学习。

除了关键字和操作符之外，每种语言还有自己的语法，这是编写程序时必须严格遵循的一组规则。语法规则规定了程序中关键字、操作符和各种标点符号的使用方式。在学习编程语言时，必须学习其特定的语法规则。

高级编程语言中用于编写程序的单个指令称为语句。一个编程语句由关键字、操作符、特殊符号和其他编程元素组成，并按正确的顺序排列以执行操作。

1.4.4 编译器和解释器

因为 CPU 只能理解、执行机器语言指令，所以用高级语言编写的程序必须翻译成机器语言。根据程序使用的编程语言，程序员使用编译器或解释器将高级语言程序翻译成机器语言。

编译器是将高级语言程序转换为独立机器语言程序的程序。机器语言程序则可以随时执行。如图 1-18 所示编译和执行是两个过程。

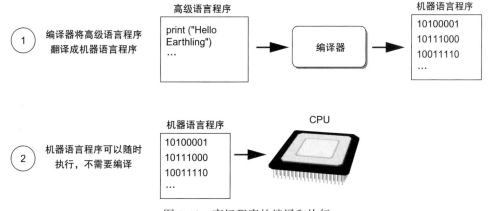

图 1-18　高级程序的编译和执行

Python 语言使用解释器，解释器是翻译并执行高级语言程序的特殊程序。解释器读取程序中的每条独立指令后，会将其转换为机器语言指令，然后立即执行它们。不断重复该过程执行程序中的每个指令。这个过程如图 1-19 所示。由于解释器将翻译和执行两个过程合并在一起完成，所以通常不会创建独立的机器语言程序。

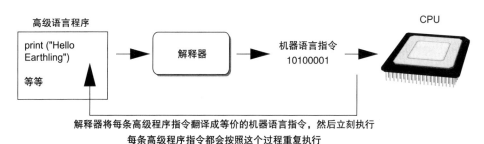

图 1-19　使用解释器执行高级程序

高级语言编写的语句称为源代码，或简称为代码。程序员通常将程序代码输入到文本编辑器中，然后保存到硬盘的文件中。再使用编译器将代码翻译成机器语言程序后执行，或者使用解释器来逐条翻译和执行代码。如果代码包含语法错误，则不能翻译。例如关键字拼写错误、缺少标点符号或错误使用操作符都是语法错误。发生这种情况时，编译器或解释器会提示一条错误消息，指出该程序包含语法错误。程序员修改错误，然后再次尝试翻译程序。

注：人类语言也有语法规则。例如英语课时学到的关于逗号和引号等符号用法、单词拼写规则和语言语法。

如果人们在讲话和写作时违反了母语的语法规则，其他人通常明白他们的意思。不幸的是，编译器和解释器没有这个能力。如果程序中出现简单语法错误，则不能编译或执行该程序。当解释器遇到语法错误时，它会停止执行程序。

检查点

1.18 CPU 只能理解用什么语言编写的指令？
1.19 程序在每次被 CPU 执行时必须被复制到什么类型的存储器中？
1.20 CPU 执行程序指令的过程是什么？
1.21 什么是汇编语言？
1.22 什么类型的编程语言允许在不知道 CPU 如何工作的情况下编写功能强大且复杂的程序？
1.23 每种语言都有一套在编写程序时必须严格遵守的规则，这套规则叫什么？
1.24 将高级语言程序翻译为独立的机器语言程序的程序叫什么？
1.25 翻译并执行高级语言程序中的指令的程序叫什么？
1.26 关键字拼写错误、缺少标点符号或错误使用操作符造成的是什么类型的错误？

1.5 使用 Python

概念：Python 解释器可以运行保存在文件中的 Python 程序或者交互式地执行键盘输入的 Python 语句。Python 带有一个名为 IDLE 的程序，它简化了编写、执行和测试程序的过程。

1.5.1 安装 Python

在你编写本书中示例程序或者你自己的任何程序之前，需要确保 Python 已安装在你的计算机上并且已正确配置。如果你使用自己的计算机，则可以按照附录 A 中的说明下载和安装 Python。

1.5.2 Python 解释器

Python 是一种解释型语言。当在计算机上安装 Python 语言时，安装的其中一项是 Python 解释器。Python 解释器是一个可以读取 Python 编程语句并执行它们的程序（有时把 Python 解释器简单地称为解释器）。

可以在两种模式下使用解释器：交互模式和脚本模式。在交互模式下，解释器等待在键盘上输入 Python 语句。一旦输入一条语句，解释器就会执行它，然后等待输入下一条语句。

在脚本模式下，解释器读取称为 Python 程序或 Python 脚本的所有语句，解释器读取 Python 程序中的每个语句并执行。

1.5.3 交互模式

在安装并配置了 Python 后，你就可以在操作系统的命令行下输入以下命令以交互模式启动解释器：

```
python
```

如果使用的是 Windows，则可以单击"开始"按钮，然后单击"所有程序"。你应该看到一个名为类似 Python 3.5 的程序。"3.5"是安装的 Python 版本，在编写本书时 Python 3.5 是最新版本。点击这个菜单项将以交互模式启动 Python 解释器。

　注：当 Python 解释器以交互模式运行时，通常称它为 *Python shell*。

当 Python 解释器以交互模式启动时，将在控制台窗口中看到如下所示的内容：

```
Python 3.5.1 (v3.5.1:37a07cee5969, Dec  6 2015, 01:38:48)
[MSC v.1900 32 bit (Intel)] on win32
Type "help", "copyright", "credits" or "license"
for more information.
>>>
```

>>> 是一个提示符，表明解释器正在等待输入 Python 语句。我们来试一下。在 Python 中执行的最简单的任务就是在屏幕上显示一条消息。例如，以下语句显示消息 "Python programming is fun!" 到屏幕上：

```
print('Python programming is fun!')
```

可以将其视为发送给 Python 解释器的命令。如果完全按照所示键入语句，则 "Python programming is fun!" 被打印在屏幕上。在解释器提示符下键入此语句：

```
>>> print('Python programming is fun!') Enter
```

输入语句后，按下 Enter 键，Python 解释器执行语句，如下所示：

```
>>> print('Python programming is fun!') Enter
Python programming is fun!
>>>
```

消息显示后，>>> 提示符再次出现，表明解释器正在等待输入下一条语句。再来看另一个例子。在下面的示例中，输入了两条语句：

```
>>> print('To be or not to be') Enter
To be or not to be
>>> print('That is the question.') Enter
That is the question.
>>>
```

如果以交互模式错误地键入语句，解释器将显示错误消息。当学习 Python 时交互模式十分有用。在学习 Python 语言的新内容时，可以在交互模式下尝试输入并从解释器获得即时反馈。

要在 Windows 计算机上以交互模式退出 Python 解释器，请按 Ctrl+Z，然后按 Enter。在 Mac、Linux 或 UNIX 计算机上，按 Ctrl+D。

注：在第 2 章中将讨论这些示例语句的细节。如果在交互模式下练习使用它们，请确保完全按照所示方式键入它们。

1.5.4 在脚本模式下编写和运行 Python 程序

虽然交互模式对调试代码很有用，但在交互模式下输入的语句不会另存为程序。它们被简单地执行并且将结果显示在屏幕上。如果想把一组 Python 语句保存为程序，可以将其保存在一个文件中。然后在脚本模式下使用 Python 解释器执行该程序。

例如，编写一个显示以下三行文本的 Python 程序：

```
Nudge nudge
Wink wink
Know what I mean?
```

要编写程序，可以使用简单的文本编辑器（如安装在所有 Windows 计算机上的记事本）来创建包含以下语句的文件：

```
print('Nudge nudge')
print('Wink wink')
print('Know what I mean?')
```

注：可以使用字处理器创建 Python 程序，但必须确保将程序另存为纯文本文件。否则 Python 解释器将无法读取其内容。

当保存 Python 程序时，给它一个以 .py 扩展名结尾的文件名，该扩展名标识其为一个 Python 程序。例如，可以保存之前三行代码到名为 test.py 的程序。要运行该程序需要在操作系统命令行中进入保存该文件的目录，然后输入以下命令：

```
python test.py
```

这将以脚本模式启动 Python 解释器，并使其执行文件 test.py 中的语句。当程序执行完成后，Python 解释器退出。

1.5.5 IDLE 编程环境

前面描述了如何在操作系统命令行中以交互模式或脚本模式启动 Python 解释器。还有另外一种方式编写、执行和测试 Python 程序，即使用集成开发环境（integrated development environment）。这是一个提供编写、执行和测试程序所需的所有工具的程序。

Python 的最新版本中包含一个名为 IDLE 集成开发环境的程序，它在安装 Python 语言时自动安装。当运行 IDLE 时，将出现如图 1-20 所示的窗口。>>> 提示符出现在 IDLE 窗口中，表明解释器以交互模式运行。在此提示符下输入 Python 语句，并在 IDLE 窗口中查看运行结果。

IDLE 还具有内置的文本编辑器，其中包含专门辅助编写 Python 程序的功能。例如，IDLE 包含编辑器 "colorizes"，关键字和程序的其他部分以其独特颜色显示。这易于阅读程序。在 IDLE 中可以编写程序，将它们保存到硬盘并执行。附录 B 提供了 IDLE 的简介，并指导你完成创建、保存和执行 Python 程序的过程。

注：尽管 IDLE 是 Python 安装时自带的开发环境，但还有其他几种 Python IDE 可用。你可以选择你更喜欢的一个 IDE 使用。

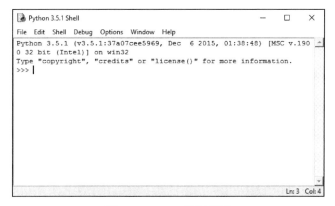

图 1-20　IDLE 运行界面

复习题

多项选择题

1. _____是计算机完成特定任务所执行的一组指令。
   a. 编译器　　　　　　b. 程序　　　　　　　c. 解释器　　　　　　d. 编程语言
2. 构成计算机的物理设备称为_____。
   a. 硬件　　　　　　　b. 软件　　　　　　　c. 操作系统　　　　　d. 工具
3. 在计算机中运行程序的部件称为_____。
   a. 随机存储器　　　　b. 辅存　　　　　　　c. 内存　　　　　　　d. CPU
4. 小芯片 CPU 被称为_____。
   a. ENIAC　　　　　　b. 微处理器　　　　　c. 内存芯片　　　　　d. 操作系统
5. 计算机在程序运行时临时存储程序以及程序处理数据的位置是_____。
   a. 辅存　　　　　　　b. CPU　　　　　　　 c. 内存　　　　　　　d. 微处理器
6. _____是一种易失性内存，仅在程序运行时用于临时存储。
   a. 内存　　　　　　　b. 辅存　　　　　　　c. 硬盘　　　　　　　d. USB 驱动器
7. 即使在计算机没有电的情况下，也可以长时间保存数据的存储类型是_____。
   a. RAM　　　　　　　b. 内存　　　　　　　c. 辅存　　　　　　　d. CPU 存储
8. 从人或其他设备收集数据并将其发送给计算机的部件被称为_____。
   a. 输出设备　　　　　b. 输入设备　　　　　c. 辅存设备　　　　　d. 内存
9. 视频显示器是一个_____设备。
   a. 输出　　　　　　　b. 输入　　　　　　　c. 辅存　　　　　　　d. 内存
10. _____有足够的内存来存储字母表或小数字。
    a. 字节　　　　　　　b. 位　　　　　　　　c. 开关　　　　　　　d. 晶体管
11. 一个字节由八个_____组成。
    a. CPU　　　　　　　b. 指令　　　　　　　c. 变量　　　　　　　d. 位
12. 在_____系统中，所有数值都被写为 0 和 1 的序列。
    a. 十六进制　　　　　b. 二进制　　　　　　c. 八进制　　　　　　d. 十进制
13. 关闭的位表示以下_____值。
    a. 1　　　　　　　　 b. −1　　　　　　　　c. 0　　　　　　　　 d. "no"
14. 包含英文字母、各种标点符号和其他字符的一组 128 个数字编码是_____。

a. 二进制编码　　　　b. ASCII　　　　　　c. Unicode　　　　　　d. ENIAC
15. _____是一个广泛的编码方案，可以代表世界上很多语言的字符。
　　a. 二进制编码　　　　b. ASCII　　　　　　c. Unicode　　　　　　d. ENIAC
16. 使用_____技术对负数进行编码。
　　a. 补码　　　　　　　b. 浮点　　　　　　　c. ASCII　　　　　　　d. Unicode
17. 使用_____技术编码实数。
　　a. 补码　　　　　　　b. 浮点　　　　　　　c. ASCII　　　　　　　d. Unicode
18. 数字图像组成的小色点被称为_____。
　　a. 位　　　　　　　　b. 字节　　　　　　　c. 彩色包　　　　　　d. 像素
19. 如果查看机器语言程序，你会看到_____。
　　a. Python 代码　　　　b. 一串二进制数　　　c. 英语单词　　　　　d. 电路
20. 在读取 – 解析 – 执行的指令周期中，_____过程 CPU 确定它应该执行哪个操作。
　　a. 读取　　　　　　　b. 解析　　　　　　　c. 执行　　　　　　　d. 在指令执行后立即执行
21. 计算机只能执行_____程序。
　　a. Java　　　　　　　b. 汇编语言　　　　　c. 机器语言　　　　　d. Python
22. 将汇编语言程序翻译成机器语言程序的是_____。
　　a. 汇编器　　　　　　b. 编译器　　　　　　c. 翻译器　　　　　　d. 解释器
23. 构成高级编程语言的词语被称为_____。
　　a. 二进制指令　　　　b. 助记符　　　　　　c. 命令　　　　　　　d. 关键字
24. 编写程序时必须遵守的规则被称为_____。
　　a. 语法　　　　　　　b. 标点符号　　　　　c. 关键字　　　　　　d. 操作符
25. _____将高级语言程序翻译成独立的机器语言程序。
　　a. 汇编器　　　　　　b. 编译器　　　　　　c. 翻译器　　　　　　d. 实用工具

判断题
1. 目前使用的 CPU 是由真空管和开关等电气和机械部件组成的巨大设备。
2. 主存储器（内存）也被称为 RAM。
3. 存储在计算机内存中的任何数据都必须作为二进制数存储。
4. 使用数码相机拍摄的图像不能存储为二进制数。
5. 机器语言是 CPU 理解的唯一语言。
6. 汇编语言被认为是一种高级语言。
7. 解释器是一个既翻译又执行高级语言程序中的指令的程序。
8. 语法错误不会阻止编译和执行程序。
9. Windows、Linux、Android、iOS 和 Mac OS 都是应用软件。
10. 文字处理程序、电子表格程序、电子邮件程序、网页浏览器和游戏都是应用软件。

简答题
1. 为什么 CPU 是电脑中最重要的部件？
2. 一个位开代表什么数字？一个位关代表什么数字？
3. 一个可以处理二进制数的设备被称为什么设备？
4. 构成高级编程语言的词语是什么？
5. 汇编语言中使用的缩写是什么？
6. 编译器和解释器有什么区别？

7. 什么类型的软件可以控制计算机硬件的内部运行？

编程题

1. 请在计算机上尝试以下步骤，学习 Python 解释器的使用：
- 以交互模式启动 Python 解释器。
- 在 >>> 提示符下键入以下语句，然后按 Enter 键：

  print('This is a test of the Python interpreter.') ⏎

- 按 Enter 键后，解释器将执行该语句。如果输入的内容正确，应得到如下所示结果：

  ```
  >>> print('This is a test of the Python interpreter.') ⏎
  This is a test of the Python interpreter.
  >>>
  ```

- 如果看到错误消息提示，再次输入语句，并确保完全按照所示键入。
- 退出 Python 解释器。（在 Windows 中，按 Ctrl+Z，然后按 Enter 键。在其他系统上按 Ctrl+D。）

2. 请在计算机上尝试以下步骤来学习与 IDLE 交互：
- 打开 IDLE。在 Windows 中，单击"开始"按钮，然后单击"所有程序"，在 Python 程序组里面点击 IDLE（Python GUI）。
- 当 IDLE 启动后，它显示与之前图 1-20 类似的窗口。在 >>> 提示符下键入以下语句，然后按 Enter 键：

  print('This is a test of IDLE.') ⏎

- 按 Enter 键后，Python 解释器将执行该语句。如果输入的内容正确，会显示如下结果：

  ```
  >>> print('This is a test of IDLE.') ⏎
  This is a test of IDLE.
  >>>
  ```

- 如看到错误消息提示，请再次输入语句并确保完全按照示例输入语句。
- 退出 IDLE。在 IDLE 窗口中单击"文件"，然后单击"退出"（或在键盘上按 Ctrl + Q）。

3. 根据二进制编码的知识将以下数转换为二进制：

   11
   65
   100
   255

4. 根据二进制编码的知识将下列二进制数转换为十进制数：

   1101
   1000
   101011

5. 查看附录 C 中的 ASCII 表并确定你的名字中每个字母的代码。

6. 使用 Internet 检索 Python 编程语言的历史，并回答以下问题：
- 谁是 Python 的创造者？Python 是什么时候创建的？
- 在 Python 编程社区中，创建 Python 的人通常被称为"BDFL"，这意味着什么？

第 2 章
Starting Out with Python, Fourth Edition

输入、处理与输出

2.1 设计一个程序

概念：在正式编写之前，要对程序进行精心的设计。在这个设计过程中，程序员需要使用诸如伪码或流程图这样的工具来建立程序的模型。

2.1.1 程序开发周期

通过学习第 1 章，你已经了解到程序员通常是利用像 Python 这样的高级语言来创建程序。在创建程序的过程中，除了编写代码外，还有很多工作要做。正确地创建一个程序的过程通常要经历如图 2-1 所示的五个阶段。这个完整的过程就是程序开发周期。

图 2-1 程序开发周期

让我们更详细地探究开发周期每个阶段的具体工作内容：

1）**设计程序**。任何一个职业的程序员都会告诉你：在正式编写代码前，要对程序进行精心的设计。在启动一个新项目时，程序员绝不会马上陷入细节，把开始编写代码作为第一步。他们会按部就班地从设计程序开始。设计程序的方法很多，在后续的章节中，我们将向你介绍一种可以用于设计 Python 程序的技术。

2）**编写代码**。程序设计好后，程序员就要采用诸如 Python 这样的高级语言来编写代码。第 1 章曾介绍过，每种语言在被用来编写程序时，都有它特有的、必须遵守的规则，即语法。一个语言的语法明确规定如何使用关键字、运算符以及标点符号等诸如此类的事项。若程序员违反了这些规定，将出现语法错误。

3）**修正语法错误**。若程序中存在语法错误或者像关键字拼写错误这样的简单失误，编译器或解释器都将显示一个出错信息来说明发生的错误是什么。几乎所有的首次编写的代码都会包含语法错误，所以程序员需要花费一定的时间来修正这些语法错误。在所有的语法错误和代码输入失误都修正后，程序就可以被编译并翻译成机器语言程序了（或者被解释器执行，这取决于所使用的语言）。

4）**测试程序**。一旦代码被转换成可执行的形式，就需要对它进行测试以判断是否存在逻辑错误。逻辑错误是指那些不妨碍程序运行，但却会导致程序运行结果不正确的错误。（数学错误是最常见的逻辑错误。）

5）**修正逻辑错误**。如果程序运行的结果不正确，程序员就要对代码进行调试排错（debug）。这就意味着，程序员需要定位并修正程序中的逻辑错误。在这个过程中，程序员可能会发现需要对程序的最初设计进行修改。这时，程序开发周期就要从头再来直到不再发现任何错误为止。

2.1.2 设计过程中的更多技术细节

程序设计过程是软件生命周期中最重要的一个环节。你可以把程序设计看作程序的基础。如果你是在一个很糟糕的建筑基础上盖一栋大楼，那么最后你将不得不为维修这栋大楼付出大量的人力和物力。程序设计也是这样，如果你的程序设计得很糟糕，那么最后你势必要为修改这个程序付出大量的人力和物力。

程序设计的过程可以概括为以下两步：
1）理解程序将要完成的任务。
2）决定为完成这个任务所需采取的步骤。

下面让我们更详细地探究上述每个步骤的具体工作内容。

2.1.3 理解程序将要完成的任务

在决定程序将执行哪些处理步骤前，你必须了解这个程序是用来干什么的，这是最根本的。通常，一个有经验的程序员是通过与客户直接交流来获得对程序的理解。这里，客户（customer）是指请求你编写程序的个人、团队或机构。传统意义上，客户一词可能被认为是给程序员支付报酬的人。这个人可能是你的老板，或者是你所在公司某个部门的经理。无论他是谁，客户都在等待你开发出来的程序去帮他完成一项重要的任务。

为了明白程序所承担的任务，程序员必须与客户进行面谈。在面谈过程中，客户先介绍程序将要完成的任务，然后程序员通过提问来了解尽可能多的任务细节。这样的交谈通常需要多次进行，因为客户很少能够在第一次面谈时就把他的需求介绍得很全面，而且程序员也往往会不断地想到新的问题。

程序员将仔细研究他从客户那里收集到的信息，然后得出不同的软件需求列表。一项软件需求就是为满足客户需求程序所应具有的一个单独的功能。在软件需求列表的完整性得到客户认可后，程序员就可以进入下一步骤了。

提示：若你有志成为一个职业的软件开发人员，你的客户就是在你的工作中任何一个要求你编写程序的人。但是若你是一名学生，则你的客户就是你的老师！在你上的每一堂程序设计课上，老师都会布置一些编程作业要你去完成。要想学业有成，你就必须理解在这些作业中老师的要求，然后编写相应的程序。

2.1.4 决定为完成任务所需采取的步骤

在了解程序所要完成的任务后，你就要着手将这个任务分解成一系列处理步骤。这与你把一个任务分解成其他人可以依照执行就可以得到正确结果的步骤是一样的。例如，假设有人问你如何去烧一壶开水，你会把这个任务分解成如下的处理步骤：
1）按要求，把一定量的水倒入一个壶里。
2）把这个壶放在火炉上。
3）把这个炉子烧热。
4）观察壶中的水直到发现有大量的气泡快速地冒出来。这时，水就烧开了。

这就是算法（algorithm）的一个例子，所谓算法就是为完成某个任务必须执行的一系列精心定义的逻辑步骤。请注意，算法中的步骤是有序排列的。步骤 1 应该在步骤 2 之前完成，以此类推。只要按照正确的顺序，执行列出的步骤，谁都能够成功地烧开一壶水。

程序员也需要按照相同的方式来分解程序所要完成的任务。创建一个算法，就是把需要遵照执行的全部逻辑步骤按顺序排列好。例如，假设客户要求你编写程序，为一个按时计酬的雇员计算并显示应付工资。你需要遵照执行的步骤是：

1) 得到工作的总小时数。
2) 得到每小时的薪酬标准。
3) 将工作的总小时数乘以每小时的薪酬标准。
4) 显示第 3 步执行计算的结果。

当然，这个算法还不能立即拿到计算机上运行。算法中列出的步骤还需要翻译成代码。程序员一般都是使用两种工具来完成翻译：伪码和流程图。让我们更详细地介绍这两种工具。

2.1.5 伪码

由于即便是像单词拼写错误或遗忘标点符号这样很小的错误都会引发语法错误，所以在编写代码时这样的细节牵扯了程序员大量的精力。为此，在采用像 Python 这样的编程语言编写实际代码前，程序员发现采用伪码来编写程序更有助于程序的优化设计。

"伪"表示不是真实的，所以伪码（pseudocode）是"冒牌"的代码。它是一种没有语法规则的非正式语言，既不能被编译，也不能被执行。程序员只是用伪码来创建程序的模型或"框架"。由于编写伪码不用担心会出现语法错误，所以程序员就可以把全部精力放在程序设计上。在得到一个令人满意的设计结果后，再把伪码翻译成实际的代码。针对刚才讨论过的计算工资报酬的程序，你就可以编写出如下的伪码。

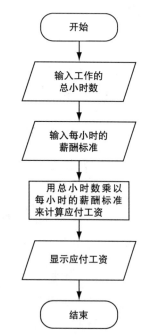

图 2-2 薪酬计算程序的流程图

Input the hours worked
Input the hourly pay rate
Calculate gross pay as hours worked multiplied by pay rate
Display the gross pay

伪码中的每条语句表示 Python 语言中的一个可执行操作。例如，Python 可以读取从键盘上键入的数据，执行数学运算，以及在屏幕上显示信息。

2.1.6 流程图

流程图是程序员用来设计程序的另外一种工具。流程图是以图形的方式来表示程序中应该完成的处理步骤。图 2-2 就是针对薪酬计算程序而绘制的一个流程图。

流程图中出现的符号有三种类型：椭圆、平行四边形及矩形。图中的每一个符号代表程序中的一个处理步骤，具体含义如下：

- 出现在流程图的顶部和下部的椭圆，称为终止符。开始终止符表示程序的启动点，结束终止符表示程序的结束点。
- 平行四边形用作输入符和输出符。它们表示程序中读取输入或显示输出的步骤。
- 矩形用作处理符。它们表示程序中对数据进行某种处理（例如数学计算）的步骤。

这些符号用表示程序流动的箭头相连。为了按照正确的顺序完成这些步骤，你必须从开始开始，沿着箭头所指方向走，直到抵达结束。

检查点

2.1 程序员的客户是谁？
2.2 什么是软件需求？
2.3 什么是算法？
2.4 什么是伪码？
2.5 什么是流程图？
2.6 下列符号在流程图中表示什么意思？
- 椭圆
- 平行四边形
- 矩形

2.2 输入、处理与输出

概念：在本书中，输入是指程序接收到的数据。接收到输入数据后，程序通过对其进行某种操作来实现对输入数据的处理。处理的结果会作为输出被程序发送出来。

计算机程序执行的处理通常分为以下三个步骤：

1. 接收输入。
2. 对输入进行某种处理。
3. 产生输出。

在程序运行过程中，程序接收到的任何数据都是输入。最常见的输入是从键盘上键入数据。一旦接收到输入，程序将对其进行像数学计算这样的处理操作。然后，程序输出处理结果。图 2-3 描述了我们之前介绍过的薪酬计算程序的三个处理步骤。请用户输入某雇员工作的总小时数及其每小时的薪酬标准。程序通过将总小时数乘以薪酬标准来完成对输入数据的处理。计算结果被显示在屏幕上作为程序的输出。

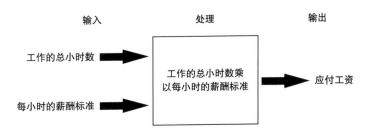

图 2-3 薪酬计算程序的输入、处理与输出

本章中，我们将介绍使用 Python 语言实现输入、处理与输出的基本方法。

2.3 用 print 函数显示输出

概念：在 Python 程序中，你可以使用 print 函数来显示输出。

函数是一段预先写好的完成某个特定操作的程序代码。Python 语言具有大量的完成各种各样操作的内置（built-in）函数。最基本的内置函数就是 print 函数，它的主要功能是将输出显示在屏幕上。下面是一个执行 print 函数的示例语句：

```
print('Hello world')
```

在交互的模式下，如果你输入了这条语句，然后按 "Enter(回车)"键，则 'Hello world' 这条消息就被显示在屏幕上。下面就是一个例子：

```
>>> print('Hello world')[Enter]
Hello world
>>>
```

当程序员执行一个函数时，他们称他们正在调用这个函数。欲调用 print 函数，你需要键入单词 print，然后是一对圆括号。在圆括号内部，你需要键入参数，即你希望显示在屏幕上的数据。在上面这个例子中，参数就是 'Hello world'。请注意：这条语句执行时，并没有显示单引号。单引号只是简单地用来标识你希望显示在屏幕上的文本的开始与结束。

现在假设你的老师要求你编写一个在计算机屏幕上显示你姓名和住址的程序。那么，程序 2-1 就是一个这样的实例，后半部分是它运行后产生的输出结果。（本书程序中出现的行号并不是实际程序的一部分。这些行号只是为了便于标明我们讨论的是程序的哪条语句。）

程序 2-1 （output.py）

```
1  print('Kate Austen')
2  print('123 Full Circle Drive')
3  print('Asheville, NC 28899')
```

程序输出

```
Kate Austen
123 Full Circle Drive
Asheville, NC 28899
```

程序中的语句是按照它们在程序中出现的次序从上到下顺序执行的，理解这一点是很重要的。当你运行程序时，先执行第一条语句，然后执行第二条语句，接着再执行第三条语句。

字符串与字符串文本

程序几乎总是要与某种类型的数据打交道的。例如，程序 2-1 就使用了下面三个数据：

```
'Kate Austen'
'123 Full Circle Drive'
'Asheville, NC 28899'
```

这些数据都是若干字符组成的序列。按照程序设计的术语，被当作数据使用的字符序列称为字符串（string）。出现在程序实际代码中的字符串称为字符串文本（string literal）。在 Python 程序中，字符串文本必须用引号括起来。如前所述，单引号只是用来标识字符串文本的开始与结束的。

在 Python 程序中，字符串文本既可以用一对单引号（'）括起来，也可以用一对双引号

(")括起来。程序 2-1 中的字符串文本是用一对单引号（'）括起来的，但是这个程序也可以改写成程序 2-2 这个样子。

程序 2-2（double_quotes.py）

```
1  print("Kate Austen")
2  print("123 Full Circle Drive")
3  print("Asheville, NC 28899")
```

程序输出

```
Kate Austen
123 Full Circle Drive
Asheville, NC 28899
```

若要显示一个带有单引号或者撇号的字符串文本，你就需要用双引号将字符串文本括起来。例如，程序 2-3 就显示了两个带撇号的字符串。

程序 2-3（apostrophe.py）

```
1  print("Don't fear!")
2  print("I'm here!")
```

程序输出

```
Don't fear!
I'm here!
```

类似地，若要显示一个带有双引号的字符串文本，你就需要用单引号将它括起来。程序 2-4 就是一个例子。

程序 2-4（display_quote.py）

```
1  print('Your assignment is to read "Hamlet" by tomorrow.')
```

程序输出

```
Your assignment is to read "Hamlet" by tomorrow.
```

Python 语言还允许用三引号（"""或者'''）将字符串文本括起来。三引号括起来的字符串文本可以同时包含单引号和双引号。下面这条语句就是这样一个例子：

```
print("""I'm reading "Hamlet" tonight.""")
```

这条语句将打印

```
I'm reading "Hamlet" tonight.
```

三引号还可以用来将跨行编写的字符串括起来。在这种情况下，单引号或双引号就都无能为力了。例如：

```
print("""One
Two
Three""")
```

这条语句将打印

```
One
Two
Three
```

检查点

2.7 编写一条显示你姓名的语句。

2.8 编写一条显示下列文本的语句。

Python's the best!

2.9 编写一条显示下列文本的语句。

The cat said "meow."

2.4 注释

概念：注释是对程序中的某一段或若干行的解释说明文本。注释是程序的组成部分，但是 Python 解释器并不解释它们而是忽略它们。它们是为那些想阅读程序源代码的人设置的。

注释是位于程序不同位置的一些简短文本，用来解释相应位置程序段是如何工作的。尽管注释是程序很关键的组成部分，但是在程序执行过程中，Python 解释器将忽略它们。注释并不是为计算机，而是为那些想阅读程序源代码的人设置的。

在 Python 中，注释前面必须放一个 # 号。Python 解释器看到 # 号后，它将忽略掉从 # 号开始到本行结束的所有内容。例如程序 2-5 中，第 1 行和第 2 行就是简单介绍程序功能的注释。

程序 2-5 （comment1.py）

```
1  # This program displays a person's
2  # name and address.
3  print('Kate Austen')
4  print('123 Full Circle Drive')
5  print('Asheville, NC 28899')
```

程序输出

```
Kate Austen
123 Full Circle Drive
Asheville, NC 28899
```

程序员常常把注释写在代码行的末尾。出现在代码行末尾的注释称为行末注释（end-line comment）。它是专门解释所在行的代码的。程序 2-6 就是这样的一个例子。每行的末尾都有一个解释相应行代码功能的注释。

程序 2-6 （comment2.py）

```
1  print('Kate Austen')                    # Display the name.
2  print('123 Full Circle Drive')          # Display the address.
3  print('Asheville, NC 28899')            # Display the city, state, and ZIP.
```

程序输出

```
Kate Austen
123 Full Circle Drive
Asheville, NC 28899
```

作为一个初学者，你可能不愿意在编程时花费时间和精力去撰写注释。的确，仅编写执行实际操作的代码似乎工作效率要高很多！但是，花一些额外的时间撰写注释是很有必要的。在将来程序需要修改或调试时，这些注释肯定会节省你和同事的时间。若没有很好的注释，那些庞大而复杂的程序几乎是不能被读懂或很难理解的。

2.5 变量

概念：变量是代表存储在计算机存储器中某个数值的名字。

程序的功能就是将数据存储在计算机的存储器中，然后对它们进行处理。例如，考虑一个典型的网络购物过程：你浏览一个网店并将想购买的物品放入购物车中。在你将物品放入购物车的过程中，关于这些物品的数据就被存储到计算机的存储器中。在你点击结账按钮后，运行在网店计算机上的一个程序将计算你购物车中所有物品的总价、相应的消费税和邮递费，最后计算出应付款。在执行这些计算时，程序将计算结果都存储在计算机的存储器中。

程序是通过变量来访问和操纵存储器中的数据的。变量是代表存储在计算机存储器中某个数值的名字。例如，计算购物所需缴纳的消费税的程序就可以用变量 `tax` 来表示存储器中的数值，计算两城市之间距离的程序就可以用变量 `distance` 来表示存储器中的数值。当一个变量表示存储器中的某个数值时，我们称这个变量引用（reference）了这个数值。

2.5.1 用赋值语句创建变量

你可以使用赋值语句来创建变量并使其引用一个数据。下面就是一个赋值语句的例子：

```
age = 25
```

这条语句执行后，名为 `age` 的变量就被创建出来，并引用数值 25。图 2-4 解释了这个过程。图中，数值 25 被存储在计算机存储器中的某个位置，从 `age` 出发指向 25 的箭头表示变量名 `age` 引用了这个数值。

图 2-4 变量 age 引用数值 25

赋值语句的基本格式是：

```
variable = expression
```

等号（=）称为赋值运算符（assignment operator）。在这个基本格式中，`variable` 是变量名，`expression` 是一个值，或者能够产生一个值的代码。赋值语句执行结束后，位于等号左边的变量将引用位于等号右边的值。

下面来做个实验：请在交互模式下输入赋值语句。

```
>>> width = 10 Enter
>>> length = 5 Enter
>>>
```

第一条语句创建了名为 `width` 的变量并将其赋值为 10。第二条语句创建了名为 `length` 的变量并将其赋值为 5。然后，可以使用 print 函数来显示这两个变量引用的值：

```
>>> print(width) Enter
10
>>> print(length) Enter
5
>>>
```

当把变量作为一个参数传递给 print 函数时，你千万不能用引号把变量名括起来。为了说明原因，请看下面两个交互的结果：

```
>>> print('width') [Enter]
width
>>> print(width) [Enter]
10
>>>
```

在第一条语句中,'width' 被当作一个参数传递给 print 函数,则函数显示字符串 width。在第二条语句中,width(不带引号)被当作一个参数传递给 print 函数,则函数显示变量 width 引用的值。

在赋值语句中,被赋值的变量一定要出现在 = 运算符的左边。在下面这个交互中,由于出现在 = 运算符左边的不是变量,所以导致错误。

```
>>> 25 = age [Enter]
SyntaxError: can't assign to literal
>>>
```

程序 2-7 中的代码演示了一个变量。第 2 行创建了一个名为 room 的变量,并赋值 503。第 3 行和第 4 行显示了两段信息。请注意,第 4 行显示的是被变量 room 引用的数值。

程序 2-7 (variable_demo.py)

```
1  # This program demonstrates a variable.
2  room = 503
3  print('I am staying in room number')
4  print(room)
```

程序输出

```
I am staying in room number
503
```

程序 2-8 是一个使用两个变量的例子。第 2 行创建了一个名为 top_speed 的变量,并赋值 160。第 3 行创建了一个名为 distance 的变量,并赋值 300。这个过程如图 2-5 所示。

程序 2-8 (variable_demo2.py)

```
1  # Create two variables: top_speed and distance.
2  top_speed = 160
3  distance = 300
4
5  # Display the values referenced by the variables.
6  print('The top speed is')
7  print(top_speed)
8  print('The distance traveled is')
9  print(distance)
```

程序输出

```
The top speed is
160
The distance traveled is
300
```

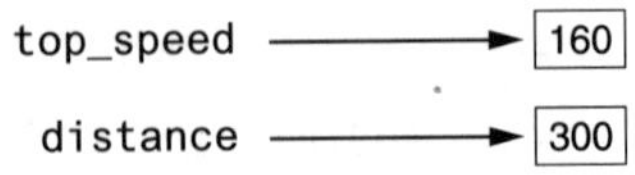

```
top_speed ──────▶ 160
distance ──────▶ 300
```

图 2-5 两个变量

> **警告：** 在给变量赋值之前是不能使用变量的。如果在变量被赋值之前，就对它进行某种操作，如打印它，这将导致一个错误。

一个简单的击键失误有时也会导致这种错误。下面就是变量名拼写失误导致错误的例子。

```
temperature = 74.5  # Create a variable
print(tempereture) # Error! Misspelled variable name
```

在这段代码中，赋值语句创建的变量是 temperature，但是在 print 函数中变量名的拼写却有所不同，所以引发错误。另外，变量名中字母大小写不一致也会引发错误。例如：

```
temperature = 74.5  # Create a variable
print(Temperature) # Error! Inconsistent use of case
```

在这段代码中，赋值语句创建的变量是 temperature（都是小写字母）。而在 print 语句中，变量名 Temperature 的首字母却被写成了大写 T。由于 Python 语言对字母大小写是敏感的（即区分字母大小写），所以这将引发一个错误。

2.5.2 变量命名规则

尽管变量是由程序员自己命名的，但是必须遵循如下规则：
- 不能使用 Python 的关键字作为变量名。（关键字列表见表 1-2。）
- 变量名内不能有空格。
- 第一个字符只能是 a 到 z 或 A 到 Z 的字母或下划线（_）。
- 第一个字符后面，可以使用 a 到 z 或 A 到 Z 的字母、0 到 9 的数字或下划线。
- 字母的大写或小写是严格区分的。这就意味着 ItemsOrdered 和 itemsordered 是两个不同的变量名。

除了要遵循上述规则外，还应该选择能够表达变量用途的变量名。例如，存储温度（temperature）的变量可以命名为 temperature，存储汽车速度（speed）的变量可以命名为 speed。当然，你也可以随意地给变量起名为 x 或 b2，但是这样的变量名并不能为理解变量的用途提供任何信息。

由于变量名要反映出变量的用途，所以程序员常采用由多个单词组成的变量名。例如下面这些变量名：

```
grosspay
payrate
hotdogssoldtoday
```

不幸的是，因为单词之间没有分隔，所以这样的名字不易于人眼阅读。又因为变量名内部不能有空格，所以我们必须找到用于在由多个单词组成的变量名中分隔单词的其他方法。

方法之一是用下划线来表示空格。例如，上述变量名的如下表示就好看多了：

```
gross_pay
pay_rate
hot_dogs_sold_today
```

这种变量命名风格在 Python 程序员中是很流行的，本书也采用这种风格。当然还有其他风格，例如驼峰式命名法。驼峰式命名法的具体要求是：
- 变量名以小写字母开头。
- 从第二个单词开始，每个单词的首字母必须是大写。

下面就是依据驼峰式命名法得到的变量名：

grossPay
payRate
hotDogsSoldToday

 注：由于出现在变量名中的大写字母很容易让人联想起骆驼的驼峰，所以这种命名风格称为驼峰式命名法。

表 2-1 举例说明了 Python 语言中哪些变量名是合法的，哪些是非法的。

表 2-1 变量名举例

变量名	合法还是非法？
units_per_day	合法
dayOfWeek	合法
3dGraph	非法。变量名不得以数字开头
June1997	合法
Mixture#3	非法。变量只能用字母、数字或下划线命名

2.5.3 用 print 函数显示多项内容

回过头观察程序 2-7，你会发现我们在第 3 和第 4 行分别使用了下面两条语句：

```
print('I am staying in room number')
print(room)
```

也就是说，为了显示两个数据，我们调用 print 函数两次。第 3 行显示字符串文本 'I am staying in room number'，第 4 行显示变量 room 引用的数值。

其实，这个程序可以简化，因为 Python 允许在一次 print 函数调用中显示多项内容。如程序 2-9 所示，我们只需简单地用逗号将这些数据项分隔开即可。

程序 2-9 （variable_demo3.py）

```
1   # This program demonstrates a variable.
2   room = 503
3   print('I am staying in room number', room)
```

程序输出

```
I am staying in room number 503
```

在第 3 行中，我们将两个参数传递给函数 print。第一个参数是字符串文本 'I am staying in room number'，第二个参数是变量 room。

当执行 print 函数时，它将按照参数传递过来的顺序，显示这两个参数的值。注意：print 函数会自动地在两个数据之间打印一个空格，以便将它们分隔开。若传递给 print 函数更多的参数，这些数据项在被显示到屏幕上时，它们两两之间都会被一个自动插入的空格分隔开。

2.5.4 变量再赋值

变量之所以称为"变量"，是因为在程序执行过程中它们可以引用不同的数值。在变量被赋以某个值后，变量将一直引用这个值直到它被赋以新值为止。请看程序 2-10，第 3 行中的语句创建了一个名为 dollars 的变量并将 2.75 赋值给它。这个过程显示在图 2-6 的上部。

第 8 行中的语句给变量 dollars 赋以一个新值 99.95。图 2-6 的下部显示了变量 dollars 的值是如何变化的。虽然这个旧值 2.75 依然保存在计算机的存储器中，但是因为没有变量引用它，所以这个值已不能再被利用。当存储器中的数据不再被变量引用时，Python 解释器将通过一个所谓的垃圾收集机制来进行处理，自动地将它们移出存储器。

程序 2-10（variable_demo4.py）

```
1   # This program demonstrates variable reassignment.
2   # Assign a value to the dollars variable.
3   dollars = 2.75
4   print('I have', dollars, 'in my account.')
5
6   # Reassign dollars so it references
7   # a different value.
8   dollars = 99.95
9   print('But now I have', dollars, 'in my account!')
```

程序输出

```
I have 2.75 in my account.
But now I have 99.95 in my account!
```

2.5.5 数值数据类型和数值文本

在第 1 章中，我们介绍过计算机是如何将数据存储在存储器中的。（详见 1.3 节。）从这些介绍中，你可以了解到计算机存储整数的方法与存储实数（带小数部分的数）的方法是不同的。不仅不同类型的数据存储在计算机中的方法是不同的，而且对它们进行同样的处理时需要采用不同的方法。

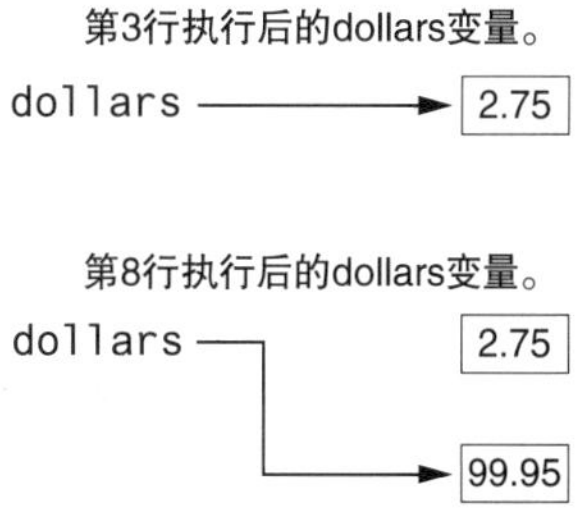

因为不同类型的数据是以不同的方式来存储和处理的，所以 Python 语言用数据类型来对存储器中的数值进行分类。当存储一个整数时，它将被分类为 int 型；当存储一个实数时，它将被分类为 float 型。

图 2-6 程序 2-10 中的变量再赋值

让我们来看一下 Python 语言是如何确定一个数据的类型的。你之前看到的程序都是把数值直接写在代码中。例如下面这条出现在程序 2-9 中的语句将数值 503 写在了语句中：

`room = 503`

执行这条语句的结果是首先将数值 503 存储到存储器中，然后让变量 room 引用它。下面这条出现在程序 2-10 中的语句将数值 2.75 写在了语句中：

`dollars = 2.75`

执行这条语句的结果是首先将数值 2.75 存储到存储器中，然后让变量 dollars 引用它。像这样被直接写在程序代码中的数值称为数值文本。

在处理到程序代码中的某个数值文本时，Python 解释器首先根据下列规则判断其数据类型：

- 数值文本是一个不带小数点的整数时，则它是 int 类型。例如 7、124 和 –9。
- 数值文本是带有小数点时，则它是 float 类型。例如 1.5、3.14159 和 5.0。

所以，下面这条语句将把数据 503 按照 int 型来存储：

```
room = 503
```

而下面这条语句将把数据 2.75 按照 float 型来存储:

```
dollars = 2.75
```

将一个数据项存储在存储器中时，明确其数据类型是非常重要的。在后面你将会看到，同一个处理的内部操作细节会因处理对象的数据类型不同而不同，而某些处理只能针对某些数据类型。

让我们来做一个实验，在交互模式下用 Python 内置的函数 type 来判断一个数值的数据类型。例如下面这段交互式会话:

```
>>> type(1) Enter
<class 'int'>
>>>
```

在这个例子中，数值 1 被当作一个参数传递给函数 type。下一行显示的信息，<class 'int'>，表示它的类型是 int。下面是另外一个例子:

```
>>> type(1.0) Enter
<class 'float'>
>>>
```

在这个例子中，数值 1.0 被当作一个参数传递给函数 type。下一行显示的信息，<class 'float'>，表示它的类型是 float。

 警告：货币符号、空格以及逗号不能出现在数值文本中。例如，下列语句将会引发错误:

```
value = $4,567.99 # Error!
```

这条语句应该写成:

```
value = 4567.99 # Correct
```

2.5.6 用数据类型 str 来存储字符串

除了数据类型 int 和 float 之外，Python 还有名为 str 的数据类型，str 是用来存储字符串的。

程序 2-11 显示了字符串是如何赋值给变量的。

程序 2-11 （string_variable.py）

```
1  # Create variables to reference two strings.
2  first_name = 'Kathryn'
3  last_name = 'Marino'
4
5  # Display the values referenced by the variables.
6  print(first_name, last_name)
```

程序输出

Kathryn Marino

对同一个变量用不同类型的数据重新赋值

一定要牢记：在 Python 语言中，变量仅仅是引用存储器中某个数据的名字。这给身为一个程序员的你轻松地存取数据提供了保证。在内部，Python 解释器记录你创建的变量名及其引用的数据项。需要取出某个数据项时，你只需提供引用它的变量名即可。Python 中的变量可以引用任何类型的数据项。也就是说，变量在用某种类型的数据项赋值后，可以用其他类型的数据项重新赋值。下面这段交互式会话就说明了这一点。（为了便于解释说明，我们在每一行的前面添加了行号。）

```
1  >>> x = 99 Enter
2  >>> print(x) Enter
3  99
4  >>> x = 'Take me to your leader' Enter
5  >>> print(x) Enter
6  Take me to your leader.
7  >>>
```

第 1 行中的语句创建了名为 x 的变量，并赋给它 int 型的值 99。图 2-7 显示变量 x 引用了存储器中的数值 99。第 2 行中的语句以 x 为参数，调用函数 print。函数 print 的输出显示在第 3 行。然后，第 4 行中的语句将一个字符串赋值给变量 x。这条语句执行后，变量 x 不再引用一个 int 型数据，而是引用字符串 'Take me to your leader'，如图 2-8 所示。

图 2-7 变量 x 引用一个整数

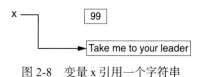

图 2-8 变量 x 引用一个字符串

第 5 行再次以 x 为参数调用函数 print。第 6 行显示了函数 print 的输出。

检查点

2.10 什么是变量？

2.11 在 Python 语言中，下列变量名中哪些是非法的，为什么？

```
x
99bottles
july2009
theSalesFigureForFiscalYear
r&d
grade_report
```

2.12 变量名 Sales 和 sales 指的是同一个变量吗？为什么是或为什么不是？

2.13 下面这条赋值语句是有效的还是无效的？若是无效的，为什么？

```
72 = amount
```

2.14 下列代码将显示出什么？

```
val = 99
print('The value is', 'val')
```

2.15 请看下面这些赋值语句：

```
value1 = 99
value2 = 45.9
value3 = 7.0
value4 = 7
value5 = 'abc'
```

请问，在这些语句执行后，每个变量引用的数值的 Python 数据类型是什么？

2.16 下列程序将显示什么内容？

```
my_value = 99
my_value = 0
print(my_value)
```

2.6 从键盘读取输入

概念：程序通常都需要读取用户从键盘上键入的数据。我们将使用Python函数来实现。

你将来编写的绝大多数程序都是需要读取输入并对其进行处理的。本节，我们介绍基本的输入操作：读取从键盘上键入的数据。程序读取从键盘上输入的数据后，通常是将其存入一个变量中，这样方便在后续的处理中使用它。

在本书中，我们使用Python语言内置的函数input来从键盘读取输入。input函数从键盘上读取用户键入的一个数据，然后将这个数据，以一个字符串的形式，返回给程序。通常在一个赋值语句中使用input函数，其通用格式如下：

variable = input(*prompt*)

在这个通用格式中，prompt是一个显示在屏幕上的字符串。它的作用是提示用户输入数据，variable是引用用户从键盘上键入的这个数据的变量名。下面是一个使用input函数从键盘上读取数据的例子：

name = input('What is your name? ')

这条语句执行时，发生的事件是：
- 屏幕上显示出提示字符串 'What is your name?'。
- 程序暂停下来等待用户从键盘上输入。用户通过按Enter（回车）键来结束输入。
- 按Enter键后，用户键入的数据以一个字符串的形式返回并赋值给变量name。

下面的交互式会话演示了上述过程：

```
>>> name = input('What is your name? ') Enter
What is your name? Holly Enter
>>> print(name) Enter
Holly
>>>
```

当用户输入第一条语句时，解释器显示提示 'What is your name? '，然后等待用户输入。用户键入Holly后按下Enter键。作为这条语句执行的结果，字符串 'Holly' 被赋给了变量name。当用户输入第二条语句时，解释器显示被变量name引用的值。

程序2-12是使用input函数从键盘上读入作为输入的两个字符串的一个完整例程。

程序2-12 （string_input.py）

```
1   # Get the user's first name.
2   first_name = input('Enter your first name: ')
3
4   # Get the user's last name.
5   last_name = input('Enter your last name: ')
6
7   # Print a greeting to the user.
8   print('Hello', first_name, last_name)
```

程序输出

```
Enter your first name: Vinny Enter
Enter your last name: Brown Enter
Hello Vinny Brown
```

再仔细看看第 2 行中作为提示的那个字符串：

`'Enter your first name: '`

请注意：在引号内，字符串的最后一个字符是空格。下面这个第 5 行中的提示字符串也是这样：

`'Enter your last name: '`

由于 input 函数不会在显示完提示后自动地显示一个空格，所以我们就只好在每个提示字符串的最后都放置一个空格。否则，用户输入的字符将会紧贴着提示字符串显示出来，不易于用户区分。通过在提示后边加上一个空格，就可以把提示与用户输入分隔开。

用 input 函数输入数值

即便用户输入的是数值，input 函数也总是以一个字符串的形式将输入返回用户。例如，若调用 input 函数时键入 72，并按下 Enter 键，则 input 函数返回的是字符串 '72'。如果想在数学运算中使用这个值就会出现问题，因为数学运算的操作数只能是数值，不能是字符串。

幸运的是，Python 语言的内置函数可以帮你将字符串转换为数值。表 2-2 就简要介绍了其中的两个内置函数。

表 2-2 数据转换函数

函数	说明
int(item)	nt() 函数将传递给它的参数转换成一个 int 型数值后将其返回
float(item)	float() 函数将传递给它的参数转换成一个 float 型数值后将其返回

例如在一个计算工资的程序中，需要得到用户已经工作的小时数，就可以采用如下代码：

```
string_value = input('How many hours did you work? ')
hours = int(string_value)
```

其中，第 1 条语句得到用户输入的小时数，然后将其以字符串形式赋值给变量 string_value。第 2 条语句以 string_value 为参数调用 int 函数。那么，string_value 引用的值被转换成相应的整数值并赋值给了变量 hours。

尽管这个例子说明了 int 函数的工作原理，但是它的效率很低，因为它需要创建两个变量：一个用来保存从 input 函数返回的字符串，另一个用来保存从 int 函数返回的整数。下面的代码就更好些。一条语句就完成了上面两条语句的工作，而且仅需创建一个变量：

```
hours = int(input('How many hours did you work? '))
```

这条语句使用了嵌套的函数调用（nested function calls）。input 函数的返回值被当作参数传递给 int 函数。它的工作过程是：

- 调用 input 函数，得到从键盘上键入的一个值。
- 从 input 函数返回的值（一个字符串）被当作参数传递给 int 函数。
- 将从 int 函数返回的整数赋值给变量 hours。

这条语句执行后，变量 hours 就被赋予了从键盘上键入的、已经转换成整数的那个值。

下面再看另外一个例子。假设你想得到用户的每小时薪酬标准。下面这条语句就提示用户输入一个值，并将其转换成实数，最后赋值给变量 pay_rate：

```
pay_rate = float(input('What is your hourly pay rate? '))
```

它的工作过程是:
- 调用 input 函数,得到从键盘上键入的一个值。
- 从 input 函数返回的值(一个字符串)被当作参数传递给 float 函数。
- 将从 float() 函数返回的实数赋值给变量 pay_rate。

这条语句执行后,变量 pay_rate 就被赋予了从键盘上键入的、已经转换成实数的那个值。

程序 2-13 是使用 input 函数从键盘读取一个字符串、一个整数、一个实数作为输入的一个完整例程。

程序 2-13 (input.py)

```
1   # Get the user's name, age, and income.
2   name = input('What is your name? ')
3   age = int(input('What is your age? '))
4   income = float(input('What is your income? '))
5
6   # Display the data.
7   print('Here is the data you entered:')
8   print('Name:', name)
9   print('Age:', age)
10  print('Income:', income)
```

程序输出

```
What is your name? Chris [Enter]
What is your age? 25 [Enter]
What is your income? 75000.0
Here is the data you entered:
Name: Chris
Age: 25
Income: 75000.0
```

下面详细分析一下这段代码:
- 第 2 行提示用户输入其姓名。输入的数据以字符串的形式赋值给了变量 name。
- 第 3 行提示用户输入其年龄。输入的数据在被转换成整数后,赋值给了变量 age。
- 第 4 行提示用户输入其收入。输入的数据在被转换成实数后,赋值给了变量 income。
- 第 7 到第 10 行显示用户输入的数据。

函数 int 和 float 仅在待转换的参数中包含有效的数值时才能正常工作。若参数未能转换成相应类型的数据,将出现一个被称为异常(exception)的错误。所谓异常是指在程序运行过程中出现了一个意外。若未得到正确的处理,这个意外将导致程序终止。

例如下面这段交互式会话:

```
>>> age = int(input('What is your age? ')) [Enter]
What is your age? xyz  [Enter]
Traceback (most recent call last):
    File "<pyshell#81>", line 1, in <module>
        age = int(input('What is your age? '))
ValueError: invalid literal for int() with base 10: 'xyz'
>>>
```

注:本节中,我们提到了"用户(user)"。用户是指设想中的使用相应程序并为其提供输入的人。用户有时也称为终端用户。

检查点

2.17 请程序的用户输入一个消费者的姓名中的姓氏,然后编写一条语句提示用户输入这个数据,并将其赋值给一个变量。

2.18 请程序的用户输入本周的销售总额,然后编写一条语句提示用户输入这个数据,并将其赋值给一个变量。

2.7 执行计算

概念:Python 拥有很多可以用来执行各种数学运算的运算符。

绝大多数面向实际应用的算法都是需要进行计算的。程序员执行计算的工具就是数学运算符(math operator)。表 2-3 列出了 Python 语言提供的数学运算符。

程序员可以利用表 2-3 中的运算符创建数学表达式。数学表达式(math expression)执行一个运算并得到一个结果值。下面就是一个简单的数学表达式的例子:

12 + 2

表 2-3 Python 的数学运算符

符号	运算	说明
+	加法	两数相加
-	减法	在一个数中减去另一个数
*	乘法	一个数乘以另一个数
/	除法	一个数除以另一个数并给出一个实数结果
//	整数除法	一个数除以另一个数并给出一个整数结果
%	求余	一个数除以另一个数并给出余数
**	指数	一个数以另一个数为指数的幂值

运算符 + 两侧的数值称为操作数(operand),它们是运算符 + 将要相加的数据。若在交互模式下键入这个表达式,你将看到得到的结果值是 14:

```
>>> 12 + 2 Enter
14
>>>
```

在数学表达式中还可以使用变量。例如,对于变量 hours 和 pay_rate,下面这个数学表达式就使用运算符 * 将变量 hours 引用的值乘以变量 pay_rate 引用的值:

hours * pay_rate

在使用数学表达式计算一个数值时,我们通常是要将其保存在存储器中,以便在后续的程序中再次使用它。所以数学表达式一般都是与赋值语句一起使用的。程序 2-14 就是一个例子。

程序 2-14 (simple_math.py)

```
1   # Assign a value to the salary variable.
2   salary = 2500.0
3
4   # Assign a value to the bonus variable.
5   bonus = 1200.0
```

```
 6
 7   # Calculate the total pay by adding salary
 8   # and bonus. Assign the result to pay.
 9   pay = salary + bonus
10
11   # Display the pay.
12   print('Your pay is', pay)
```

程序输出

```
Your pay is 3700.0
```

第2行将2500.0赋值给变量salary，第2行将1200.0赋值给变量bonus。第9行将表达式 salary + bonus 的结果赋值给变量pay。从程序的输出可以看到，变量pay保存的数值是3700.0。

聚光灯：计算百分数

如果你编写的程序中要用到百分数，你一定要在使用它之前，明确百分数的小数点位于正确的位置上。当用户输入的数据是一个百分数时，这一点尤为重要。绝大多数用户输入数字50来表示50%，20来表示20%，等等。在用这样的百分数进行计算之前，你一定要除以100以使得小数点左移两位。

让我们一步一步地体验一个用到百分数的程序的编写过程。假设一个零售商计划开展一个所有商品降价20%的全面促销活动。我们应邀来编写一个计算打折后商品价格的程序。该程序对应的算法如下：

1. Get the original price of the item.
2. Calculate 20 percent of the original price. This is the amount of the discount.
3. Subtract the discount from the original price. This is the sale price.
4. Display the sale price.

在第1步中，我们要获得了某件商品（item）的原始价格。为此，我们要提示用户在键盘上输入这个数据。在程序中，我们将采用如下语句来实现这一步。注意：用户输入的值将存储在名为 original_price 变量中。

```
original_price = float(input("Enter the item's original price: "))
```

在第2步中，我们要计算折扣金额。为此，我们要用原始价格乘以20%。如下语句将执行这个运算，并将结果赋值给变量discount：

```
discount = original_price * 0.2
```

在第3步中，我们要从原始价格中减去折扣金额。如下语句将执行这个运算，并将结果赋值给变量 sale_price：

```
sale_price = original_price - discount
```

最后，在第4步中，我们用如下语句来显示销售价格（sale price）：

```
print('The sale price is', sale_price)
```

程序2-15完整地显示了这个程序并配有一个输出样例。

程序 2-15（sale_price.py）
```
 1  # This program gets an item's original price and
 2  # calculates its sale price, with a 20% discount.
 3
 4  # Get the item's original price.
 5  original_price = float(input("Enter the item's original price: "))
 6
 7  # Calculate the amount of the discount.
 8  discount = original_price * 0.2
 9
10  # Calculate the sale price.
11  sale_price = original_price - discount
12
13  # Display the sale price.
14  print('The sale price is', sale_price)
```

程序输出

Enter the item's original price: **100.00** [Enter]
The sale price is 80.0

2.7.1 浮点数除法与整数除法

从表 2-3 可以看出，Python 有两个除法运算符。运算符 / 执行的是实数除法，而运算符 // 执行的是整数除法。它们的差别是，运算符 / 给出的结果是一个实数，而运算符 // 给出的结果是一个整数。

为了演示它们的差别，让我们使用交互模式下的解释器：

```
>>> 5 / 2 [Enter]
2.5
>>>
```

在这个会话中，我们使用了运算符 / 来计算 5 除以 2。与我们的期望一样，结果是 2.5。现在让我们改用运算符 // 来进行一次整数除法运算：

```
>>> 5 // 2 [Enter]
2
>>>
```

可见，结果是 2。运算符 // 的工作原理是：
- 若结果是正数，则截取整数部分，即小数部分将截掉。
- 若结果是负数，则四舍五入到最接近的那个整数。

下面这个交互式会话演示了在结果为负数时运算符 // 的工作效果：

```
>>> -5 // 2 [Enter]
-3
>>>
```

2.7.2 运算符的优先级

你还可以在你编写的语句中采用包含多个运算符的复杂数学表达式。下面这条语句就是将 17、变量 x、21 以及变量 y 相加后的和赋值给变量 answer：

```
answer = 17 + x + 21 + y
```

但是有些表达式并不这么直观。来看下面的这条语句：

```
outcome = 12.0 + 6.0 / 3.0
```

赋给变量 outcome 的值是什么？6.0 既可能是加法运算符的操作数，也可能是除法运算符的操作数。根据除法是先运算还是后运算，变量 outcome 既可能被赋值为 14.0，也可能被赋值为 6.0。幸运的是，这个结果是可以预料的，因为 Python 遵循的运算顺序与我们在数学课中学到的运算顺序是完全一样的。

首先，在圆括号内的运算最先被执行。然后，当两个运算符共享一个操作数时，优先级高的运算符先计算。数学运算符的优先级，由高到低如下所示：

1. 指数运算符：**
2. 乘、除和求余：* / // %
3. 加和减：+ -

注意：乘法运算符（*）、浮点数除法运算符（/）、整数除法运算符（//）以及求余运算符（%）的优先级相同，加法运算符（+）和减法运算符（-）的优先级相同。当优先级相同的两个运算符共享一个操作数时，执行顺序是从左到右。

现在，再回头看刚才那个数学表达式：

```
outcome = 12.0 + 6.0 / 3.0
```

由于除法运算符的优先级高于加法运算符的优先级，所以赋给 outcome 的值是 14.0。

因此，除法运算先于加法运算被执行。该表达式的运算顺序如图 2-9 所示。

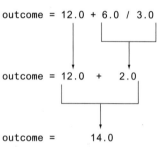

图 2-9　运算符的优先级

表 2-4　表达式举例

表达式	值
5 + 2 * 4	13
10 / 2 - 3	2.0
8 + 12 * 2 - 4	28
6 - 3 * 2 + 7 - 1	6

 注：从左向右执行规则存在一个例外。当两个 ** 运算符共享一个操作数时，执行顺序是从右到左。例如表达式 2**3**4 应理解为 2**(3**4)。

2.7.3　用圆括号将运算分组

为了强制地让某个运算在另一个运算之前执行，可以用圆括号将数学表达式中的某个部分括起来。下面这条语句中，变量 a 和 b 相加后，再被 4 除：

```
result = (a + b) / 4
```

如果没有圆括号，b 将先被 4 除，得到的商再加上 a。

表 2-5 是另外一些表达式和它们的值。

表 2-5　一些表达式和它们的值

表达式	值
(5 + 2) * 4	28
10 / (5 - 3)	5.0
8 + 12 * (6 - 2)	56
(6 - 3) * (2 + 7) / 3	9.0

聚光灯：计算平均值

求一组数据的平均值是一个简单的计算：先将这些数相加，再用数据的个数去除这组数据之和。尽管这只是一个简单的计算，但是在编写一个计算平均值的程序时，还是很容易出错的。例如，假设变量 a、b 和 c 分别存有一个数值，现在要计算它们的平均值。如果不细心的话，我们就可能写出如下语句来实现这个计算：

```
average = a + b + c / 3.0
```

你能看出这条语句中的错误吗？当它执行时，最先执行的是除法运算！c 的值将被除以 3，然后结果再与 a + b 的值相加。这并不是计算平均值的正确顺序。为了修正这个错误，我们需要像下面这样，将 a + b + c 用圆括号括起来：

```
average = (a + b + c) / 3.0
```

让我们一步一步地体验一个计算平均数的程序的编写过程。假设你是计算机科学专业某个班级的一名学生，参加了该班级的三次考试。现在你想编写一个程序来显示考试成绩的平均分。该程序对应的算法如下：

1. *Get the first test score.*
2. *Get the second test score.*
3. *Get the third test score.*
4. *Calculate the average by adding the three test scores and dividing the sum by 3.*
5. *Display the average.*

在第 1、第 2 和第 3 步中，我们提示用户输入三个考试成绩，这些成绩分别保存在变量 test1、test2 和 test3 中。在第 4 步中，我们计算三次考试的平均分。我们将采用下面这条语句来实现这个计算并将结果保存在变量 average 中：

```
average = (test1 + test2 + test3) / 3.0
```

最后，在第 5 步中，我们显示平均分。这个程序如程序 2-16 所示。

程序 2-16　(test_score_average.py)

```
1  # Get three test scores and assign them to the
2  # test1, test2, and test3 variables.
3  test1 = float(input('Enter the first test score: '))
4  test2 = float(input('Enter the second test score: '))
5  test3 = float(input('Enter the third test score: '))
6
7  # Calculate the average of the three scores
8  # and assign the result to the average variable.
```

```
 9    average = (test1 + test2 + test3) / 3.0
10
11    # Display the average.
12    print('The average score is', average)
```

程序输出

```
Enter the first test score: 90 [Enter]
Enter the second test score: 80 [Enter]
Enter the third test score: 100 [Enter]
The average score is 90.0
```

2.7.4 指数运算符

除了像加、减、乘、除这样的基本数学运算符之外，Python 还提供了指数运算符。连续的两个星号（**）就是指数运算符，它的功能是求一个数的幂值。例如，下面这条语句就是计算变量 length 的 2 次幂，然后将结果赋值给变量 area：

```
area = length**2
```

下面这段交互解释器下的会话演示了表达式 4**2、5**3 与 2**10 的值：

```
>>> 4**2 [Enter]
16
>>> 5**3 [Enter]
125
>>> 2**10 [Enter]
1024
>>>
```

2.7.5 求余运算符

在 Python 语言中，符号 % 是求余运算符。（也称为取模运算符）求余运算符执行的是除法，但是它返回的是余数，而不是商。下面这条语句就是将 2 赋予 leftover：

```
leftover = 17 % 3
```

由于 17 除以 3 得到的商是 5 而余数是 2，所以这条语句就是将 2 赋予 leftover。求余运算符在某些场合是很有用的。它常用于转换时间、距离以及判断奇数或偶数等计算中。例如，程序 2-17 就是请用户输入以秒为单位的时间后，再将其转换成小时、分和秒。比如，该程序将 11730 秒转换成 3 小时、15 分和 30 秒。

程序 2-17 （time_converter.py）

```
 1    # Get a number of seconds from the user.
 2    total_seconds = float(input('Enter a number of seconds: '))
 3
 4    # Get the number of hours.
 5    hours = total_seconds // 3600
 6
 7    # Get the number of remaining minutes.
 8    minutes = (total_seconds // 60) % 60
 9
10    # Get the number of remaining seconds.
```

```
11    seconds = total_seconds % 60
12
13    # Display the results.
14    print('Here is the time in hours, minutes, and seconds:')
15    print('Hours:', hours)
16    print('Minutes:', minutes)
17    print('Seconds:', seconds)
```

程序输出

```
Enter a number of seconds: 11730 [Enter]
Here is the time in hours, minutes, and seconds:
Hours: 3.0
Minutes: 15.0
Seconds: 30.0
```

下面详细分析一下这段代码：

- 第 2 行从用户那里得到以秒为单位的时间，将其转换成实数，然后赋值给了变量 total_seconds。
- 第 5 行计算指定秒数中的小时数。由于一小时有 3600 秒，所以这条语句将 total_seconds 除以 3600。注意，这里使用的是整数除法运算符（//），这是因为我们要的是不带小数部分的小时数。
- 第 8 行计算剩余的分钟数。这条语句首先用 // 运算符来实现 total_seconds 除以 60，得到总的分钟数。然后，用 % 运算符来实现总的分钟数除以 60 并取除法的余数。结果就是剩余的分钟数。
- 第 11 行计算剩余的秒数。由于一分钟有 60 秒，所以这条语句就用 % 运算符来实现 total_seconds 除以 60 并取除法的余数。结果就是剩余的秒数。
- 第 14 到第 17 行显示小时数、分钟数和秒数。

2.7.6 将数学公式转换成程序语句

通过代数课的学习，你会知道表达式 $2xy$ 应理解为 2 乘 x 再乘 y。在数学公式中，不用运算符也可以表示乘法。但是在 Python 以及其他程序设计语言中，任何一个数学运算都要用一个运算符来表示。表 2-6 显示了一些执行乘法运算的代数表达式及其等价的程序表达式。

表 2-6 代数表达式

代数表达式	需要执行的运算	程序表达式
$6B$	6 乘以 B	6 * B
(3)(12)	3 乘以 12	3 * 12
$4xy$	4 乘以 x 乘以 y	4 * x * y

在将某些代数表达式转换成程序表达式时，你常常需要添加圆括号。例如，下面这个公式：

$$x = \frac{a+b}{c}$$

为了将其转换成程序表达式，就需要将 a + b 用圆括号括起来：

$$x = (a + b) / c$$

表 2-7 又显示了一些代数表达式及其等价的 Python 表达式。

表 2-7 代数表达式和程序表达式

代数表达式	语句
$y = 3\dfrac{x}{2}$	y = 3 * x / 2
$z = 3bc + 4$	z = 3 * b * c + 4
$a = \dfrac{x+2}{b-1}$	a = (x + 2) / (b - 1)

聚光灯：将数学公式转换成程序语句

假设你想将一定数量的钱存入一个存期为十年的定期储蓄账户以获得可观的利息。在十年后，你期望在这个账户下存有 10000 元钱。那么，现在你需要存入多少钱才能达到这个目的呢？你可以利用下面这个公式来计算：

$$P = \frac{F}{(1+r)^n}$$

公式中各项的含义是：
- P 是当前值，即今天你需要存入的金额。
- F 是你希望未来账户上的存款余额。（本例中，F 是 $10000。）
- r 是年利率（annual interest rate）。
- n 是你计划让本金存储在账户上的年数。

由于我们很了解上述变量应该取什么值，所以编写计算机程序来实现这个计算，对我们来说是很方便的。下面是我们可以选用的一个算法：

1. *Get the desired future value.*
2. *Get the annual interest rate.*
3. *Get the number of years that the money will sit in the account.*
4. *Calculate the amount that will have to be deposited.*
5. *Display the result of the calculation in step 4.*

在第 1 到第 3 步中，程序将提示用户输入指定的数值。然后将未来期望的存款余额赋值给名为 `future_value` 的变量，将年利率赋值给名为 `rate` 的变量，将本金存储在账户上的年数赋值给名为 `years` 的变量。

在第 4 步中，程序将计算当前值，即我们需要存入的金额。上面那个公式可以转换成下面这条语句。该语句将计算结果保存在名为 `present_value` 的变量中。

`present_value = future_value / (1.0 + rate)**years`

在第 5 步中，程序将显示变量 `present_value` 的值。这个程序如程序 2-18 所示。

程序 2-18 （future_value.py）

```
1   # Get the desired future value.
2   future_value = float(input('Enter the desired future value: '))
3
4   # Get the annual interest rate.
5   rate = float(input('Enter the annual interest rate: '))
```

```
 6
 7  # Get the number of years that the money will appreciate.
 8  years = int(input('Enter the number of years the money will grow: '))
 9
10  # Calculate the amount needed to deposit.
11  present_value = future_value / (1.0 + rate)**years
12
13  # Display the amount needed to deposit.
14  print('You will need to deposit this amount:', present_value)
```

程序输出

```
Enter the desired future value: 10000.0 [Enter]
Enter the annual interest rate: 0.05 [Enter]
Enter the number of years the money will grow: 10 [Enter]
You will need to deposit this amount: 6139.13253541
```

注：与上面程序的输出不同的是，美元的金额通常舍入到小数点后两位。在本章的后续部分，你将学习如何指定数据的输出格式，以便将数据舍入到指定的十进制数位。

2.7.7 混合数据类型的表达式与数据类型转换

在对两个操作数进行数学运算时，运算结果的数据类型取决于操作数的数据类型。Python 语言按照如下规则来求数学表达式的值：

- 对两个整型操作数进行数学运算时，运算结果的数据类型为整型。
- 对两个浮点型操作数进行数学运算时，运算结果的数据类型为浮点型。
- 对一个整型操作数和一个浮点型操作数进行数学运算时，这个整型操作数将被临时转换为浮点型，运算结果的类型也是浮点型。（使用不同类型操作数的表达式称为混合数据类型表达式。）

前两种情形很好理解：对整型数进行运算得到整型结果，对浮点型数进行运算得到浮点型结果。让我们来看一个属于第三种情形即涉及混合数据类型表达式的例子：

```
my_number = 5 * 2.0
```

当执行这条语句时，数值 5 将被转换成浮点数（5.0）然后再乘以 2.0。结果值 10.0 被赋给 my_number。

在这条语句中发生的整型数转换成浮点型数是隐含的，无须程序员干预。若程序员想显式地进行类型转换，可以使用函数 int 或 float。例如，下面的语句就是用函数 int 将一个浮点数转换成整数：

```
fvalue = 2.6
ivalue = int(fvalue)
```

第一条语句首先将 2.6 赋值给变量 fvalue。第 2 条语句将 fvalue 作为参数传递给函数 int。函数 int 的返回值 2 被赋值给变量 ivalue。执行完上述代码后，变量 fvalue 的值仍然是 2.6，但是变量 ivalue 的值则是 2 了。

这个例子还告诉我们，函数 int 利用截断的方法将浮点数参数转换成整数参数，如前所述，截断就是舍弃数据的小数部分。下面是一个对负数截断的例子：

```
fvalue = -2.9
ivalue = int(fvalue)
```

在第 2 条语句中，int 函数的返回值是 –2。执行完上述代码后，变量 fvalue 引用的值是 –2.9，而变量 ivalue 引用的值是 –2。

还可以使用函数 float 显式地将一个整数转换成浮点数，如下所示：

```
ivalue = 2
fvalue = float(ivalue)
```

上述代码执行完后，变量 ivalue 引用的值是 2，而变量 fvalue 引用的值则是 2.0。

2.7.8 长语句拆分

绝大多数程序的语句都是写在一行之内的。但是如果语句太长，你将不得不使用屏幕下方的水平滑动条才能浏览完这条语句。另外，如果你想把代码打印出来，那么长度超过页面宽度的语句将会自动换行，打印在相邻的若干行上，使得代码很难阅读。

Python 语言允许程序员使用行连接符（line continuation character），反斜杠（\）(backslash)，将一个语句拆分成若干行。你只需在你打算拆分语句的地方键入一个"反斜杠"，然后按回车键即可。例如，下面这条执行数学运算的语句就被拆分成两行：

```
result = var1 * 2 + var2 * 3 + \
         var3 * 4 + var4 * 5
```

出现在第一行末尾的行连接符将通知解释器下一行是本行的继续。

Python 语言还允许程序员无须使用行连接符就可以将圆括号内的语句片段拆分成若干行。例如下面这条语句：

```
print("Monday's sales are", monday,
      "and Tuesday's sales are", tuesday,
      "and Wednesday's sales are", wednesday)
```

下面这段代码也是一个例子：

```
total = (value1 + value2 +
         value3 + value4 +
         value5 + value6)
```

检查点

2.19 请在下面"数值"这一栏中填入相应表达式的值。

表达式	数值
6 + 3 * 5	____
12 / 2 – 4	____
9 + 14 * 2 – 6	____
(6 + 2) * 3	____
14 / (11 - 4)	____
9 + 12 * (8 - 3)	____

2.20 下面这条语句执行后，赋给变量 result 的值是什么？

```
result = 9 // 2
```

2.21 下面这条语句执行后，赋给变量 result 的值是什么？

```
result = 9 % 2
```

2.8 关于数据输出的更多介绍

到目前为止，我们只介绍了显示数据的基本方法。不过，终究你还是需要对出现在屏幕上的数据进行更多的控制。在本节中，你将学习 Python 语言 print 函数的更多细节，并深入了解以特定的方式进行格式化输出的各种技术。

2.8.1 抑制 print 函数的换行功能

print 函数的基本功能是实现一行信息的输出。例如，下面这三条语句将输出三行字符：

```
print('One')
print('Two')
print('Three')
```

每条语句都是先显示字符串，然后再打印一个换行符（newline character）。你是看不见换行符的，但是打印换行符会将输出位置前进到下一行的起始位置。(你也可以把换行符理解成一个让计算机从下一行开始输出的命令。)

如果不希望在一行的输出结束后将输出位置前进到下一行的起始位置，那么你可以给函数传递一个特殊的参数 end=' '，就像下面这些语句那样：

```
print('One', end=' ')
print('Two', end=' ')
print('Three')
```

请注意，在前两条语句中，将参数 end=' ' 传给了 print 函数。该参数指定 print 函数在输出结束后打印一个空格而不是一个换行符。这三条语句的输出结果是：

```
One Two Three
```

若希望 print 函数在输出结束后不打印任何东西，甚至连一个空格都不打印，那么就将传递给 print 函数的参数改为 end=''，就像下面这些语句那样：

```
print('One', end='')
print('Two', end='')
print('Three')
```

请注意：这里的参数 end='' 在引号内是没有空格的。该参数指示 print 函数在输出结束后不打印任何东西。这三条语句的输出结果是：

```
OneTwoThree
```

2.8.2 指定一个输出项分隔符

如果将多个参数传给 print 函数，那么在显示这些参数时将自动地在参数之间插入一个空格。请看下面这个在交互模式下演示的例子：

```
>>> print('One', 'Two', 'Three') [Enter]
One Two Three
>>>
```

如果不希望在输出的各项之间出现空格，那么可以向 print 函数传递一个特殊的参数

sep=''，如下所示：

```
>>> print('One', 'Two', 'Three', sep='') Enter
OneTwoThree
>>>
```

你还可以借助这个特殊参数来指定一个除空格以外的其他字符来分隔各个输出项。例如：

```
>>> print('One', 'Two', 'Three', sep='*') Enter
One*Two*Three
>>>
```

注意，在这个例子中，传递给 print 函数的参数是 sep='*'。该参数指定了各个输出项之间用 * 号分隔。还可以采用其他符号来分隔，例如：

```
>>> print('One', 'Two', 'Three', sep='~~~') Enter
One~~~Two~~~Three
>>>
```

2.8.3 转义字符

转义字符（escape character）是一个出现在字符串文本中、以反斜杠（\）开始的特殊字符。在打印一个包含转义字符的字符串文本时，转义字符将被视为一个嵌入在字符串中的特殊控制命令。例如，\n 就是一个换行转义字符。在打印 \n 时，计算机屏幕上并不显示这个转义字符，而是将输出位置前进到下一行的起始位置。请看下面这条语句：

```
print('One\nTwo\nThree')
```

执行这条语句后，屏幕显示的是

```
One
Two
Three
```

可以在 Python 语言中使用的部分转义字符如表 2-8 所示。

表 2-8 Python 语言的部分转义字符

转义字符	输出效果
\n	将输出位置前进到下一行的起始位置
\t	将输出位置前进到下一个水平制表符的（tab）位置
\'	打印一个单引号
\"	打印一个双引号
\\	打印一个反斜杠

转义字符 \t 将输出位置前进到下一个水平制表符位置（通常，每隔 8 个字符位置就是一个制表符位置）。例如下面这些语句：

```
print('Mon\tTues\tWed')
print('Thur\tFri\tSat')
```

第一条语句先打印 Monday，然后将输出位置前进到下一个水平制表符位置后再打印 Tuesday，接着再次将输出位置又前进到下一个水平制表符位置，然后打印 Wednesday……
输出的结果如下所示：

```
Mon     Tues    Wed
Thur    Fri     Sat
```

转义字符 \' 和 \" 用于显示引号。例如下面这些语句：

```
print("Your assignment is to read \"Hamlet\" by tomorrow.")
print('I\'m ready to begin.')
```

它们的执行结果是：

```
Your assignment is to read "Hamlet" by tomorrow.
I'm ready to begin.
```

你还可以使用转义字符 \\ 来显示一个反斜杠，例如：

```
print('The path is C:\\temp\\data.')
```

该语句将显示：

```
The path is C:\temp\data.
```

2.8.4 用运算符 + 来显示多个输出项

在本章的前部，运算符 + 是用来实现两数相加的。但是，当运算符 + 出现在两个字符串之间时，它将执行字符串拼接（String concatenation）操作，即将后一个字符串追加到前一个字符串的末尾。请看下面这条语句：

```
print('This is ' + 'one string.')
```

该语句的输出结果为：

```
This is one string.
```

在用 print 函数输出一个很长的字符串文本时，字符串拼接就很有用武之地了。借助加号，我们可以将字符串文本分成若干段，使其横跨在多行上。例如：

```
print('Enter the amount of ' +
      'sales for each day and ' +
      'press Enter.')
```

这条语句的显示结果如下：

```
Enter the amount of sales for each day and press Enter.
```

2.8.5 数据格式化

你可能不是很喜欢现在这种在计算机屏幕上显示数据的方式，尤其是浮点数。例如，用 print 函数来显示一个浮点数时，它会出现 12 个有效数字，显得很啰嗦！程序 2-19 的输出就是这样。

程序 2-19 （no_formatting.py）

```
1  # This program demonstrates how a floating-point
2  # number is displayed with no formatting.
3  amount_due = 5000.0
4  monthly_payment = amount_due / 12.0
5  print('The monthly payment is', monthly_payment)
```

程序输出

```
The monthly payment is 416.666666667
```

由于这个程序显示的是以元为单位的金额，所以打印出来的数字最好是舍入到小数点后两位。幸运的是，Python 语言提供了内置的 format 函数来帮助程序员实现这个以及更多的数据格式化要求。

在调用内置的 format 函数时，你需要向该函数传递两个参数：欲输出的数值与格式限定符（format specifier）。格式限定符是一个包含特殊字符的字符串，其中的特殊字符就表示数据的输出格式。请看下面这个例子：

```
format(12345.6789, '.2f')
```

第一个参数，浮点数 12345.6789，是我们要格式化输出的数据。第二个参数，字符串 '.2f'，就是格式限定符。它的含义是：

- .2 表示精度，即将数据舍入到小数点后两位。
- f 表示要格式化输出的数据类型是浮点数。

Format 函数返回一个字符串，该字符串包含了格式化处理过的数据。下面这段交互模式下的会话演示了如何在 print 函数中使用 format 函数显示一个格式化数据：

```
>>> print(format(12345.6789, '.2f')) Enter
12345.68
>>>
```

输出显示：数据被舍入到小数点后两位。下面的例子显示将同样一个数舍入到小数点后一位：

```
>>> print(format(12345.6789, '.1f')) Enter
12345.7
>>>
```

下面是另外一个例子：

```
>>> print('The number is', format(1.234567, '.2f')) Enter
The number is 1.23
>>>
```

程序 2-20 是对程序 2-19 进行格式化输出修改后的结果。

程序 2-20 （formatting.py）

```
1   # This program demonstrates how a floating-point
2   # number can be formatted.
3   amount_due = 5000.0
4   monthly_payment = amount_due / 12
5   print('The monthly payment is',
6         format(monthly_payment, '.2f'))
```

程序输出

```
The monthly payment is 416.67
```

2.8.6 科学记数法形式的格式化

如果你喜欢采用科学记数法（Scientific Notation）来显示一个浮点数，则可以用字母 e 或 E 来代替 f。例如：

```
>>> print(format(12345.6789, 'e')) Enter
1.234568e+04
>>> print(format(12345.6789, '.2e')) Enter
1.23e+04
>>>
```

第一条语句仅仅是将数据表示成科学记数法形式。显示结果中用字母 e 表示指数。（若在格式限定符中采用大写字母 E，则输出就用大写字母 E 表示指数。）第二条语句额外指定了精度为保留小数点后两位。

2.8.7 插入逗号分隔符

若希望将数据格式化成带有逗号分隔符（Comma Separator）的形式，你可以像下面的例子这样，在格式限定符中增加一个逗号：

```
>>> print(format(12345.6789, ',.2f')) Enter
12,345.68
>>>
```

下面是一个对更大的数据进行格式化的例子：

```
>>> print(format(123456789.456, ',.2f')) Enter
123,456,789.46
>>>
```

注意在格式限定符中，逗号写在精度说明符的前边（左边）。下面是一个指定逗号分隔符、却未指定精度的例子：

```
>>> print(format(12345.6789, ',f')) Enter
12,345.678900
>>>
```

程序 2-21 演示了在输出一个很大的数据（比如交易金额）时，使用逗号分隔符并指定精度为小数点后两位。

程序 2-21 （dollar_display.py）

```
1   # This program demonstrates how a floating-point
2   # number can be displayed as currency.
3   monthly_pay = 5000.0
4   annual_pay = monthly_pay * 12
5   print('Your annual pay is $',
6         format(annual_pay, ',.2f'),
7         sep='')
```

程序输出

Your annual pay is $60,000.00

注意，在第 7 行，我们给 print 函数传递了一个参数 sep=''。如前所述，它的作用是指定在输出的各项之间不打印空格。若不传递这个参数，则在 $ 后面会打印出一个空格。

2.8.8 指定最小域宽

格式限定符中还可以包含一个最小域宽（Minimum Field Width），用来指定显示数值的最小空格数。下面这个例子就是指定在 12 个空格的域宽内打印数据：

```
>>> print('The number is', format(12345.6789, '12,.2f')) Enter
The number is    12,345.68
>>>
```

在这个例子中，出现在格式限定符中的 12 个指定数据必须显示在占 12 个空格的最小域宽范围内。本例中，要显示的数据是小于域宽的。尽管 12 345.68 仅占用 9 个空格，但是它还是显示在占 12 个空格的域宽范围内。此时，数据在域宽内是右对齐的。如果数值大到超过指定的域宽，那么系统会自动地增加域宽来容纳数据。

注意，在前面的例子中，域宽指示符是写在逗号分隔符前面（左边）的。下面是一个指定域宽和精度、但是不采用逗号分隔符的例子：

```
>>> print('The number is', format(12345.6789, '12.2f')) Enter
The number is        12345.68
>>>
```

指定域宽主要用于希望对打印出来的数据进行列对齐的情况。请看程序 2-22，每个数据都是显示在 7 个空格的域宽范围内。

程序 2-22 （columns.py）

```
1   # This program displays the following
2   # floating-point numbers in a column
3   # with their decimal points aligned.
4   num1 = 127.899
5   num2 = 3465.148
6   num3 = 3.776
7   num4 = 264.821
8   num5 = 88.081
9   num6 = 799.999
10
11  # Display each number in a field of 7 spaces
12  # with 2 decimal places.
13  print(format(num1, '7.2f'))
14  print(format(num2, '7.2f'))
15  print(format(num3, '7.2f'))
16  print(format(num4, '7.2f'))
17  print(format(num5, '7.2f'))
18  print(format(num6, '7.2f'))
```

程序输出

```
 127.90
3465.15
   3.78
 264.82
  88.08
 800.00
```

2.8.9　格式化浮点数为百分数形式

除了用 f 作为类型限定符外，你还可以使用百分号 % 来以百分数格式输出浮点数。百分号 % 将会让数据在乘以 100 后再显示出来，并在后边添加一个 %。下面就是一个例子：

```
>>> print(format(0.5, '%')) Enter
50.000000%
>>>
```

下面是一个指定精度为 0 的例子：

```
>>> print(format(0.5, '.0%')) Enter
50%
>>>
```

2.8.10　格式化整数

前面演示的例子都是介绍如何输出一个浮点数。其实，format 函数还可以用于整数的

格式化输出。在编写用于整数格式化输出的格式限定符时,有两个差别需要牢记在心:
- 用 d 作为类型限定符。
- 不能指定精度。

让我们在交互式解释器下演示几个例子。在下面的会话中,数据 123456 是在没有限定格式的情况下输出的:

```
>>> print(format(123456, 'd')) Enter
123456
>>>
```

在下面的会话中,数据 123456 是以带逗号分隔符的格式输出的:

```
>>> print(format(123456, ',d')) Enter
123,456
>>>
```

在下面的会话中,数据 123456 是在域宽为 10 个空格的情况下输出的:

```
>>> print(format(123456, '10d')) Enter
    123456
>>>
```

在下面的会话中,数据 123456 是以域宽为 10 个空格并带逗号分隔符的格式输出:

```
>>> print(format(123456, '10,d')) Enter
   123,456
>>>
```

检查点

2.22 怎样才能抑制 print 函数输出结束时的换行?
2.23 如何改变在传给 print 函数的各个输出项之间自动显示的字符?
2.24 转义字符 '\n' 的含义是什么?
2.25 运算符 + 在被用于两个字符串之间时的功能是什么?
2.26 语句 print(format(65.4321,'.2f')) 的显示结果是什么?
2.27 语句 print(format(987654.129,',.2f')) 的显示结果是什么?

2.9 有名常量

概念:有名常量(named constant)用于表示一个在程序执行过程中数值恒定不变的名字。

暂时假设你是一个为银行工作的程序员。在更改一个已经存在的计算与贷款相关的数据的程序时,你看到了下面这行代码:

```
amount = balance * 0.069
```

由于该程序是别人编写的,所以你不清楚数值 0.069 是什么意思。它看上去像是利率,但是也可能是计算某种费用的参数。总之,仅仅看这一行代码,你是无法确定数值 0.069 的含义的。这就是幻数(magic number)的一个例子。所谓幻数是指程序代码中出现的无法解释的数值。从多个角度看,幻数会带来很多问题。首先,正如刚才指出的,阅读程序代码的人很难了解幻数的用途。其次,对于在程序中多处出现的幻数,若需要修改,则每一处都要修改,这将会给程序员带来巨大的修改工作量。第三,在编写程序时,每次键入幻数都有出现击键错误的风险。例如,欲键入的数据是 0.069,而击键时却是 .006 9。这个失误将导致很难发现的数学错误。

使用有名常量代替幻数，则可以解决这些问题。有名常量就是一个在程序执行过程中数值保持恒定不变的名字。下面的例子显示了如何在程序中声明一个有名常量：

INTEREST_RATE = 0.069

该语句创建了一个名为 INTEREST_RATE 的有名常量，并赋值以 0.069。请注意，有名常量的名字都是大写字母。这是绝大多数程序设计语言的通用规则，因为这样可以使有名常量很容易与普通变量区别开来。

采用有名常量的一个好处是增强程序代码的自解释性（self-explanatory）。下面这条语句：

amount = balance * 0.069

修改成下面这样会使其更容易被理解：

amount = balance * INTEREST_RATE

看到第二条语句，一个新接手的程序员马上就能明白它的功能。这显然就是账户余额乘以利率。

采用有名常量的另一个好处是易于对程序进行大面积的修改。假设程序中有 12 处地方用到利率值。当利率变化时，只需要在声明语句中对初始化值进行一次修改即可。例如，若利率提高到 7.2%，则只需将声明语句改为：

INTEREST_RATE = 0.072

这样，用到常量 INTEREST_RATE 的每条语句都将使用新值 0.072。

采用有名常量还有一个好处就是有助于消除使用幻数时经常发生的击键错误。例如，在编写一个数学表达式时，若你无意地把 0.069 敲成了 .0069，那么程序将用错误的数据进行计算。但是若你在编写 INTEREST_RATE 时发生了击键错误，Python 解释器将会显示一条出错信息提示这个变量名未被定义。

检查点

2.28 采用有名常量的三个好处是什么？
2.29 请编写一条 Python 语句来为 10% 的折扣定义一个有名常量。

2.10 机器龟图形库简介

概念：龟图是一个有趣且轻松的学习程序设计基本概念的途径。Python 的龟图模拟一只"乌龟"在命令驱动下绘制出某些简单的图形。

20 世纪 60 年代后期，MIT（麻省理工学院）的 Seymour Papert 教授用一个机器龟来教程序设计。这个机器龟听命于一台计算机，而学生就在这台计算机上输入各种命令来指挥机器龟移动。这个机器龟还带有一只可以抬起或放下的画笔，这样就可以把它放在一张纸上，通过编程控制它绘制出各种图形。

Python 带有一个能够模拟机器龟的龟图（turtle graphic）系统。该系统在屏幕上显示一个小的光标（表示机器龟）。你可以使用 Python 语句来控制机器龟在屏幕上移动、绘制线段或图形。使用 Python 龟图系统的第一步是编写如下语句：

import turtle

由于龟图系统并没有内置在 Python 解释器中，所以这条语句是不可或缺的。由于龟图系统是存储在一个名为 turtle module 的文件中，所以需要用"`import turtle`"语句将该文件装入内存，这样 Python 解释器才能使用它。

若你正在编写使用龟图的 Python 程序，务必要把这条 `import` 语句放在程序的最前面。若你只是想在交互模式下体验龟图的乐趣，则只需像下面这样在 Python shell 中键入这条语句：

```
>>> import turtle
>>>
```

2.10.1 使用机器龟来画线

Python 机器龟的起始位置位于被当作画布的计算机图形窗口的中心。你可以键入命令 `turtle.showturtle()` 在窗口中显示机器龟。下面是一段导入 turtle module 并显示机器龟的交互式会话实例：

```
>>> import turtle
>>> turtle.showturtle()
```

上述语句执行后，将出现一个与图 2-10 一样的图形窗口。这里解释一下，机器龟的外形与现实乌龟的外形没有任何相似之处，它就是一个光标箭头。采用箭头表示是很重要的，因为箭头代表了机器龟的正面朝向。若你命令机器龟前进，那么它移动的方向就是箭头所指的方向。让我们来试一试，你可以使用 `turtle.forward(n)` 命令机器龟向前移动 n 个像素点（只需输入所需的像素数以代替 n）。例如 `turtle.forward(200)` 命令机器龟向前移动 200 个像素点。下面是在 Python shell 下的一个完整会话：

```
>>> import turtle
>>> turtle.forward(200)
>>>
```

图 2-11 显示了这段会话的执行结果。从图中可以看出，在向前移动的过程中，机器龟绘制了一条线段。

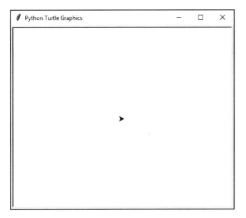

图 2-10　机器龟的图形窗口

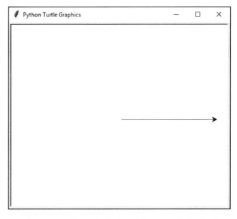

图 2-11　机器龟向前移动 200 个像素点

2.10.2 机器龟的转向

在机器龟首次出现时，它的默认朝向是 0 度（向东），如图 2-12 所示。

命令 `turtle.right(angle)` 或 `turtle.left(angle)` 用于改变机器龟的朝向。其中，命

令 turtle.right(angle) 可使机器龟右转 angle 度，命令 turtle.left(angle) 可使机器龟左转 angle 度。下面是使用命令 turtle.right(angle) 的一段会话例子：

```
>>> import turtle
>>> turtle.forward(200)
>>> turtle.right(90)
>>> turtle.forward(200)
>>>
```

这段会话先让机器龟向前移动 200 个像素点，然后右转 90 度（机器龟面朝下）。接着向前移动 200 个像素点。这段会话的输出如图 2-13 所示。

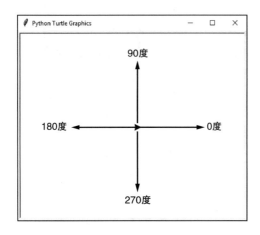
图 2-12　机器龟的朝向

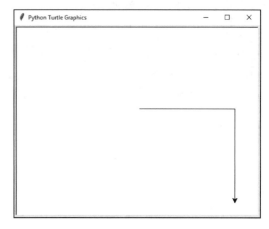
图 2-13　机器龟向右转

下面是使用命令 turtle.left(angle) 的一段会话例子：

```
>>> import turtle
>>> turtle.forward(100)
>>> turtle.left(120)
>>> turtle.forward(150)
>>>
```

这段会话先让机器龟向前移动 100 个像素点，然后左转 120 度（机器龟面朝西北方向）。接着向前移动 150 个像素点。这段会话的输出如图 2-14 所示。

一定要牢记，命令 turtle.right 和 turtle.left 用于使机器龟偏转一个指定的角度。例如，机器龟的当前朝向是 90 度（正北），若你输入命令 turtle.left(20)，则机器龟将向左转 20 度。这意味着机器龟的朝向是 110 度。下面这段会话是另外一个例子：

```
>>> import turtle
>>> turtle.forward(50)
>>> turtle.left(45)
>>> turtle.forward(50)
>>> turtle.left(45)
>>> turtle.forward(50)
>>> turtle.left(45)
>>> turtle.forward(50)
>>>
```

图 2-15 是上述会话的输出结果。在会话开始时，机器龟的朝向是 0 度。第 3 行使机器龟向左转 45 度。第 5 行使机器龟再次向左转 45 度。第 7 行使机器龟第三次向左转 45 度。经过三次左转 45 度后，最后机器龟的朝向是 135 度。

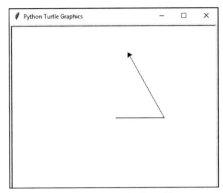
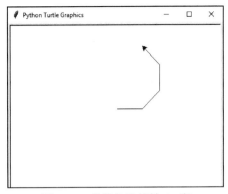

图 2-14　机器龟向左转　　　　　图 2-15　机器龟连续转 45 度

2.10.3　将机器龟的朝向设置为特定的角度

命令 turtle.setheading(angle) 用于将机器龟的朝向设置为特定的角度，其中参数 angle 就是欲设定的角度值。下面这段会话就是一个例子：

```
>>> import turtle
>>> turtle.forward(50)
>>> turtle.setheading(90)
>>> turtle.forward(100)
>>> turtle.setheading(180)
>>> turtle.forward(50)
>>> turtle.setheading(270)
>>> turtle.forward(100)
>>>
```

通常，机器龟的初始朝向是 0 度。第 3 行将机器龟的朝向设置为 90 度。然后，第 5 行将机器龟的朝向设置为 180 度。最后，第 7 行将机器龟的朝向设置为 270 度。这段会话的输出如图 2-16 所示。

2.10.4　获取机器龟的当前朝向

在交互模式下，命令 turtle.heading() 用来显示机器龟的当前朝向。例如：

```
>>> import turtle
>>> turtle.heading()
0.0
>>> turtle.setheading(180)
>>> turtle.heading()
180.0
>>>
```

2.10.5　画笔的抬起和放下

原始的机器龟是被放置在一张很大的纸上，并带有一只可以抬起和放下的画笔。当画笔被放下时，画笔与纸接触，随着机器龟的移动将绘制一条线段。当画笔被抬起时，画笔不再与纸接触，机器龟的移动将不会绘制任何线段。

在 Python 中，你可以使用命令 turtle.penup() 来抬起画笔，使用命令 turtle.pendown() 来放下画笔。当画笔被抬起后，你可以随便移动机器龟而不用担心它会绘制任何线段。当画笔被放下后，随着机器龟的移动，它的身后会留下一条代表其移动轨迹的线段。（默认情况下，画笔处于放下状态。）下面这段会话就是一个例子，该会话的输出如图 2-17 所示。

```
>>> import turtle
>>> turtle.forward(50)
```

```
>>> turtle.penup()
>>> turtle.forward(25)
>>> turtle.pendown()
>>> turtle.forward(50)
>>> turtle.penup()
>>> turtle.forward(25)
>>> turtle.pendown()
>>> turtle.forward(50)
>>>
```

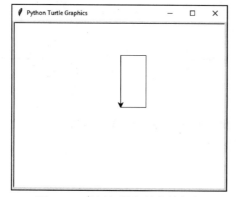

图 2-16　设置机器龟的当前朝向

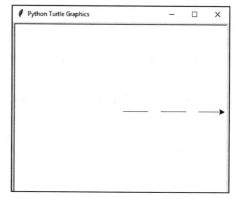

图 2-17　画笔的抬起或放下

2.10.6　绘制圆和点

命令 `turtle.circle(radius)` 用于使机器龟绘制一个半径为 radius 个像素点的圆。例如，命令 `turtle.circle(100)` 使机器龟绘制一个半径为 100 个像素点的圆。下面这段交互式会话的输出如图 2-18 所示。

```
>>> import turtle
>>> turtle.circle(100)
>>>
```

命令 `turtle.dot()` 用于使机器龟绘制一个点。例如下面这段交互式会话，其输出如图 2-19 所示。

```
>>> import turtle
>>> turtle.dot()
>>> turtle.forward(50)
>>> turtle.dot()
>>> turtle.forward(50)
>>> turtle.dot()
>>> turtle.forward(50)
>>>
```

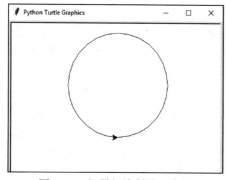

图 2-18　机器龟绘制的一个圆

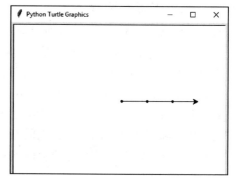

图 2-19　机器龟绘制的点

2.10.7 修改画笔的宽度

命令 turtle.pensize(width) 用来指定机器龟画笔的宽度，其中参数 width 就是一个代表画笔宽度的整数。例如，下面这段交互式会话先将画笔的宽度设定为 5 个像素，然后再绘制一个圆。

```
>>> import turtle
>>> turtle.pencsize(5)
>>> turtle.circle(100)
>>>
```

2.10.8 改变画笔的颜色

命令 turtle.pencolor(color) 用来设定机器龟画笔的颜色，其中参数 color 就是代表颜色名的一个字符串。例如，下面这段交互式会话就先将画笔颜色改为红色（red），然后再绘制一个圆。

```
>>> import turtle
>>> turtle.pencolor('red')
>>> turtle.circle(100)
>>>
```

有许多预先定义好的颜色名可供你在 turtle.pencolor 命令中使用，附录 D 列出了全部颜色名。常用的颜色名是 'red'（红）、'green'（绿）、'blue'（蓝）、'yellow'（黄）和 'cyan'（青）。

2.10.9 修改背景的颜色

你可以使用命令 turtle.bgcolor(color) 来修改机器龟的图形窗口的背景颜色，其中参数 color 就是代表颜色名的一个字符串。例如，下面这段交互式会话就先将背景颜色改为灰色（gray），将画笔颜色改为红色，然后再绘制一个圆。

```
>>> import turtle
>>> turtle.bgcolor('gray')
>>> turtle.pencolor('red')
>>> turtle.circle(100)
>>>
```

如前所述，预先定义的颜色名有很多，附录 D 是它们的完整列表。

2.10.10 重新设置屏幕

可用于重新设置机器龟的图形窗口的命令有三个：turtle.reset()、turtle.clear() 和 turtle.clearscreen()。下面是对它们的简单介绍：

- 命令 turtle.reset() 将擦除当前窗口中的所有图形，并把画笔颜色重置为黑色，让机器龟重新回到屏幕中心的初始位置。这个命令并不重置图形窗口的背景颜色。
- 命令 turtle.clear() 只是擦除当前图形窗口中的所有图形。它并不改变机器龟的位置，也不改变画笔颜色和图形窗口的背景颜色。
- 命令 turtle.clearscreen() 擦除当前窗口中的所有图形，并将画笔颜色重置为黑色，图形窗口的背景颜色重置为白色，让机器龟重新回到屏幕中心的初始位置。

2.10.11 指定图形窗口的大小

你可以使用命令 turtle.setup(width, height) 来指定图形窗口的大小。其中，参数 width 和 height 表示以像素点为单位的窗口的宽度和高度。例如下面的交互式会话将创建一个宽度为 640 个像素点和高度为 480 个像素点的图形窗口。

```
>>> import turtle
>>> turtle.setup(640, 480)
>>>
```

2.10.12 移动机器龟到指定的位置

如图 2-20 所示,机器龟的图形窗口是采用笛卡尔坐标系(Cartesian coordinate system)来确定每个像素点的位置。每个像素点都有一个 X 坐标和一个 Y 坐标。X 坐标决定了像素点的水平位置,而 Y 坐标决定了像素点的垂直位置。需要明确的原则是:

- 图形窗口中央那个像素点的位置是 (0, 0),这表示它的 X 坐标和 Y 坐标都是 0。
- X 坐标值增加表示向窗口的右侧移动。反之,表示向窗口的左侧移动。
- Y 坐标值增加表示向窗口的上方移动。反之,表示向窗口的下方移动。
- 位于窗口中心右侧的像素点拥有正的 X 坐标值,位于窗口中心左侧的像素点拥有负的 X 坐标值。
- 位于窗口中心上方的像素点拥有正的 Y 坐标值,位于窗口中心下方的像素点拥有负的 Y 坐标值。

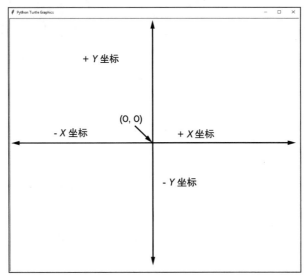

图 2-20　笛卡尔坐标系

你可以使用命令 turtle.goto(x, y) 来将机器龟从图形窗口中的当前位置直接移动到指定位置。其中,参数 x 和 y 就是机器龟目标位置的坐标。若画笔处于放下状态,则机器龟将绘制一段表示其移动轨迹的线段。例如,下面这段交互式会话绘制的线段如图 2-21 所示。

```
>>> import turtle
>>> turtle.goto(0, 100)
>>> turtle.goto(-100, 0)
>>> turtle.goto(0, 0)
>>>
```

2.10.13 获取机器龟的当前位置

在交互式会话中,你可以使用命令 turtle.pos() 来显示机器龟的当前位置。下面就是一个例子:

```
>>> import turtle
>>> turtle.goto(100, 150)
>>> turtle.pos()
(100.00, 150.00)
>>>
```

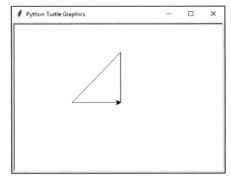

图 2-21　机器龟的移动

命令 turtle.xcor() 用来显示机器龟的 X 坐标，命令 turtle.ycor() 用来显示机器龟的 Y 坐标。下面是一个例子：

```
>>> import turtle
>>> turtle.goto(100, 150)
>>> turtle.xcor()
100
>>> turtle.ycor()
150
>>>
```

2.10.14 控制机器龟的动画速度

命令 turtle.speed(speed) 用来改变机器龟的移动速度。其中，参数 speed 是取值范围在 0 到 10 之间的一个整数。若你将移动速度设定为 0，则机器龟将在瞬间完成移动（无动画效果）。例如，下面这段交互式会话就是先取消动画功能，然后画一个圆。它的运行结果是，这个圆立即出现在屏幕上。

```
>>> import turtle
>>> turtle.speed(0)
>>> turtle.circle(100)
>>>
```

若将速度设定为 1 到 10 之间的某个值，那么 1 是最慢，10 是最快。下面这段交互式会话就是将动画速度设定为 1（最慢），然后画一个圆。

```
>>> import turtle
>>> turtle.speed(1)
>>> turtle.circle(100)
>>>
```

若要获得机器龟当前的动画速度，那么可以使用命令 turtle.speed()（不指定速度参数）。例如下面这个例子：

```
>>> import turtle
>>> turtle.speed()
3
>>>
```

2.10.15 隐藏机器龟

如果不希望机器龟显示在屏幕上，可以使用命令 turtle.hideturtle() 来让机器龟在屏幕上隐身。这条命令并不改变任何绘图方式，仅仅是隐藏机器龟的箭头光标。当你想恢复光标显示时，则可以用命令 turtle.showturtle() 来让机器龟在屏幕上重新现身。

2.10.16 在图形窗口中显示文本

命令 turtle.write(text) 用来在图形窗口中显示文本。其中，参数 text 就是你想显示的字符串。显示字符串时，系统用机器龟的 X 坐标和 Y 坐标来定位第一个字符的左下角。下面这段交互式会话就演示了这个功能，这段会话的输出如图 2-22 所示。

```
>>> import turtle
>>> turtle.write('Hello World')
>>>
```

下面这段交互式会话是另一个例子，在这个例子中先将机器龟移动到指定位置，然后再显示文本，这段会话的输出结果如图 2-23 所示。

```
>>> import turtle
>>> turtle.setup(300, 300)
>>> turtle.penup()
>>> turtle.hideturtle()
>>> turtle.goto(-120, 120)
>>> turtle.write("Top Left")
>>> turtle.goto(70, -120)
>>> turtle.write("Bottom Right")
>>>
```

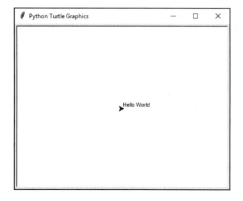

图 2-22　显示在图形窗口中的文本

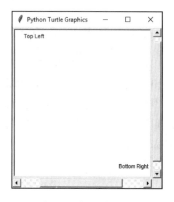

图 2-23　显示在图形窗口中指定位置上的文本

2.10.17　图形填充

如果想用颜色来填充一个图形，那么可以在绘图之前先使用命令 `turtle.begin_fill()`，然后在绘图结束后再使用命令 `turtle.end_fill()`。在执行 `turtle.end_fill()` 命令之后，图形将填充成当前填充色。下面这段交互式会话就演示了填充图形的方法，这段会话的输出结果如图 2-24 所示。

```
>>> import turtle
>>> turtle.hideturtle()
>>> turtle.begin_fill()
>>> turtle.circle(100)
>>> turtle.end_fill()
>>>
```

图 2-24 中绘制的圆被填充成黑色，黑色是默认的填充色。修改填充色可以使用命令 `turtle.fillcolor(color)`，其中的参数 color 是一个表示颜色的字符串。例如，下面这段交互式会话先将填充色修改为红色（'red'），然后再绘制并填充一个圆。

```
>>> import turtle
>>> turtle.hideturtle()
>>> turtle.fillcolor('red')
>>> turtle.begin_fill()
>>> turtle.circle(100)
>>> turtle.end_fill()
>>>
```

有许多预先定义好的颜色名可供你在 `turtle.fillcolor` 命令中使用，附录 D 列出了全部颜色名。常用的颜色名是 'red'、'green'、'blue'、'yellow'

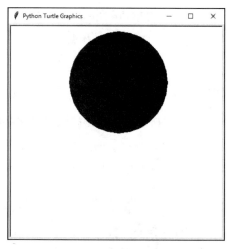

图 2-24　一个填充了颜色的圆

和 'cyan'。

下面这段交互式会话演示了如何绘制一个正方形并用蓝色（'blue'）来填充这个正方形，这段会话的输出结果如图 2-25 所示。

```
>>> import turtle
>>> turtle.hideturtle()
>>> turtle.fillcolor('blue')
>>> turtle.begin_fill()
>>> turtle.forward(100)
>>> turtle.left(90)
>>> turtle.forward(100)
>>> turtle.left(90)
>>> turtle.forward(100)
>>> turtle.left(90)
>>> turtle.forward(100)
>>> turtle.end_fill()
>>>
```

如果待填充的图形不是封闭的，那么最终的填充效果就等同于在绘图的起点和终点之间画了一条线段。例如，下面这段交互式会话画了两条线。第一条是从（0，0）画到（120，120），第二条是从（120，120）画到（200，-100）。执行 turtle.end_fill() 命令后，填充的形状就像在（0，0）到（200，-120）之间有一条线一样。这段会话的输出结果如图 2-26 所示。

```
>>> import turtle
>>> turtle.hideturtle()
>>> turtle.begin_fill()
>>> turtle.goto(120, 120)
>>> turtle.goto(200, -100)
>>> turtle.end_fill()
>>>
```

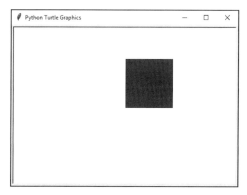

图 2-25　一个填充了颜色的正方形

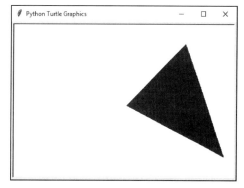

图 2-26　一个填充图形

2.10.18 用命令 turtle.done() 来保持图形窗口的开放状态

如果你想在除 IDLE（例如，在命令行状态下）以外的环境运行 Python 机器龟图形程序。你会注意到，一旦程序结束，图形窗口就消失了。为了防止在程序结束后图形窗口被关掉，就需要在机器龟图形程序的最后增加一条 turtle.done() 语句。这条语句将使图形窗口保持开放状态，这样才可以在程序结束后看到执行结果。想要关闭窗口时，只需点击窗口上的标准按钮"close"即可。

若在 IDLE 上运行程序，则没必要在程序中添加 turtle.done() 语句。

聚光灯：猎户座星群程序

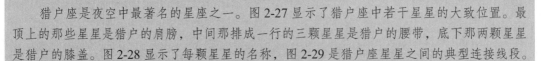

猎户座是夜空中最著名的星座之一。图 2-27 显示了猎户座中若干星星的大致位置。最顶上的那些星星是猎户的肩膀，中间那排成一行的三颗星星是猎户的腰带，底下那两颗星星是猎户的膝盖。图 2-28 显示了每颗星星的名称，图 2-29 是猎户座星星之间的典型连接线段。

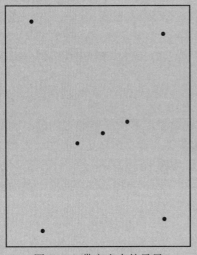

图 2-27　猎户座中的星星

图 2-28　这些星星的名称

本节中，我们将开发一个程序来显示这些星星、它们的名称以及图 2-29 所示的星座图。程序将在一个宽为 500 个像素点和高为 600 个像素点的图形窗口内显示星座图，其中用点来代表星星。我们工作的基础是如图 2-30 所示的这样一张图纸，这张图纸上标出了每个点的位置并可以确定它们的坐标。

图 2-30 中标出的坐标值将会在我们的程序中多次使用。考虑到记住并正确编写每颗星星的坐标值是一件很困难的事情，所以为了简化我们的代码，我们将创建以下的有名常量来表示每颗星星的坐标值：

```
LEFT_SHOULDER_X = -70
LEFT_SHOULDER_Y = 200

RIGHT_SHOULDER_X = 80
RIGHT_SHOULDER_Y = 180

LEFT_BELTSTAR_X = -40
LEFT_BELTSTAR_Y = -20

MIDDLE_BELTSTAR_X = 0
MIDDLE_BELTSTAR_Y = 0

RIGHT_BELTSTAR_X = 40
RIGHT_BELTSTAR_Y = 20

LEFT_KNEE_X = -90
LEFT_KNEE_Y = -180

RIGHT_KNEE_X = 120
RIGHT_KNEE_Y = -140
```

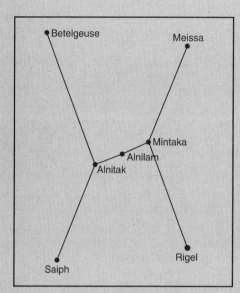
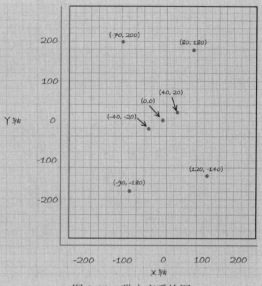

图 2-29 猎户座星座图　　　　　图 2-30 猎户座手绘图

现在我们已经确定了每颗星星的坐标值，并且创建了与之对应的有名常量，于是就可以为程序的第一部分显示星星编写程序伪码了：

Set the graphics window size to 500 pixels wide by 600 pixels high
Draw a dot at (LEFT_SHOULDER_X,　　　　　　　　　　　　　　　　　　　　　　　　*LEFT_SHOULDER_Y)*　　　　　　　　　　　　　*# Left shoulder*
Draw a dot at (RIGHT_SHOULDER_X,　　　　　　　　　　　　　　　　　　　　　　　　*RIGHT_SHOULDER_Y)*　　　　　　　　　　　　*# Right shoulder*
Draw a dot at (LEFT_BELTSTAR_X, LEFT_BELTSTAR_Y)　　# Leftmost star in the belt
Draw a dot at (MIDDLE_BELTSTAR_X,　　　　　　　　　　　　　　　　　　　　　　　　*MIDDLE_BELTSTAR_Y)*　　　　　　　　　　　*# Middle star in the belt*
Draw a dot at (RIGHT_BELTSTAR_X,　　　　　　　　　　　　　　　　　　　　　　　　*RIGHT_BELTSTAR_Y)*　　　　　　　　　　　　*# Rightmost star in the belt*
Draw a dot at (LEFT_KNEE_X, LEFT_KNEE_Y)　　　　　# Left knee
Draw a dot at (RIGHT_KNEE_X, RIGHT_KNEE_Y)　　　　# Right knee

接下来，程序要像图 2-31 显示的那样，标出每颗星星的名称。下面就是这段程序的伪码。

Display the text "Betelgeuse" at (LEFT_SHOULDER_X,　　　　　　　　　　　　　　　　　　　　　　　　　　　　　　　　*LEFT_SHOULDER_Y)*　　　　　*# Left shoulder*
Display the text "Meissa" at (RIGHT_SHOULDER_X,　　　　　　　　　　　　　　　　　　　　　　　　　　　　　*RIGHT_SHOULDER_Y)*　　　*# Right shoulder*
Display the text "Alnitak" at (LEFT_BELTSTAR_X,　　　　　　　　　　　　　　　　　　　　　　　　　　　　　*LEFT_BELTSTAR_Y)*　　　*# Leftmost star in the belt*
Display the text "Alnilam" at (MIDDLE_BELTSTAR_X,　　　　　　　　　　　　　　　　　　　　　　　　　　　　　　*MIDDLE_BELTSTAR_Y)*　*# Middle star in the belt*
Display the text "Mintaka" at (RIGHT_BELTSTAR_X,　　　　　　　　　　　　　　　　　　　　　　　　　　　　　　*RIGHT_BELTSTAR_Y)*　*# Rightmost star in the belt*
Display the text "Saiph" at (LEFT_KNEE_X,　　　　　　　　　　　　　　　　　　　　　　　　　　　　*LEFT_KNEE_Y)*　　　　　　*# Left knee*
Display the text "Rigel" at (RIGHT_KNEE_X,　　　　　　　　　　　　　　　　　　　　　　　　　　　　*RIGHT_KNEE_Y)*　　　　　*# Right knee*

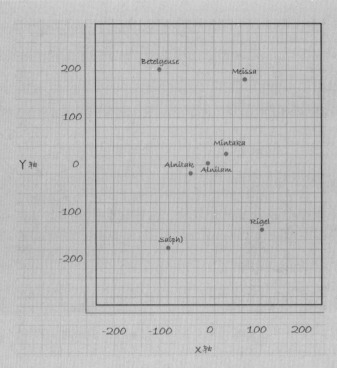

图 2-31　标有星星名称的猎户座手绘图

```
# Left shoulder to left belt star
Draw a line from (LEFT_SHOULDER_X, LEFT_SHOULDER_Y) to
(LEFT_BELTSTAR_X, LEFT_BELTSTAR_Y)

# Right shoulder to right belt star
Draw a line from (RIGHT_SHOULDER_X, RIGHT_SHOULDER_Y) to
(RIGHT_BELTSTAR_X, RIGHT_BELTSTAR_Y)

# Left belt star to middle belt star
Draw a line from (LEFT_BELTSTAR_X, LEFT_BELTSTAR_Y) to
(MIDDLE_BELTSTAR_X, MIDDLE_BELTSTAR_Y)

# Middle belt star to right belt star
Draw a line from (MIDDLE_BELTSTAR_X, MIDDLE_BELTSTAR_Y) to
(RIGHT_BELTSTAR_X, RIGHT_BELTSTAR_Y)

# Left belt star to left knee
Draw a line from (LEFT_BELTSTAR_X, LEFT_BELTSTAR_Y) to
(LEFT_KNEE_X, LEFT_KNEE_Y)

# Right belt star to right knee
Draw a line from (RIGHT_BELTSTAR_X, RIGHT_BELTSTAR_Y) to
(RIGHT_KNEE_X, RIGHT_KNEE_Y)
```

再接下来，程序就要像图 2-32 显示的那样，画出星星之间的连线。下面是这段程序的伪码。

在确定完程序应该执行的逻辑处理步骤后，我们就可以开始编写代码了。程序 2-23 就是编写好的完整程序。程序运行时，首先显示星星，然后显示各个星星的名称，最后显示星座的图形。图 2-33 显示了该程序的输出结果。

输入、处理与输出 67

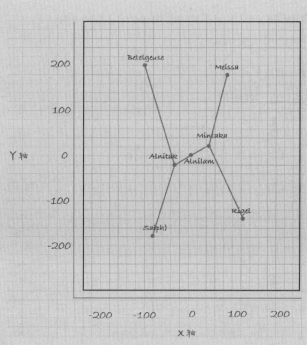

图 2-32 标有星星名称及连线的猎户座手绘图

程序 2-23 (orion.py)

```
1   # This program draws the stars of the Orion constellation,
2   # the names of the stars, and the constellation lines.
3   import turtle
4
5   # Set the window size.
6   turtle.setup(500, 600)
7
8   # Setup the turtle.
9   turtle.penup()
10  turtle.hideturtle()
11
12  # Create named constants for the star coordinates.
13  LEFT_SHOULDER_X = -70
14  LEFT_SHOULDER_Y = 200
15
16  RIGHT_SHOULDER_X = 80
17  RIGHT_SHOULDER_Y = 180
18
19  LEFT_BELTSTAR_X = -40
20   LEFT_BELTSTAR_Y = -20
21
22  MIDDLE_BELTSTAR_X = 0
23   MIDDLE_BELTSTAR_Y = 0
24
25  RIGHT_BELTSTAR_X = 40
26  RIGHT_BELTSTAR_Y = 20
27
28  LEFT_KNEE_X = -90
29  LEFT_KNEE_Y = -180
```

```
30
31  RIGHT_KNEE_X = 120
32  RIGHT_KNEE_Y = -140
33
34  # Draw the stars.
35  turtle.goto(LEFT_SHOULDER_X, LEFT_SHOULDER_Y)       # Left shoulder
36  turtle.dot()
37  turtle.goto(RIGHT_SHOULDER_X, RIGHT_SHOULDER_Y)     # Right shoulder
38  turtle.dot()
39  turtle.goto(LEFT_BELTSTAR_X, LEFT_BELTSTAR_Y)       # Left belt star
40  turtle.dot()
41  turtle.goto(MIDDLE_BELTSTAR_X, MIDDLE_BELTSTAR_Y)   # Middle belt star
42  turtle.dot()
43  turtle.goto(RIGHT_BELTSTAR_X, RIGHT_BELTSTAR_Y)     # Right belt star
44  turtle.dot()
45  turtle.goto(LEFT_KNEE_X, LEFT_KNEE_Y)               # Left knee
46  turtle.dot()
47  turtle.goto(RIGHT_KNEE_X, RIGHT_KNEE_Y)             # Right knee
48  turtle.dot()
49
50  # Display the star names
51  turtle.goto(LEFT_SHOULDER_X, LEFT_SHOULDER_Y)       # Left shoulder
52  turtle.write('Betegeuse')
53  turtle.goto(RIGHT_SHOULDER_X, RIGHT_SHOULDER_Y)     # Right shoulder
54  turtle.write('Meissa')
55  turtle.goto(LEFT_BELTSTAR_X, LEFT_BELTSTAR_Y)       # Left belt star
56  turtle.write('Alnitak')
57  turtle.goto(MIDDLE_BELTSTAR_X, MIDDLE_BELTSTAR_Y)   # Middle belt star
58  turtle.write('Alnilam')
59  turtle.goto(RIGHT_BELTSTAR_X, RIGHT_BELTSTAR_Y)     # Right belt star
60  turtle.write('Mintaka')
61  turtle.goto(LEFT_KNEE_X, LEFT_KNEE_Y)               # Left knee
62  turtle.write('Saiph')
63  turtle.goto(RIGHT_KNEE_X, RIGHT_KNEE_Y)             # Right knee
64  turtle.write('Rigel')
65
66  # Draw a line from the left shoulder to left belt star
67  turtle.goto(LEFT_SHOULDER_X, LEFT_SHOULDER_Y)
68  turtle.pendown()
69  turtle.goto(LEFT_BELTSTAR_X, LEFT_BELTSTAR_Y)
70  turtle.penup()
71
72  # Draw a line from the right shoulder to right belt star
73  turtle.goto(RIGHT_SHOULDER_X, RIGHT_SHOULDER_Y)
74  turtle.pendown()
75  turtle.goto(RIGHT_BELTSTAR_X, RIGHT_BELTSTAR_Y)
76  turtle.penup()
77
78  # Draw a line from the left belt star to middle belt star
79  turtle.goto(LEFT_BELTSTAR_X, LEFT_BELTSTAR_Y)
80  turtle.pendown()
81  turtle.goto(MIDDLE_BELTSTAR_X, MIDDLE_BELTSTAR_Y)
82  turtle.penup()
```

```
 83
 84    # Draw a line from the middle belt star to right belt star
 85    turtle.goto(MIDDLE_BELTSTAR_X, MIDDLE_BELTSTAR_Y)
 86    turtle.pendown()
 87    turtle.goto(RIGHT_BELTSTAR_X, RIGHT_BELTSTAR_Y)
 88    turtle.penup()
 89
 90    # Draw a line from the left belt star to left knee
 91    turtle.goto(LEFT_BELTSTAR_X, LEFT_BELTSTAR_Y)
 92    turtle.pendown()
 93    turtle.goto(LEFT_KNEE_X, LEFT_KNEE_Y)
 94    turtle.penup()
 95
 96    # Draw a line from the right belt star to right knee
 97    turtle.goto(RIGHT_BELTSTAR_X, RIGHT_BELTSTAR_Y)
 98    turtle.pendown()
 99    turtle.goto(RIGHT_KNEE_X, RIGHT_KNEE_Y)
100
101    # Keep the window open. (Not necessary with IDLE.)
102    turtle.done()
```

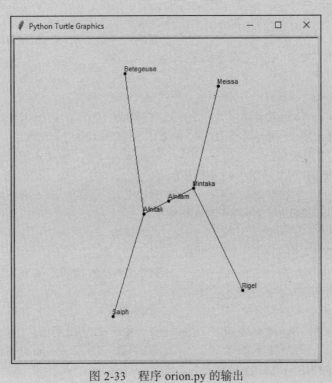

图 2-33 程序 orion.py 的输出

检查点

2.30 在首次出现时，机器龟默认朝向哪里？

2.31 如何能让机器龟向前移动？

2.32 如何能让机器龟右转 45 度？

2.33 如何能让机器龟向前移动到一个新位置同时又不绘制线段？
2.34 用来显示机器龟当前朝向的命令是什么？
2.35 用什么命令可以绘制一个半径为 100 像素点的圆？
2.36 用什么命令可以将机器龟画笔的宽度修改为 8 个像素点？
2.37 用什么命令可以将机器龟的绘图颜色改为蓝色？
2.38 用什么命令可以将机器龟图形窗口的背景颜色改为黑色？
2.39 用什么命令可以将机器龟图形窗口的大小设置为 500 像素点宽和 200 像素点高？
2.40 用什么命令可以将机器龟移动到（100，50）位置？
2.41 用来显示机器龟当前位置坐标的命令是什么？
2.42 哪条命令会让绘图的动画速度变快？ `turtle.speed(1)` 还是 `turtle.speed(10)`。
2.43 可以让龟图动画效果暂停的命令是什么？
2.44 请说明如何绘制一个填充有某种颜色的图形。
2.45 如何在龟图的图形窗口内显示文本？

复习题

多项选择题

1. ＿＿＿＿错误不会让程序停止运行，但是却会导致得到一个不正确的结果。
   a. 语法　　　　　　b. 硬件　　　　　　c. 逻辑　　　　　　d. 致命的
2. ＿＿＿＿是为满足客户要求，程序必须完成的一个独立的功能。
   a. 任务　　　　　　b. 软件需求　　　　c. 前提条件　　　　d. 断言 / 谓词
3. 为了完成某个任务而必须执行的一组预先定义好的逻辑步骤，称为＿＿＿＿。
   a. 对数　　　　　　b. 行动计划　　　　c. 逻辑计划　　　　d. 算法
4. 不受语法规则限制也不是用来编译或执行的一种非正式程序设计语言，称为＿＿＿＿。
   a. 假码　　　　　　b. 伪码　　　　　　c. Python　　　　　d. 流程图
5. 以图形方式说明发生在程序中的处理步骤的图形是＿＿＿＿。
   a. 流程图　　　　　b. 步骤图　　　　　c. 代码图　　　　　d. 程序图
6. ＿＿＿＿是用来引用计算机存储器中某个数值的名字。
   a. 变量　　　　　　b. 寄存器　　　　　c. 内存插槽　　　　d. 字节
7. ＿＿＿＿是设想中的使用相应程序并为其提供输入的人。
   a. 设计者　　　　　b. 用户　　　　　　c. 医学实验动物 / 豚鼠　　　d. 试验对象
8. Python 语言中的字符串文本必须用＿＿＿＿括起来。
   a. 圆括号　　　　　b. 单引号　　　　　c. 双引号　　　　　d. 单引号或双引号均可
9. 位于程序的不同位置、用来解释相应程序段是如何工作的简短说明，称为＿＿＿＿。
   a. 注释　　　　　　b. 参考手册　　　　c. 辅导手册　　　　d. 外部文档
10. ＿＿＿＿让一个变量引用计算机存储器中的一个值。
    a. 变量声明　　　　b. 赋值语句　　　　c. 数学表达式　　　d. 字符串文本
11. 在 Python 语言中，表示注释开始的符号是＿＿＿＿。
    a. &　　　　　　　b. *　　　　　　　c. **　　　　　　　d. #
12. 下列＿＿＿＿语句会引起错误？
    a. x = 17　　　　　b. 17 = x　　　　　c. x = 99999　　　　d. x = '17'
13. 在表达式 12 + 7 中，位于运算符 + 左右的两个值称为＿＿＿＿。

a. 操作数　　　　　b. 运算符　　　　　c. 参数　　　　　d. 数学表达式

14. 执行整数除法的运算符是_____。
    a. //　　　　　　b. %　　　　　　　c. **　　　　　　d. /

15. 计算幂值的运算符是_____。
    a. %　　　　　　b. *　　　　　　　c. **　　　　　　d. /

16. 执行除法运算，但是返回的是余数而不是商的运算符是_____。
    a. %　　　　　　b. *　　　　　　　c. **　　　　　　d. /

17. 设想程序中有这样一条语句：price = 99.0。请问在该语句执行后，变量 price 所引用数值的数据类型是_____。
    a. 整型　　　　　b. 浮点型　　　　c. 并发型　　　　d. 字符串型

18. 下列_____内置函数可用于读取从键盘上键入的输入？
    a. input()　　　b. get_input()　c. read_input()　d. keyboard()

19. 下列_____内置函数可用于将一个整数值转换成浮点数？
    a. int_to_float()　b. float()　　c. convert()　　d. int()

20. 幻数是指_____。
    a. 在数学层面上未定义的数　　　　　b. 出现在程序代码中无法解释的数
    c. 不能够被 1 除的数　　　　　　　 d. 会导致计算机崩溃的数

21. _____用来表示在程序执行过程中保持不变的数值的名称。
    a. 有名文字　　　b. 有名常量　　　c. 变量签名　　　d. 关键项

判断题

1. 在编写伪码程序时，程序员必须小心避免出现语法错误。
2. 在一个数学表达式中，乘除运算总是在加减运算之前进行。
3. 变量名内部允许有空格。
4. Python 语言中，变量名的首字符不能是数字。
5. 若打印一个未被赋值的变量，那么显示的数值是 0。

简答题

1. 为了获得对一个问题的理解，一个有经验的程序员会首先做什么？
2. 什么是伪码？
3. 计算机程序的执行过程通常分哪三步？
4. 若一个数学表达式将一个浮点数与一个整数相加，结果的数据类型是什么？
5. 浮点数除法和整数除法的差别是什么？
6. 什么是幻数？为什么说幻数是有问题的？
7. 假设程序要用有名常量 PI 来代表数值 3.14159。这个有名常量出现在程序的好几个语句中。请问在每个语句中，用有名常量来代替真值 3.14159 的好处是什么？

算法工作室

1. 请编写 Python 代码来提示用户输入他的身高，并将用户的输入赋值给名为 height 的变量。
2. 请编写 Python 代码来提示用户来输入他喜欢的颜色，并将用户的输入赋值给名为 color 的变量。
3. 请编写赋值语句来执行下列针对变量 a、b 和 c 的操作：
    a. 给 a 加 2 然后把结果赋值给 b　　　　b. b 乘以 4 然后把结果赋值给 a
    c. a 除以 3.14 然后把结果赋值给 b　　　d. b 减去 8 然后把结果赋值给 a

4. 设变量 result、w、x、y 和 z 都是整数，w = 5、x = 4、y = 8、z = 2。下列语句执行后，保存在 result 中的值是什么？
   a. result = x + y   b. result = z * 2   c. result = y / x   d. result = y – z
   e. result = w // z

5. 请编写一条 Python 语句将 10 和 14 之和赋值给变量 total。
6. 请编写一条 Python 语句将从变量 total 减去变量 down_payment 然后把结果赋值给 due。
7. 请编写一条 Python 语句让变量 subtotal 乘以 0.15 然后把结果赋值给变量 total。
8. 下列语句执行后，显示的结果是什么？

   ```
   a = 5
   b = 2
   c = 3
   result = a + b * c
   print(result)
   ```

9. 下列语句执行后，显示的结果是什么？

   ```
   num = 99
   num = 5
   print(num)
   ```

10. 假设变量 sales 引用一个浮点数，请编写一条语句显示将该变量舍入到小数点后两位的数值。
11. 假设下面的语句已经执行：

    ```
    number = 1234567.456
    ```

    请编写一条 Python 语句将变量 number 引用的数值显示成如下格式。

    1,234,567.5

12. 下列这条语句的显示结果是什么？

    ```
    print('George', 'John', 'Paul', 'Ringo', sep='@')
    ```

13. 请编写一条龟图语句绘制一个半径为 75 个像素点的圆。
14. 请编写若干龟图语句绘制一个边长为 100 个像素点的正方形并填充蓝色。
15. 请编写若干龟图语句绘制一个边长为 100 个像素点的正方形和以该正方形为中心的半径为 80 个像素点的圆。圆内填充红色。（正方形不填充任何颜色。）

编程题

1. **个人信息**

   请编写一个程序来显示如下信息：
   - 姓名
   - 地址，城市，州 / 省，邮政编码
   - 电话号码
   - 所学专业

2. **销售预测**

   一家公司的年利润通常是其销售总额的 23%。请编写一个程序，让用户输入预计的销售总额，然后显示其可能带来的利润。

   提示：用数值 0.23 来代表 23%。

3. **土地面积计算**

   一英亩土地等于 43 560 平方英尺。请编写一个程序，让用户以平方英尺为单位输入一片土地的面积，然后计算这片土地的亩数。

提示：将输入的数据除以 43 560 就得到其相当的亩数。

4. 购物总额

一位顾客在商店里购买了五件商品。请编写一个程序，让用户输入每件商品的价格，然后计算消费总额、消费税和应付款。假设消费税率为 7%。

5. 行驶里程

假设没有发生事故或延误，那么驾车在国内旅游的行驶里程可用下面这个公式计算：

$$Distance = Speed \times Time$$

汽车的行驶速度（Speed）是每小时 70 英里。请编写一个程序来显示下列里程数据：

- 汽车行驶 6 小时的里程
- 汽车行驶 10 小时的里程
- 汽车行驶 15 小时的里程

6. 消费税

请编写一个程序，要求用户输入购买金额，然后分别计算国家消费税和州消费税。设州消费税率为 5%、国家消费税率为 2.5%。最后程序显示购买金额、州消费税、国家消费税、总消费税和总消费额。（其中，总消费额等于购买金额与总消费税之和。）

提示：用数值 0.025 来代表 2.5%，用 0.05 来代表 5%。

7. 每加仑汽油的行驶里程

一辆汽车的 MPG（Miles-per-Gallon，每加仑汽油的行驶里程）可以用下面的公式来计算：

$$MPG = Miles\ driven \div Gallons\ of\ gas\ used$$

请编写一个程序，要求用户输入以英里为单位的行驶里程和以加仑为单位的汽油消耗量，然后计算并显示汽车的 MPG。

8. 小费，税和消费总额

请编写一个程序来计算餐厅某次点餐的消费总额。程序要求用户输入点餐的费用，然后计算税率为 18% 的小费和税率为 7% 的消费税。最后显示各项金额和消费总额。

9. 摄氏温度与华氏温度的转换程序

请编写一个程序来将摄氏（Celsius）温度转换成华氏（Fahrenheit）温度。转换公式如下：

$$F = \frac{9}{5}C + 32$$

该程序要求用户输入一个摄氏温度，然后显示转换得到的华氏温度。

10. 配料调节器

一个小甜点的制作配方要求提供以下配料：

- 1.5 杯的糖
- 1 杯的奶油
- 2.75 杯的面粉

该配方用这些配料能够做出 48 块。编写一个程序，请用户输入他想制作的甜点数量，然后显示对于指定的甜点数量所需的每种配料的杯数。

11. 性别比例

编写一个程序，请用户输入某班级男生和女生的人数，然后显示该班级的性别比例。

提示：设某班级有 8 名男生和 12 名女生，共 20 名学生。男性比例计算为 8 ÷ 20 = 0.4 或 40%。女性比例计算为 12 ÷ 20 = 0.6 或 60%。

12. 股票交易程序

上个月，Joe 买入了 Acme 软件股份有限责任公司的一些股票。买入的细节如下：

- Joe 购买的股票股数为 2000。
- 在 Joe 购买时，他是按每股 $40.00 付款。
- Joe 给他的股票代理人支付的佣金是付款总金额的 3%。

两周后，Joe 卖掉了这些股票。卖出的细节如下：

- Joe 卖出的股票股数为 2000。
- 他是按每股 $42.75 卖出的。
- 他给股票代理人支付的另一份佣金是收益总额的 3%。

请编写一个程序显示下列信息：

- Joe 购买股票的付款总额。
- 因购买股票，Joe 给他的代理人支付的佣金金额。
- Joe 卖出股票后的收益总额。
- 卖出股票后，Joe 给代理人支付的佣金金额。
- 在卖出股票并给代理人支付佣金（两次）后，Joe 还剩余的金额。若此金额为正，则说明 Joe 赚钱了；若此金额为负，则说明 Joe 赔钱了。

13. 葡萄种植

葡萄园园主正计划再新种植几行葡萄，她想了解每行应种多少棵。在测量了一行土地的长度并考虑在搭建葡萄棚时每行两端需要树立的端压杆组间宽度后，她决定用下面的公式来计算出每行的最佳种植棵数：

$$V = \frac{R - 2E}{S}$$

公式中各项的含义如下：

V 是每行的最佳种植葡萄棵数

R 是以英尺为单位的土地行长度。

E 是以英尺为单位的端柱组间所占的宽度。

S 是以英尺为单位的葡萄棵之间的间距。

请编写一个程序帮助葡萄园园主完成这个计算。程序请用户输入下列信息：

- 以英尺为单位的土地行长度
- 以英尺为单位的端柱组间宽度
- 以英尺为单位的葡萄棵之间的间距

一旦数据输入完毕，程序将计算并显示每行的最佳种植棵数。

14. 复利

按复利对一个银行账户计息时，银行不仅要为最初存入的本金付息，还要为随时间推移积累起来的利息付息。设想你计划往某个账户里存入一批钱，然后希望在若干年内获得复利。下面这个公式可以计算在指定的年份后一个按复利计息的账户的存款余额：

$$A = P\left(1 + \frac{r}{n}\right)^{nt}$$

公式中各项的含义如下：

A 是在指定的年份后某个账户的资金总额。

P 是最初存入该账户的本金。

r 是年利率。

n 是每年计算复利的次数。

t 是存款的指定年数。

请编写一个程序帮助你完成这个计算。程序将请用户输入下列信息：
- 最初存入该账户的本金金额
- 对应该存款账户的年利率
- 每年计算复利的次数（例如，若按月计算复利，则输入 12；若按季度计算复利，则输入 4）
- 不作任何支取只为获得利息的存款年份
- 一旦数据输入完毕，程序将计算并显示在指定的年份后该账户的资金总额。

注：用户需要以百分数的形式输入利率。例如，2% 应输入 2，而不是 .02。程序将对输入除以 100 来将小数点移到正确的位置上。

15. **机器龟绘图**

请使用龟图库编写程序绘制图 2-34 中的各个图形设计结果。

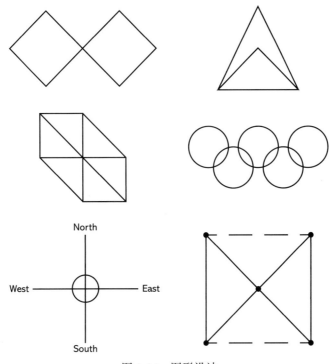

图 2-34 图形设计

第 3 章

Starting Out with Python, Fourth Edition

选择结构与布尔逻辑

3.1 if 语句

概念：if 语句用于创建一个选择结构。借助于选择结构，程序不再只限于一条执行路径，而是有了更多的执行路径。在某个布尔表达式为真时，if 语句将执行一条或若干条语句。

控制结构（control structure）是为了控制一组语句的执行顺序而引入的逻辑结构。截至目前，本书仅使用了最简单的控制结构：顺序结构。所谓顺序结构（sequence structure）是指一组语句的执行顺序就是它们的排列顺序。例如，下列代码就属于顺序结构，其中的语句是从上到下执行的。

```
name = input('What is your name? ')
age = int(input('What is your age? '))
print('Here is the data you entered:')
print('Name:', name)
print('Age:', age)
```

尽管顺序结构在程序设计中大量使用，但是它并不能处理所有类型的任务。因为有些任务不能按照预先安排好的处理步骤一步一步地解决。例如，一个计算薪酬的程序需要判断员工是否加了班。当公司员工的工作时间超过 40 小时时，公司要为员工 40 小时之外的工作时间支付加班费。若该程序不能判断员工是否加了班，那么员工的加班费就被遗忘了。像这样的程序就需要引进新的控制结构：程序仅在某些特定的环境下才执行某些语句。决策结构（decision structure）就能够满足这个要求。决策结构也称为选择结构（selection structure）。

选择结构最简单的形式是，仅当某个特殊的条件存在时，才执行某个特定的操作。若该条件不存在，则不执行那个操作。图 3-1 所示的流程图说明了如何将一个日常生活中的决策形象地表示成一个选择结构。图中的菱形表示一个成立（为真）或不成立（为假）的条件。若条件为真，则选择通向待执行操作的路径；若条件为假，则选择跳过操作的另外那条路径。

在流程图中，菱形框给出了一个必须测试的条件。在本例中，我们要判断条件"室外冷"是否为真。若条件为真，则执行操作"穿件大衣"；若条件为假，则跳过该操作。有条件地执行（conditionally executed）一个操作，是因为该操作仅在一个特定的条件为真时才要执行。

图 3-1 所示流程图对应的选择结构称为单分支选择结构（single alternative decision structure）。这是因为它仅提供了一条可供选择的执行路径。若菱形框中的条件为真，则选择这条路径。否则就退出该结构。图 3-2 展示了一个更为复杂的例子：当"室外冷"时，要执行三个操作。但是它仍然是一个单分支选择结构，因为它仅有一条可选的执行路径。

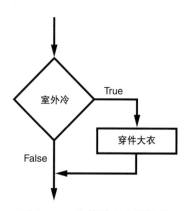

图 3-1　一个简单的选择结构

在Python语言中，我们用if语句来实现一个单分支选择结构。下面是if语句的通用格式：

```
if 条件:
    语句
    语句
    …
```

简单起见，我们称第一行为if从句（if clause）。该从句是以if开头，后边是以冒号结尾的条件（condition）。条件是一个最终定值为"成立/为真（True）"或"不成立/为假（False）"的表达式。从下一行开始，就是一个语句块（block of statement）。所谓语句块就是关联为一体的一组语句。请注意，在上面这个通用格式中，语句块中的所有语句都是统一缩进的。这个缩进是必须遵循的，因为Python解释器就是通过缩进来识别语句块的开始和结束。

if语句执行时，首先测试条件。若条件为真（成立），则执行if语句下面的语句块；若条件为假（不成立），则跳过该语句块。

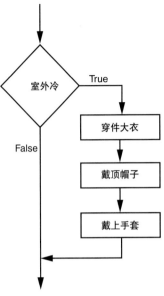

图3-2 如果"室外冷"要执行三个操作的选择结构

3.1.1 布尔表达式与关系运算符

前面介绍过，if语句要测试一个表达式以判断它是真还是假。这个被if语句测试的表达式称为布尔表达式（Boolean expression）。命名为布尔表达式是为了纪念英国数学家乔治·布尔（George Boole）。19世纪，布尔发明了一套可以将抽象的概念"真"和"假"用于计算的数学法则。

通常，构造一个可被if语句测试的布尔表达式至少需要一个关系运算符（relational operator）。关系运算符用于判定两个数值之间是否存在某种特定的关系。例如，大于运算符（>）用于判定一个值是否大于另一个值，等于运算符（==）用于判定两个值是否相等。表3-1列出了Python语言中所有可用的关系运算符。

表3-1 关系运算符

运算符	含义
>	大于
<	小于
>=	大于或等于
<=	小于或等于
==	等于
!=	不等于

下面是一个使用大于运算符（>）来比较变量length和width大小的布尔表达式例子：

```
length > width
```

该表达式要判定变量length引用的数值是否大于变量width引用的数值。若length大于width，则表达式的值为真。否则，表达式的值为假。下面这个表达式使用小于运算符来判断length是否小于width：

```
length < width
```

表 3-2 给出了若干个比较变量 x 和 y 的布尔表达式。

表 3-2 使用关系运算符的布尔表达式

表达式	含义
x > y	x 大于 y 吗
x < y	x 小于 y 吗
x >= y	x 大于或等于 y 吗
x <= y	x 小于或等于 y 吗
x == y	x 等于 y 吗
x != y	x 不等于 y 吗

可以使用 Python 解释器，在交互模式下验证一下这些运算符。

当在提示符 >>> 后面输入一个布尔表达式时，解释器将确定表达式的值并以 True 或者 False 的形式将表达式的值显示出来。请看下面这段交互式会话。（其中的行号是为了方便说明而人为加入的。）

```
1   >>> x = 1 Enter
2   >>> y = 0 Enter
3   >>> x > y Enter
4   True
5   >>> y > x Enter
6   False
7   >>>
```

第 1 行语句将数值 1 赋给变量 x，第 2 行语句将数值 0 赋给变量 y。在第 3 行，输入布尔表达式 x > y。第 4 行则显示该表达式的值（True）。接着在第 5 行，输入布尔表达式 y > x。第 6 行则显示该表达式的值（False）。

下面这段交互式会话是为了演示运算符 <：

```
1   >>> x = 1 Enter
2   >>> y = 0 Enter
3   >>> y < x Enter
4   True
5   >>> x < y Enter
6   False
7   >>>
```

第 1 行语句将数值 1 赋给变量 x，第 2 行语句将数值 0 赋给变量 y。在第 3 行，输入布尔表达式 y < x。第 4 行则显示该表达式的值（True）。接着在第 5 行，输入布尔表达式 x < y。第 6 行则显示该表达式的值（False）。

1. 运算符 >= 和 <=

>= 和 <= 这两个运算符可以测试两个关系。运算符 >= 用于判断其左边的操作数是否大于或等于右边的操作数，运算符 <= 用于判断其左边的操作数是否小于或等于右边的操作数。

请看下面这段交互式会话：

```
1   >>> x = 1 Enter
2   >>> y = 0 Enter
3   >>> z = 1 Enter
4   >>> x >= y Enter
5   True
```

```
 6  >>> x >= z Enter
 7  True
 8  >>> x <= z Enter
 9  True
10  >>> x <= y Enter
11  False
12  >>>
```

第 1 行到第 3 行分别给变量 x、y 和 z 赋值。在第 4 行，输入布尔表达式 x >= y。它的值为真（True）。在第 6 行，输入布尔表达式 x >= z。它的值也为真（True）。在第 8 行，输入布尔表达式 x <= z。它的值还为真（True）。在第 10 行，输入布尔表达式 x <= y。它的值则为假（False）。

2. 运算符 ==

运算符 == 用于判断其左边的操作数是否等于右边的操作数。若两个操作数引用的数值相同，则表达式为真。假设 a 是 4，则表达式 a == 4 为真，而表达式 a == 2 为假。

下面这段交互式会话是为了演示运算符 ==：

```
1  >>> x = 1 Enter
2  >>> y = 0 Enter
3  >>> z = 1 Enter
4  >>> x == y Enter
5  False
6  >>> x == z Enter
7  True
8  >>>
```

注：等于运算符是写在一起的两个等号，千万不要将其与仅仅是一个等号的赋值运算符混淆。

3. 运算符 !=

运算符 != 称为不等于（not-equal-to）运算符。与运算符 == 相反，!= 用来判断其左边的操作数是否不等于右边的操作数。与前面一样，假设 a 是 4，b 是 6，c 是 4，则因为 a 不等于 b 并且 b 不等于 c，所以 a != b 与 b != c 均为真。但是因为 a 等于 c，所以 a != c 为假。

下面这段交互式会话是为了演示运算符 !=：

```
1  >>> x = 1 Enter
2  >>> y = 0 Enter
3  >>> z = 1 Enter
4  >>> x != y Enter
5  True
6  >>> x != z Enter
7  False
8  >>>
```

3.1.2 综合应用

让我们来看下面这个 if 语句例子：

```
if sales > 50000:
    bonus = 500.0
```

这条语句使用 > 运算符来判断 sales 是否大于 50000。若表达式 sales > 50000 的值为真，则将 500.0 赋值给变量 bonus。若该表达式的值为假，则跳过赋值语句。图 3-3 是这段代码的流程图。

下面是有条件地执行一个包含三条语句的语句块的例子。图 3-4 是这段代码的流程图。

```
if sales > 50000:
    bonus = 500.0
    commission_rate = 0.12
    print('You met your sales quota!')
```

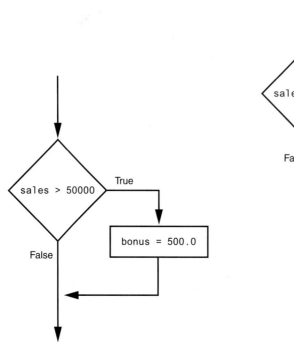

图 3-3　选择结构的一个例子

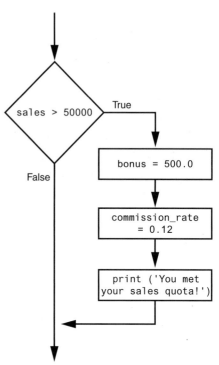

图 3-4　选择结构的另一个例子

下面这段代码使用运算符 == 来判断两个数值是否相等。若变量 balance 被赋以 0，则表达式 balance == 0 的值为真。否则，表达式的值为假。

```
if balance == 0:
    # Statements appearing here will
    # be executed only if balance is
    # equal to 0.
```

下面这段代码使用运算符 != 来判断两个值是否不相等。若变量 choice 不引用值 5，则表达式 choice != 5 的值为真。否则，该表达式的值为假。

```
if choice != 5:
    # Statements appearing here will
    # be executed only if choice is
    # not equal to 5.
```

聚光灯：if 语句的应用

Kathryn 正在教一个理科班，她的学生要接受三次考试。她希望有一个程序可供学生计算他们考试的平均成绩（average test score）。此外，她还希望当学生的平均成绩大于 95 分时，这个程序会给学生一个热情的鼓励。下面是这个程序算法的伪码：

Get the first test score
Get the second test score
Get the third test score
Calculate the average
Display the average
If the average is greater than 95:
　　Congratulate the user

程序 3-1 就是该程序的代码。

程序 3-1 （test_average.py）

```python
 1  # This program gets three test scores and displays
 2  # their average. It congratulates the user if the
 3  # average is a high score.
 4
 5  # The HIGH_SCORE named constant holds the value that is
 6  # considered a high score.
 7  HIGH_SCORE = 95
 8
 9  # Get the three test scores.
10  test1 = int(input('Enter the score for test 1: '))
11  test2 = int(input('Enter the score for test 2: '))
12  test3 = int(input('Enter the score for test 3: '))
13
14  # Calculate the average test score.
15  average = (test1 + test2 + test3) / 3
16
17  # Print the average.
18  print('The average score is', average)
19
20  # If the average is a high score,
21  # congratulate the user.
22  if average >= HIGH_SCORE:
23      print('Congratulations!')
24      print('That is a great average!')
```

程序输出

```
Enter the score for test 1: 82 Enter
Enter the score for test 2: 76 Enter
Enter the score for test 3: 91 Enter
The average score is 83.0
```

程序输出

```
Enter the score for test 1: 93 Enter
Enter the score for test 2: 99 Enter
Enter the score for test 3: 96 Enter
The average score is 96.0
Congratulations!
That is a great average!
```

检查点

3.1　什么是控制结构？

3.2 什么是选择结构?

3.3 什么是单分支选择结构?

3.4 什么是布尔表达式?

3.5 可以用关系运算符测试两个数值之间的什么关系?

3.6 请写出"如果 y 等于 20,则将 0 赋值给 x"的 if 语句。

3.7 请写出"如果 sales 大于或等于 10 000,则将 0.2 赋值给 commissionRate"的 if 语句。

3.2 if-else 语句

概念:当条件为真时,if-else 语句将执行某个语句块,否则执行另一个语句块。

上一节介绍了仅有一条可选执行路径的单分支选择结构(if 语句)。现在,我们要学习具有两条可选执行路径的双分支选择结构(dual alternative decision structure)——当条件为真时执行一条路径,条件为假时执行另一条路径。图 3-5 是双分支选择结构的程序流程图。

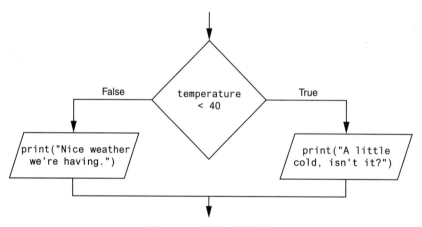

图 3-5 双分支选择结构

流程图所示的选择结构首先测试条件"temperature < 40"。若条件为真,则执行语句 print("A little cold, isn't it?")。若条件为假,则执行语句 print("Nice weather we're having.")。

在编码时,我们将双分支选择结构写成一条 if-else 语句。下面是 if-else 语句的通用格式:

```
if condition:
    statement
    statement
    etc.
else:
    statement
    statement
    etc.
```

计算机执行到这条语句时,首先测试条件。若条件为真,则执行 if 从句后面的由缩进语句组成的语句块,然后程序的控制跳到紧跟着 if-else 语句后面的那条语句;若条件为假,则执行 else 从句后面的由缩进语句组成的语句块,然后程序的控制跳到紧跟着 if-else 语句后面的那条语句。上述操作如图 3-6 所示。

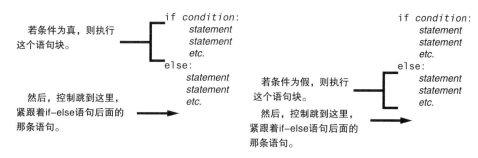

图 3-6　if-else 语句中的条件执行

下面是一个 if-else 语句的例子。下面是针对图 3-5 所示流程图的代码。

```
if temperature < 40:
    print("A little cold, isn't it?")
else:
    print("Nice weather we're having.")
```

if-else 语句中的缩进

编写 if-else 语句时，一定要遵守下列缩进规则：

- 确保 if 从句和 else 从句对齐。
- if 从句和 else 从句都要分别跟着一个语句块。语句块中语句的缩进是一致的。

如图 3-7 所示。

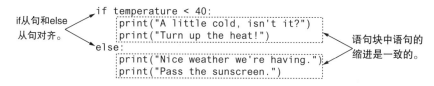

图 3-7　if-else 语句中的缩进

聚光灯：if-else 语句的应用

Chris 经营着一家汽车修理厂并雇佣几名员工。如果员工在一周内的工作时间超过了 40 小时，他将按照平时工资的 1.5 倍为员工在 40 小时以外的工作时间支付薪酬。他想请你设计一个考虑加班酬金的计算员工总薪酬的简单工资计算程序。你给出的算法如下：

Get the number of hours worked.
Get the hourly pay rate.
If the employee worked more than 40 hours:
　　Calculate and display the gross pay with overtime.
Else:
　　Calculate and display the gross pay as usual.

这个程序的代码如程序 3-2 所示。请注意第 3 行和第 4 行创建的两个变量。命名为 **BASE_HOURS** 的变量被赋值以 40，它表示员工不计加班补助的每周工作小时数。

命名为 **OT_MULTIPLIER** 的变量被赋值以 1.5，它表示加班时间的薪酬增加倍数。这意味着，对于加班时间，员工的每小时薪酬将乘以 1.5。

程序 3-2（auto_repair_payroll.py）

```
1   # Named constants to represent the base hours and
2   # the overtime multiplier.
3   BASE_HOURS = 40      # Base hours per week
4   OT_MULTIPLIER = 1.5  # Overtime multiplier
5
6   # Get the hours worked and the hourly pay rate.
7   hours = float(input('Enter the number of hours worked: '))
8   pay_rate = float(input('Enter the hourly pay rate: '))
9
10  # Calculate and display the gross pay.
11  if hours > BASE_HOURS:
12      # Calculate the gross pay with overtime.
13      # First, get the number of overtime hours worked.
14      overtime_hours = hours - BASE_HOURS
15
16      # Calculate the amount of overtime pay.
17      overtime_pay = overtime_hours * pay_rate * OT_MULTIPLIER
18
19      # Calculate the gross pay.
20      gross_pay = BASE_HOURS * pay_rate + overtime_pay
21  else:
22      # Calculate the gross pay without overtime.
23      gross_pay = hours * pay_rate
24
25  # Display the gross pay.
26  print('The gross pay is $', format(gross_pay, ',.2f'), sep='')
```

程序输出

```
Enter the number of hours worked: 40 [Enter]
Enter the hourly pay rate: 20 [Enter]
The gross pay is $800.00.
```

程序输出

```
Enter the number of hours worked: 50 [Enter]
Enter the hourly pay rate: 20 [Enter]
The gross pay is $1,100.00.
```

检查点

3.8 双分支选择结构是如何工作的？

3.9 在 Python 语言中，采用什么语句来编写双分支选择结构？

3.10 在编写一条 if-else 语句时，位于 else 从句下的语句在什么情况下会被执行？

3.3 字符串比较

概念：Python 语言支持对字符串进行比较。这样，就可以创建测试字符串的选择结构了。

在前面的例子中可以看到，在选择结构中两个值是如何进行比较的。事实上，还可以对两个字符串进行比较。例如，请看下面这段代码：

```
name1 = 'Mary'
name2 = 'Mark'
if name1 == name2:
    print('The names are the same.')
else:
    print('The names are NOT the same.')
```

为了判定字符串 name1 和 name2 是否相等，用运算符 == 对它们进行比较。由于字符串 'Mary' 和 'Mark' 并不相等，所以将执行 else 从句，显示信息 'The names are NOT the same.'

让我们再来看看另外一个例子。假设变量 month 引用一个字符串，下面这段代码将使用运算符 != 来判定被 month 引用的字符串不是 'October'。

```
if month != 'October':
    print('This is the wrong time for Octoberfest!')
```

程序 3-3 是一个演示如何进行字符串比较的完整程序。程序先提示用户输入一个密码 / 口令，然后判断输入的字符串是否等于 'prospero'。

程序 3-3　（password.py）

```
 1  # This program compares two strings.
 2  # Get a password from the user.
 3  password = input('Enter the password: ')
 4
 5  # Determine whether the correct password
 6  # was entered.
 7  if password == 'prospero':
 8      print('Password accepted.')
 9  else:
10      print('Sorry, that is the wrong password.')
```

程序输出

Enter the password: **ferdinand** [Enter]
Sorry, that is the wrong password.

程序输出

Enter the password: **prospero** [Enter]
Password accepted.

字符串比较时对字母的大小写是敏感的。例如，字符串 'saturday' 与 'Saturday' 是不相等的，因为字母 "s" 在前一个字符串中是小写，而在第二个字符串中是大写。下面这个程序 4-3 的交互式会话展示了当用户输入 Prospero（首字母为大写的 P）作为口令时发生的结果。

程序输出

Enter the password: **Prospero** [Enter]
Sorry, that is the wrong password.

 提示： 在第 8 章中，我们将介绍如何处理字符串以实现对大小写不敏感的字符串进行比较。

其他的字符串比较

除了比较字符串是否相等以外，还可以判定一个字符串是否大于或小于另一个字符串。由于程序员经常需要开发按照某种顺序对字符串进行排序的程序，所以这项功能是很有用的。

回想一下第 1 章的内容，计算机并不是真的将诸如 A、B、C 这样的字符存储在内存中，而是存储代表这些字符的数值编码。第 1 章介绍过，ASCII 码是最常用的字符编码。完整的 ASCII 码请参阅附录 C。这里仅介绍它的部分特性：

- 大写字母 A ～ Z 用数值 65 ～ 90 表示。
- 小写字母 a ～ z 用数值 97 ～ 122 表示。
- 在作为字符存储在内存中时，数字 0 ～ 9 用数值 48 ～ 57 表示。（例如，字符串 'abc123' 以编码 97、98、99、49、50 和 51 的形式存储在内存中。）
- 空格用数值 32 表示。

在用数值表示字符的同时，ASCII 码还建立起了字符的顺序。例如，字符 "A" 就先于 / 小于字符 "B"，而字符 "B" 又先于 / 小于字符 "C"，以此类推。

当一个程序比较字符时，它实际比较的是代表字符的编码。例如，请看下面这条 if 语句：

```
if 'a' < 'b':
    print('The letter a is less than the letter b.')
```

该语句首先判断表示字符 'a' 的 ASCII 码是否小于表示字符 'b' 的 ASCII 码。由于 'a' 的编码确实小于 'b' 的编码，所以表达式 'a'<'b' 为真。因此，如果这条语句真的出现在某个程序中的话，计算机将显示信息 'The letter a is less than the letter b.'。

现在让我们再进一步看看计算机是如何比较包含多个字符的字符串的。假设程序要用到如下两个字符串 'Mary' 和 'Mark'：

```
name1 = 'Mary'
name2 = 'Mark'
```

图 3-8 显示了字符串 'Mary' 和 'Mark' 中的单个字符是如何以 ASCII 码的形式存储在内存中的。

当采用关系运算符来比较字符串时，比较操作实际上是逐个字符进行的。例如，请看下面这段代码：

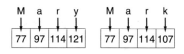

图 3-8　字符串 'Mary' 和 'Mark' 对应的字符编码

```
name1 = 'Mary'
name2 = 'Mark'
if name1 > name2:
    print('Mary is greater than Mark')
else:
    print('Mary is not greater than Mark')
```

运算符 > 是从第一个字符（也就是最左边那个字符）开始，逐个比较字符串 'Mary' 和 'Mark' 中的每一个字符，如图 3-9 所示。

图 3-9　比较字符串中的每个字符

这里说明一下比较操作的细节：

1）'Mary' 中的 'M' 首先与 'Mark' 中的 'M' 进行比较。由于它们相等，则比较下一个字符。

2）'Mary' 中的 'a' 与 'Mark' 中的 'a' 进行比较。由于它们相等，则比较下一个字符。

3）'Mary' 中的 'r' 与 'Mark' 中的 'r' 进行比较。由于它们相等，则比较下一个字符。

4）'Mary' 中的 'y' 与 'Mark' 中的 'k' 进行比较。由于它们不等，则这两个字符串不等。字符 'y' 的 ASCII 码值（121）比字符 'k' 的 ASCII 码值（107）要大，所以计算机判定字符串 'Mary' 大于字符串 'Mark'。

如果参与比较的两个字符串中有一个较短，则仅比较可以对应的字符。如果可以对应的字符都相等，则较短的字符串被认定为小于较长的字符串。例如，假设比较字符串 'High' 和 'Hi'，则 'Hi' 将因为较短，而被认定为小于 'High'。

程序 3-4 显示了如何用 < 运算符来比较两个字符串。用户在计算机的提示符下输入两个名字，然后程序按照字典顺序（alphabetical order）将这两个名字显示出来。

程序 3-4 （sort_names.py）

```
1   # This program compares strings with the < operator.
2   # Get two names from the user.
3   name1 = input('Enter a name (last name first): ')
4   name2 = input('Enter another name (last name first): ')
5
6   # Display the names in alphabetical order.
7   print('Here are the names, listed alphabetically.')
8
9   if name1 < name2:
10      print(name1)
11      print(name2)
12  else:
13      print(name2)
14      print(name1)
```

程序输出

```
Enter a name (last name first): Jones, Richard [Enter]
Enter another name (last name first) Costa, Joan [Enter]
Here are the names, listed alphabetically:
Costa, Joan
Jones, Richard
```

检查点

3.11 下列代码执行后将显示什么内容？

```
if 'z' < 'a':
    print('z is less than a.')
else:
    print('z is not less than a.')
```

3.12 下列代码执行后将显示什么内容？

```
s1 = 'New York'
s2 = 'Boston'
if s1 > s2:
    print(s2)
    print(s1)
else:
    print(s1)
    print(s2)
```

3.4 嵌套的选择结构与 if-elif-else 语句

概念：要想测试多个条件，就需要将一个选择结构嵌套在另一个选择结构中。

在 3.1 节中，我们说过控制结构用来决定一组语句的执行顺序。在设计程序时，常常需要将不同的控制结构组合在一起使用。例如，图 3-10 就是将两个顺序结构与一个选择结构组合在一起的流程图。

图中的流程图首先是一个顺序结构。假设你家在窗户外安装了一个温度计。第一步就是"走到窗边"，第二步是"查看温度计"。下面就是测试条件"室外冷"的选择结构了。如果条件为真，则执行"穿件大衣"的操作。再往下又是一个顺序结构。先是"开门"，然后是"出门"。

一个结构嵌套在另外一个结构中，这是很常见的。例如，请看图 3-11 中的流程图。这是一个内嵌有顺序结构的选择结构。选择结构测试条件"室外冷"。如果条件为真，则执行顺序结构中的处理步骤。

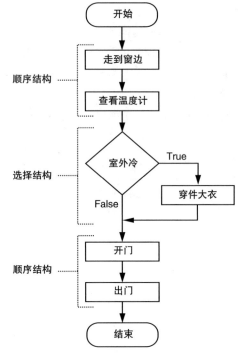

图 3-10 两个顺序结构与一个选择结构的组合

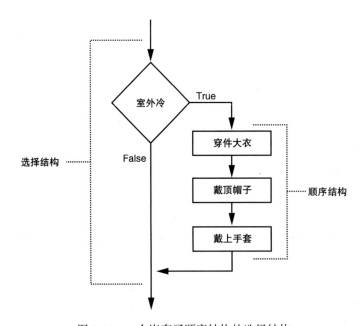

图 3-11 一个嵌套了顺序结构的选择结构

还可以将一个选择结构嵌套在另一个选择结构中。事实上，当程序需要测试多个条件时，这是常规的解决方案。例如，某个程序需要对银行客户的贷款资格进行判定。能够正常还款的客户通常具备两个条件：①客户的年收入至少为 30 000 元；②客户在当前的单位工作至少两年。图 3-12 显示了这个程序核心算法的流程图。假设变量 salary 是客户的年收入，变量 years_on_job 是客户在当前单位的工作年数。

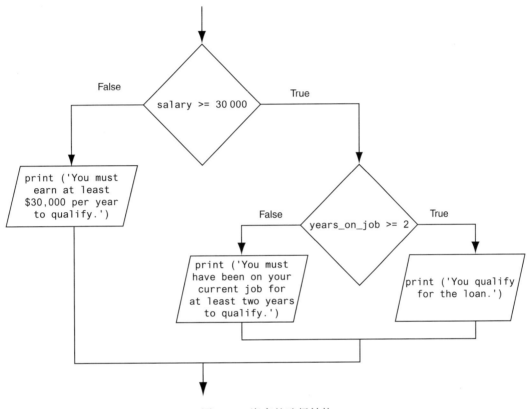

图 3-12　嵌套的选择结构

让我们顺着流程图看看程序的执行情况。首先测试条件"salary >= 30 000"。如果条件为假，就不再进行其他测试，因为我们知道这个客户没有贷款资格；如果条件为真，则测试第二个条件"years_on_job >= 2"。该条件的测试由内嵌的选择结构来完成。如果条件为真，则客户具有贷款资格；如果条件为假，则客户不具有贷款资格。程序 3-5 是这个程序的完整代码。

程序 3-5　（loan_qualifier.py）

```
1   # This program determines whether a bank customer
2   # qualifies for a loan.
3
4   MIN_SALARY = 30000.0  # The minimum annual salary
5   MIN_YEARS = 2         # The minimum years on the job
6
7   # Get the customer's annual salary.
8   salary = float(input('Enter your annual salary: '))
9
10  # Get the number of years on the current job.
11  years_on_job = int(input('Enter the number of' +
12                           'years employed: '))
```

```
13
14  # Determine whether the customer qualifies.
15  if salary >= MIN_SALARY:
16      if years_on_job >= MIN_YEARS:
17          print('You qualify for the loan.')
18      else:
19          print('You must have been employed',
20                'for at least', MIN_YEARS,
21                'years to qualify.')
22  else:
23      print('You must earn at least $',
24            format(MIN_SALARY, ',.2f'),
25            ' per year to qualify.', sep='')
```

程序输出

Enter your annual salary: **35000** [Enter]
Enter the number of years employed: **1** [Enter]
You must have been employed for at least 2 years to qualify.

程序输出

Enter your annual salary: **25000** [Enter]
Enter the number of years employed: **5** [Enter]
You must earn at least $30,000.00 per year to qualify.

程序输出

Enter your annual salary: **35000** [Enter]
Enter the number of years employed: **5** [Enter]
You qualify for the loan.

请注意从第 15 行开始的 if-else 语句。它测试的条件是 salary >= MIN_SALARY。如果条件为真，则执行从第 16 行开始的那个 if-else 语句，否则程序跳到第 22 行的 else 从句，去执行第 23 行到第 25 行的语句。

在编写嵌套的选择结构时，恰当的缩进是十分重要的。恰当的缩进不仅是 Python 解释器的要求，而且使得阅读代码的人容易看懂结构的不同部分执行的都是什么操作。

编写嵌套的 if 语句时应遵守下列规则：

- 确保每一个 else 从句都与它对应的 if 从句对齐，如图 3-13 所示。

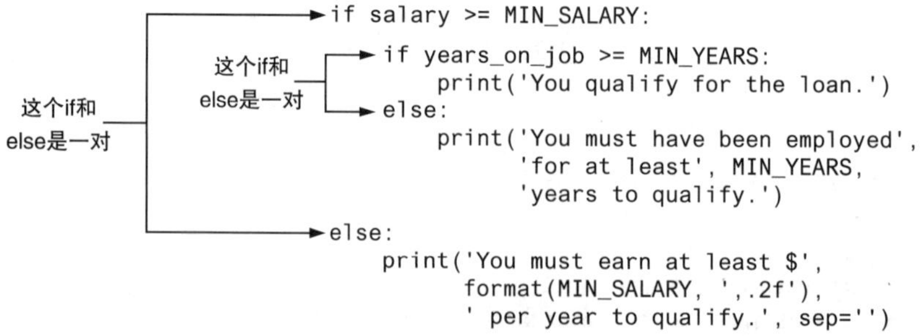

```
                        ┌─► if salary >= MIN_SALARY:
              ┌─ 这个if和 ─┼─► if years_on_job >= MIN_YEARS:
              │  else是一对 │      print('You qualify for the loan.')
  这个if和 ────┤           └─► else:
  else是一对   │                  print('You must have been employed',
              │                        'for at least', MIN_YEARS,
              │                        'years to qualify.')
              └────────────► else:
                                print('You must earn at least $',
                                      format(MIN_SALARY, ',.2f'),
                                      ' per year to qualify.', sep='')
```

图 3-13 对齐的 if 和 else 从句

- 确保每一个语句块内的语句都保持一致的缩进。图 3-14 中的阴影部分显示了选择结构中的嵌套语句块。可以看出，每一个语句块内的每一条语句都具有相同的缩进量。

```
if salary >= MIN_SALARY:
    if years_on_job >= MIN_YEARS:
        print('You qualify for the loan.')
    else:
        print('You must have been employed',
              'for at least', MIN_YEARS,
              'years to qualify.')
else:
    print('You must earn at least $',
          format(MIN_SALARY, ',.2f'),
          ' per year to qualify.', sep='')
```

图 3-14 嵌套的语句块

3.4.1 测试一组条件

在前面的例子中已经看到，程序是如何利用嵌套的选择结构来测试多个条件的。实际上，有一组条件需要测试，然后根据具体是哪个条件为真来决定执行哪个操作，这在程序中是很常见的。这种问题的一个解决方案就是让多个选择结构嵌套在一个选择结构里。例如，请看下面给出的程序。

聚光灯：多嵌套选择结构

Suarez 博士给一个文科班上课，并采用下面这个以 10 分为一级的记分办法来管理学生的考试成绩：

考试成绩	等级
90 及以上	A
80～89	B
70～79	C
60～69	D
60 以下	F

他请你编写一个程序。该程序在请学生输入某次考试的成绩后，显示该成绩的等级。可采用的算法如下：

1）请用户输入一个考试成绩（score）。
2）按照如下方法来确定等级（grade）：

　　If the score is greater than or equal to 90, then the grade is A.
　　　Else, if the score is greater than or equal to 80, then the grade is B.
　　　　Else, if the score is greater than or equal to 70, then the grade is C.
　　　　　Else, if the score is greater than or equal to 60, then the grade is D.
　　　　　　Else, the grade is F.

为了完成上述成绩评定，需要采用好几个嵌套的选择结构，如图 3-15 所示。程序 3-6 展示了完成的程序代码。其中，嵌套选择结构的代码位于第 14 行到第 26 行。

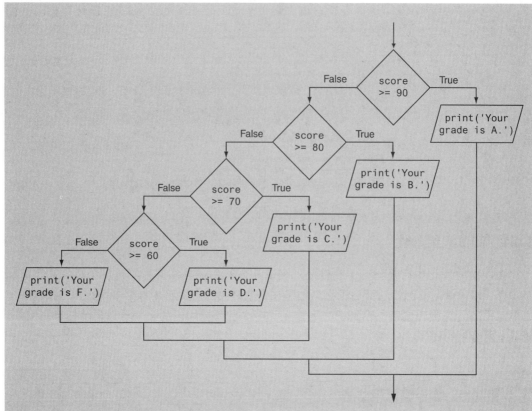

图 3-15 用于评定考试等级的嵌套选择结构

程序 3-6 （grader.py）

```
 1   # This program gets a numeric test score from the
 2   # user and displays the corresponding letter grade.
 3
 4   # Named constants to represent the grade thresholds
 5   A_SCORE = 90
 6   B_SCORE = 80
 7   C_SCORE = 70
 8   D_SCORE = 60
 9
10   # Get a test score from the user.
11   score = int(input('Enter your test score: '))
12
13   # Determine the grade.
14   if score >= A_SCORE:
15       print('Your grade is A.')
16   else:
17       if score >= B_SCORE:
18           print('Your grade is B.')
19       else:
20           if score >= C_SCORE:
21               print('Your grade is C.')
22           else:
23               if score >= D_SCORE:
```

```
24              print('Your grade is D.')
25          else:
26              print('Your grade is F.')
```

程序输出

Enter your test score: **78** Enter
Your grade is C.

程序输出

Enter your test score: **84** Enter
Your grade is B.

3.4.2　if-elif-else 语句

尽管程序 3-6 是一个简单的例子，但是其中嵌套选择结构的逻辑还是相当复杂的。Python 语言提供了选择结构的一种特殊表示形式——if-elif-else 语句，该语句可以把复杂的逻辑简单地表达出来。if-elif-else 语句的通用格式如下：

```
if condition_1:
    statement
    statement
    etc.
elif condition_2:
    statement
    statement
    etc.
```
插入所需数量的 elif 从句
```
else:
    statement
    statement
    etc.
```

该语句执行时，首先测试 condition_1。如果 condition_1 为真，则执行紧随其后并位于 elif 从句上面的那个语句块，而选择结构的余下部分将被跳过。如果 condition_1 为假，则程序跳到离它最近的那个 elif 从句，去测试 condition_2。如果该条件为真，则执行紧随其后并位于下一个 elif 从句上面的那个语句块，而选择结构的余下部分将被跳过。继续进行这样的处理，直到有一个条件为真，或者不再有 elif 从句为止。如果所有的条件均为假，则执行 else 从句后面的那个语句块。下面是一个使用 if-elif-else 语句的例子。它的功能等同于程序 3-6 中第 14 行到第 26 行的嵌套选择结构。

```
if score >= A_SCORE:
    print('Your grade is A.')
elif score >= B_SCORE:
    print('Your grade is B.')
elif score >= C_SCORE:
    print('Your grade is C.')
elif score >= D_SCORE:
    print('Your grade is D.')
else:
    print('Your grade is F.')
```

请注意 if-elif-else 语句的对齐与缩进：if、elif 和 else 从句都是对齐的。每个条件执行的语句块都要进行同样的缩进。

if-elif-else 语句并不是必须要使用的，因为它的逻辑可以用嵌套的 if-else 语句来实现。但是在调试程序时，一系列嵌套的 if-else 语句会带来如下两个问题：

- 代码的复杂度会增大，并且代码会变得很难理解。
- 由于要求缩进，一系列嵌套的 if-else 语句会变得很长，以致于无法在有限的屏幕范围内全部都显示出来，除非使用水平滑动条。此外，在将代码打印出来时，长语句很可能会出现折返（wrap around）现象，使得代码更难被读懂。

相对于一系列嵌套的 if-else 语句，if-elif-else 语句的逻辑很清晰。同时，因为在同一个 if-elif-else 语句内的所有从句都是对齐的，所以各个语句行的长度都不会太长。

检查点

3.13 请用一条 if-elif-else 语句来重写下列代码：

```
if number == 1:
    print('One')
else:
    if number == 2:
        print('Two')
    else:
        if number == 3:
            print('Three')
        else:
            print('Unknown')
```

3.5 逻辑运算符

概念：逻辑与运算符 and 和逻辑或运算符 or 可用于将多个布尔表达式连接成一个复合表达式。逻辑非运算符 not 用于对一个布尔表达式的真值取反。

Python 提供了一组逻辑运算符（logical operator）。借助于这些运算符，可以创建更复杂的布尔表达式。表 3-3 介绍了这些运算符。

表 3-3 逻辑运算符

运算符	说明
and	运算符 and 将两个布尔表达式连接成一个复合表达式。仅当两个子表达式都为真时，这个复合表达式的值才为真
or	运算符 or 将两个布尔表达式连接成一个复合表达式。只要两个子表达式中有一个为真，复合表达式的值就为真。复合表达式为真的前提是有一个子表达式为真，它并不关心是哪个子表达式为真
not	运算符 not 是一个一元运算符，即它只要求一个操作数。这个操作数必须是一个布尔表达式。运算符 not 用于对一个布尔表达式的真值取反。如果它作用于一个值为真的表达式，则返回假；如果它作用于一个值为假的表达式，则返回真

表 3-4 给出了几个用逻辑运算符连接而成的复合布尔表达式。

表 3-4 用逻辑运算符连接而成的复合布尔表达式

表达式	说明
x > y and a < b	"x 大于 y 吗?" 与 "a 小于 b 吗?"
x == y or x == z	"x 等于 y 吗?" 或 "x 等于 z 吗?"
not (x > y)	表达式 x > y 不为真吗

3.5.1 运算符 and

运算符 and 以两个布尔表达式作为操作数，创建了一个复合的布尔表达式。仅在两个子表达式的值均为真时，这个复合表达式才为真。下面的例子是一个使用运算符 and 的 if 语句：

```
if temperature < 20 and minutes > 12:
    print('The temperature is in the danger zone.')
```

在这条语句中，两个布尔表达式 temperature < 20 和 minutes > 12 被连接成一个复合表达式。

仅当温度小于 20℃ 且时间大于 12 分钟时，才调用 print 函数。只要有一个子表达式为假，该复合表达式就为假，信息就不会显示出来。

表 3-5 是运算符 and 的真值表（truth table）。真值表列出了用运算符 and 连接的表达式的所有可能取值，并显示了复合表达式的结果值。

表 3-5 运算符 and 的真值表

表达式	表达式的值
true and false	false
false and true	false
false and false	false
true and true	true

3.5.2 运算符 or

运算符 or 以两个布尔表达式作为操作数，创建了一个复合的布尔表达式。只要两个子表达式中有一个为真，这个复合表达式就为真。下面的例子是一个使用运算符 or 的 if 语句：

```
if temperature < 20 or temperature > 100:
    print('The temperature is too extreme')
```

只要温度小于 20℃ 或者温度大于 100℃，就调用 print 函数。只要有一个子表达式为真，则该复合表达式就为真。表 3-6 是运算符 or 的真值表。

表 3-6 运算符 or 的真值表

表达式	表达式的值
true or false	true
false or true	true
false or false	false
true or true	true

对于用运算符 or 连接起来的复合表达式，只要有一侧的操作数为真，整个表达式就为真。它并不关心另一侧的操作数为真还是为假。

3.5.3 短路定值

运算符 and 和 or 都支持短路定值（Short-Circuit Evaluation）原理。先介绍运算符 and 的短路定值原理：若位于运算符 and 左侧的表达式为假，就不用再测试右侧的表达式了。因为只要有一个子表达式为假，则该复合表达式就为假，此时再测试右侧的表达式纯属浪费 CPU 的时间。所以，当运算符 and 发现其左侧的子表达式为假时，就会发生短路效应，直接得到结果，而无须再判定其右侧表达式的值了。

这里再来看一下运算符 or 的短路定值原理：若位于运算符 or 左侧的表达式为真，则就不用再测试右侧的表达式了。因为只要有一个子表达式为真，该复合表达式就为真。测试剩下的那个表达式就是浪费 CPU 的时间。

3.5.4 运算符 not

运算符 not 是一个一元运算符，它只接受一个布尔表达式作为操作数，并将这个操作数的逻辑值取反。也就是说，如果表达式的值为真，则运算符 not 返回假；如果表达式的值为假，则运算符 not 返回真。下面的例子是一个使用运算符 not 的 if 语句：

```
if not(temperature > 100):
    print('This is below the maximum temperature.')
```

首先，测试表达式（temperature > 100）并得到为真或为假的结果值，然后运算符 not 处理这个值。若表达式（temperature > 100）为真，则运算符 not 返回假；若表达式（temperature > 100）为假，则运算符 not 返回真。上面这段代码等价于问："温度不大于 100℃吧？"

注：在这个例子中，我们用一对圆括号将表达式 temperature > 100 括起来。这样就更加明确地表示我们是将运算符 not 作用于表达式 temperature > 100 的值，而不是作用于变量 temperature。

表 3-7 是运算符 not 的真值表。

表 3-7 运算符 not 的真值表

表达式	表达式的值
not true	false
not false	true

3.5.5 再次分析判定贷款资格的程序

在某些场合，运算符 and 可以用来简化嵌套的选择结构。例如，再回过头来看看程序 3-5 这个使用嵌套 if-else 语句的判定贷款资格的程序：

```
if salary >= MIN_SALARY:
    if years_on_job >= MIN_YEARS:
        print('You qualify for the loan.')
    else:
        print('You must have been employed',
              'for at least', MIN_YEARS,
              'years to qualify.')
else:
    print('You must earn at least $',
          format(MIN_SALARY, ',.2f'),
          ' per year to qualify.', sep='')
```

整个选择结构的目的是判定一个人的年收入至少是 30 000 美元而且他在当前岗位上至少工作两年。程序 3-7 显示了用更简单的代码来完成相似任务的一种解决方案。

程序 3-7　（loan_qualifier2.py）

```
1   # This program determines whether a bank customer
2   # qualifies for a loan.
3
4   MIN_SALARY = 30000.0  # The minimum annual salary
5   MIN_YEARS = 2         # The minimum years on the job
6
7   # Get the customer's annual salary.
8   salary = float(input('Enter your annual salary: '))
9
10  # Get the number of years on the current job.
11  years_on_job = int(input('Enter the number of ' +
12                          'years employed: '))
13
14  # Determine whether the customer qualifies.
15  if salary >= MIN_SALARY and years_on_job >= MIN_YEARS:
16      print('You qualify for the loan.')
17  else:
18      print('You do not qualify for this loan.')
```

程序输出

Enter your annual salary: **35000** [Enter]
Enter the number of years employed: **1** [Enter]
You do not qualify for this loan.

程序输出

Enter your annual salary: **25000** [Enter]
Enter the number of years employed: **5** [Enter]
You do not qualify for this loan.

程序输出

Enter your annual salary: **35000** [Enter]
Enter the number of years employed: **5** [Enter]
You qualify for the loan.

第 15 行到第 18 行的 if-else 语句测试复合表达式 salary >= MIN_SALARY and years_on_job >= MIN_YEARS。如果两个子表达式均为真，则该复合表达式为真，显示信息 "You qualify for the loan（你有资格贷款）"。只要有一个子表达式为假，该复合表达式就为假，显示信息 "You do not qualify for this loan（你不具备贷款资格）"。

注：细心的读者可能已经意识到，程序 3-7 与程序 3-5 类似，但又不相同。如果用户不具备贷款资格，程序 3-7 仅显示 "You do not qualify for this loan"，而程序 3-5 则根据用户没有获得贷款资格的原因，从两条信息中选择一条来显示以说明原因。

3.5.6　另一个判定贷款资格的程序

假设银行面临着客户流失到对贷款资格要求不高的竞争对手那里去的风险。针对这种情况，银行决定调整其贷款要求。现在，顾客只需满足刚才那两个条件中的一个即可贷款，即不需要两个条件都满足才能贷款了。程序 3-8 是根据新的贷款要求编写的程序。其中，第 15 行 if-else 语句中的复合测试条件采用的是运算符 or。

程序 3-8 （loan_qualifier3.py）

```
1   # This program determines whether a bank customer
2   # qualifies for a loan.
3
4   MIN_SALARY = 30000.0  # The minimum annual salary
5   MIN_YEARS = 2         # The minimum years on the job
6
7   # Get the customer's annual salary.
8   salary = float(input('Enter your annual salary: '))
9
10  # Get the number of years on the current job.
11  years_on_job = int(input('Enter the number of ' +
12                           'years employed: '))
13
14  # Determine whether the customer qualifies.
15  if salary >= MIN_SALARY or years_on_job >= MIN_YEARS:
16      print('You qualify for the loan.')
17  else:
18      print('You do not qualify for this loan.')
```

程序输出

Enter your annual salary: **35000** [Enter]
Enter the number of years employed: **1** [Enter]
You qualify for the loan.

程序输出

Enter your annual salary: **25000** [Enter]
Enter the number of years employed: **5** [Enter]
You qualify for the loan.

程序输出

Enter your annual salary **12000** [Enter]
Enter the number of years employed: **1** [Enter]
You do not qualify for this loan.

3.5.7　用逻辑运算符检查数据范围

有时需要设计一个算法来判定一个数值是否在某个特定的取值范围内或者某个特定的取值范围外。在判断一个数值是否在某个取值范围内时，最好是采用与运算符 and。例如，下面这个 if 语句就是检查 x 的值是否在 20 到 40 这个范围内：

```
if x >= 20 and x <= 40:
    print('The value is in the acceptable range.')
```

仅当 x 大于或等于 20 且小于或等于 40 时，被这条语句测试的复合布尔表达式才为真。只有 x 的值在 20 到 40 这个范围内，才能保证这个复合布尔表达式为真。

在判断一个数值是否在某个取值范围之外时，最好是采用或运算符 or。例如，下面这个语句就是检查 x 的值是否在 20 到 40 这个范围之外：

```
if x < 20 or x > 40:
    print('The value is outside the acceptable range.')
```

在测试取值范围时,千万不要将逻辑运算符的逻辑弄混了。例如,下面代码中的复合布尔表达式就永远不会为真。

```
# This is an error!
if x < 20 and x > 40:
    print('The value is outside the acceptable range.')
```

显然,x 不可能小于 20 同时又大于 40。

检查点

3.14 什么是复合布尔表达式?

3.15 下面是某个逻辑运算符在操作数取真值或假值的不同组合情况下得到的真值表。请在下列表达式对应的 T 或 F 上画个圆圈,以指明这样的组合结果是真(T)还是假(F)。

逻辑表达式	结果(在 T 或 F 上画个圆圈)
True and False	T F
True and True	T F
False and True	T F
False and False	T F
True or False	T F
True or True	T F
False or True	T F
False or False	T F
not True	T F
not False	T F

3.16 假设变量 a = 2,b = 4 和 c = 6。给下列条件对应的 T 或 F 画个圆圈,以指明它们的值为真(T)还是假(F)。

```
a == 4 or b > 2         T   F
6 <= c and a > 3        T   F
1 != b and c != 3       T   F
a >= -1 or a <= b       T   F
not (a > 2)             T   F
```

3.17 请分别说明针对运算符 and 和 or 的短路定值工作原理。

3.18 请编写一条 if 语句,在变量 speed 引用的值在 0 到 200 之间时,显示信息 "The number is valid"。

3.19 请编写一条 if 语句,在变量 speed 引用的值不在 0 到 200 之间时,显示信息 "The number is not valid"。

3.6 布尔变量

概念: 布尔变量只能引用"真(True)"和"假(False)"两个值中的一个。布尔变量通常用作指示某个特定的条件是否存在的标志。

截至目前,我们只是处理过整型(int)、实型(float)和字符串(str)变量。除了这些数据类型以外,Python 语言还提供了布尔数据类型(bool)。用布尔数据类型创建的变量只能引用"真(True)"和"假(False)"两个值中的一个。下面的例子用来说明如何给一个布尔型变量进行赋值：

```
hungry = True
sleepy = False
```

布尔变量通常作为标志（flag）变量使用。标志变量是一个表示程序中是否存在某个条件的变量。当标志变量被置成"False（假）"时，表示条件不存在；当标志变量被置成"True（真）"时，表示条件存在。

例如，假设销售员的销售量限额（Quota）为 50 000 美元。变量 sales 引用某个销售员已完成的销售量。下面的代码判断该销售员是否完成了销售量限额：

```
if sales >= 50000.0:
    sales_quota_met = True
else:
    sales_quota_met = False
```

作为上述代码的执行结果，变量 sales_quota_met 就可以作为指示销售量限额是否完成的标志。在后面的程序中，我们将用如下方式来测试这个标志：

```
if sales_quota_met:
    print('You have met your sales quota!')
```

如果布尔变量 sales_quota_met 为真（True)，则这段代码将显示 'You have met your sales quota!'。注意，我们可以不用运算符 == 来显式地将变量 sales_quota_met 与"真"值 True 进行比较。上面这段代码与下面这段代码是等价的：

```
if sales_quota_met == True:
    print('You have met your sales quota!')
```

✓ 检查点

3.20 哪些值可以赋给布尔变量？

3.21 什么是标志变量？

3.7 机器龟图形库：判断机器龟的状态

概念：机器龟图形库提供了大量的判断机器龟状态的函数，可以在选择结构中使用这些函数来选择执行相应的操作。

可以通过使用机器龟图形库的函数来了解与机器龟当前状态有关的大量信息。在本节中，我们将介绍获取机器龟位置、朝向、画笔抬起还是放下、当前绘图颜色等等信息的函数。

3.7.1 获取机器龟的位置

第 2 章曾使用函数 turtle.xcor() 和 turtle.ycor() 来获取机器龟当前位置的 X 坐标和 Y 坐标。下面这段代码使用一条 if 语句来判断机器龟的 X 坐标是否大于 249 或者 Y 坐标是否大于 349。如果是的话，则机器龟将回归到原点（0, 0）：

```
if turtle.xcor() > 249 or turtle.ycor() > 349:
    turtle.goto(0, 0)
```

3.7.2 获取机器龟的朝向

函数 turtle.heading() 返回的是机器龟的朝向。默认情况下，朝向是以度（°）为单位。下面这段交互式会话就是一个例子：

```
>>> turtle.heading()
0.0
>>>
```

下面这段代码使用一条if语句来判断机器龟的朝向是否在90度到270度之间。如果是的话，则机器龟的朝向将被置为180度：

```
if turtle.heading() >= 90 and turtle.heading() <= 270:
    turtle.setheading(180)
```

3.7.3 检测画笔是否被放下

如果机器龟把画笔放下，则函数 turtle.isdown() 返回 True（真），否则返回 False（假）。下面这段交互式会话就是一个例子：

```
>>> turtle.isdown()
True
>>>
```

下面这段代码使用一条 if 语句来判断机器龟是否把画笔放下。如果画笔放下，则命令机器龟把画笔抬起：

```
if turtle.isdown():
    turtle.penup()
```

若想判断画笔是否抬起，则可以对 turtle.isdown() 函数使用 not 运算符。下面这段代码就是一个例子：

```
if not(turtle.isdown()):
    turtle.pendown()
```

3.7.4 判断机器龟是否可见

如果机器龟是可见的，则函数 turtle.isvisible() 返回 True（真），否则返回 False（假）。下面这段交互式会话就是一个例子：

```
>>> turtle.isvisible()
True
>>>
```

下面这段代码使用一条 if 语句来判断机器龟是否是可见的。如果是可见的，则隐藏机器龟：

```
if turtle.isvisible():
    turtle.hideturtle()
```

3.7.5 获取当前颜色

在不传递任何实参的情况下，执行函数 turtle.pencolor()，则该函数将以字符串的形式返回当前的绘图颜色。下面这段交互式会话就是一个例子：

```
>>> turtle.pencolor()
'black'
>>>
```

下面这段代码使用一条 if 语句来判断当前的绘图颜色是否是红色（red）。如果是红色，则将其改为蓝色（blue）：

```
if turtle.pencolor() == 'red':
    turtle.pencolor('blue')
```

在不传递任何实参的情况下，执行函数 turtle.fillcolor()，则该函数将以字符串的形式返回当前的填充颜色。下面这段交互式会话就是一个例子：

```
>>> turtle.fillcolor()
'black'
>>>
```

下面这段代码使用一条 if 语句来判断当前的填充颜色是否是蓝色（blue）。如果是蓝色，则将其改为白色（white）：

```
if turtle.fillcolor() == 'blue':
    turtle.fillcolor('white')
```

在不传递任何实参的情况下，执行函数 turtle.bgcolor()，则该函数将以字符串的形式返回机器龟的图形窗口当前的背景颜色。下面这段交互式会话就是一个例子：

```
>>> turtle.bgcolor()
'white'
>>>
```

下面这段代码使用一条 if 语句来判断当前的背景颜色是否是白色（white）。如果是白色，则将其改为灰色（gray）：

```
if turtle.bgcolor() == 'white':
    turtle.bgcolor('gray')
```

3.7.6 获取画笔的线宽

在不传递任何实参的情况下，执行函数 turtle.pensize()，则该函数将返回画笔当前的线宽。下面这段交互式会话就是一个例子：

```
>>> turtle.pensize()
1
>>>
```

下面这段代码使用一条 if 语句来判断画笔当前的线宽是否小于 3。如果画笔的线宽小于 3，则将其改为 3：

```
if turtle.pensize() < 3:
    turtle.pensize(3)
```

3.7.7 获取机器龟的画线速度

在不传递任何实参的情况下，执行函数 turtle.speed()，则该函数将返回机器龟当前的画线速度。下面这段交互式会话就是一个例子：

```
>>> turtle.speed()
3
>>>
```

第 2 章介绍过，机器龟的画线速度是 0 到 10 之间的一个值。如果速度为 0，则表示没有画线，机器龟的所有移动都是在瞬间完成的。如果速度是 1 到 10 之间的一个值，则 1 是最慢的速度，而 10 是最快的速度。

下面这段代码就是判断机器龟的画线速度是否大于 0。若是，则将速度置为 0。

```
if turtle.speed() > 0:
    turtle.speed(0)
```

下面这段代码又是另外一个例子。它使用一条 if-elif-else 语句来判断机器龟的画线速度，然后设置画笔颜色。如果速度为 0，则将画笔颜色置为红色（red）。否则，如果速度大于5，则将画笔颜色置为蓝色（blue），否则将画笔颜色置为绿色（green）。

```
if turtle.speed() == 0:
    turtle.pencolor('red')
elif turtle.speed() > 5:
    turtle.pencolor('blue')
else:
    turtle.pencolor('green')
```

聚光灯：命中目标游戏

这里我们将分析一个使用机器龟图形库来制作游戏的Python程序。当该程序运行时，将显示一个如图3-16所示的图形窗口。其中，位于窗口右上角的小方格就是目标。游戏的目的是将机器龟像子弹一样投进方格里以命中目标。游戏玩家要做的事就是在交互窗口内，输入一个角度和一个力量值。然后，程序将机器龟的朝向设置为这个指定角度，并将指定的力量值代入一个简单的公式去计算机器龟的飞行距离。力量值越大，机器龟就飞得越远。如果机器龟飞进小方格，则命中目标。

例如，图3-17显示了一个交互式会话的例子。在这个例子中，游戏玩家输入的角度为45，力量值为8。图中显示的结果是，子弹（机器龟）没有命中目标（miss the target）。图3-18是这个程序的另一次运行结果。这次输入的角度值是67，力量值是9.8。这两个值可以让子弹命中目标。程序3-9就是这个程序的代码。

图3-16　命中目标游戏

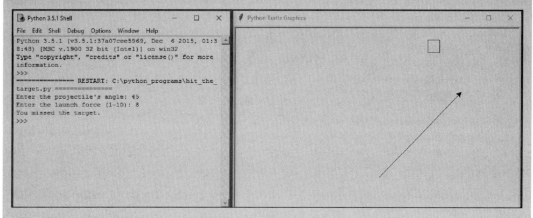

图3-17　游戏没有命中目标

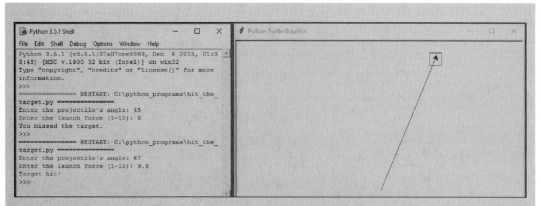

图 3-18 游戏命中目标

程序 3-9（hit_the_target.py）

```
 1    # Hit the Target Game
 2    import turtle
 3
 4    # Named constants
 5    SCREEN_WIDTH = 600           # Screen width
 6    SCREEN_HEIGHT = 600          # Screen height
 7    TARGET_LLEFT_X = 100         # Target's lower-left X
 8    TARGET_LLEFT_Y = 250         # Target's lower-left Y
 9    TARGET_WIDTH = 25            # Width of the target
10    FORCE_FACTOR = 30            # Arbitrary force factor
11    PROJECTILE_SPEED = 1         # Projectile's animation speed
12    NORTH = 90                   # Angle of north direction
13    SOUTH = 270                  # Angle of south direction
14    EAST = 0                     # Angle of east direction
15    WEST = 180                   # Angle of west direction
16
17    # Setup the window.
18    turtle.setup(SCREEN_WIDTH, SCREEN_HEIGHT)
19
20    # Draw the target.
21    turtle.hideturtle()
22    turtle.speed(0)
23    turtle.penup()
24    turtle.goto(TARGET_LLEFT_X, TARGET_LLEFT_Y)
25    turtle.pendown()
26    turtle.setheading(EAST)
27    turtle.forward(TARGET_WIDTH)
28    turtle.setheading(NORTH)
29    turtle.forward(TARGET_WIDTH)
30    turtle.setheading(WEST)
31    turtle.forward(TARGET_WIDTH)
32    turtle.setheading(SOUTH)
33    turtle.forward(TARGET_WIDTH)
34    turtle.penup()
35
36    # Center the turtle.
37    turtle.goto(0, 0)
```

```
38    turtle.setheading(EAST)
39    turtle.showturtle()
40    turtle.speed(PROJECTILE_SPEED)
41
42    # Get the angle and force from the user.
43    angle = float(input("Enter the projectile's angle: "))
44    force = float(input("Enter the launch force (1-10): "))
45
46    # Calculate the distance.
47    distance = force * FORCE_FACTOR
48
49    # Set the heading.
50    turtle.setheading(angle)
51
52    # Launch the projectile.
53    turtle.pendown()
54    turtle.forward(distance)
55
56    # Did it hit the target?
57    if (turtle.xcor() >= TARGET_LLEFT_X and
58        turtle.xcor() <= (TARGET_LLEFT_X + TARGET_WIDTH) and
59        turtle.ycor() >= TARGET_LLEFT_Y and
60        turtle.ycor() <= (TARGET_LLEFT_Y + TARGET_WIDTH)):
61            print('Target hit!')
62    else:
63            print('You missed the target.')
```

下面我们深入分析这个程序。第 5～15 行定义了如下有名常量：

- 第 5～6 行定义了两个有名常量 SCREEN_WIDTH 和 SCREEN_HEIGHT。在第 14 行，我们将用这两个常量将图形窗口的尺寸定义为 600 像素宽和 600 像素高。
- 第 7～8 行定义了两个有名常量 TARGET_LLEFT_X 和 TARGET_LLEFT_Y。这两个有名常量是用来设置目标方格左下角的 (X, Y) 坐标的随机值。
- 第 9 行定义了表示目标方格宽度（也是高度）的常量 TARGET_WIDTH。
- 第 10 行定义了表示力量值的有名常量 FORCE_FACTOR。这是一个任意值，我们在公式中使用它计算子弹发射后的飞行距离。
- 第 11 行定义了常量 PROJECTILE_SPEED。这个常量表示为演示子弹飞行过程而设定的机器龟的动画速度。
- 第 12～15 行定义了四个有名常量 NORTH、SOUTH、EAST 和 WEST。它们分别表示绘图时北、南、东、西四个方向对应的角度。

第 21～34 行绘制正方形的目标：

- 由于在绘制目标方格时不希望机器龟出现，所以第 21 行先将其隐藏起来。
- 由于绘制目标方格的过程不需要动画演示，所以第 22 行通过将机器龟的动画速度设成 0 来取消动画。
- 第 23 行将机器龟的画笔抬起。这样，在我们将机器龟从它的默认初始位置（窗口的中心）移动到指定的目标方格位置的过程中，不会画出移动轨迹。
- 第 24 行将机器龟移动到目标方格左下角的位置上。

- 第25行将机器龟的画笔放下。这样，我们就可以驱动机器龟来画出目标方格了。
- 第26行将机器龟的朝向设置成0度，即朝向东方。
- 第27行驱动机器龟向前移动25个像素点，画出方格的底边。
- 第28行将机器龟的朝向设置成90度，即朝向北方。
- 第29行驱动机器龟向前移动25个像素点，画出方格的右边。
- 第30行将机器龟的朝向设置成180度，即朝向西方。
- 第31行驱动机器龟向前移动25个像素点，画出方格的顶边。
- 第32行将机器龟的朝向设置成270度，即朝向南方。
- 第33行驱动机器龟向前移动25个像素点，画出方格的左边。
- 第34行将机器龟的画笔抬起。这样，在我们将机器龟移回窗口的中心时，不会画出一条线段。

第37～40行将机器龟移回窗口的中心：
- 第37行将机器龟移动到(0, 0)。
- 第38行将机器龟的朝向设置成0度，即朝向东方。
- 第39行显示机器龟。
- 第40行将机器龟的动画速度设置为1。这个速度是很慢的，这样用户就可以在子弹发射后清楚地观察到它的飞行过程。

第43～44行请用户输入角度和力量值：
- 第43行提示用户输入发射子弹的角度。输入的数值在被转换成实数后，赋给变量angle。
- 第44行提示用户输入取值范围在1到10之间的发射子弹的力量值。输入的数值在被转换成实数后，赋给变量force。力量值将在第47行中被用来计算子弹的飞行距离。力量值越大，子弹就飞得越远。

第47行计算机器龟（即子弹）的飞行距离，并将结果值赋给变量distance。这个距离是通过将用户输入的力量值乘以值为30的常量FORCE_FACTOR而得到。我们将该常量的值设为30是因为从机器龟的当前位置到窗口的边界位置是300个像素点（根据机器龟朝向的不同，有时会多一些）。如果用户输入的力量值为最大值10，则机器龟正好移动到屏幕的边缘位置。

第50行按照用户在第43行输入的角度，设定机器龟的朝向。

第53行和第54行移动机器龟：
- 第53行先把机器龟的画笔放下，这样其在飞行的过程中就会画出一条线段。
- 第54行按照第47行计算出来的距离向前移动机器龟。

最后一件事情就是判断机器龟是否命中目标。如果机器龟位于目标方格内，则下列条件应为真(True)：
- 机器龟的X坐标大于或等于TARGET_LLEFT_X
- 机器龟的X坐标小于或等于TARGET_LLEFT_X + TARGET_WIDTH
- 机器龟的Y坐标大于或等于TARGET_LLEFT_Y
- 机器龟的Y坐标小于或等于TARGET_LLEFT_Y+ TARGET_WIDTH

第57行到第63行的if-else语句判断上述条件是否全部为真。如果它们都为真，则执行第61行显示信息'Target hit!（命中目标！）'。否则，执行第63行显示信息'You missed the target.（你未命中目标。）'。

检查点

3.22 如何获得机器龟的 X 坐标和 Y 坐标？
3.23 如何判断机器龟的画笔是否抬起？
3.24 如何获得机器龟的当前朝向？
3.25 如何判断机器龟是否是可见的？
3.26 如何获得机器龟画笔的当前颜色？如何获得当前的填充颜色？如何获得机器龟图形窗口当前的背景颜色？
3.27 如何获得机器龟画笔当前的线宽大小？
3.28 如何获得机器龟动画的当前速度？

复习题

多项选择题

1. _____ 结构仅在某个特定的环境下才执行一组语句。
   a. 顺序　　　　　b. 详细的　　　　　c. 选择　　　　　d. 布尔
2. _____ 结构提供了一条可选的执行路径。
   a. 顺序　　　　　b. 单分支选择　　　c. 一条可选的路径　　d. 单执行选择
3. _____ 表达式的值要么是 True（真）要么是 False（假）。
   a. 二元　　　　　b. 选择　　　　　c. 无条件　　　　d. 布尔
4. 符号 >、< 和 == 都是 _____ 运算符。
   a. 关系　　　　　b. 逻辑　　　　　c. 条件　　　　　d. 三元
5. _____ 结构测试一个条件，然后在条件为真时选择一条执行路径，在条件为假时选择另一条执行路径。
   a. if 语句　　　　b. 单分支选择　　　c. 双分支选择　　　d. 顺序
6. 可以使用一条 _____ 语句来编写一个单分支选择结构。
   a. test-jump　　　b. if　　　　　　　c. if-else　　　　　d. if-call
7. 可以使用一条 _____ 语句来编写一个双分支选择结构。
   a. test-jump　　　b. if　　　　　　　c. if-else　　　　　d. if-call
8. and、or 和 not 都是 _____ 运算符。
   a. 关系　　　　　b. 逻辑　　　　　c. 条件　　　　　d. 三元
9. 仅在两个子表达式都为真时，采用 _____ 运算符创建的复合布尔表达式才为真。
   a. and　　　　　b. or　　　　　　c. not　　　　　　d. 以上三个
10. 只要两个子表达式中有一个为真，采用 _____ 运算符创建的复合布尔表达式就为真。
    a. and　　　　　b. or　　　　　　c. not　　　　　　d. 以上三个中的一个
11. 运算符 _____ 以一个布尔表达式为操作数，然后翻转该表达式的逻辑值。
    a. and　　　　　b. or　　　　　　c. not　　　　　　d. 以上三个中的一个
12. _____ 是一个表明程序中存在某个条件的布尔变量。
    a. 标志变量　　　b. 信号量　　　　c. 标记值　　　　d. 警报器

判断题

1. 仅使用顺序结构就可以编写任何程序。
2. 程序可以仅采用一种控制结构来实现。程序员不能把不同的结构组合在一起。
3. 单分支选择结构测试一个条件，然后在条件为真时选择一条执行路径，在条件为假时选择另一条执行路径。
4. 一个选择结构可以嵌套在另一个选择结构中。

5. 仅在两个子表达式都为真时,采用运算符 and 创建的复合布尔表达式才为真。

简答题

1. 请解释术语"条件执行(conditionally executed)"的含义。
2. 需要测试一个条件,然后在条件为真时执行一组语句,在条件为假时执行另一组语句。请问应该使用什么结构?
3. 简要介绍运算符 and 的工作原理。
4. 简要介绍运算符 or 的工作原理。
5. 在判断一个数是否在一个取值范围内时,可选用的最佳逻辑运算符是哪个?
6. 什么是标志变量?它是如何工作的?

算法工作室

1. 请写出一条 if 语句来将 20 赋给变量 y,然后在变量 x 大于 100 的情况下,将 40 赋给变量 z。
2. 请写出一条 if 语句来将 0 赋给变量 b,然后在变量 a 小于 10 的情况下,将 1 赋给变量 c。
3. 请写出一条 if-else 语句,在变量 a 小于 10 的情况下来将 0 赋给变量 b,否则将 99 赋给变量 b。
4. 下面这段代码包含了好几个嵌套的 if-else 语句。不幸的是,代码的对齐和缩进不正确。请按照规范的对齐和缩进重写这段代码。

```
if score >= A_score:
    print('Your grade is A.')
else:
    if score >= B_score:
        print('Your grade is B.')
    else:
        if score >= C_score:
            print('Your grade is C.')
        else:
            if score >= D_score:
                print('Your grade is D.')
            else:
                print('Your grade is F.')
```

5. 编写一个嵌套的选择结构来完成下列要求:如果 amount1 大于 10 且 amount2 小于 100,则显示 amount1 与 amount2 中较大的那个。
6. 请写出一条 if-else 语句,在变量 speed 的值位于 24 到 56 之间时,显示 'Speed is normal'。如果变量 speed 的值超出了这个范围,则显示 'Speed is abnormal'。
7. 请写出一条 if-else 语句,判断变量 points 的值是否不在 9 到 51 这个范围内。如果变量的值不在这个范围内,则显示"Invalid points.",否则显示"Valid points."
8. 请写出一条使用龟图函数库的 if 语句,判断机器龟的朝向是否在 0 度到 45 度这个范围内(范围包括 0 度和 45 度)。若是,则抬起机器龟的画笔。
9. 请写出一条使用龟图函数库的 if 语句,判断机器龟画笔的颜色是否是红色(red)或蓝色(blue)。若是,则将画笔的线宽设置为 5 个像素点。
10. 请写出一条使用龟图函数库的 if 语句,判断机器龟是否在一个矩形内部。这个矩形的左上角在(100, 100)而右下角在(200, 200)。如果机器龟在一个矩形内部,则隐藏机器龟。

编程题

1. 一周七天

请编写一个程序,提示用户输入一个 1 到 7 范围内的整数。然后程序按照 1 = Monday、2 = Tuesday、3 = Wednesday、4 = Thursday、5 = Friday、6 = Saturday 和 7 = Sunday,显示一周内的相应天的名称。如果用户输入的数不在 1 到 7 这个范围内,则程序将显示一条出错信息。

2. 矩形面积

矩形的面积等于矩形的长乘以矩形的宽。请编写一个程序，提示用户输入两个矩形的长和宽。程序将告诉用户哪个矩形的面积较大，或者两个矩形的面积相等。

3. 年龄分类器

请编写一个程序，提示用户输入一个人的年龄。程序将显示一条信息说明这个人是婴儿、儿童、青年人或者成年人。分类的原则如下：

- 如果此人是 1 岁甚至更小，则为婴儿。
- 如果此人大于 1 岁，但小于 13 岁，则为儿童。
- 如果此人至少 13 岁，但小于 20 岁，则为青年人。
- 如果此人至少 20 岁，则为成年人。

4. 罗马数字

请编写一个程序，提示用户输入一个 1 到 10 范围内的整数。然后程序显示这个整数对应的罗马数字。如果用户输入的数不在 1 到 10 这个范围内，程序将显示一条出错信息。下表给出了数字 1 到 10 对应的罗马数字：

阿拉伯数字	罗马数字
1	I
2	II
3	III
4	IV
5	V
6	VI
7	VII
8	VIII
9	IX
10	X

5. 质量与重量

科学家测量一个物体的质量（mass）是以千克为单位的，重量（weight）是以牛顿为单位的。如果已知一个物体的质量（以千克为单位），你可以用下面这个公式计算出它的重量（以牛顿为单位）：

$$weight = mass \times 9.8$$

请编写一个程序，提示用户输入一个物体的质量，然后计算它的重量。如果物体的重量超过 500 牛顿，则显示一条信息说明它太重了；如果物体的重量小于 100 牛顿，则显示一条信息说明它太轻了。

6. 神奇的日期

1960 年 6 月 10 日（June 10，1960）是一个非常特殊的日子，因为按照下面的格式书写日期时，月份（month）乘以日数（day）等于年份（year）：

6/10/60

请编写一个程序，提示用户输入月份、日数、年份信息，其中月份用数字形式表示，年份用两位数字表示。然后判断月份乘以日数是否等于年份。若是，则显示一条信息说明这个日期是个神奇的日期，否则显示一条信息说明这个日期并不神奇。

7. 颜色混合器

红色（red）、蓝色（blue）和黄色（yellow）被称为原色（primary color），因为它们不能够通过将其他颜色混合来得到。当两种原色混合时，将得到次生色（secondary color）。例如：

当红色与蓝色混合时，将得到紫色（purple）。

当红色与黄色混合时，将得到橙色（orange）。

当蓝色与黄色混合时，将得到绿色（green）。

请编写一个程序，提示用户输入欲混合的两种原色的名称。如果用户输入的不是"red""blue"或"yellow"，则程序显示一条出错信息，否则程序显示混合得到的次生色的名称。

8. 热狗野餐计算器

假设热狗是以 10 个为一包，热狗面包是以 8 个为一包。请编写一个程序来计算欲使吃剩的食品最少，一次野餐需要带多少包热狗和多少包热狗面包。程序先请用户输入参加野餐的人数和每人分配的热狗数。然后程序显示下列信息：

- 最少需要带的热狗包数
- 最少需要带的热狗面包包数
- 将会剩余的热狗数
- 将会剩余的热狗面包数

9. 轮盘赌的颜色

在一个赌博用的转盘上，口袋的编号是从 0 到 36。这些口袋的颜色如下：

- 0 号袋是绿色
- 从 1 号袋到 10 号袋，奇数的口袋是红色，偶数的口袋是黑色。
- 从 11 号袋到 18 号袋，奇数的口袋是黑色，偶数的口袋是红色。
- 从 19 号袋到 28 号袋，奇数的口袋是红色，偶数的口袋是黑色。
- 从 29 号袋到 36 号袋，奇数的口袋是黑色，偶数的口袋是红色。

请编写一个程序，提示用户输入一个口袋编号，然后显示口袋是绿色、红色或黑色。如果用户输入的数字不在 0 到 36 这个范围内，则程序显示一条出错信息。

10. 数钱游戏

请开发一个统计零钱的游戏，让用户输入正好能凑够 1 美元的硬币数目。程序首先提示用户输入 1 分硬币（penny）、5 分硬币（nickel）、1 角硬币（dime）和 25 分硬币（quarter）的数目。如果输入硬币的总价值等于 1 美元，则程序恭喜用户获胜。否则，程序显示一条信息说明输入硬币的总价值大于或者小于 1 美元。

11. 读者俱乐部购书积分点数

好运图书销售公司（Serendipity Booksellers）组织了一个读者俱乐部（book club）。该俱乐部根据读者每月购书的数量奖励读者积分点数（point）。点数的多少根据下列规则确定：

- 如果读者购买 0 本书，则奖励 0 点。
- 如果读者购买 2 本书，则奖励 5 点。
- 如果读者购买 4 本书，则奖励 15 点。
- 如果读者购买 6 本书，则奖励 30 点。
- 如果读者购买 8 本或者更多的书，则奖励 60 点。

请编写一个程序，提示用户输入其本月购书的数量，然后显示获奖的点数。

12. 软件销售

某软件公司一款软件的零售价为 99 美元。批量购买允许的折扣如下表所示：

购买数量	折扣
10 ~ 19	10%
20 ~ 49	20%
50 ~ 99	30%
100 或更多	40%

请编写一个程序，提示用户输入其欲购买的数量，然后显示折扣的金额（如果有的话）和打折后的总价款。

13. 航运费用

快速班轮航运公司收费价目表如下：

包装重量	每磅[注]的运费（美元）
2 磅或不足 2 磅	1.50
超过 2 磅但不超过 6 磅	3.00
超过 6 磅但不超过 10 磅	4.00
10 磅以上	4.75

请编写一个程序，提示用户输入行李包装重量，然后显示运费。

14. 体重指数

请编写一个程序来计算并显示一个人的体重指数（Body Mass Index，BMI）。BMI 常用于判断一个人的体重是超重（Overweight）还是体重过轻（Underweight）。计算 BMI 的公式如下：

$$BMI = weight \times 703/height^2$$

其中，体重 weight 是以磅（pound）为单位，身高 height 是以英寸[注]（inch）为单位。程序提示用户输入其体重和身高，然后显示用户的 BMI。此外，程序还显示一条信息说明用户是最佳体重，还是超重或体重过轻。当一个人的 BMI 在 18.5 与 25 之间时，其体重被认为是最佳的。如果 BMI 小于 18.5，则被认为是体重过轻；如果 BMI 大于 25，则被认为是超重。

15. 时间计算器

请编写一个程序，提示用户输入一个时间秒数，然后按照如下要求处理：
- 60 秒为 1 分钟。如果用户输入的秒数大于或等于 60，程序则将其转换成分钟数和秒数。
- 3 600 秒为 1 小时。如果用户输入的秒数大于或等于 3 600，程序则将其转换成小时数、分钟数和秒数。
- 86 400 秒为 1 天。如果用户输入的秒数大于或等于 86 400，程序则将其转换成天数、小时数、分钟数和秒数。

16. 二月的天数

二月通常有 28 天。但如果是闰年，二月就有 29 天。

请编写一个程序，提示用户输入一个年份，然后程序显示该年二月的天数。请根据下列规则来判定闰年：

1. 判断此年份能否被 100 整除。如果能，当且仅当它还能被 400 整除时，该年份是闰年。例如，2000 年是闰年，但 2100 年不是。

2. 如果此年份不能被 100 整除，那么当且仅当它能被 4 整除时，该年份是闰年。例如，2008 年是闰年，但 2009 年不是。

下面是该程序运行的例子：

```
Enter a year: 2008 Enter
In 2008 February has 29 days.
```

17. Wi-Fi 故障诊断树

图 3-19 是一个简化的 Wi-Fi 连接异常时定位故障的流程图。请根据这个流程图编写一个程序，指导用户按照这个处理步骤完成 Wi-Fi 连接故障的修复。程序的一个输出样例如下：

⊖ 1 磅 = 0.453 592 37 千克。——编辑注
⊖ 1 英寸 = 0.025 4 米。——编辑注

```
Reboot the computer and try to connect.
问题修改了吗?                no Enter
重新启动路由器并请求连接
Did that fix the problem? yes Enter
```

注意：一旦找到了问题的解决方案，程序就结束了。程序的另一个输出样例如下：

```
Reboot the computer and try to connect.
Did that fix the problem? no Enter
Reboot the router and try to connect.
Did that fix the problem? no Enter
确保连接路由器和调制解调器的线缆接头已稳固地插在插槽里
Did that fix the problem? no Enter
Move the router to a new location.
Did that fix the problem? no Enter
Get a new router.
```

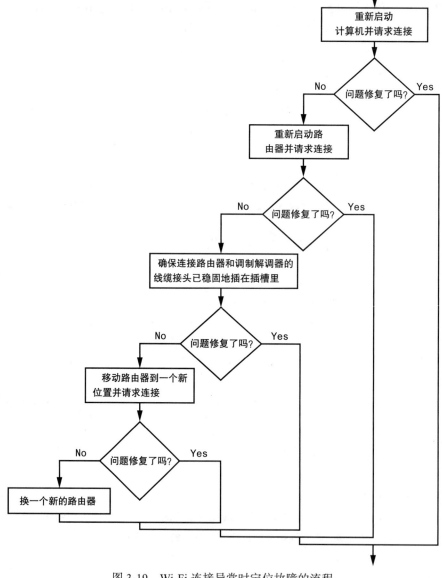

图 3-19　Wi-Fi 连接异常时定位故障的流程

18. 餐厅推荐

假设你的一群朋友回来参加高中同学的聚会，你现在要带他们去一家当地的餐厅用餐。你不确定是否有人有饮食禁忌的问题。可供选择的餐厅如下：

Joe's Gourmet Burgers——素食：不提供；严格素食：不提供；无麸质饮食：不提供
Main Street Pizza Company——素食：提供；严格素食：不提供；无麸质饮食：提供
Corner Café——素食：提供；严格素食：提供；无麸质饮食：提供
Mama's Fine Italian——素食：提供；严格素食：不提供；无麸质饮食：提供
The Chef's Kitchen——素食：提供；严格素食：提供；无麸质饮食：提供

请编写一个程序，询问参加聚会同学的饮食习惯是否是素食、严格素食或者无麸质饮食，然后显示你可以带他们前往的餐厅。

下面是程序输出的一个示例：

```
Is anyone in your party a vegetarian? yes [Enter]
Is anyone in your party a vegan? no [Enter]
Is anyone in your party gluten-free? yes [Enter]
你可选择的餐厅是：
    Main Street Pizza Company
    Corner Cafe
    The Chef's Kitchen
```

下面是程序输出的另一个示例：

```
Is anyone in your party a vegetarian? yes [Enter]
Is anyone in your party a vegan? yes [Enter]
Is anyone in your party gluten-free? yes [Enter]
Here are your restaurant choices:
    Corner Cafe
    The Chef's Kitchen
```

19. 龟图：对命中目标程序的修改

请增加程序 3-9 中的 `hit_the_target.py` 程序的功能。当子弹没有命中目标时，程序将提示用户增加或者减小角度和（或）力量值。例如，程序将显示像 `'Try a greater angle(请增大角度试试)'` 和 `'Use less force（力量不要太大）'` 这样的信息。

第 4 章

Starting Out with Python, Fourth Edition

循环结构

4.1 循环结构简介

概念：循环结构（repetition structure）就是重复地执行一条或若干条语句。

程序员经常需要反复编写做相同工作的代码。例如，有家公司请你为几个销售人员编制一个按照销售额的 10% 计算佣金的程序。一个解决方案就是先编写计算一个销售员佣金的程序代码，然后为每一位销售员复制一份该段代码，就像下面这样，尽管这不是一个好的设计：

```python
# Get a salesperson's sales and commission rate.
sales = float(input('Enter the amount of sales: '))
comm_rate = float(input('Enter the commission rate: '))

# Calculate the commission.
commission = sales * comm_rate

# Display the commission.
print('The commission is $', format(commission, ',.2f'), sep='')

# Get another salesperson's sales and commission rate.
sales = float(input('Enter the amount of sales: '))
comm_rate = float(input('Enter the commission rate: '))

# Calculate the commission.
commission = sales * comm_rate
# Display the commission.
print('The commission is $', format(commission, ',.2f'), sep='')

# Get another salesperson's sales and commission rate.
sales = float(input('Enter the amount of sales: '))
comm_rate = float(input('Enter the commission rate: '))

# Calculate the commission.
commission = sales * comm_rate
# Display the commission.
print('The commission is $', format(commission, ',.2f'), sep='')
```

这样的代码还要继续下去…

由此可见，这个程序是一个很长的包含了很多重复代码的顺序结构。这种方法有很多缺点，例如：

- 重复的代码导致程序很大。
- 编写一个很长的顺序结构程序很浪费时间。
- 如果重复的代码中有一部分需要修正，那么整个程序需要做很多次这样的修正。

与重复写相同的语句序列不同的是，解决反复执行某个操作的更好方法是为这个操作写一次代码，然后将这段代码放到一个能使计算机按照需要的次数重复执行这段代码的结构中。这个结构就称为循环结构（repetition structure）。循环结构也常称为循环（loop）。

条件控制的循环与计数控制的循环

本章中，我们将介绍两大类循环：条件控制的循环（condition-controlled loop）与计数控制的循环（count-controlled loop）。条件控制的循环采用一个为真/假的条件来控制循环的次数，而计数控制的循环则重复执行指定的次数。在 Python 语言中，你可以使用 while 语句来编写条件控制的循环，用 for 语句来编写计数控制的循环。本章中，我们将介绍如何编写这两种类型的循环。

检查点

4.1 什么是循环结构？
4.2 什么是条件控制的循环？
4.3 什么是计数控制的循环？

4.2 while 循环：条件控制的循环

概念：只要条件为真，条件控制的循环就重复执行一条或一组语句。在 Python 语言中，可以使用 while 语句来编写条件控制的循环。

while 循环的工作原理是：当条件为真时，就执行某项任务。while 循环也因此而得名。while 循环由两部分组成：(1) 需要测试为真还是为假的条件，(2) 条件为真的情况下，需要反复执行的一条或一组语句。图 4-1 是 while 循环的逻辑图。

图中的菱形框代表需要测试的条件。请注意条件为真时的操作：执行一条或一组语句，然后程序的执行返回到菱形框的上方，并再次测试条件。如果条件为真，则重复上述操作。如果条件为假，则程序退出循环。在一个流程图中，只要看到流程线返回到流程图中前面的部分，就可以判定这是一个循环。

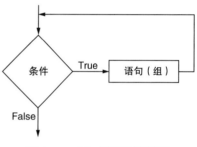

图 4-1 while 循环的逻辑图

下面是 Python 语言中 while 循环的标准格式：

```
while condition:
    statement
    statement
    etc.
```

为简单起见，我们称第一行为 while 从句。while 从句以 while 开头，后面是一个可定值为真或假的布尔条件。条件以一个冒号结尾。下一行的开始就是一个语句块。(第 3 章介绍过，同一个语句块中的语句的缩进必须是一致的。这个缩进要求必须遵守，因为 Python 解释器就是根据缩进来判别语句块的开始与结束的。)

在执行 while 循环时，首先测试条件。如果条件为真，则执行 while 从句后面语句块中的语句。执行结束后，再次启动循环。如果条件为假，则程序退出循环。程序 4-1 展示了如何用一个 while 循环来编写本章开头描述过的佣金计算程序。

程序 4-1 (commission.py)

```
1   # This program calculates sales commissions.
2
3   # Create a variable to control the loop.
4   keep_going = 'y'
5
6   # Calculate a series of commissions.
7   while keep_going == 'y':
8       # Get a salesperson's sales and commission rate.
```

```
 9        sales = float(input('Enter the amount of sales: '))
10        comm_rate = float(input('Enter the commission rate: '))
11
12        # Calculate the commission.
13        commission = sales * comm_rate
14
15        # Display the commission.
16        print('The commission is $',
17              format(commission, ',.2f'), sep='')
18
19        # See if the user wants to do another one.
20        keep_going = input('Do you want to calculate another ' +
21                           'commission (Enter y for yes): ')
```

程序输出

```
Enter the amount of sales: 10000.00 [Enter]
Enter the commission rate: 0.10 [Enter]
The commission is $1,000.00
Do you want to calculate another commission (Enter y for yes): y [Enter]
Enter the amount of sales: 20000.00 [Enter]
Enter the commission rate: 0.15 [Enter]
The commission is $3,000.00
Do you want to calculate another commission (Enter y for yes): y [Enter]
Enter the amount of sales: 12000.00 [Enter]
Enter the commission rate: 0.10 [Enter]
The commission is $1,200.00
Do you want to calculate another commission (Enter y for yes): n [Enter]
```

在第 4 行，我们用一条赋值语句创建了一个名为 keep_going 的变量。注意，赋给该变量的值为 'y'。这个初始值很重要，待会儿你就明白为什么了。

第 7 行是 while 循环的开始，具体语句如下：

```
while keep_going == 'y':
```

请注意，要测试的条件是：keep_going =='y'。循环先测试这个条件。如果条件为真，则执行第 8 行到第 21 行的语句。然后，再次从第 7 行开始新一轮循环，并测试表达式 keep_going =='y' 的值，如果该表达式的值为真，则再次执行第 8 行到第 21 行的语句。这个循环处理一直重复下去，直到在第 7 行测试表达式 keep_going =='y' 得到的结果为假时才结束循环。当发现测试结果为假时，程序退出循环。这个执行过程如图 4-2 所示。

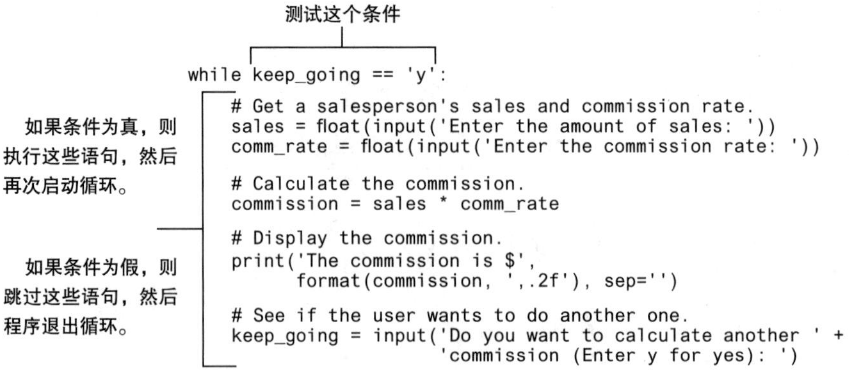

图 4-2 while 循环

为了能让这个循环停下来，就需要在循环内部想办法让表达式 keep_going == 'y' 为假。第 20 到第 21 行语句就是为这个需求而设置的。该语句显示提示信息 "Do you want to calculate another commission (Enter y for yes)." 并将从键盘上读入的数值赋值给变量 keep_going。如果用户输入 y（必须是小写的 y），则在循环再次启动时，表达式 keep_going == 'y' 就会为真。这样，循环体内的语句将再次被执行。但是，如果用户输入的是小写字符 y 以外的任何其他字符，则在循环再次启动时，表达式就为假，程序将退出循环。

在分析完程序的代码后，让我们看看程序的一次试运行实例吧。首先，用户输入销售额 10 000.00 元，佣金比例为 0.10。然后程序显示针对销售额 10 000.00 元的佣金数量。接下来，程序提示用户 "Do you want to calculate another commission? (Enter y for yes)."，用户输入 y，循环再次重复上述处理步骤。在这次试运行中，用户重复了三次。循环体的每一次执行称为一次迭代（Iteration）。所以在这次试运行中，循环迭代了三次。

图 4-3 是该程序核心功能的流程图。在这个流程图中，我们用了一个 while 循环结构，测试的条件是 keep_going =='y'。如果条件为真，则执行右边那一系列语句，然后执行流程返回到条件测试的上方。

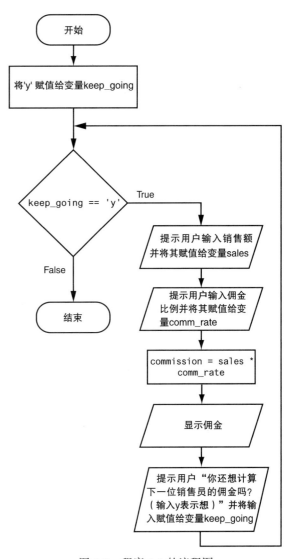

图 4-3　程序 4-1 的流程图

4.2.1　while 循环是先测试的循环

while 循环也称为先测试循环（Pretest Loop）。这就意味着在迭代执行前先要进行条件测试。由于条件测试是在循环开始前进行的，所以在进入循环之前需要采取某些操作来确保循环至少执行一次。例如，程序 4-1 中循环的开始

```
while keep_going == 'y':
```

只有在表达式 keep_going =='y' 为真时，循环才会迭代一次。这就意味着：（a）变量 keep_going 已经存在，（b）该变量已经引用的值为 'y'。为了确保在循环的第一次执行时表达式为真，所以我们在第 4 行将值 'y' 赋值给变量 keep_going，如下所示：

```
keep_going = 'y'
```

执行完这一步后,我们确信在循环的第一次执行时条件 keep_going =='y' 肯定为真。while 循环的一个重要特点就是:如果在开始时条件为假,则循环一次都不会执行。当然,在某些程序中,你就期望是这样。下面"聚光灯"部分就给出了一个这样的例子。

聚光灯:用 while 循环设计一个程序

在 Chemical Labs 公司当前的一项研究中,需要给一个大桶(Vat)里的试验品(Substance)持续地加热。一位技术员(Technician)必须每隔 15 分钟检测一次试验品的温度(Temperature)。如果温度没有超过摄氏 102.5 度,则技术员就不用做任何处理。但是如果温度超过摄氏 102.5 度,则技术员就要关闭大桶的恒温器(Thermostat),等待 5 分钟,再次检测温度。技术员重复这个处理过程,直到温度降到摄氏 102.5 度以内。项目主管请你编写一个程序来指导技术员完成这个处理过程。

下面是这个程序的算法:

1. 读取试验品的温度。
2. 只要温度超过摄氏 102.5 度,则重复下列步骤:
   a. 通知技术员关闭恒温器,等待 5 分钟,再次检测温度。
   b. 读取试验品的温度。
3. 循环结束后,告诉技术员,目前的温度是可以接受的,但是还要每隔 15 分钟检测一次。

通过分析上述算法,你肯定已经意识到,如果在开始时测试条件(温度超过 102.5 度)为假,则不会执行步骤 2(a)和 2(b)。由于条件为假时,循环体的确一次都不需要执行,所以 while 循环是完全能够胜任这个应用场合的。程序 4-2 就是这个程序的代码。

程序 4-2 (temperature.py)

```
 1  # This program assists a technician in the process
 2  # of checking a substance's temperature.
 3
 4  # Named constant to represent the maximum
 5  # temperature.
 6  MAX_TEMP = 102.5
 7
 8  # Get the substance's temperature.
 9  temperature = float(input("Enter the substance's Celsius temperature: "))
10
11  # As long as necessary, instruct the user to
12  # adjust the thermostat.
13  while temperature > MAX_TEMP:
14      print('The temperature is too high.')
15      print('Turn the thermostat down and wait')
16      print('5 minutes. Then take the temperature')
17      print('again and enter it.')
18      temperature = float(input('Enter the new Celsius temperature: '))
19
20  # Remind the user to check the temperature again
21  # in 15 minutes.
22  print('The temperature is acceptable.')
23  print('Check it again in 15 minutes.')
```

程序输出

```
Enter the substance's Celsius temperature: 104.7 [Enter]
The temperature is too high.
Turn the thermostat down and wait
5 minutes. Take the temperature
again and enter it.
Enter the new Celsius temperature: 103.2 [Enter]
The temperature is too high.
Turn the thermostat down and wait
5 minutes. Take the temperature
again and enter it.
Enter the new Celsius temperature: 102.1 [Enter]
The temperature is acceptable.
Check it again in 15 minutes.
```

程序输出

```
Enter the substance's Celsius temperature: 102.1 [Enter]
The temperature is acceptable.
Check it again in 15 minutes.
```

4.2.2 无限循环

除了极少数情况之外，循环体内必须包含有结束循环的操作。这就意味着在循环体内部必须有最终能让测试条件为假的手段。例如，当表达式 keep_going == 'y' 为假时，程序 4-1 中的循环就结束了。如果一个循环没有停下来的方法，那么就称为无限循环（infinite loop）或死循环。

除非程序被系统强制中断，否则无限循环将一直迭代下去。出现无限循环的原因是程序员忘记在循环体内部编写可让测试条件为假的代码。在大多数情况下，你应该避免编写无限循环程序。

程序 4-3 就是一个无限循环。它是程序 4-1 所示的佣金计算程序的改动版本。在这个版本中，我们删除了在循环体内修改变量 keep_going 的代码。这样，每次在第 6 行测试表达式 keep_going == 'y' 时，keep_going 都是引用字符串 'y'。因此，循环根本停不下来。（终止程序的唯一方法就是在键盘上按下 Ctrl+C 来中断程序。）

程序 4-3 （infinite.py）

```
 1   # This program demonstrates an infinite loop.
 2   # Create a variable to control the loop.
 3   keep_going = 'y'
 4
 5   # Warning! Infinite loop!
 6   while keep_going == 'y':
 7       # Get a salesperson's sales and commission rate.
 8       sales = float(input('Enter the amount of sales: '))
 9       comm_rate = float(input('Enter the commission rate: '))
10
11       # Calculate the commission.
12       commission = sales * comm_rate
13
14       # Display the commission.
15       print('The commission is $',
16             format(commission, ',.2f'), sep='')
```

检查点

4.4 什么是一次循环迭代？

4.5 while 循环是在执行迭代前还是执行迭代后测试它的条件？

4.6 下列程序中，'Hello World' 将会被打印多少次？

```
count = 10
while count < 1:
    print('Hello World')
```

4.7 什么是无限循环？

4.3 for 循环：计数控制的循环

概念：计数控制的循环迭代执行的次数是确定的。在 Python 语言中，可以使用 for 语句来编写计数控制的循环。

在本章的开头我们已经介绍过，计数控制的循环重复执行指定的次数。计数控制的循环在程序中是很常用的。例如，有家商店每周开门六天。现请你为这家商店编写一个计算一周销售总额的程序。显然，这个程序需要迭代六次。每次循环迭代，程序会提示用户输入一天的销售额。你可以使用 for 语句来编写计数控制的循环。在 Python 语言中，for 语句被设计用来处理一组数据项。在执行该语句时，针对一组数据项中的每个数据迭代一次。下面是 for 语句的标准格式：

```
for variable in [value1, value2, etc.]:
    statement
    statement
    etc.
```

我们称第 1 行为 for 从句。在 for 从句中，variable 是一个变量名。方括号内是一组数据，每个数据用逗号隔开。(在 Python 语言中，称一对方括号括起来的一组用逗号分隔的数据为列表（List）。在第 7 章中，你将学到更多的关于列表的知识)。下一行开始就是将要迭代执行的语句块。

for 语句的执行过程是这样的：将表中的第一个数据赋值给 variable，然后执行语句块中的语句。结束后，再将列表中的下一个数据赋值给 variable，然后再次执行语句块中的语句。重复这个过程，直到列表中的最后一个数据也被赋值给了 variable。程序 4-4 是一个用 for 循环来显示 1 到 5 五个数字的例子。

程序 4-4 （simple_loop1.py）

```
1  # This program demonstrates a simple for loop
2  # that uses a list of numbers.
3
4  print('I will display the numbers 1 through 5.')
5  for num in [1, 2, 3, 4, 5]:
6      print(num)
```

程序输出

```
I will display the numbers 1 through 5.
1
2
3
4
5
```

for 循环的第一次迭代，数值1被赋值给了变量 num，然后执行第6行中的语句（显示数值1）。下一次迭代中，数值2被赋值给了变量 num，然后执行第6行中的语句（显示数值2）。如图4-4所示，这个处理过程一直持续下去，直到列表中的最后一个数据也被赋值给了 num。因为这个列表中包含了五个数值，所以循环迭代五次。

由于在每次启动循环迭代时 for 从句中用到的变量都是赋值操作的目标，所以 Python 程序员常称该变量为目标变量（target variable）。

出现在列表中的数值不一定是一组连续而有序的数据。例如，程序4-5使用 for 循环来显示一组奇数。因为这个表中包含了五个数值，所以循环迭代五次。

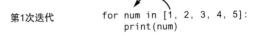

图 4-4 for 循环

程序 4-5 （simple_loop2.py）

```
1   # This program also demonstrates a simple for
2   # loop that uses a list of numbers.
3
4   print('I will display the odd numbers 1 through 9.')
5   for num in [1, 3, 5, 7, 9]:
6       print(num)
```

程序输出

```
I will display the odd numbers 1 through 9.
1
3
5
7
9
```

程序4-6是另外一个例子。在这个程序中，for 循环迭代处理一个字符串列表。注意：这个列表（在第4行中）中包含了三个字符串'Winken'、'Blinken'和'Nod'。因此，循环迭代三次。

程序 4-6 （simple_loop3.py）

```
1   # This program also demonstrates a simple for
2   # loop that uses a list of strings.
3
4   for name in ['Winken', 'Blinken', 'Nod']:
5       print(name)
```

程序输出

```
Winken
Blinken
Nod
```

4.3.1 在 for 循环中使用 range 函数

Python 语言有一个名为 range 的内置函数。该函数可以简化计数控制的 for 循环的编写过程。range 函数创建一个被称为 iterable 的对象类型。迭代器（iterable）是一个类似于列表的对象，它包含了供循环这类程序结构迭代处理的一组数据。下面就是一个使用了 range 函数的 for 循环：

```
for num in range(5):
    print(num)
```

注意：这里没有使用一个数据列表，而是将 5 作为参数传给需要调用的 range 函数。在这个语句中，range 函数将在从 0 到（但不包括）5 的范围内产生一组迭代整数。该语句的功能等价于下面这条语句：

```
for num in [0, 1, 2, 3, 4]:
    print(num)
```

从这条语句可以看出，这个列表中包含五个数据，所以循环将迭代五次。程序 4-7 在一个 for 循环中使用 range 函数，显示"Hello world"五次。

程序 4-7 （simple_loop4.py）

```
1   # This program demonstrates how the range
2   # function can be used with a for loop.
3
4   # Print a message five times.
5   for x in range(5):
6       print('Hello world')
```

程序输出

```
Hello world
Hello world
Hello world
Hello world
Hello world
```

像程序 4-7 演示的那样，如果传递一个参数给 range 函数，那么这个参数将被用作这个数据序列的上限值。如果传递两个参数给 range 函数，那么第一个参数将被用作数据序列的初始值，第二个参数将被用作数据序列的上限值。下面是一个例子：

```
for num in range(1, 5):
    print(num)
```

这段代码将显示如下内容：

```
1
2
3
4
```

默认情况下，range 函数是以每次递增 1 的方法来生成列表中的数据序列。如果传递第三个参数给 range 函数，则第三个参数将被用作"步长（step）"。这样，数据序列中的相邻数据就以"步长"为增量。下面是一个例子：

```
for num in range(1, 10, 2):
    print(num)
```

在这个 for 语句中，传递给 range 函数的三个参数的含义是：
- 第 1 个参数，1，是数据序列的初始值。
- 第 2 个参数，10，是数据序列的上限值。这意味着数据序列中最后那个数据是 9。
- 第 3 个参数，2，是步长。这意味着数据序列中后一个数据是在前一个数据上增加 2 得到的。

这段代码将显示如下内容：

```
1
3
5
7
9
```

4.3.2 在循环内部使用目标变量

在 for 循环内部，设置目标变量的目的是在循环迭代的过程中逐个引用数据表中的每项数据。在很多情况下，在循环体内部的某个计算或其他操作中使用目标变量有很多好处。例如，现在需要编写一个程序，像下面这个表那样，显示 1 到 10 的数据及其平方。

数据	平方
1	1
2	4
3	9
4	16
5	25
6	36
7	49
8	64
9	81
10	100

这个任务可以用一个从 1 处理到 10 的 for 循环来完成。在第一次迭代中，将 1 赋给目标变量；在第二次迭代中，将 2 赋给目标变量，以此类推。由于在循环的执行过程中，目标变量引用的值从 1 递增到 10，所以你可以将其应用于循环内部的计算中。程序 4-8 就演示了这是如何实现的。

程序 4-8 （squares.py）

```
1   # This program uses a loop to display a
2   # table showing the numbers 1 through 10
3   # and their squares.
4
5   # Print the table headings.
6   print('Number\tSquare')
7   print('--------------')
8
9   # Print the numbers 1 through 10
10  # and their squares.
11  for number in range(1, 11):
12      square = number**2
13      print(number, '\t', square)
```

程序输出

```
Number   Square
----------------
1        1
2        4
3        9
4        16
5        25
6        36
7        49
8        64
9        81
10       100
```

首先，让我们来仔细研究一下用于显示数据表表头的第 6 行：

print('Number\tSquare')

请注意，在字符串文本中，单词 Number 和 Square 之间有一个转义字符序列 \t。在第 2 章中，我们介绍过转义字符序列 \t 的功能相当于按下 Tab 键，它的作用是将输出光标向右移动到下一个制表符位置。这样就在输出样例中的单词 Number 和 Square 之间留出了一段空白。

从第 11 行开始的 for 循环采用 range 函数生成了一个数据序列，该序列包含了从 1 到 10 的十个整数。在第一次迭代中，变量 number 引用的值是 1；在第二次迭代中，变量 number 引用的值是 2；以此类推，直到引用 10。在循环体内部，第 12 行的语句计算 number 的 2 次幂（在第 2 章介绍过，** 是指数运算符），并将结果赋值给变量 square。第 13 行的语句打印变量 number 引用的数值，然后将光标移到下一个制表符位置，再打印变量 square 引用的数值。(用转义字符序列 \t 将光标移到下一个制表符位置，将使输出的数值对齐成两列。)

图 4-5 是我们为本程序绘制的流程图。

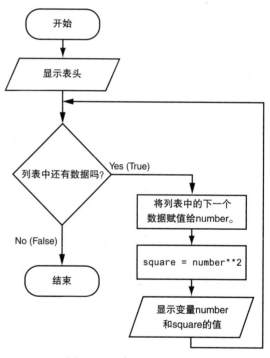

图 4-5　程序 4-8 的流程图

聚光灯：用 for 语句实现一个计数控制的循环

你的朋友 Amanda 刚刚从她叔叔那里继承了一辆欧洲赛车。由于该赛车的速度表是以公里/小时（Kilometers Per Hour，KPH）为单位，而 Amanda 生活在美国，美国通常是以英里/小时（Miles Per Hour，MPH）为单位来表示车速，所以她担心会在开车时因无意中超速而收到罚单。为此，她请你帮她编写一个程序来显示一个车速转换表，该表用于将以 KPH 为单位的车速转换成以 MPH 为单位的车速。将 KPH 转换成 MPH 的公式如下：

$$MPH = KPH * 0.6214$$

在这个公式中，MPH 是以英里/小时为单位的车速，KPH 是以公里/小时为单位的车速。

你程序中显示的表格将以 10 为增量，给出从 60KPH 到 130KPH 共八个车速对应的 MPH 值。这个表的大致形式如下：

KPH	MPH
60	37.3
70	43.5
80	49.7
……	……
130	80.8

在研究完上面这个表中的数据后，你决定在程序中采用 for 循环。循环中迭代处理的数据表就是以公里/小时为单位的车速。所以在循环中，你会像下面这样调用 range 函数：

range(60, 131, 10)

数据序列的初始值是 60。注意第三个参数指定 10 为步长。这就意味着，循环数据表中的数值将是 60、70、80 等。第二个参数指定 131 为数据序列的上限值，所以序列中最后那个值为 130。

在循环体内，目标变量被用来计算以英里/小时为单位的车速。程序 4-9 就是这个程序。

程序 4-9（speed_converter.py）

```
1   # This program converts the speeds 60 kph
2   # through 130 kph (in 10 kph increments)
3   # to mph.
4
5   START_SPEED = 60            # Starting speed
6   END_SPEED = 131             # Ending speed
7   INCREMENT = 10              # Speed increment
8   CONVERSION_FACTOR = 0.6214  # Conversion factor
9
10  # Print the table headings.
11  print('KPH\tMPH')
12  print('--------------')
13
14  # Print the speeds.
15  for kph in range(START_SPEED, END_SPEED, INCREMENT):
16      mph = kph * CONVERSION_FACTOR
17      print(kph, '\t', format(mph, '.1f'))
```

程序输出

```
KPH     MPH
----------------
60      37.3
70      43.5
80      49.7
90      55.9
100     62.1
110     68.4
120     74.6
130     80.8
```

4.3.3 让用户控制循环迭代

在多数情况下，程序员能够事先知道一个循环迭代的次数。例如，刚才介绍的显示从 1 到 10 十个数及其平方的程序 4-8。在编写程序时，程序员就知道循环要迭代处理从 1 到 10 的十个数。

但是，在某些情况下，程序员需要让用户来控制循环迭代的次数。例如，能不能通过让用户指定循环显示的最大值来增加程序 4-8 的通用性？程序 4-10 就给出了实现的方法。

程序 4-10 （user_squares1.py）

```
 1  # This program uses a loop to display a
 2  # table of numbers and their squares.
 3
 4  # Get the ending limit.
 5  print('This program displays a list of numbers')
 6  print('(starting at 1) and their squares.')
 7  end = int(input('How high should I go? '))
 8
 9  # Print the table headings.
10  print()
11  print('Number\tSquare')
12  print('--------------')
13
14  # Print the numbers and their squares.
15  for number in range(1, end + 1):
16      square = number**2
17      print(number, '\t', square)
```

程序输出

```
This program displays a list of numbers
(starting at 1) and their squares.
How high should I go? 5 Enter

Number   Square
----------------
1        1
2        4
3        9
4        16
5        25
```

这个程序提示用户输入数据表的终止值。这个值在第 7 行被赋值给变量 end。在第 15 行，表达式 end + 1 作为第二个参数传递给 range 函数。（我们给 end 加 1 是因为如果不这样的话，数据序列就不能包含用户输入的那个值。）

程序 4-11 是一个让用户同时指定数据序列初始值和终止值的例子。

程序 4-11 （user_squares2.py）

```
 1  # This program uses a loop to display a
 2  # table of numbers and their squares.
 3
 4  # Get the starting value.
 5  print('This program displays a list of numbers')
 6  print('and their squares.')
 7  start = int(input('Enter the starting number: '))
 8
 9  # Get the ending limit.
10  end = int(input('How high should I go? '))
11
12  # Print the table headings.
13  print()
14  print('Number\tSquare')
15  print('--------------')
16
17  # Print the numbers and their squares.
18  for number in range(start, end + 1):
19      square = number**2
20      print(number, '\t', square)
```

程序输出

```
This program displays a list of numbers and their squares.
Enter the starting number: 5 Enter
How high should I go? 10 Enter

Number   Square
--------------
5        25
6        36
7        49
8        64
9        81
10       100
```

4.3.4 生成一个取值范围从高到低的迭代序列

截至目前为止，在你所看的例子中，range 函数生成的数据序列都是从低向高递增的。还有一种可选的方法是，可以用 range 函数来生成从高到低递减的数据序列。下面就是一个例子：

```
range(10, 0, -1)
```

在这个函数调用中，数据序列的初始值是 10，下限值为 0，步长为 -1。该表达式将产生如下的数据序列：

```
10, 9, 8, 7, 6, 5, 4, 3, 2, 1
```

下面是一个用 for 循环来递减打印数值 5 到 1 的例子：

```
for num in range(5, 0, -1):
    print(num)
```

检查点

4.8 改写下列代码使其用 range 函数来代替列表 [0, 1, 2, 3, 4, 5]。

```
[0, 1, 2, 3, 4, 5]:
for x in [0, 1, 2, 3, 4, 5]:
    print('I love to program!')
```

4.9 下列代码显示的结果是什么？

```
for number in range(6):
    print(number)
```

4.10 下列代码显示的结果是什么？

```
for number in range(2, 6):
    print(number)
```

4.11 下列代码显示的结果是什么？

```
for number in range(0, 501, 100):
    print(number)
```

4.12 下列代码显示的结果是什么？

```
for number in range(10, 5, -1):
    print(number)
```

4.4 计算累加和

概念：累加和（running total）是指通过循环的每一次迭代累加得到的一组数据的总和。用来保存累加和的变量称为累加器（accumulator）。

很多编程任务都需要计算一组数据之和。例如，假设你正在为某商店编写一个计算周销售总额的程序。程序将读入每天的销售额作为输入，然后计算这些数据之和。

计算一组数据之和的程序通常要用到以下两个要素：
- 以每次读一个数据的方式，连续读入一组数据的循环。
- 用于累加读入数据之和的变量。

用来累加一组数据之和的变量称为累加器。由于计算一组数据之和的方式是边读入边累加，所以循环会始终保有一个最新的累加和。图 4-6 显示了以循环方式计算累加和的一般逻辑。

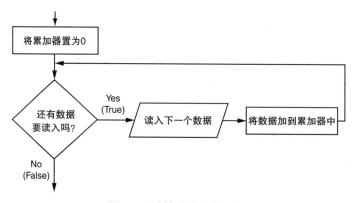

图 4-6 计算递增和的逻辑

当循环结束时，累加器中保存的是通过循环读入的数据的总和。注意流程图中的第一步，将累加器变量的值置为 0。这是非常关键的处理步骤。循环每次迭代读入的那个数据都被加到累加器中。如果累加器不是从 0 而从其他的数值开始累加，那么在循环结束时累加器中保存的数据之和将是错误的。

让我们来看一个计算累加和的程序。程序 4-12 请用户输入五个数，然后计算并显示输入数据的总和。

程序 4-12 （sum_numbers.py）

```
 1   # This program calculates the sum of a series
 2   # of numbers entered by the user.
 3
 4   MAX = 5 # The maximum number
 5
 6   # Initialize an accumulator variable.
 7   total = 0.0
 8
 9   # Explain what we are doing.
10   print('This program calculates the sum of')
11   print(MAX, 'numbers you will enter.')
12
13   # Get the numbers and accumulate them.
14   for counter in range(MAX):
15       number = int(input('Enter a number: '))
16       total = total + number
17
18   # Display the total of the numbers.
19   print('The total is', total)
```

程序输出

```
This program calculates the sum of
5 numbers you will enter.
Enter a number: 1 Enter
Enter a number: 2 Enter
Enter a number: 3 Enter
Enter a number: 4 Enter
Enter a number: 5 Enter
The total is 15.0
```

在第 7 行，由赋值语句创建的变量 total 就是累加器。注意这里用 0.0 来为其进行初始化操作。在第 14 行到第 16 行的 for 循环完成的工作是，从用户那里获得数据，然后计算它们的总和。其中，第 15 行提示用户输入一个数，然后将输入的数据赋值给变量 number。接着，第 16 行的如下语句将 number 引用的值加到变量 total 中：

```
total = total + number
```

这条语句执行后，变量 number 引用的值就被加到变量 total 的值中。理解这条语句是如何工作的非常重要。首先，解释器获取位于运算符 = 右侧的表达式 total + number 的值。然后，通过运算符 = 将其赋值给变量 total。执行这条语句的效果就是将变量 number 引用的值加到变量 total 的值中。这样在循环结束时，变量 total 就拥有了所有加到它那里的数据的总和。第 19 行用于显示这个计算结果值。

带参数的赋值运算符

在程序中我们经常能看到，赋值语句中位于运算符 = 左侧的变量同时也会出现在运算符 = 的右侧。下面就是一个例子：

```
x = x + 1
```

在赋值运算符的右侧，1 被加到 x 中。然后结果被赋值给 x，以取代 x 原来引用的那个值。这条语句的效果是给 x 引用的值加 1。在程序 4-13 中，还可以看到这类语句的另外一个例子：

```
total = total + number
```

这条语句将 total + number 的值赋给 total。如前所述，这条语句的效果就是将 number 引用的值加到 total 的值中。下面又是一个例子：

```
balance = balance - withdrawal
```

这条语句将表达式 balance - withdrawal 的值赋给变量 balance。这条语句的效果是从变量 balance 的值中减去变量 withdrawal 的值。

表 4-1 显示了用这种方式编写的一些语句实例。

表 4-1 不同形式的赋值语句（假设在每条语句中 x=6）

语句	功能	语句执行后 x 的值
x = x + 4	将 4 加到 x 中	10
x = x - 3	从 x 中减去 3	3
x = x * 10	x 乘以 10	60
x = x / 2	x 除以 2	3
x = x % 4	将 x/4 所得的余数赋给 x	2

像这样的操作类型在程序设计中是很常见的。为了方便起见，Python 为完成此类操作提供了一组专门设计的运算符。表 4-2 显示了这些带参数的赋值运算符（augmented assignment operator）。

表 4-2 带参数的赋值运算符

运算符	使用样例	等价的语句
+=	x += 5	x = x + 5
-=	y -= 2	y = y - 2
*=	z *= 10	z = z * 10
/=	a /= b	a = a / b
%=	c %= 3	c = c % 3

从表中可以看出，有了带参数的赋值运算符，程序员就无须将同一个变量名键入两次了。下面这条语句

```
total = total + number
```

可以改写成

```
total += number
```

同样地，语句

    balance = balance - withdrawal

可以改写成

    balance -= withdrawal

检查点

4.13 什么是累加器？

4.14 累加器能够随便用一个值来初始化吗？为什么能或为什么不能？

4.15 下列代码显示的结果是什么？

    total = 0
    for count in range(1, 6):
        total = total + count
    print(total)

4.16 下列代码显示的结果是什么？

    number 1 = 10
    number 2 = 5
    number 1 = number 1 + number 2
    print(number1)
    print(number2)

4.17 用带参数的赋值运算符来重写下列语句：

a) quantity = quantity + 1

b) days_left = days_left - 5

c) price = price * 10

d) price = price / 2

4.5 标记

概念：标记（Sentinel）是一个用来标记数据序列结尾的特殊数值。

考虑这样一种应用场景：你正在设计的程序要用循环来处理一个很长的数据序列。在设计程序的时候，你还不知道这个序列中到底有多少个数据。事实上，序列中数据的个数在每次运行程序时都不尽相同。设计此类循环的最佳方法是什么？如前所述，可以采用本章前面已经介绍过的一些技术来处理一个很长的数据序列，但是这些技术都存在一些缺点。

- 在每次循环迭代结束时，询问用户是否还有数据要处理。这种方法很简单，但是如果数据很多的话，每次循环迭代结束时都问这样一个问题，会让用户觉得很烦。
- 在程序开始时，询问用户数据序列中总共有多少个数据项。对用户而言，这种方法很不方便。因为对于一个很长的数据序列，用户需要逐个地去数才能知道它到底包含了多少个数据。

所以，当用循环来处理一个很长的数据序列时，引入标记也许是一个好方法。标记是一个用来标记数据序列结尾的特殊数值。当程序读到标记值时，它就知道已经到了数据序列的末尾，该结束循环了。

例如，假设有位医生想用一个程序来计算病人的平均体重。该程序的工作过程是这样的：循环语句提示用户输入一个病人的体重，如果不再输入新的体重值就输入0。当程序读到的体重值为 0 时,它将被解释为一个信号,表示不再输入新的体重值了。由此程序结束循环并显示平均体重。

标记值必须与数据序列中的数值有明显的差别,以确保它不会被错误地认为是数据序列中的一个普通数值。在上面引用的例子中,医生(或她的医疗助手)在表示结束体重数据序列时输入 0,因为病人的体重不可能是 0,这是一个很好的标记值。

聚光灯:使用标记

国家税务部门用下面这个公式计算每年的财产税(Property tax):

$$\text{property tax} = \text{property value} \times 0.0065$$

税务部门的职员每天都要取来一个房产清单,然后计算清单上每项财产的财产税。现在请你编制一个可供税务职员计算财产税的程序。

通过与税务职员的交谈,你了解到每项财产都有一个编号(lot number),所有的编号都是大于或等于 1 的。因此,你决定编写一个以 0 为标记的循环。每次循环迭代时,程序都会请税务职员输入财产编号,或者输入表示结束的 0。程序代码见程序 4-13。

程序 4-13 (property_tax.py)

```
1   # This program displays property taxes.
2
3   TAX_FACTOR = 0.0065 # Represents the tax factor.
4
5   # Get the first lot number.
6   print('Enter the property lot number')
7   print('or enter 0 to end.')
8   lot = int(input('Lot number: '))
9
10  # Continue processing as long as the user
11  # does not enter lot number 0.
12  while lot != 0:
13      # Get the property value.
14      value = float(input('Enter the property value: '))
15
16      # Calculate the property's tax.
17      tax = value * TAX_FACTOR
18
19      # Display the tax.
20      print('Property tax: $', format(tax, ',.2f'), sep='')
21
22      # Get the next lot number.
23      print('Enter the next lot number or')
24      print('enter 0 to end.')
25      lot = int(input('Lot number: '))
```

程序输出

Enter the property lot number
or enter 0 to end.
Lot number: **100** Enter
Enter the property value: **100000.00** Enter

```
Property tax: $650.00.
Enter the next lot number or
enter 0 to end.
Lot number: 200 [Enter]
Enter the property value: 5000.00 [Enter]
Property tax: $32.50.
Enter the next lot number or
enter 0 to end.
Lot number: 0 [Enter]
```

检查点

4.18 什么是标记？

4.19 为什么需要仔细地选择一个与众不同的数值作为标记？

4.6 验证输入的循环

概念： 输入验证（input validation）是指在将输入到程序中的数据用于计算之前，先对它们进行验证，以确保它们是合法有效的。只要输入的变量引用了坏数据（bad data），循环迭代就要通过输入验证把它们识别出来。

程序设计领域最著名的谚语之一是 "进去的是垃圾，出来的肯定也是垃圾（Garbage In, Garbage Out）"。这个简称 GIGO 的谚语说明，计算机本身并不能识别好数据和坏数据。如果用户在输入时向程序提供了坏的数据，程序处理这个坏数据势必会产生一个坏的输出结果。例如，程序 4-14 是一个计算工资薪酬的程序，请关注在用户输入一个坏数据时，程序运行会发生什么。

程序 4-14 （gross_pay.py）

```
 1  # This program displays gross pay.
 2  # Get the number of hours worked.
 3  hours = int(input('Enter the hours worked this week: '))
 4
 5  # Get the hourly pay rate.
 6  pay_rate = float(input('Enter the hourly pay rate: '))
 7
 8  # Calculate the gross pay.
 9  gross_pay = hours * pay_rate
10
11  # Display the gross pay.
12  print('Gross pay: $', format(gross_pay, ',.2f'))
```

程序输出

```
Enter the hours worked this week: 400 [Enter]
Enter the hourly pay rate: 20 [Enter]
The gross pay is $8,000.00
```

你看出来输入的数据是个坏数据了吗？收到工资支票的那位一定喜出望外，因为在程序的这次运行中，劳资科的工作人员将 400 作为一周的工作小时数输入。估计他是想输入 40

的，因为一周根本就没有 400 小时。但是，计算机并不知道这些，程序会把它当作好数据一样来处理。你还能举出使这个程序产生错误输出的其他类型的输入的例子吗？比如，输入一个负数作为工作小时数，还有就是无效的每小时薪酬数。

新闻媒体经常会出现有关计算机错误的新闻，顾客在购买一些小物品时被要求支付数千美元，或者市民收到了本不该享受的数额很大的退税。其实，这些"计算机错误"很少是由计算机本身引起的，它们往往是因为给程序读入了坏数据。

程序输出的可信性只取决于其输入的可信性。因此，在设计程序时应考虑让其拒绝接受坏的输入数据。在给程序输入数据时，应该在处理它们之前先进行验证。如果输入是无效的，那么程序应该丢弃它们并提示用户输入正确的数据。这个处理过程就是输入验证。

图 4-7 展示了一个验证输入项的常用技术。在这个技术中，在读输入数据时执行一个循环。如果输入数据是坏的，则循环执行它的语句块。循环会显示一条出错信息，以便让用户知道他输入的数据是无效的数据，然后重新输入新的数据。只要输入的是坏数据，循环就一直重复执行下去。

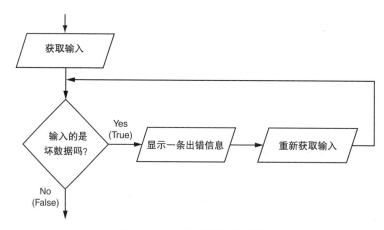

图 4-7　输入验证循环的逻辑

请注意图 4-7 中的流程图，有两处"获取输入"：第一个在循环开始之前，另一个在循环内部。在循环开始之前的第一个获取输入，称为启动读（priming read），它的作用是为验证输入的循环提供第一个用于验证的输入值。如果这个值是无效的，则循环将执行后续的输入操作。

再看一个例子，假设你正在设计一个处理考试成绩的程序，并想要确保用户不会输入一个小于 0 的数据。下面这段代码显示了如何用一个验证输入的循环来拒绝任何小于 0 的输入值。

```
# Get a test score.
score = int(input('Enter a test score: '))
# Make sure it is not less than 0.
while score < 0:
    print('ERROR: The score cannot be negative.')
    score = int(input('Enter the correct score: '))
```

这段代码首先提示用户输入一个考试成绩（这是启动读），然后执行 while 循环。之前说过，while 循环是先测试的循环。这就意味着，在执行迭代之前先要对表达式 score < 0 进行测试。如果用户输入一个有效的考试成绩，则表达式为假，循环不迭代。如果考试成绩是无效的，表达式将为真，并执行循环中的语句块。循环显示一条出错信息并提示用户输入正

确的考试成绩。循环将一直迭代下去，直到用户输入一个有效的考试成绩为止。

 注：验证输入的循环也称为错误陷阱（error trap）或错误处理（error handler）。

上面的代码仅仅是拒绝了负的考试成绩。如果还想拒绝大于 100 的考试成绩，又该如何处理呢？你可以用一个复合的布尔表达式来修改输入验证的循环，就像下面这样。

```
# Get a test score.
score = int(input('Enter a test score: '))
# Make sure it is not less than 0 or greater than 100.
while score < 0 or score > 100:
    print('ERROR: The score cannot be negative')
    print('or greater than 100.')
    score = int(input('Enter the correct score: '))
```

上述代码中的循环判断成绩是否小于 0 或者大于 100。只要有一个为真，就会显示出一条出错信息并提示用户输入正确的成绩。

聚光灯：编写一个验证输入的循环

Samantha 拥有一家进口公司，她用下面这个公式根据商品的批发成本（wholesale cost）计算其零售价格（retail prices）：

$$\text{retail price} = \text{wholesale cost} \times 2.5$$

现在，她使用如程序 4-15 所示的程序来计算其零售价格。

程序 4-15　（retail_no_validation.py）

```
 1   # This program calculates retail prices.
 2
 3   MARK_UP = 2.5 # The markup percentage
 4   another = 'y' # Variable to control the loop.
 5
 6   # Process one or more items.
 7   while another == 'y' or another == 'Y':
 8       # Get the item's wholesale cost.
 9       wholesale = float(input("Enter the item's " +
10                               "wholesale cost: "))
11
12       # Calculate the retail price.
13       retail = wholesale * MARK_UP
14
15       # Display the retail price.
16       print('Retail price: $', format(retail, ',.2f'), sep='')
17
18
19       # Do this again?
20       another = input('Do you have another item? ' +
21                       '(Enter y for yes): ')
```

程序输出

Enter the item's wholesale cost: **10.00** [Enter]
Retail price: $25.00.

```
Enter the item's wholesale cost: 15.00 Enter
Retail price: $37.50.
Do you have another item? (Enter y for yes): y Enter
Enter the item's wholesale cost: 12.50 Enter
Retail price: $31.25.
Do you have another item? (Enter y for yes): n Enter
```

Samantha 在使用这个程序时遇到一个问题。有一件商品的批发成本是50分,她需要按0.50将其输入程序中。但是由于0键和负号(negative sign)键挨在一起,所以有时候她会意外地输入一个负数(negative number)。现在她请你修改程序以使程序不允许将负数作为批发成本输入到程序中。

你决定在程序中增加一个验证输入的循环来拒绝将任何负数输入给变量 wholesale。程序4-16是修改后的程序,其中第13行到第16行是新增的验证输入的代码。

程序 4-16 (retail_with_validation.py)

```
1   # This program calculates retail prices.
2
3   MARK_UP = 2.5  # The markup percentage
4   another = 'y'  # Variable to control the loop.
5
6   # Process one or more items.
7   while another == 'y' or another == 'Y':
8       # Get the item's wholesale cost.
9       wholesale = float(input("Enter the item's " +
10                              "wholesale cost: "))
11
12      # Validate the wholesale cost.
13      while wholesale < 0:
14          print('ERROR: the cost cannot be negative.')
15          wholesale = float(input('Enter the correct' +
16                                  'wholesale cost: '))
17
18      # Calculate the retail price.
19      retail = wholesale * MARK_UP
20
21      # Display the retail price.
22      print('Retail price: $', format(retail, ',.2f'), sep='')
23
24
25      # Do this again?
26      another = input('Do you have another item? ' +
27                      '(Enter y for yes): ')
```

程序输出

```
Enter the item's wholesale cost: -.50 Enter
ERROR: the cost cannot be negative.
Enter the correct wholesale cost: 0.50 Enter
Retail price: $1.25.
Do you have another item? (Enter y for yes): n Enter
```

检查点

4.20 谚语"进去的是垃圾,出来的肯定也是垃圾"是什么意思?
4.21 请概要地描述一下输入验证的过程。
4.22 请描述一下验证输入的循环在验证数据时通常会采取的步骤。
4.23 什么是启动读?它的作用是什么?
4.24 如果在启动读阶段读取的输入是有效的,验证输入循环将会迭代多少次?

4.7 嵌套循环

概念: 一个位于其他循环内部的循环,称为嵌套循环(nested loop)。

嵌套循环就是一个位于其他循环内部的循环。时钟就是一个体现嵌套循环工作模式的很好的例子。秒针(second hand)、分针(minute hand)和时针(hour hand)都是在同一个表盘(the face of the clock)上旋转(spin)。但是,分针每转 12 圈(revolution),时针才转一圈;而秒针每转 60 圈,分针才转一圈。这就意味着,时针每转满一圈时,秒针已经转了 720 圈。下面是一个部分模拟数字时钟的一个循环。其中,秒的显示是从 0 到 59。

```
for seconds in range(60):
    print(seconds)
```

我们可以给它增加一个 minutes(分钟)变量,并将上面那个循环嵌入到一个遍历 60 分钟的循环中:

```
for minutes in range(60):
    for seconds in range(60):
        print(minutes, ':', seconds)
```

若要完整地模拟时钟,还需要为遍历 24 小时分别增加一个变量和一个循环:

```
for hours in range(24):
    for minutes in range(60):
        for seconds in range(60):
            print(hours, ':', minutes, ':', seconds)
```

这段代码的一个输出如下:

```
0:0:0
0:0:1
0:0:2
```

(这个程序将记录 24 小时中每一秒的变化)

```
23:59:59
```

最内层循环(innermost loop)每迭代 60 次换得中间循环(middle loop)迭代一次,中间循环每迭代 60 次换得最外层循环(outermost loop)迭代一次。当最外层循环迭代 24 次时,中间循环已经迭代 1440 次,而最内层循环则迭代了 86400 次!图 4-8 是上面这段完整模拟时钟程序的流程图。

从模拟时钟的例子中,可以看出嵌套循环的一些特点:

- 对外层循环的每一次迭代,内层循环都要完成全部的迭代。
- 内层循环完成全部迭代的速度要比外层循环快。
- 要想得到嵌套循环的总的迭代次数,需要将每一层循环的迭代次数相乘。

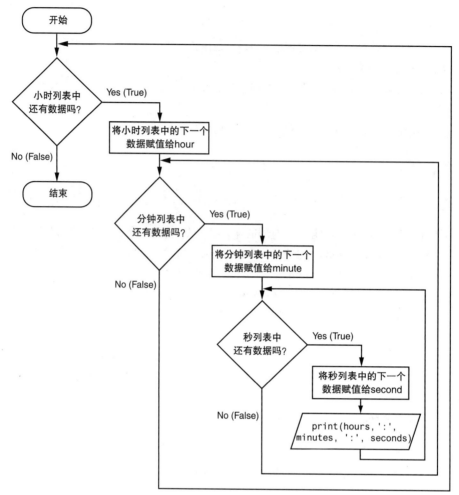

图 4-8 时钟模拟程序的流程图

程序 4-17 是另一个例子。这是一个供老师来计算学生考试成绩平均分的程序。第 5 行中的语句请用户输入学生总数，第 8 行中的语句请用户输入学生考试门数。开始于第 11 行的 for 循环针对每一个学生迭代一次。位于第 17 行到第 21 行的内嵌循环针对每一个考试成绩迭代一次。

程序 4-17 （test_score_averages.py）

```
 1  # This program averages test scores. It asks the user for the
 2  # number of students and the number of test scores per student.
 3
 4  # Get the number of students.
 5  num_students = int(input('How many students do you have? '))
 6
 7  # Get the number of test scores per student.
 8  num_test_scores = int(input('How many test scores per student? '))
 9
10  # Determine each student's average test score.
11  for student in range(num_students):
12      # Initialize an accumulator for test scores.
13      total = 0.0
```

```
14      # Get a student's test scores.
15      print('Student number', student + 1)
16      print('------------------')
17      for test_num in range(num_test_scores):
18          print('Test number', test_num + 1, end='')
19          score = float(input(': '))
20          # Add the score to the accumulator.
21          total += score
22
23      # Calculate the average test score for this student.
24      average = total / num_test_scores
25
26      # Display the average.
27      print('The average for student number', student + 1,
28            'is:', average)
29      print()
```

程序输出

```
How many students do you have? 3 Enter
How many test scores per student? 3 Enter

Student number 1
------------------
Test number 1: 100 Enter
Test number 2: 95 Enter
Test number 3: 90 Enter
The average for student number 1 is: 95.0

Student number 2
------------------
Test number 1: 80 Enter
Test number 2: 81 Enter
Test number 3: 82 Enter
The average for student number 2 is: 81.0

Student number 3
------------------
Test number 1: 75 Enter
Test number 2: 85 Enter
Test number 3: 80 Enter
The average for student number 3 is: 80.0
```

聚光灯：用嵌套循环打印图案

学习嵌套循环的一个有趣的方法是用它们在屏幕上显示图案。让我们来看一个简单的例子，假设我们希望在屏幕上用星号打印出如下的矩形图案：

```
******
******
******
******
******
******
******
******
```

如果把这个图案看成是有行（row）有列（column）的，那么它就是总计有8行、每行有6列的一个图案。下面的代码可用来显示一行星号：

```
for col in range(6):
    print('*', end='')
```

如果你在程序中或者在交互模式下运行这段代码，它将产生如下输出：

```
******
```

为了得到完整的图案，这个循环需要执行8遍。我们可以像下面这样，将这个循环放在另外一个迭代8次的循环内部：

```
1    for row in range(8):
2        for col in range(6):
3            print('*', end='')
4        print()
```

这个外层循环迭代了8次。外层循环每迭代一次，内层循环就要迭代6次。（请注意。每当打印完一行，我们都在第4行调用函数print()。这样做的目的是将位于每一行末尾的显示光标移动到下一行的开始位置。如果没有这行语句，所有的星号将打印在屏幕上的一个长行内。）

我们可以很轻松地写出提示用户输入行数和列数的程序，如程序4-18所示。

程序4-18　（rectangluar_pattern.py）

```
1  # This program displays a rectangular pattern
2  # of asterisks.
3  rows = int(input('How many rows? '))
4  cols = int(input('How many columns? '))
5
6  for r in range(rows):
7      for c in range(cols):
8          print('*', end='')
9      print()
```

程序输出

```
How many rows? 5 [Enter]
How many columns? 10 [Enter]
**********
**********
**********
**********
**********
```

再来看一个例子。假设你想用星号打印下面的这个三角形图案：

```
*
**
***
****
*****
******
*******
********
```

同样地，你还是要把这个图案看成是由行和列组成的。这个图案总共有8行。第一行有1列，第二行有2列，第三行有3列，以此类推，直到第八行有8列。程序4-19就是打印这个图案的程序。

程序4-19 （triangle_pattern.py）

```
1   # This program displays a triangle pattern.
2   BASE_SIZE = 8
3
4   for r in range(BASE_SIZE):
5       for c in range(r + 1):
6           print('*', end='')
7       print()
```

程序输出

```
*
**
***
****
*****
******
*******
********
```

让我们首先看外层循环。在第4行，表达式range (BASE_SIZE) 将产生一个包含下列整数序列的迭代：

0, 1, 2, 3, 4, 5, 6, 7

因此，在外层循环迭代的过程中，变量r将逐次被赋予从0到7的整数。在第5行中，内层循环的range表达式是range(r + 1)。内层循环的执行过程如下：

- 在外层循环的第一次迭代中，0被赋给变量r。表达式range(r + 1) 将让内层循环迭代一次，打印出一个星号。
- 在外层循环的第二次迭代中，1被赋值给变量r。表达式range(r + 1) 将让内层循环迭代两次，打印出两个星号。
- 在外层循环的第三次迭代中，2被赋值给变量r。表达式range(r + 1) 将让内层循环迭代三次，打印出三个星号。以此类推。

再看一个例子。假设你想打印出下面这样一个台阶的图案：

```
#
 #
  #
   #
    #
     #
```

这个图案有6行。我们可以将每一行描述成由若干个前导空格加一个#号组成。下面是对每一行的描述：

第一行：0个空格加一个#号。
第二行：1个空格加一个#号。
第三行：2个空格加一个#号。

第四行：3个空格加一个#号。
第五行：4个空格加一个#号。
第六行：5个空格加一个#号。

为了打印出这个图案，我们可以编写出按照如下规则工作的一对嵌套循环：

- 外层循环迭代6次，每次迭代执行如下操作：
    - 内层循环顺序显示相应数目的空格。
    - 然后，显示一个#号。

该程序的 Python 代码如程序 4-20 所示。

程序 4-20 （stair_step_pattern.py）

```
1   # This program displays a stair-step pattern.
2   NUM_STEPS = 6
3
4   for r in range(NUM_STEPS):
5       for c in range(r):
6           print(' ', end='')
7       print('#')
```

程序输出

```
#
 #
  #
   #
    #
     #
```

在第 1 行，表达式 range (NUM_STEPS) 产生了一个包含下列整数序列的迭代：

0, 1, 2, 3, 4, 5

因此，外层循环迭代6次。在外层循环迭代的过程中，变量 r 将逐次被赋予从0到5的整数。内层循环的执行过程如下：

- 在外层循环的第一次迭代中，0被赋值给变量 r。以 for c in range(0) 形式表示的循环：迭代0次。所以此时内层循环一次也不执行。
- 在外层循环的第二次迭代中，1被赋值给变量 r。以 for c in range(1) 形式表示的循环：迭代1次。所以此时内层循环迭代一次，打印一个空格。
- 在外层循环的第三次迭代中，2被赋值给变量 r。以 for c in range(2) 形式表示的循环：迭代2次。所以此时内层循环迭代两次，打印两个空格，以此类推。

4.8 机器龟图形库：用循环语句进行绘图设计

概念： 你可以用循环语句来绘制各种从简单到复杂的图形，并帮助你完成优雅的设计。

循环执行机器龟图形库函数，就可以绘制出简单的图形，完成优雅的设计。例如，下面这个 for 循环迭代四次，绘制出一个 100 像素点宽的正方形。

```
for x in range(4):
    turtle.forward(100)
    turtle.right(90)
```

下面的代码演示了另一个例子。这个 for 循环迭代八次，绘制出如图 4-9 所示的正八边形。

```
for x in range(8):
    turtle.forward(100)
    turtle.right(45)
```

程序 4-21 是一个利用循环来绘制同心圆的例子。程序的输出如图 4-10 所示。

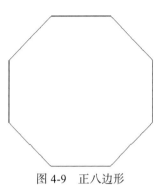

图 4-9　正八边形

程序 4-21　（concentric_circles.py）

```
 1  # Concentric circles
 2  import turtle
 3
 4  # Named constants
 5  NUM_CIRCLES = 20
 6  STARTING_RADIUS = 20
 7  OFFSET = 10
 8  ANIMATION_SPEED = 0
 9
10  # Setup the turtle.
11  turtle.speed(ANIMATION_SPEED)
12  turtle.hideturtle()
13
14  # Set the radius of the first circle
15  radius = STARTING_RADIUS
16
17  # Draw the circles.
18  for count in range(NUM_CIRCLES):
19      # Draw the circle.
20      turtle.circle(radius)
21
22      # Get the coordinates for the next circle.
23      x = turtle.xcor()
24      y = turtle.ycor() - OFFSET
25
26      # Calculate the radius for the next circle.
27      radius = radius + OFFSET
28
29      # Position the turtle for the next circle.
30      turtle.penup()
31      turtle.goto(x, y)
32      turtle.pendown()
```

你可以通过让机器龟反复画一些简单的图形来生成一个有趣的设计图案。每画完一个图形，机器龟就略微调整一下角度再去画下一个图形。例如，图 4-11 所示的设计图案就是利用循环画出的 36 个圆来生成的。每画完一个圆，机器龟就向左倾斜 10 度。程序 4-22 就是用于生成这个图案的代码。

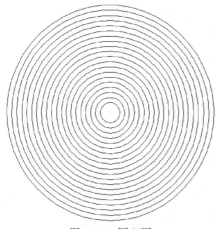

图 4-10 同心圆

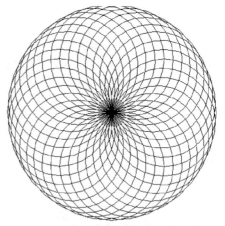

图 4-11 用圆构成的设计图形

程序 4-22 （spiral_circles.py）

```
1   # This program draws a design using repeated circles.
2   import turtle
3
4   # Named constants
5   NUM_CIRCLES = 36      # Number of circles to draw
6   RADIUS = 100          # Radius of each circle
7   ANGLE = 10            # Angle to turn
8   ANIMATION_SPEED = 0   # Animation speed
9
10  # Set the animation speed.
11  turtle.speed(ANIMATION_SPEED)
12
13  # Draw 36 circles, with the turtle tilted
14  # by 10 degrees after each circle is drawn.
15  for x in range(NUM_CIRCLES):
16      turtle.circle(RADIUS)
17      turtle.left(ANGLE)
```

程序 4-23 是另外一个例子。它通过画 36 条直线来得出如图 4-12 所示的设计图案。

程序 4-23 （spiral_lines.py）

```
1   # This program draws a design using repeated lines.
2   import turtle
3
4   # Named constants
5   START_X = -200        # Starting X coordinate
6   START_Y = 0           # Starting Y coordinate
7   NUM_LINES = 36        # Number of lines to draw
8   LINE_LENGTH = 400     # Length of each line
9   ANGLE = 170           # Angle to turn
10  ANIMATION_SPEED = 0   # Animation speed
11
12  # Move the turtle to its initial position.
13  turtle.hideturtle()
14  turtle.penup()
15  turtle.goto(START_X, START_Y)
16  turtle.pendown()
```

```
17
18      # Set the animation speed.
19      turtle.speed(ANIMATION_SPEED)
20
21      # Draw 36 lines, with the turtle tilted
22      # by 170 degrees after each line is drawn.
23      for x in range(NUM_LINES):
24          turtle.forward(LINE_LENGTH)
25          turtle.left(ANGLE)
```

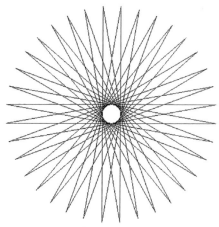

图 4-12　程序 4-23 生成的设计图形

复习题

多项选择题

1. _____控制的循环使用一个为真 / 假的条件来控制它重复执行的次数。
   a. 布尔　　　　　　b. 条件　　　　　　c. 决策　　　　　　d. 计数
2. _____控制的循环重复执行指定的次数。
   a. 布尔　　　　　　b. 条件　　　　　　c. 决策　　　　　　d. 计数
3. 循环的每一次重复称为一次_____。
   a. 周期　　　　　　b. 旋转　　　　　　c. 圆圈　　　　　　d. 迭代
4. while 循环是一种_____类型的循环。
   a. 先测试　　　　　b. 无测试　　　　　c. 预审　　　　　　d. 后迭代
5. _____循环没有办法停下来，直到程序被系统中断为止。
   a. 不确定的　　　　b. 无止尽的　　　　c. 无限　　　　　　d. 永恒的
6. 运算符 -= 是一个_____运算符。
   a. 关系　　　　　　b. 带参数的赋值　　c. 复杂赋值　　　　d. 反向赋值
7. _____变量用于保存累加和。
   a. 标记　　　　　　b. 合计　　　　　　c. 总计　　　　　　d. 累加器
8. _____是一个特殊的值，用来标记数据表中不再有需要处理的数据项。这个值不能被错误地认为是数据表中的一个数据项。
   a. 标记　　　　　　b. 标志　　　　　　c. 信号　　　　　　d. 累加器
9. GIGO 表示_____。
   a. great input, great output（大输入，大输出）

b. garbage in, garbage out（进去的是垃圾，出来的肯定也是垃圾）

c. GIGahertz Output（GIGa 赫兹的输出）

d. GIGabyte Operation（GIGa 字节的操作）

10. 程序输出的可信性取决于程序_____的可信性。

    a. 编译器　　　　　b. 程序设计语言　　　c. 输入　　　　　　d. 调试器

11. 恰好出现在验证循环前面的输入操作称为_____。

    a. 预验证读　　　　b. 原始读　　　　　　c. 初始化读　　　　d. 启动读

12. 验证输入的循环也称为_____。

    a. 错误陷阱　　　　b. 世界末日循环　　　c. 避免错误循环　　d. 防御性循环

判断题

1. 条件控制的循环总是重复执行指定的次数。
2. while 循环是一个先测试的循环。
3. 右边的语句是从 x 中减去 1：x = x - 1
4. 对累加器变量进行初始化是没有必要的。
5. 在一个嵌套的循环中，外层循环每迭代一次，内层循环都要完成全部的迭代。
6. 若要计算一个嵌套循环总的迭代次数，将每一层循环的迭代次数相加即可。
7. 验证输入的处理过程是：当程序的用户输入一个无效数据时，程序将询问用户"Are you sure you meant to enter that?（你确认你想输入这个数据吗？）"如果用户回答"yes（是的）"，则程序接收这个数据。

简答题

1. 什么是条件控制的循环？
2. 什么是计数控制的循环？
3. 什么是无限循环？请编写一个无限循环的代码。
4. 为什么说对累加器变量进行正确的初始化是很关键的？
5. 使用标记的优点是什么？
6. 为什么选择用作标记的值必须十分小心？
7. 谚语"进去的是垃圾，出来的肯定也是垃圾"是什么意思？
8. 请概要地描述一下验证输入处理。

算法工作室

1. 请编写一个 while 循环，要求用户输入一个数，然后将这个数乘以 10，再把结果赋值给一个名为 product 的变量。只要 product 小于 100，循环就一直迭代下去。
2. 请编写一个 while 循环，要求用户输入两个数。在将这两个数相加后，显示其结果值。循环询问用户是否想继续执行这个操作。若想，则循环继续，否则结束。
3. 请编写一个循环来显示下面这组数据：

    0, 10, 20, 30, 40, 50 . . . 1000

4. 请编写一个循环，让用户输入一个数。循环迭代 10 次，并计算输入数据的累加和。
5. 请编写一个循环来计算下面这组数据之和：

$$\frac{1}{30} + \frac{2}{29} + \frac{3}{28} + \cdots + \frac{30}{1}$$

6. 请用带参数的赋值运算符来重写下列语句。

    a. x = x + 1

b. x = x * 2
c. x = x / 10
d. x = x - 100

7. 请编写一组嵌套循环来显示 10 行的 # 号，每行有 15 个 # 号。
8. 请编写代码：提示用户输入一个正的非零数据，并验证输入。
9. 请编写代码：提示用户输入一个取值范围在 1 到 100 的数据，并验证输入。

编程题

1. bug 收集器

bug 收集器在连续五天时间内，每天都在收集 bug。请编写一个程序，在五天的时间内，记录收集到的 bug 的累加和。程序中的循环要求用户输入每天收集到的 bug 数量。在循环结束时，程序显示收集到的 bug 总数。

2. 消耗的卡路里（热量）

在跑步机上每跑一分钟，你将消耗 4.2 卡路里（Calory）的热量。请编写一个程序，用循环来显示跑步 10、15、20、25 和 30 分钟后消耗的卡路里数。

3. 预算分析

编写一个程序，请用户输入一个月的预算，然后程序中的循环提示用户输入这个月的每一笔开销并计算其累加和。当循环结束时，程序显示该用户超出预算或低于预算的数目。

4. 行驶里程

汽车行驶的里程（distance）可以根据行驶速度（speed）和行驶时间（time）用如下公式计算：

$$distance = speed \times time$$

例如，一辆汽车以每小时 40 英里（mile）的速度行驶 3 小时，那么它的行驶里程为 120 英里。请编写一个程序，要求用户输入以英里每小时（miles per hour, mph）为单位的汽车速度和行驶的小时数。程序用一个循环来显示在这个时间段的每个小时内汽车行驶的里程。用户期望看到的输出示例如下：

```
What is the speed of the vehicle in mph? 40 Enter
How many hours has it traveled? 3 Enter
Hour         Distance Traveled
1                40
2                80
3                120
```

5. 平均降雨量

请编写一个程序，用嵌套的循环来收集某地区一年内的降雨量数据，然后计算平均降雨量。程序首先请用户输入欲统计的年数，然后外层循环将逐年进行迭代处理，而内层循环将迭代 12 次，每次处理一个月的数据。内层循环的每次迭代都请用户输入当月的降雨量。在所有迭代结束后，程序显示月份数、总的降雨量和这段时间每月的平均降雨量。

6. 摄氏温度到华氏温度的转换表

请编写一个程序来显示的一个由摄氏温度到华氏温度的转换表，其中摄氏温度的取值范围是 0 到 20 度。将摄氏温度转换为等价的华氏温度的公式如下：

$$F = \frac{6}{5} C + 32$$

其中，C 为摄氏温度，F 为华氏温度。你的程序必须使用循环来显示转换表格。

7. 薪酬数

如果某位雇员的薪酬是：第一天 1 个便士，第二天 2 个便士，以此类推，每天的薪酬都是前一天的两倍。请编写一个程序来计算该雇员在工作一段时间后赚到的薪酬数。程序首先请用户输入已经工作的天数，然后显示一个记录每日工资的表格，并在表格的最后显示总薪酬。注意，显示的输出应该以美元为单位，而不是便士。

8. 数字求和
请编写一个循环程序，要求用户输入一系列的正数。用户通过输入一个负数来标记输入结束。在这一系列正数输入完毕后，程序计算并显示它们的和。

9. 海平面
假设海平面正以每年 1.6 毫米的速度上升。请编写一个应用程序来显示在未来 25 年间，每年海平面上升的毫米数。

10. 学费上涨
在某大学，一名全日制学生每学期的学费是 8000 美元。最近，校方宣布在未来的五年，学费将每年上涨 3%。请编写一个程序，用循环来计算并显示未来五年每学期的学费。

11. 减肥
如果一个中等活动强度的人从每天的热量摄入量中减去 500 卡路里。则其体重将会每月减少 4 磅。请编写一个程序，要求用户输入他们的初始体重，然后计算并以表格的形式显示，在未来的 6 个月内遵守这个节食方案的情形下每个月月底的预期体重。

12. 计算一个数的阶乘
在数学中，记号 $n!$ 代表非负整数 n 的阶乘。而 n 的阶乘是指从 1 到 n 所有非负整数的乘积。例如：

$$7! = 1 \times 2 \times 3 \times 4 \times 5 \times 6 \times 7 = 5\,040$$

以及

$$4! = 1 \times 2 \times 3 \times 4 = 24$$

请编写一个程序，要求用户输入一个非负整数，然后用循环来计算该数的阶乘，并在最后显示这个阶乘值。

13. 种群数
请编写一个程序来预测某种生物种群的近似大小。该应用程序首先要求用户在文本框里输入该生物种群的初始数目、每天的平均增长速度（以百分数形式）以及允许其繁殖的天数。例如，假设用户输入了下列数据：

Starting number of organisms: 2

Average daily increase: 30%

Number of days to multiply: 10

程序将显示如下的数据表：

Day Approximate	Population
1	2
2	2.6
3	3.38
4	4.394
5	5.712 2
6	7.425 86
7	9.653 619
8	12.549 7
9	16.314 62
10	21.209

14. 请编写一个程序，用嵌套的循环来绘制下面的图案：

    ****
    ******
    *****
    ****
    ***
    **
    *

15. 请编写一个程序，用嵌套的循环来绘制如下图案：

    ##
    # #
    # #
    #   #
    #   #
    #   #
    #   #

16. 龟图：重叠的正方形

    在本章中，你看到了用循环来绘制正方形的例子。请编写一个龟图程序，用嵌套的循环来绘制100个正方形，生成如图4-13所示的图案。

17. 龟图：星形

    利用龟图函数库来编写一个循环程序，绘制如图4-14所示的图形。

18. 龟图：催眠图形

    利用龟图函数库来编写一个循环程序，绘制如图4-15所示的图形。

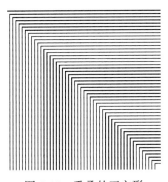
图4-13 重叠的正方形

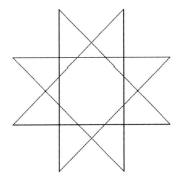
图4-14 星形

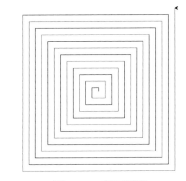
图4-15 催眠图形

19. 龟图：STOP标志

    在本章中，你看到了用循环来绘制正八边形的例子。请编写一个程序，用循环来绘制一个正八边形，并在其中心显示单词"STOP"。这个STOP标志将位于图形窗口的中央。

第 5 章

Starting Out with Python, Fourth Edition

函　　数

5.1　函数简介

概念：函数是程序中执行特定任务的一组语句。

在第 2 章中，我们描述了一种计算员工薪酬的简单算法。在该算法中，薪酬按照工作小时数乘以每小时薪酬进行计算。然而，现实世界中的薪酬计算算法要更加复杂。在实际应用程序中，计算员工薪酬的总任务会包括以下多个子任务：

- 获得员工的每小时薪酬
- 获得工作小时数
- 计算员工的总薪酬
- 计算加班费
- 计算扣缴税款和福利
- 计算净工资
- 打印工资单

大多数程序所执行的任务大到足以分解成若干个子任务。因此，程序员通常将程序分解成小的可管理的程序片段，即函数。函数是程序中执行特定任务的一组语句。编写程序不再是编写一长串的语句，而是写成若干个小函数，由它们来完成任务中的特定部分。这些小函数随后可以按照所需的顺序执行，以完成整个任务。

这种方法有时被称为分而治之，因为一个大任务分成了若干个易于执行的较小的任务。图 5-1 通过比较两个程序来说明这个想法：一个使用复杂的长语句序列来执行任务，另一个将任务分成较小的任务，每个任务由单独的函数执行。

在程序中使用函数时，通常会将程序中的每个任务单独封装在各个函数中。例如，实际的薪酬计算程序可能具有以下函数：

- 获得员工每小时薪酬的函数
- 获得工作小时数的函数
- 计算员工总薪酬的函数
- 计算加班费的函数
- 计算扣缴税款和福利的函数
- 计算净工资的函数
- 打印工资单的函数

使用函数封装每个任务的方式所编写出的程序称为模块化程序。

5.1.1　使用函数模块化程序的好处

当一个程序分解为函数时，可以从以下方面受益：

1）更简洁的代码

程序代码在分解为函数后往往更简单易懂。若干个小函数比一个长的语句序列更容易阅读。

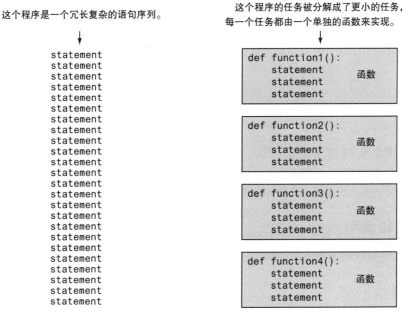

图 5-1 使用函数对大型任务分而治之

2）代码重用

函数也减少了程序中的重复代码。如果在程序中的多个地方执行相同的操作，则可以仅编写一次代码使用函数来执行该操作，然后在以后需要时执行同样的函数即可。函数带来的这种好处称为代码重用，因为你所编写的代码不仅完成了当前任务，还可以在以后每次执行同一任务时重复使用。

3）易于测试

当程序中的每个任务封装在各自的函数中时，测试和调试将会变得更简单。程序员可以单独测试程序中的每个函数，以确定它是否正确执行了操作。这样使得错误更容易得到隔离和修复。

4）快速开发

假设一个程序员或一个程序员团队正在开发多个程序。他们发现每个程序均执行若干个相同的任务，例如要求输入用户名和密码、显示当前时间等。反复编写这些执行相同任务的代码费时费力。相反，我们可以为常用任务编写函数，使得这些函数可以按需集成到每个程序中。

5）便于团队合作

函数也使得程序员之间的团队协作变得更容易。将程序开发为一组执行特定任务的函数时，不同的程序员可以承担编写不同函数的任务。

5.1.2 void 函数和有返回值函数

在本章中，你将学习到如何编写两种函数：void 函数和有返回值函数。当你调用一个 void 函数时，它只是简单地执行函数中包含的语句后停止。而当你调用一个有返回值函数时，在执行函数中包含的语句后，它将一个值返回给调用它的语句。input 函数就是一个有返回值函数的例子。当调用 input 函数时，它获取用户在键盘上输入的数据，并返回字符串类型的数据。int 和 float 函数也是有返回值函数的例子。你可以传递一个参数到 int 函数，该函数会在将其转换为整数后返回。同样地，你也可以传递一个参数到 float 函数，该函数会在将其转换为浮点数后返回。

你将学习编写的第一种函数是 void 函数。

检查点

5.1 什么是函数？
5.2 分而治之的含义是什么？
5.3 函数如何帮助你在程序中重用代码？
5.4 函数如何使多个程序的开发更快？
5.5 函数如何使程序员团队开发程序更容易？

5.2 定义和调用 void 函数

概念：函数的代码被称为函数定义。要执行该函数，需要编写一个调用它的语句。

5.2.1 函数名

在讨论创建和使用函数之前，我们先来看看函数名。正如在程序中可以命名变量一样，你也可以命名函数。函数名称应该具有描述性，使得任何阅读代码的人都可以合理地猜测该函数的功能。

Python 要求函数命名的规则与变量命名的规则相同，我们在此重述：
- 不能使用 Python 的任一关键字作为函数名（请参见表 1-2 中的关键字列表）。
- 函数名不能包含空格。
- 首字符必须是字母（a 到 z，A 到 Z）或下划线（_）。
- 其他字符可以使用字母（a 到 z，A 到 Z）、数字（0 到 9）或下划线。
- 字母区分大小写。

由于函数一般执行某项操作，所以大多数程序员喜欢在函数名中使用动词。例如，计算总薪酬的函数可以命名为 calculate_gross_pay。这个名字可以让任何阅读代码的人很明显地知道这个函数是在计算什么。它在计算什么呢？显而易见，总薪酬。其他好的函数名称还有 get_hours、get_pay_rate、calculate_overtime、print_check 等。每个函数名描述了对应函数的功能。

5.2.2 定义和调用函数

要创建一个函数，需要先定义它。这是 Python 中函数定义的一般形式：

```
def function_name():
    statement
    statement
    etc.
```

第一行俗称为函数头，标志着函数定义的开始。函数头以关键字 def 开始，而后跟着函数的名称、一对圆括号和冒号。

在下一行的开始是一组语句，称为语句块。一个语句块只不过是可以作为一组的语句集合。无论何时执行该函数，这些语句也将一起执行。可以看到，语句块中的所有语句具有相同的缩进。由于 Python 解释器使用缩进来区分语句块的开始和结束，所以这种缩进必不可少。

让我们来看一个函数的例子。请注意，这不是一个完整的程序。我们稍后会给出整个程序。

```
def message():
    print('I am Arthur,')
    print('King of the Britons.')
```

这段代码定义了一个名为 message 的函数。message 函数包含了一个有两个语句的语句块。执行该函数将会相应地执行这些语句。

调用函数

函数定义规定了函数的功能，但不会触发函数执行。要执行一个函数，则必须调用它。这就是我们如何调用 message 函数的：

```
message()
```

调用函数时，解释器跳转到该函数，并执行对应语句块中的语句。然后，当到达语句块的末尾时，解释器跳回到当初调用该函数的位置，并且在该处恢复执行。当发生这种情况时，就可以说该函数返回了。为了充分展示函数调用的工作原理，我们来看一下程序 5-1。

程序 5-1　（function_demo.py）

```
1   # This program demonstrates a function.
2   # First, we define a function named message.
3   def message():
4       print('I am Arthur,')
5       print('King of the Britons.')
6
7   # Call the message function.
8   message()
```

程序输出

```
I am Arthur,
King of the Britons.
```

让我们一步步看看这个程序在运行过程中到底发生了什么。首先，解释器忽略出现在第 1～2 行中的注释。然后，它读取第 3 行的 def 语句。这将在内存中创建一个名为 message 的函数，其包含了第 4～5 行的语句块。（记住，函数定义创建了一个函数，但它不会触发函数来执行。）接下来，解释器碰到了第 7 行可以忽略的注释。然后，它执行了第 8 行中的函数调用语句，其触发了 message 函数的执行，打印出了两行输出。图 5-2 说明了该程序的各个部分。

图 5-2　函数定义和函数调用

程序 5-1 只有一个函数，但是可以在一个程序中定义许多函数。实际上，通常情况下程序在启动时会调用 main 函数，main 函数然后根据需要来调用其他函数。这也就是人们常提到的 main 函数包含着程序的主线逻辑，也是程序的整体逻辑。程序 5-2 展示了有两个功能的程序示例：main 和 message。

程序 5-2　（two_functions.py）

```
 1  # This program has two functions. First we
 2  # define the main function.
 3  def main():
 4      print('I have a message for you.')
 5      message()
 6      print('Goodbye!')
 7
 8  # Next we define the message function.
 9  def message():
10      print('I am Arthur,')
11      print('King of the Britons.')
12
13  # Call the main function.
14  main()
```

程序输出

```
I have a message for you.
I am Arthur,
King of the Britons.
Goodbye!
```

main 函数的定义出现在第 3～6 行，message 函数的定义出现在第 9～11 行。第 14 行的语句调用了 main 函数，如图 5-3 所示。

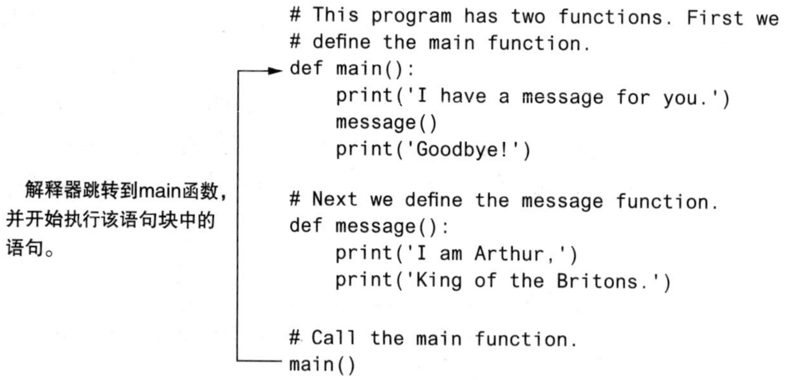

```
                      # This program has two functions. First we
                      # define the main function.
                  ┌─▶ def main():
                  │       print('I have a message for you.')
                  │       message()
                  │       print('Goodbye!')
                  │
                  │   # Next we define the message function.
                  │   def message():
                  │       print('I am Arthur,')
  解释器跳转到main函数，│       print('King of the Britons.')
  并开始执行该语句块中的│
       语句。       │   # Call the main function.
                  └── main()
```

图 5-3　调用 main 函数

main 函数中的第 1 条语句调用了位于第 4 行的 print 函数，显示了字符串"I have a message for you"。然后，第 5 行的语句调用了 message 函数。这将使得解释器跳转到 message 函数，如图 5-4 所示。message 函数的这些语句执行后，解释器会返回到 main 函数并继续执行函数调用后的下一个语句。正如图 5-5 所示，就是显示字符串"Goodbye!"的语句。

```
                          # This program has two functions. First we
                          # define the main function.
                          def main():
                              print('I have a message for you.')
    解释器跳转到message        message()
    函数，并开始执行该语句      print('Goodbye!')
    块中的语句。
                          # Next we define the message function.
                          def message():
                              print('I am Arthur,')
                              print('King of the Britons.')

                          # Call the main function.
                          main()
```

图 5-4　调用 message 函数

```
                          # This program has two functions. First we
                          # define the main function.
                          def main():
                              print('I have a message for you.')
                              message()
                              print('Goodbye!')
    当message函数执行完，
    解释器将跳转回到程序中调    # Next we define the message function.
    用message函数的部分，并    def message():
    继续执行其后的语句。           print('I am Arthur,')
                              print('King of the Britons.')

                          # Call the main function.
                          main()
```

图 5-5　message 函数返回

那是 main 函数的结尾，所以该函数返回，如图 5-6。由于没有更多的语句要执行，所以程序结束。

```
                          # This program has two functions. First we
                          # define the main function.
                          def main():
                              print('I have a message for you.')
                              message()
                              print('Goodbye!')

                          # Next we define the message function.
                          def message():
                              print('I am Arthur,')
    当main函数执行完，解释       print('King of the Britons.')
    器将跳转回程序中调用main
    函数的部分。由于其后没有    # Call the main function.
    更多的语句，所以程序结束。   main()
```

图 5-6　main 函数返回

注：当程序调用函数时，程序员通常说程序的控制转移到那个函数。这只是意味着该函数控制着程序的执行。

5.2.3　Python 的缩进

在 Python 中，语句块中的每一行都必须缩进。如图 5-7 所示，函数头后缩进的最后一行正是函数块中的最后一行。

图 5-7 语句块中的所有语句要缩进

当你缩进语句块中的所有行时，请确保每行以相同数量的空格开始，否则会发生错误。例如，以下的函数定义将导致错误，因为这些行都缩进了不同数量的空格：

```
def my_function():
  print('And now for')
print('something completely')
    print('different.')
```

在编辑器中，有两种缩进行的方法：在每行的开始按 Tab 键，或使用空格键在每行的开头插入空格。在语句块中进行缩进时，可以使用 Tab 键或空格，但不要同时使用。这样做有可能使得 Python 解释器产生混乱并导致错误。

IDLE 以及大多数其他 Python 编辑器会自动缩进语句块中的行。当在函数头的末尾键入冒号时，之后键入的所有行将自动缩进。在输完语句块的最后一行后，按 Backspace 键会退出自动缩进。

 提示：Python 程序员习惯用四个空格缩进语句块中的代码行。只要语句块中的所有行都缩进相同的数量，你也可以使用任意数量的空格。

 注：出现在语句块中的空白行会被忽略。

检查点

5.6 函数定义有哪两个部分？
5.7 "调用函数"是什么含义？
5.8 当函数执行时，到达函数块的末尾会发生什么？
5.9 为什么在语句块中必须缩进语句？

5.3 使用函数设计程序

概念：程序员通常使用一种被称为自顶向下的设计技术将算法分解成若干函数。

5.3.1 使用函数流程图化程序

在第 2 章中，我们引入了流程图作为程序设计的工具。在流程图中，函数调用显示为两边都有垂直条的矩形，如图 5-8 所示。正在调用的函数名称写在图示上。在图 5-8 所示的例子中我们展示了如何表示对 message 函数的调用。

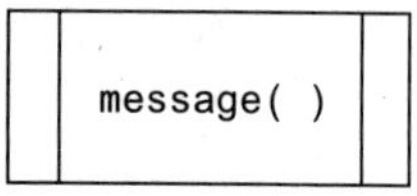

程序员通常会为程序中的每个函数绘制单独的流程图。例如，图 5-9 展示了如何使用流程图表示程序 5-2 中的 main 函数和 message 函数。当绘制一个函数的流程图时，起始符号通常显示函数的名称，

图 5-8 函数调用图示

结束符号通常标识 Return。

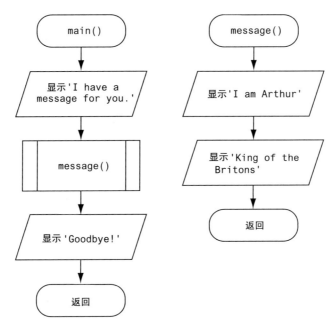

图 5-9　程序 5-2 的流程图

5.3.2　自顶向下的设计

在本节中，我们已经讨论并展示了函数的工作原理，了解程序的控制是如何在调用时传递到函数，并在函数结束时返回到调用该函数的程序位置。理解函数的这些机制很重要。

与理解函数如何工作一样重要的是了解如何使用函数设计程序。程序员通常使用称为自顶向下的设计技术将一个算法分解成若干函数。自顶向下的设计过程如下：

- 程序的整个任务被分解成一系列的子任务。
- 检查每个子任务以确定它是否可以进一步分解成更多子任务。重复此步骤直到不会再有更多的子任务。
- 一旦所有的子任务都识别完，就可以将它们编写成代码。

这个过程被称为自顶向下的设计方法，因为程序员是从需要执行的最上层任务开始，然后将这些任务分解成低级别的子任务。

5.3.3　层次图

流程图是图形化描绘函数内部逻辑流程的好工具，但它们却不能可视化地表示出函数间的关系。为此，程序员通常使用层次图来解决这一问题。层次图亦可以称为结构图，展示了可表示程序中函数的框图。这些框互相连接，用于展现每个函数的调用关系。图 5-10 显示了虚构薪资计算程序的层次结构图。

在图 5-10 中显示了层次结构中最上层的 main 函数。main 函数调用了五个其他函数：get_input, calc_gross_pay, calc_overtime, calc_withholdings 和 calc_net_pay。get_input 函数调用两个额外的函数：get_hours_worked 和 get_hourly_rate。calc_withholdings 功能还调用两个函数：calc_taxes 和 calc_benefits。

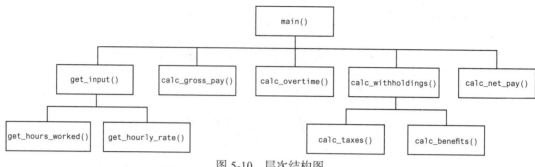

图 5-10 层次结构图

请注意，层次结构图不能显示函数内部执行的步骤。它们不会揭示函数工作的任何细节，所以它们无法取代流程图或者伪代码。

聚光灯：定义和调用函数

专业电器服务公司为家用电器提供保养和维修服务。公司老板想为公司的每位服务技术人员提供一台小型手持式电脑，用于显示众多维修服务所需要的手册说明。为了了解其工作原理，公司老板要求开发一个程序，用来显示拆卸 Acme 洗衣烘干机的以下说明：

第一步：拔下烘干机电源，将其从墙上移下来。
第二步：从烘干机背面拧下六个螺丝。
第三步：卸下烘干机的背部面板。
第四步：直直地拉起烘干机的顶部。

在与公司老板的交谈中，你确定了程序应该一次显示一个步骤。你决定在每个步骤显示完后，要求用户按下 Enter 键以查看下一步。下面是该算法的伪代码：

Display a starting message, explaining what the program does.
Ask the user to press Enter to see step 1.
Display the instructions for step 1.
Ask the user to press Enter to see the next step.
Display the instructions for step 2.
Ask the user to press Enter to see the next step.
Display the instructions for step 3.
Ask the user to press Enter to see the next step.
Display the instructions for step 4.

此算法列出了程序需要执行的最顶层任务，并成为程序 main 函数的基础。图 5-11 显示了在层次结构图中的程序结构。

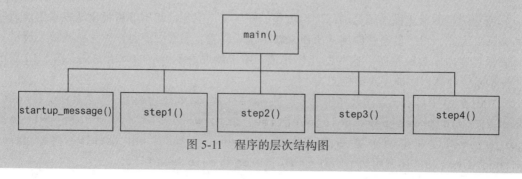

图 5-11 程序的层次结构图

从层次结构图可以看出，main 函数将调用其他几个函数。下面是这些函数的主要内容：
- startup_message。此函数将显示启动消息，告知技术人员该程序的作用。
- step1。此函数显示步骤 1 的说明。
- step2。此函数显示步骤 2 的说明。
- step3。此函数显示步骤 3 的说明。
- step4。此函数显示步骤 4 的说明。

在调用这些函数之间，main 函数将指示用户按下一个键，以查看说明中的下一步。程序 5-3 显示该程序的代码。

程序 5-3 （acme_dryer.py）

```
1   # This program displays step-by-step instructions
2   # for disassembling an Acme dryer.
3   # The main function performs the program's main logic.
4   def main():
5       # Display the start-up message.
6       startup_message()
7       input('Press Enter to see Step 1.')
8       # Display step 1.
9       step1()
10      input('Press Enter to see Step 2.')
11      # Display step 2.
12      step2()
13      input('Press Enter to see Step 3.')
14      # Display step 3.
15      step3()
16      input('Press Enter to see Step 4.')
17      # Display step 4.
18      step4()
19
20  # The startup_message function displays the
21  # program's initial message on the screen.
22  def startup_message():
23      print('This program tells you how to')
24      print('disassemble an ACME laundry dryer.')
25      print('There are 4 steps in the process.')
26      print()
27
28  # The step1 function displays the instructions
29  # for step 1.
30  def step1():
31      print('Step 1: Unplug the dryer and')
32      print('move it away from the wall.')
33      print()
34
35  # The step2 function displays the instructions
36  # for step 2.
37  def step2():
38      print('Step 2: Remove the six screws')
39      print('from the back of the dryer.')
40      print()
```

```
41
42   # The step3 function displays the instructions
43   # for step 3.
44   def step3():
45       print('Step 3: Remove the back panel')
46       print('from the dryer.')
47       print()
48
49   # The step4 function displays the instructions
50   # for step 4.
51   def step4():
52       print('Step 4: Pull the top of the')
53       print('dryer straight up.')
54
55   # Call the main function to begin the program.
56   main()
```

程序输出

```
This program tells you how to
disassemble an ACME laundry dryer.
There are 4 steps in the process.

Press Enter to see Step 1. [Enter]
Step 1: Unplug the dryer and
move it away from the wall.

Press Enter to see Step 2. [Enter]
Step 2: Remove the six screws
from the back of the dryer.

Press Enter to see Step 3. [Enter]
Step 3: Remove the back panel
from the dryer.

Press Enter to see Step 4. [Enter]
Step 4: Pull the top of the
dryer straight up.
```

5.3.4 暂停执行直到用户按 Enter 键

有时你希望程序暂停，以便用户可以读取屏幕上显示的信息。当用户准备好继续执行程序时，按 Enter 键让程序恢复执行。在 Python 中，你可以使用 input 函数使得程序暂停，直到用户按 Enter 键。程序 5-3 的第 7 行是一个例子：

input('Press Enter to see Step 1.')

该语句会显示提示符 'Press Enter to see Step 1.' 并且暂停直到用户按 Enter 键。该程序在第 10、13 和 16 行也使用了同样的技巧。

5.4 局部变量

概念：局部变量在函数内部创建，并且不能被函数之外的语句访问。不同的函数可以具有相同名称的局部变量，因为这些函数不能看到对方的局部变量。

任何时候你在函数内部为一个变量赋值，就会创建一个局部变量。局部变量属于创建它的函数，只有该函数内的语句可以访问该变量。(术语局部意在指明该变量只能在局部使用，即在创建它的函数内。)

如果一个函数中的语句尝试访问属于另一个函数的局部变量，则会发生错误。例如，请看程序 5-4。

程序 5-4 （bad_local.py）

```
1   # Definition of the main function.
2   def main():
3       get_name()
4       print('Hello', name)      # This causes an error!
5
6   # Definition of the get_name function.
7   def get_name():
8       name = input('Enter your name: ')
9
10  # Call the main function.
11  main()
```

这个程序有两个函数：main 和 get_name。在第 8 行，变量 name 由用户输入的值进行赋值。这个语句位于 get_name 函数内部，故 name 是这个函数的局部变量。这意味着变量 name 不能被 get_name 函数之外的语句访问。

main 函数调用第 3 行的 get_name 函数。然后，第 4 行的语句尝试访问 name 变量。这将引发一个错误，因为变量 name 是 get_name 函数的局部变量，在 main 函数中的语句无法访问它。

作用域和局部变量

一个变量的作用域是指程序可以访问变量的部分。变量对其作用域内的语句是可见的。一个局部变量的作用域就是创建该变量的函数。正如程序 5-4 所示，函数之外的语句无法访问该变量。

此外，局部变量也不能被函数中出现在它之前的代码访问。例如，看一下下面的函数，由于出现在 val 变量被创建之前的 print 函数试图访问 val 变量，因而引发了一个错误。将赋值语句移动到 print 语句的前一行就可以改正这个错误。

```
def bad_function():
    print('The value is', val)    # This will cause an error!
    val = 99
```

由于一个函数的局部变量对其他函数而言是不可见的，因此其他函数可以具有相同名称的局部变量。例如，看一下程序 5-5。除了 main 函数，这个程序有其他两个函数：texas 和 california。这两个函数每一个都有一个局部变量 birds。

程序 5-5 （birds.py）

```
1   # This program demonstrates two functions that
2   # have local variables with the same name.
3
4   def main():
5       # Call the texas function.
6       texas()
7       # Call the california function.
8       california()
```

```
 9
10  # Definition of the texas function. It creates
11  # a local variable named birds.
12  def texas():
13      birds = 5000
14      print('texas has', birds, 'birds.')
15
16  # Definition of the california function. It also
17  # creates a local variable named birds.
18  def california():
19      birds = 8000
20      print('california has', birds, 'birds.')
21
22  # Call the main function.
23  main()
```

程序输出

```
texas has 5000 birds.
california has 8000 birds.
```

虽然在这个程序中有两个命名为 birds 的变量，但因为它们在不同的函数中，所以每次只有一个变量是可见的，如图 5-12 所示。当 texas 函数执行时，第 13 行创建的 birds 变量是可见的。当 california 函数执行时，第 19 行创建的 birds 变量是可见的。

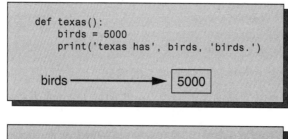

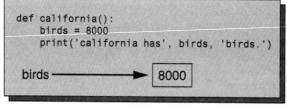

图 5-12 每个函数都有自己的 birds 变量

检查点

5.10 什么是局部变量？局部变量的访问是如何限制的？

5.11 什么是变量的作用域？

5.12 是否允许在一个函数中的局部变量和在另一个函数中的局部变量具有相同的名称？

5.5 向函数传递参数

概念：实参是函数调用时传递到函数的数据。形参是接收传递到函数的实参的变量。

有时，不仅需要调用函数，而且还需要将一个或多个数据传递到函数。传递到函数中的数据称为实参。函数可以使用实参来进行计算或其他操作。

如果想在函数调用时接收实参，你必须为函数提供一个或多个形参。参数变量常简称为形参，是在函数调用时由实参进行赋值的一种特殊变量。这里是具有一个形参变量的函数示例：

```
def show_double(number):
    result = number * 2
    print(result)
```

这个函数的名字是 show_double，其目的是接受一个数字作为参数并显示该数字的两倍。请看函数头部，并注意单词 number 出现在括号中。它是参数变量的名称。当函数调用时，此变量将由实参进行赋值。程序 5-6 演示了一个完整程序中的函数。

程序 5-6 （pass_arg.py）

```
1   # This program demonstrates an argument being
2   # passed to a function.
3
4   def main():
5       value = 5
6       show_double(value)
7
8   # The show_double function accepts an argument
9   # and displays double its value.
10  def show_double(number):
11      result = number * 2
12      print(result)
13
14  # Call the main function.
15  main()
```

程序输出

10

当该程序运行时，第 15 行调用了 main 函数。在 main 函数中，第 5 行创建了一个局部变量 name，并赋值为 5。然后第 6 行的语句调用了 show_double 函数：

show_double(value)

请注意 value 出现在括号内。这意味着 value 被作为实参传递给 show_double 函数，如图 5-13 所示。当该语句执行时，show_double 函数将被调用，并且 number 参数将赋予和 value 变量相同的值。如图 5-14 所示。

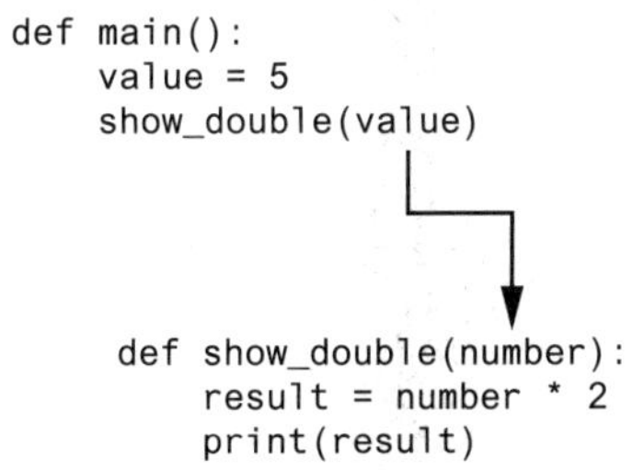

```
def main():
    value = 5
    show_double(value)


    def show_double(number):
        result = number * 2
        print(result)
```

图 5-13　value 变量作为实参传递

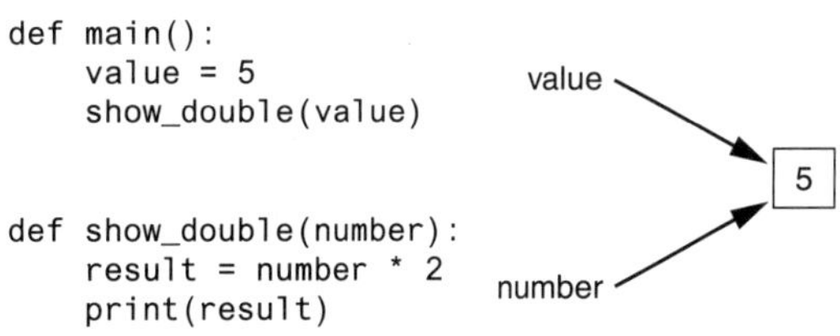

```
def main():
    value = 5
    show_double(value)

def show_double(number):
    result = number * 2
    print(result)
```

图 5-14　value 变量和 number 参数引用相同的值

让我们来单步跟踪 show_double 函数。请记住 number 参数变量由传入的实参值进行赋值。在该程序中，该数字是 5。

第 11 行将表达式 number * 2 的值赋予名为 result 的局部变量。由于 number 引用了数值 5，该语句将 10 赋值给 result。第 12 行显示了 result 变量。

下面的语句显示了 show_double 函数如何将一个数字量作为实参传递来进行调用：

show_double(50)

该语句执行 show_double 函数，并将 50 赋值给 number 参数。该函数将打印 100。

5.5.1 参数变量的作用域

在本章前面，我们学习了变量的作用域是程序可访问该变量的部分。变量只对其作用域内的语句可见。一个参数变量的作用域是使用该参数的函数。所有函数中的语句都可以访问参数变量，但函数之外的语句无法访问它。

聚光灯：向函数传递参数

你的朋友迈克尔经营着一家餐饮公司。他的食谱所需要的一些配料需要使用杯子来测量。然而，当他去杂货店买这些配料的时候，它们只以液体盎司来卖。他要求你写一个简单的程序将杯子转换成液体盎司。

你设计以下算法：

1. Display an introductory screen that explains what the program does.
2. Get the number of cups.
3. Convert the number of cups to fluid ounces and display the result.

该算法列出了程序需要执行的最上层任务，并成为程序 main 函数的基础。图 5-15 以层次结构图的方式展示了程序的结构。

如在层次结构图中所示，main 函数将调用另外两个函数。

下面是这些函数的主要内容：

- intro。此函数将在屏幕上显示一条消息，说明程序的功能。
- cups_to_ounces。此函数将杯数作为参数，并计算和显示等量的液体盎司数。

除了调用这些函数外，main 函数还要求用户输入杯数。此值将传递给 cups_to_ounces 函数。程序代码显示在程序 5-7 中。

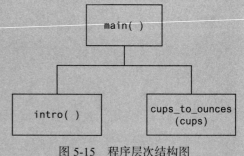

图 5-15　程序层次结构图

程序 5-7　（cups_to_ounces.py）

```
1   # This program converts cups to fluid ounces.
2
3   def main():
4       # display the intro screen.
5       intro()
```

```
 6       # Get the number of cups.
 7       cups_needed = int(input('Enter the number of cups: '))
 8       # Convert the cups to ounces.
 9       cups_to_ounces(cups_needed)
10
11   # The intro function displays an introductory screen.
12   def intro():
13       print('This program converts measurements')
14       print('in cups to fluid ounces. For your')
15       print('reference the formula is:')
16       print('  1 cup = 8 fluid ounces')
17       print()
18
19   # The cups_to_ounces function accepts a number of
20   # cups and displays the equivalent number of ounces.
21   def cups_to_ounces(cups):
22       ounces = cups * 8
23       print('That converts to', ounces, 'ounces.')
24
25   # Call the main function.
26   main()
```

程序输出

```
This program converts measurements
in cups to fluid ounces. For your
reference the formula is:
    1 cup = 8 fluid ounces
Enter the number of cups: 4 [Enter]
That converts to 32 ounces.
```

5.5.2 传递多个参数

通常编写接受多个参数的函数是非常有用的。程序 5-8 显示了一个名为 show_sum 的函数，其接受两个参数。该函数将两个参数相加，并显示它们的和。

程序 5-8 （multiple_args.py）

```
 1   # This program demonstrates a function that accepts
 2   # two arguments.
 3
 4   def main():
 5       print('The sum of 12 and 45 is')
 6       show_sum(12, 45)
 7
 8   # The show_sum function accepts two arguments
 9   # and displays their sum.
10   def show_sum(num1, num2):
11       result = num1 + num2
12       print(result)
13
14   # Call the main function.
15   main()
```

程序输出

```
The sum of 12 and 45 is
57
```

请注意，两个参数变量名 num1 和 num2 出现在 show_sum 函数头部的括号内。这通常称为参数列表。还要注意变量名要用逗号分隔。

第 6 行的语句调用 show_sum 函数，并传递了两个参数：12 和 45。这些参数按先后顺序依次传递给函数中相应的变量。换句话说，第一个实参传递给第一个形参变量，并且第二个实参传递给第二个形参变量。所以，该语句使得参数 num1 赋值为 12，参数 num2 赋值为 45，如图 5-16 所示。

如果我们在函数调用中调换了实参的顺序，如下所示：

```
show_sum(45, 12)
```

这将使得 45 传递给参数 num1，12 传递给参数 num2。下面的代码展示了另一例子。这一次，我们将变量作为实参。

```
value1 = 2
value2 = 3
show_sum(value1, value2)
```

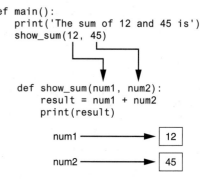

图 5-16 两个实参传递给两个形参

当 show_sum 函数执行该代码时，参数 num1 将赋值为 2，参数 num2 将赋值为 3。

程序 5-9 显示了另一个例子。该程序将两个字符串作为参数传递给函数。

程序 5-9 （string_args.py）

```
 1  # This program demonstrates passing two string
 2  # arguments to a function.
 3
 4  def main():
 5      first_name = input('Enter your first name: ')
 6      last_name = input('Enter your last name: ')
 7      print('Your name reversed is')
 8      reverse_name(first_name, last_name)
 9
10  def reverse_name(first, last):
11      print(last, first)
12
13  # Call the main function.
14  main()
```

程序输出

```
Enter your first name: Matt [Enter]
Enter your last name: Hoyle [Enter]
Your name reversed is
Hoyle Matt
```

5.5.3 改变参数

在 Python 中，当一个实参传递给一个函数时，该函数的形参变量将引用实参的值。但是，对形参变量所做的任何改变都不会影响实参。程序 5-10 演示了这一点。

程序 5-10 （change_me.py）

```
1   # This program demonstrates what happens when you
2   # change the value of a parameter.
3
4   def main():
5       value = 99
6       print('The value is', value)
7       change_me(value)
8       print('Back in main the value is', value)
9
10  def change_me(arg):
11      print('I am changing the value.')
12      arg = 0
13      print('Now the value is', arg)
14
15  # Call the main function.
16  main()
```

程序输出

```
The value is 99
I am changing the value.
Now the value is 0
Back in main the value is 99
```

main 函数在第 5 行创建了一个名为 value 的局部变量，并赋值为 99。第 6 行的语句显示了 'The value is 99'。随后 value 变量作为参数传给了第 7 行的 change_me 函数。这意味着在 change_me 函数中，arg 参数将引用值 99，如图 5-17 所示。

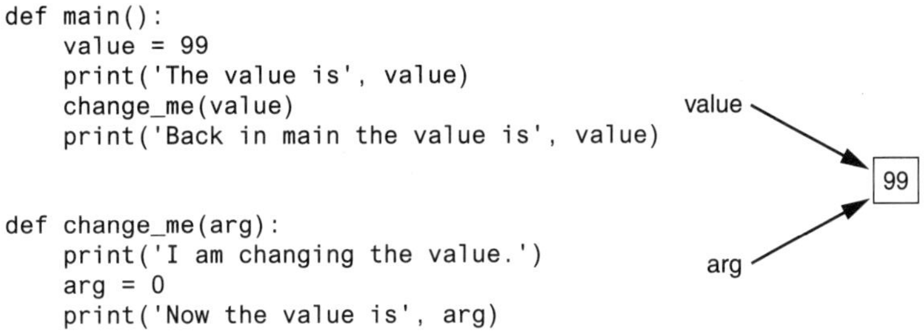

```
def main():
    value = 99
    print('The value is', value)
    change_me(value)
    print('Back in main the value is', value)

def change_me(arg):
    print('I am changing the value.')
    arg = 0
    print('Now the value is', arg)
```

图 5-17　将 value 变量传递给 change_me 函数

在 change_me 函数内部的第 12 行，arg 参数赋值为 0。这种重新赋值改变了 arg，但是并不影响 main 函数中的 value 变量。如图 5-18 所示，两个变量在内存中引用了不同的值。第 13 行的语句显示 'Now the value is 0'，然后函数结束。

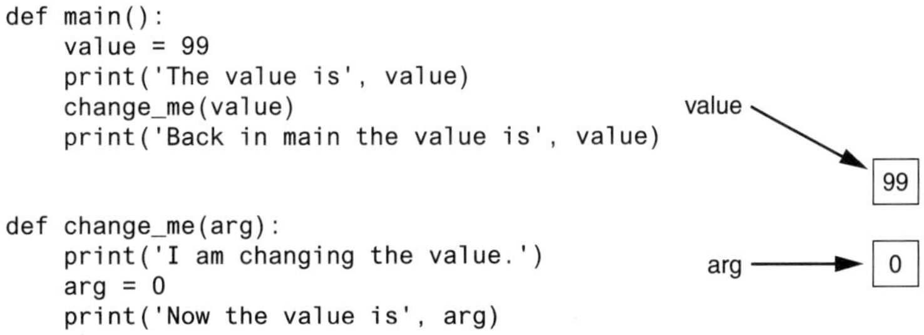

```
def main():
    value = 99
    print('The value is', value)
    change_me(value)
    print('Back in main the value is', value)

def change_me(arg):
    print('I am changing the value.')
    arg = 0
    print('Now the value is', arg)
```

图 5-18　将 value 变量传递给 change_me 函数

程序控制返回到 main 函数。接下来要执行的语句是第 8 行。该语句显示了 'Back in main the value is 99'。这证明，即使参数变量 arg 在 change_me 函数中发生了改变，但实参（main 函数中的 value 变量）并没有发生改变。

在 Python 中，不能改变实参值的函数参数传递方式，通常称为传值（pass by value）。这是函数与其他函数通信的方式，但是这种通信通道是单向的。调用函数可以与被调函数通信，但是被调函数却无法使用实参和调用函数通信。在本章的后面，你可以学习到如何编写一个函数通过返回值来与调用它的那部分程序进行通信。

5.5.4 关键字参数

程序 5-8 和 5-9 演示了参数如何按位置传递给函数的形参变量。大多数编程语言都是通过这种方式进行参数匹配的。除了这种常规的参数传递形式，Python 语言还允许编写下列格式的参数，用来具体指定哪一个实参传递给对应的形参：

parameter_name=value

其中，parameter_name 是形参变量的名称，value 是传递给该形参的数值。依照这种语法形式编写的实参就是关键字参数。

程序 5-11 展示了关键字参数。该程序使用一个名为 show_interest 的函数，显示了若干个周期内一个银行账户赚到的利息。该函数的参数有 principal（账户本金）、rate（周期利率）和 periods（周期的数目）。当第 7 行调用该函数时，实参以关键字参数进行传递。

程序 5-11　（keyword_args.py）

```
 1  # This program demonstrates keyword arguments.
 2
 3  def main():
 4      # Show the amount of simple interest, using 0.01 as
 5      # interest rate per period, 10 as the number of periods,
 6      # and $10,000 as the principal.
 7      show_interest(rate=0.01, periods=10, principal=10000.0)
 8
 9  # The show_interest function displays the amount of
10  # simple interest for a given principal, interest rate
11  # per period, and number of periods.
12
13  def show_interest(principal, rate, periods):
14      interest = principal * rate * periods
15      print('The simple interest will be $',
16            format(interest, ',.2f'),
17            sep='')
18
19  # Call the main function.
20  main()
```

程序输出

The simple interest will be $1000.00.

请注意，第 7 行的关键字参数顺序与第 13 行头部的函数的参数顺序并不一致。由于关键字参数指定该实参应该传递给哪一个形参，所以函数调用中的参数位置并不重要。

程序 5-12 显示了另外一个例子。这是程序 5-9 中所示的 string_args 程序的另一个版本。此版本使用关键字参数来调用 reverse_name 函数。

程序 5-12 （keyword_string_args.py）

```
 1  # This program demonstrates passing two strings as
 2  # keyword arguments to a function.
 3
 4  def main():
 5      first_name = input('Enter your first name: ')
 6      last_name = input('Enter your last name: ')
 7      print('Your name reversed is')
 8      reverse_name(last=last_name, first=first_name)
 9
10  def reverse_name(first, last):
11      print(last, first)
12
13  # Call the main function.
14  main()
```

程序输出

```
Enter your first name: Matt [Enter]
Enter your last name: Hoyle [Enter]
Your name reversed is
Hoyle Matt
```

混合使用关键参数与位置参数

在一个函数调用中可以混合使用位置参数和关键字参数，但位置参数必须先出现，然后才是关键字参数。否则，就会出现错误。下面是我们如何调用程序 5-10 中 show_interest 函数的一个例子，其中同时使用位置参数和关键字参数：

```
show_interest(10000.0, rate=0.01, periods=10)
```

在该语句中，第一个参数 10000.0 按照它的位置传递给了 principal 参数。第二个和第三个参数按照关键字参数进行传递。下面的函数调用将导致一个错误，因为非关键字参数出现在了关键字参数之后：

```
# This will cause an ERROR!
show_interest(1000.0, rate=0.01, 10)
```

检查点

5.13 传递到被调函数的数据是什么？
5.14 接收被调函数数据的变量是什么？
5.15 什么是参数变量的作用域？
5.16 当一个参数发生改变时，是否会影响传递到形参的实参？
5.17 以下语句调用一个名为 show_data 的函数。以下哪个语句是按位置进行参数传递的，哪个语句是按关键字进行参数传递的？
   a. show_daata (name= 'Kathryn', age=25)
   b. show_data ('Kathryn', 25)

5.6 全局变量和全局常量

概念： 在程序文件中一个全局变量可被所有的函数访问。

你已经了解到当一个变量由函数内的赋值语句创建时，这个变量就是局部变量。因此，它只能由创建它的函数的内部语句访问。当位于程序文件中所有函数外部的赋值语句创建一个变量时，这个变量就是全局变量。全局变量可以被程序文件中的任何语句访问，包括任一函数中的语句。例如，请看程序 5-13。

程序 5-13 （global1.py）

```
1    # Create a global variable.
2    my_value = 10
3
4    # The show_value function prints
5    # the value of the global variable.
6    def show_value():
7        print(my_value)
8
9    # Call the show_value function.
10   show_value()
```

程序输出

```
10
```

第 2 行的赋值语句创建了一个名为 `my_value` 的变量。因为该语句在任何函数之外，所以它是全局的。当 `show_value` 函数执行时，第 7 行的语句打印由 `my_value` 引用的值。

如果想在一个函数中为全局变量赋值，额外的语句是必需的。在函数中，你必须声明全局变量，如程序 5-14 所示。

程序 5-14 （global2.py）

```
1    # Create a global variable.
2    number = 0
3
4    def main():
5        global number
6        number = int(input('Enter a number: '))
7        show_number()
8
9    def show_number():
10       print('The number you entered is', number)
11
12   # Call the main function.
13   main()
```

程序输出

```
Enter a number: 55 [Enter]
The number you entered is 55
```

第 2 行的赋值语句创建了一个名为 `number` 的全局变量。请注意在 `main` 函数内部，第 5 行使用 `global` 关键字来声明 `number` 变量。这个语句告诉解释器 `main` 函数打算为 `number` 全局变量赋值，正如第 6 行所示。用户输入的值赋给了 `number` 变量。

大多数程序员都认为应该限制使用全局变量，或者根本不要使用全局变量。其原因如下：

- 全局变量使调试变得困难。程序中的任何语句都可以改变一个全局变量的值。如果发现全局变量中的值是错误的，你必须跟踪到每一个访问的语句以确定错误值来自于哪里。对于一个多达数千行代码的程序而言,是很困难的。
- 使用全局变量的函数通常依赖于这些变量。如果你想在不同的程序中使用这样的函数,则很可能不得不重新设计它,使其不依赖于全局变量。
- 全局变量使程序难以理解。全局变量可以被程序中的任何语句修改。如果想要理解使用全局变量的程序部分,你必须要知道访问该全局变量的程序的其余部分。

在大多数情况下,你应该创建局部变量,并将它们作为参数传递给需要访问它们的函数。

全局常量

虽然应该尽量避免使用全局变量,但可以在程序中使用全局常量。全局常量(global constant)是引用一个无法改变的值的全局名称。由于在程序执行过程中全局常量的值无法改变,所以不必担心许多与使用全局变量相关的潜在危害。

虽然 Python 的语言不允许创建真正的全局常量,但你可以用全局变量来模拟它们。如果你在函数中不用 global 关键字声明全局变量,那么就不能在那个函数中改变变量的赋值。下面的聚光灯部分演示了在 Python 中是如何使用全局变量来模拟全局常量的。

聚光灯:使用全局常量

Marilyn 工作在一家集成系统公司,该公司是一家以提供极好的附加福利而闻名的软件公司。它们的好处之一是支付给所有员工一个季度的奖金,另一个好处是为每个员工准备的退休计划。该公司将员工的总工资和奖金的 5% 用于他们的退休计划。Marilyn 想编写一个程序,用于计算每年公司为雇员退休金账户分配的出资。她想要这个程序能够分别显示出雇员的工资和奖金的出资数量。下面是该程序的算法:

Get the employee's annual gross pay.
Get the amount of bonuses paid to the employee.
Calculate and display the contribution for the gross pay.
Calculate and display the contribution for the bonuses.

程序的代码如程序 5-15 所示。

程序 5-15 (retirement.py)

```
1   # The following is used as a global constant
2   # the contribution rate.
3   CONTRIBUTION_RATE = 0.05
4
5   def main():
6       gross_pay = float(input('Enter the gross pay: '))
7       bonus = float(input('Enter the amount of bonuses: '))
8       show_pay_contrib(gross_pay)
9       show_bonus_contrib(bonus)
10
11  # The show_pay_contrib function accepts the gross
12  # pay as an argument and displays the retirement
13  # contribution for that amount of pay.
14  def show_pay_contrib(gross):
15      contrib = gross * CONTRIBUTION_RATE
16      print('Contribution for gross pay: $',
```

```
17              format(contrib, ',.2f'),
18              sep='')
19
20   # The show_bonus_contrib function accepts the
21   # bonus amount as an argument and displays the
22   # retirement contribution for that amount of pay.
23   def show_bonus_contrib(bonus):
24       contrib = bonus * CONTRIBUTION_RATE
25       print('Contribution for bonuses: $',
26              format(contrib, ',.2f'),
27              sep='')
28
29   # Call the main function.
30   main()
```

程序输出

```
Enter the gross pay: 80000.00 [Enter]
Enter the amount of bonuses: 20000.00 [Enter]
Contribution for gross pay: $4000.00
Contribution for bonuses: $1000.00
```

首先，注意第 3 行中的全局声明：

`CONTRIBUTION_RATE = 0.05`

CONTRIBUTION_RATE 将作为一个全局常量来表示员工薪酬中公司用于上缴退休金账号的百分比。其中，全部用大写字母来编写常量名是一种常见的做法，可以提醒用户该名称引用的值不会在程序中更改。

常量 CONTRIBUTION_RATE 分别在第 15 行（show_pay_contrib 函数）和第 24 行（show_bonus_contrib 函数）的计算中使用。

Marilyn 决定用这个全局常量来代表 5% 的出资率，原因在于两点：
- 使程序更易于阅读。当你看到第 15 行和第 24 行的计算时，显然明白正在发生着什么。
- 偶尔出资率的变化。当这种情况发生时，很容易通过修改第 3 行中的赋值语句来更新程序。

检查点

5.18 全局变量的作用域是什么？

5.19 给出一个好的理由说明你不应该在程序中使用全局变量。

5.20 什么是全局常量？是否允许在程序中使用全局常量？

5.7 有返回值的函数简介：生成随机数

概念：有返回值的函数是指能够将一个值返回给调用它的程序部分的函数。Python 与大多数其他编程语言一样，提供了一个执行常用任务的预写函数库。这些库通常包含一个函数用来产生随机数。

之前你已经了解了 void 函数。void 函数是在一个程序中存在的用于执行特定任务的一组语句。当需要该函数执行任务时,你可以调用该函数。这将触发函数内的语句执行。当函数完成后,程序的控制会返回到函数调用后立即出现的语句。

有返回值的函数是一种特殊的函数。在以下方面,它就像一个 void 函数:
- 它是执行特定任务的一组语句。
- 需要执行函数时,可以调用它。

然而,当有返回值的函数结束时,它将一个值返回给调用它的程序部分。从函数返回的值可以像任何其他值一样使用:它可以分配给一个变量,显示在屏幕上,用于数学表达式(如果是一个数字),等等。

5.7.1 标准库函数和 import 语句

与绝大多数编程语言一样,Python 自带的标准函数库已经为你写好了。这些函数也称为库函数,使程序员的工作变得更加容易,因为它们可以完成程序员需要执行的许多常见任务。其实,你已经使用了多个 Python 的库函数。你使用过的部分库函数有 print、input 和 range。Python 有很多其他的库函数。虽然我们不会在这本书中全部覆盖,但我们将讨论执行基本操作的库函数。

一些 Python 库函数内置在 Python 解释器中。如果你想在程序中使用这些内置函数,只需调用该函数即可,例如 print、input、range 和其他先前学习过的函数。然而,标准库中的许多函数都存储在文件中,即模块(module)。这些模块在安装 Python 时会复制到你的计算机上,帮助组织标准库函数。例如,把用于执行数学操作的函数一起存储在一个模块中,把用于处理文件的函数一起存储在另一个模块中,等等。

为了调用存储在模块中的函数,你必须在程序开始写一个 import 语句。import 语句告诉解释器包含函数的模块名称。例如,其中一个 Python 标准模块是 math。math 模块包含与浮点数计算相关的各种数学函数。如果想在程序中使用 math 模块的任一函数,你应该在程序开始处编写以下 import 语句:

```
import math
```

该声明使得解释器将 math 模块中的内容加载到内存中,并使得 math 模块中的所有函数对程序可用。

由于看不到库函数的内部工作过程,很多程序员将它们视为黑盒子。术语"黑盒子"用于描述一种机制,可以接受输入,使用输入执行一些操作(无法看到),并产生输出。图 5-19 阐释了这个想法。

图 5-19 黑盒视图下的库函数

我们将首先通过观察产生随机数的标准库函数和用标准库函数编写的一些有趣程序来演示有返回值函数是如何工作的。然后,你将学习如何编写自己的有返回值函数和如何创建自己的模块。本章的最后一节回到了库函数的主题,并查看 Python 标准库中的其他几个有用的函数。

5.7.2 产生随机数

随机数对于许多不同的编程任务都有用。以下只是几个例子。
- 随机数在游戏中常常有用。例如,电脑游戏让玩家滚动骰子并使用随机数来表示骰子的值。显示从洗好的牌中抽出卡片的程序使用随机数以表示卡片的面值。

- 随机数在模拟程序中非常有用。在一些模拟中，计算机必须随机地决定一个人、动物、昆虫或其他生物会如何动作。公式可以使用随机数进行构造，来确定程序中发生的各种动作和事件。
- 随机数在统计程序中用于对随机选择数据进行分析。
- 随机数在计算机安全领域常用来加密敏感数据。

Python 提供了几个用于处理随机数的库函数。这些函数都存储在标准库中命名为 random 的模块中。为了使用任一函数，你首先需要在程序开始处编写这个 import 语句：

import random

该声明让解释器将 random 模块的内容加载到内存中。这使得 random 模块中所有的函数都可为程序所调用⊖。3 我们将讨论的第一个随机数生成函数名为 randint。由于 randint 函数在 random 模块中，所以我们需要在程序中使用点符号来表示对其引用。在点符号表示中，函数名为 random.randint。在点（句点）的左侧是模块名称，在点的右侧是函数名称。

下面的语句显示了一个调用 randint 函数的例子：

number = random.randint (1, 100)

读取 random.randint(1,100) 的语句部分是对 randint 函数的一次调用。注意，括号内有两个参数：1 和 100。这些参数告诉函数给出 1 到 100 之间的随机整数（值 1 和 100 包含在范围内）。图 5-20 展示了这个语句部分。

注意调用 randint 函数的操作出现在等号右侧。当调用该函数时，它会生成 1 到 100 之间的随机数并将其返回。返回的值会赋值给 number 变量，如图 5-21 所示。

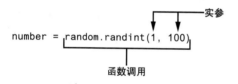
图 5-20　调用 random 函数的语句

图 5-21　random 函数返回一个数值

程序 5-16 显示了一个使用 randint 函数的完整程序。第 2 行的语句生成一个 1 到 10 范围内的随机数，并将其赋值给 number 变量。（程序输出显示数字 7 已生成，但此值是任意的。如果这是一个实际的程序，它可以显示从 1 到 10 的任何数字。）

程序 5-16　（random_numbers.py）

```
1   # This program displays a random number
2   # in the range of 1 through 10.
3   import random
4
5   def main():
6       # Get a random number.
7       number = random.randint(1, 10)
8       # Display the number.
9       print('The number is', number)
10
```

⊖ 在 Python 中有多种编写 import 语句的方法，而且每种方法略有不同。很多 Phthon 程序员觉得导入模块的首选方法正是本书所展示的方法。

```
11  # Call the main function.
12  main()
```

程序输出

```
The number is 7
```

程序 5-17 显示了另一个例子。该程序使用一个 for 循环迭代了 5 次。在循环内，第 8 行的语句调用了 randint 函数来生成 1 到 100 范围内的一个随机数。

程序 5-17 （random_numbers2.py）

```
1   # This program displays five random
2   # numbers in the range of 1 through 100.
3   import random
4
5   def main():
6       for count in range(5):
7           # Get a random number.
8           number = random.randint(1, 100)
9           # Display the number.
10          print(number)
11
12  # Call the main function.
13  main()
```

程序输出

```
89
7
16
41
12
```

程序 5-16 和 5-17 调用 randint 函数并将其返回值赋值给 number 变量。如果你只想显示一个随机数，则无需将随机数赋值给一个变量。你可以直接将 random 函数的返回值发送到 print 函数，如下所示：

`print(random.randint(1, 10))`

当这条语句执行时，randint 函数被调用。该函数生成一个在 1 到 10 范围内的随机数，该值返回并且发送到 print 函数。结果将显示一个在 1 到 10 范围内的随机数，如图 5-22 所示。

程序 5-18 显示了如何简化程序 5-17。该程序也显示 5 个随机数，但是这个程序不使用变量来保存这些数字。在第 7 行该 randint 函数的返回值会直接发送到 print 函数。

某个数

`print(random.randint(1, 10))`

将显示一个 1 到 10 范围内的随机数

图 5-22 显示一个随机数

程序 5-18 （random_numbers3.py）

```
1   # This program displays five random
2   # numbers in the range of 1 through 100.
3   import random
4
5   def main():
6       for count in range(5):
```

```
 7              print(random.randint(1, 100))
 8
 9  # Call the main function.
10  main()
```

程序输出

```
89
7
16
41
12
```

5.7.3 交互模式下的随机数实验

为了感受 randint 函数使用不同参数工作的方式,你可以在交互模式下实验一下。为了演示,请看下面的交互式会话。(我们添加了行号以便参考。)

```
1  >>> import random Enter
2  >>> random.randint(1, 10) Enter
3  5
4  >>> random.randint(1, 100) Enter
5  98
6  >>> random.randint(100, 200) Enter
7  181
8  >>>
```

让我们仔细看看交互式会话中的每一行:

- 第 1 行的语句导入 random 模块。(在交互模式下,你也必须写出合适的 import 语句。)
- 第 2 行中的语句将 1 和 10 作为参数调用 randint 函数。因此,该函数返回 1 到 10 范围内的随机数。从函数返回的数字显示在第 3 行中。
- 第 4 行的语句将 1 和 100 作为参数调用 randint 函数。因此,该函数返回 1 到 100 范围内的随机数。从函数返回的数字显示在第 5 行。
- 第 6 行的语句将 100 和 200 作为参数调用 randint 函数。因此,该函数返回 100 到 200 范围内的随机数。从函数返回的数字显示在第 7 行。

聚光灯:使用随机数

木村博士教授了一门介绍性的统计课,并要求你编写一个程序,让他可以在课堂上使用来模拟掷骰子。该程序应该随机生成 1 到 6 范围内的两个数字并显示它们。在与木村博士的交谈中,你了解到他想用程序来模拟多次掷骰子,一次接着一次。以下是程序的伪代码:

> While the user wants to roll the dice:
>   Display a random number in the range of 1 through 6
>   Display another random number in the range of 1 through 6
>   Ask the user if he or she wants to roll the dice again

你将写一个 while 循环模拟一次掷骰子,然后询问用户是否应该进行下一次。只要用户回答"y"(表示是),循环就会重复。程序 5-19 显示了该程序。

程序 5-19 （dice.py）

```
1    # This program the rolling of dice.
2    import random
3
4    # Constants for the minimum and maximum random numbers
5    MIN = 1
6    MAX = 6
7
8    def main():
9        # Create a variable to control the loop.
10       again = 'y'
11
12       # Simulate rolling the dice.
13       while again == 'y' or again == 'Y':
14           print('Rolling the dice ...')
15           print('Their values are:')
16           print(random.randint(MIN, MAX))
17           print(random.randint(MIN, MAX))
18
19           # Do another roll of the dice?
20           again = input('Roll them again? (y = yes): ')
21
22   # Call the main function.
23   main()
```

程序输出

```
Rolling the dice ...
Their values are:
3
1
Roll them again? (y = yes): y Enter
Rolling the dice ...
Their values are:
1
1
Roll them again? (y = yes): y Enter
Rolling the dice ...
Their values are:
5
6
Roll them again? (y = yes): y Enter
```

randint 函数返回一个整数值，所以你可以写一个对这个函数的调用，用于任何一个你需要写一个整数的地方。你已经看到了一些例子，其中函数的返回值赋值给了一个变量并且函数的返回值发送到 print 函数。为了进一步说明这一点，这里是在数学表达式中使用了 randint 函数的一个语句。

```
x = random.randint (1, 10) * 2
```

在此语句中，生成一个 1 到 10 范围内的随机数然后乘以 2。结果是得到一个 2 到 20 之间的随机偶数，并将该结果赋值给变量 x。你也可以使用 if 语句来测试该函数的返回值，正如以下聚光灯部分所示。

聚光灯：使用随机数表示其他值

木村博士对你为他编写的掷骰子模拟器非常满意，因此他请你再写一个程序。他想要一个可以用来模拟十个硬币连续投掷的程序。每次程序模拟一枚硬币投掷，都应该随机显示"正面"或"背面"。

你决定可以通过随机生成一个1到2范围内的数字来模拟硬币的投掷。你可以编写一个 if 语句，如果随机数是1则显示"正面"，否则显示"背面"。以下是伪代码：

Repeat 10 times:
    If a random number in the range of 1 through 2 equals 1 then:
        Display 'Heads'
    Else:
        Display 'Tails'

由于程序需要模拟硬币投掷10次，所以你决定使用 for 循环。该程序正如程序5-20所示。

程序5-20（coin_toss.py）

```
 1  # This program simulates 10 tosses of a coin.
 2  import random
 3
 4  # Constants
 5  HEADS = 1
 6  TAILS = 2
 7  TOSSES = 10
 8
 9  def main():
10      for toss in range(TOSSES):
11          # Simulate the coin toss.
12          if random.randint(HEADS, TAILS) == HEADS:
13              print('Heads')
14          else:
15              print('Tails')
16
17  # Call the main function.
18  main()
```

程序输出

```
Tails
Tails
Heads
Tails
Heads
Heads
Heads
Tails
Heads
Tails
```

5.7.4 randrange、random 和 uniform 函数

标准库的 random 模块包含着许多与处理随机数有关的函数。除了 randint 函数，你还会发现 randrange、random 和 uniform 函数非常有用。（要使用任何这些函数，你需要在程序开始编写 import random。）

如果你还记得如何使用 range 函数（我们在第 4 章讨论过的），那么你可以立刻了解 randrange 函数。randrange 函数使用与 range 函数相同的参数。与之不同的是，randrange 函数不返回数值的列表。相反，它返回一个从数值序列中随机选出的值。例如，以下语句将 0 到 9 中的一个随机数赋值给 number 变量：

```
number = random.randrange(10)
```

在这种情况下，参数 10 表示数值序列的结尾。该函数将从数值 0 开始到结束限制（不包括）的序列中返回一个随机选出的数字。以下语句指定了数值序列的起始值和结束限制：

```
number = random.randrange(5,10)
```

当该语句执行时，将从 5 到 9 范围内选出一个随机数赋值给 number 变量。以下语句指定了起始值、结束限制和步长值：

```
number = random.randrange(0, 101, 10)
```

在这个语句中 randrange 函数返回从以下数值序列中随机选出的一个数值：

[0, 10, 20, 30, 40, 50, 60, 70, 80, 90, 100]

randint 和 randrange 函数均返回一个整数。但是 random 函数返回一个随机浮点数。你不需要向 random 函数传递任何参数。当你调用它时，它返回从 0.0 到 1.0（但不包括 1.0）的一个随机浮点数。以下是一个例子：

```
number = random.random()
```

uniform 函数也返回一个随机浮点数，但允许你指定数值的选择范围。以下是一个例子：

```
number = random.uniform(1.0, 10.0)
```

在这个语句中，uniform 函数返回从 1.0 到 10.0 的一个随机浮点数并将其分配给 number 变量。

5.7.5 随机数种子

由 random 模块中的函数产生的数字并不是真正的随机数。虽然我们通常将它们称为随机数，但它们实际上是按照一个公式计算出来的伪随机数（pseudorandom number）。产生随机数的公式必须用一个称为种子值（seed value）的数值进行初始化。种子值用于计算下一个返回的随机数。当导入 random 模块时，它从计算机的内部时钟获取系统时间并将其作为种子值。系统时间是用来表示当前日期和时间的一个整数，精确到 0.01 秒。

如果始终使用相同的种子值，则随机数函数将始终生成相同的伪随机数序列。因为系统时间每 0.01 秒就会发生变化，所以每次导入 random 模块是相当安全的，可以保证产生不同的随机数序列。但是，可能有一些应用程序就想要生成相同的随机数序列。如果是这样的话，你可以调用 random.seed 函数来指定种子值。以下是一个例子：

```
random.seed(10)
```

在这个例子中，将 10 指定为种子值。如果程序调用 random.seed 函数并且每次运行时都使用相同的值作为参数，它总是会产生相同的伪随机数序列。为了展示，看看下面的交互式会话。（我们添加了行号以便于参考。）

```
1   >>> import random [Enter]
2   >>> random.seed(10) [Enter]
3   >>> random.randint(1, 100) [Enter]
4   58
5   >>> random.randint(1, 100) [Enter]
6   43
7   >>> random.randint(1, 100) [Enter]
8   58
9   >>> random.randint(1, 100) [Enter]
10  21
11  >>>
```

在第 1 行，我们导入了 random 模块。在第 2 行，我们调用了 random.seed 函数，并将 10 作为种子值。在第 3、5、7、9 行，我们调用了 random.randint 函数获得 1 到 100 的范围内的伪随机数。可以看到，函数给出了数字 58、43、58 和 21。如果我们开始一个新的互动会话并重复这些语句，就得到了相同的伪随机数序列，如下所示：

```
1   >>> import random [Enter]
2   >>> random.seed(10) [Enter]
3   >>> random.randint(1, 100) [Enter]
4   58
5   >>> random.randint(1, 100) [Enter]
6   43
7   >>> random.randint(1, 100) [Enter]
8   58
9   >>> random.randint(1, 100) [Enter]
10  21
11  >>>
```

检查点

5.21 有返回值的函数与 void 函数有什么不同？

5.22 什么是库函数？

5.23 为什么库函数像"黑盒子"？

5.24 以下语句做了什么？

   x = random.randint(1, 100)

5.25 以下语句做了什么？

   print(random.randint(1, 20))

5.26 以下语句做了什么？

   print(random.randrange(10, 20))

5.27 以下语句做了什么？

   print(random.random())

5.28 以下语句做了什么？

   print(random.uniform(0.1, 0.5))

5.29 当导入 random 模块时，它是用什么作为种子值来产生随机数的？

5.30 如果始终使用相同的种子值来生成随机数，会发生什么？

5.8 自己编写有返回值的函数

概念：有返回值的函数有一个 return 语句来将值返回到调用它的程序部分。

编写一个有返回值的函数的方式与编写一个 void 函数的方式一样。只有一个例外：有返回值的函数必须有一个 return 语句。以下是 Python 中有返回值的函数定义的一般格式：

```
def function_name():
    statement
    statement
    etc.
    return expression
```

函数中的一个语句必须是 return 语句，它有如下形式：

```
return expression
```

跟在关键词 return 之后的 *expression* 的值将会返回到调用函数的程序部分。它可以是任意值、变量或具有值的表达式（如数学表达式）。以下是有返回值函数的一个简单示例：

```
def sum(num1, num2):
    result = num 1 + num 2
    return result
```

图 5-23 说明了函数的各个部分。

此函数的目的是接受两个整数作为参数并返回它们的和。让我们来仔细看看它是如何工作的。函数块中的第 1 个语句将表达式 num1 + num2 的值赋值给 result 变量。接下来，return 语句执行，这导致该函数执行结束并返回表达式 result 变量所引用的值到调用该函数的程序部分。程序 5-21 展示了该函数。

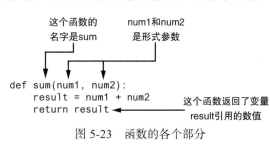

图 5-23　函数的各个部分

程序 5-21　（total_ages.py）

```
1   # This program uses the return value of a function.
2
3   def main():
4       # Get the user's age.
5       first_age = int(input('Enter your age: '))
6
7       # Get the user's best friend's age.
8       second_age = int(input("Enter your best friend's age: "))
9
10      # Get the sum of both ages.
11      total = sum(first_age, second_age)
12
13      # Display the total age.
14      print('Together you are', total, 'years old.')
15
16  # The sum function accepts two numeric arguments and
17  # returns the sum of those arguments.
18  def sum(num1, num2):
19      result = num1 + num2
20      return result
21
22  # Call the main function.
23  main()
```

程序输出

```
Enter your age: 22 [Enter]
Enter your best friend's age: 24 [Enter]
Together you are 46 years old.
```

在 main 函数中，程序从用户处获得两个值并把它们分别存储在 first_age 变量和 second_age 变量中。第 11 行的语句将 first_age 和 second_age 作为参数调用 sum 函数。从 sum 函数中返回的值将赋值到 total 变量中。在这种情况下，函数将返回 46。图 5-24 显示了参数是如何传递到函数中的以及值是如何从函数中返回的。

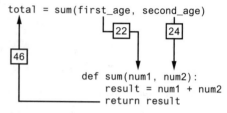

图 5-24　实参传递给 sum 函数并返回数值

5.8.1　充分利用 return 语句

再看看在程序 5-21 中的 sum 函数：

```
def sum(num1, num2):
    result = num 1 + num 2
    return result
```

注意此函数内发生了两件事情：表达式 num1+num2 的值赋给了 result 变量，并且返回 result 变量的值。虽然这个函数可以做到这一点，但它可以更简化。因为 return 语句可以返回一个表达式的值，这样就可以删除 result 变量并将函数重写为：

```
def sum(num1, num2):
    return num 1 + num 2
```

这个版本的函数没有将 num1+num2 的值存储在变量中。相反，它利用了 return 语句可以返回一个表达式的值的优势。该版本的函数与之前版本的函数的功能完全相同，但只有一行语句。

5.8.2　如何使用有返回值的函数

有返回值的函数具有与 void 函数一样的优点：它们简化了代码，减少了重复，提高了测试代码的能力，加快了开发的速度，易于团队合作。

因为有返回值的函数返回一个值，所以它们在一些特定情况下非常有用。例如，你可以使用有返回值的函数提示用户输入，然后返回用户输入的值。假定你需要设计一个计算零售行业中物品销售价格的程序。要做到这一点，程序需要从用户那里获取物品的原价。这里给出一个具体实现的函数定义：

```
def get_regular_price():
    price = float(input("Enter the item's regular price: "))
    return price
```

然后，在程序的其他地方，你可以调用该函数，如下所示：

```
# Get the item's regular price.
reg_price = get_regular_price()
```

当该语句执行时，将调用 get_regular_price 函数得到来自用户的值并返回。然后该结果赋值给 reg_price 变量。你还可以使用函数来简化复杂的数学表达式。例如，计算一个物品的售价似乎是一个简单的任务：计算折扣并从正常价格扣除。然而，在程序中，进行计算的语句并不显而易见，如下例所示。(假设 DISCOUNT_PERCENTAGE 是在程序中定义的全局常量，它指定了折扣的比例。)

```
sale_price = reg_price - (reg_price * DISCOUNT_PERCENTAGE)
```

直观来看，这个语句并不易于理解，因为它执行了如此多的步骤：计算折扣金额，从 reg_price 减去该值，并将结果赋值给 sale_price。你或许可以通过将数学表达式分解并将其放在函数中来简化该语句。下面是一个名为 discount 的函数，该函数以物品价格作为参数来返回折扣金额：

```
def discount(price):
    return price * DISCOUNT_PERCENTAGE
```

你可以在计算中调用该函数：

```
sale_price = reg_price - discount(reg_price)
```

这个语句比先前的语句更易于阅读，而且更清楚地看到折扣是从原价中减去的。程序 5-22 显示了使用刚刚所述的函数编写的完整售价计算程序。

程序 5-22 （sale_price.py）

```
 1    # This program calculates a retail item's
 2    # sale price.
 3
 4    # DISCOUNT_PERCENTAGE is used as a global
 5    # constant for the discount percentage.
 6    DISCOUNT_PERCENTAGE = 0.20
 7
 8    # The main function.
 9    def main():
10        # Get the item's regular price.
11        reg_price = get_regular_price()
12
13        # Calculate the sale price.
14        sale_price = reg_price - discount(reg_price)
15
16        # Display the sale price.
17        print('The sale price is $', format(sale_price, ',.2f'), sep='')
18
19    # The get_regular_price function prompts the
20    # user to enter an item's regular price and it
21    # returns that value.
22    def get_regular_price():
23        price = float(input("Enter the item's regular price: "))
24        return price
25
26    # The discount function accepts an item's price
27    # as an argument and returns the amount of the
28    # discount, specified by DISCOUNT_PERCENTAGE.
29    def discount(price):
30        return price * DISCOUNT_PERCENTAGE
31
32    # Call the main function.
33    main()
```

程序输出

```
Enter the item's regular price: 100.00 Enter
The sale price is $80.00
```

5.8.3 使用 IPO 图

IPO 图是程序员有时用来设计和注释函数的一种简单但有效的工具。IPO 代表了 Input、Processing 和 Output。IPO 图描述了函数的输入、处理和输出。这些元素通常以列的方式进行组织：输入列显示作为参数传递到函数的数据，处理列显示函数执行的过程，输出列描述了函数返回的数据。例如，图 5-25 显示了程序 5-22 中的 get_regular_price 函数和 discount 函数的 IPO 图。

函数 get_regular_price		
输入	处理	输出
无	提示用户输入物品的价格	物品的价格

函数 discount		
输入	处理	输出
物品的价格	通过价格和全局常量DISCOUNT_PERCENTAGE相乘，计算物品的折扣	物品的折扣

图 5-25　getRegularPrice 和 discount 函数的 IPO 图

需要注意，IPO 图仅提供了函数的输入、处理和输出的简单描述，但不显示函数中的具体步骤。然而，在许多情况下，IPO 图包含了足够多的信息，使得它们可以用来代替流程图。是否使用 IPO 图、流程图或两者一起使用常常取决于程序员的个人喜好。

聚光灯：使用函数进行模块化

Hal 拥有一个叫作"做自己的音乐"的公司，销售吉他、鼓、班卓琴、合成器和许多其他乐器。Hal 的销售人员严格以佣金的方式进行工作。在月底，每个销售人员的佣金由表 5-1 计算得出。

表 5-1　销售佣金率

本月销售（美元）	佣金率
小于 10 000	10%
10 000 ～ 14 999	12%
15 000 ～ 17 999	14%
18 000 ～ 21 999	16%
22 000 及以上	18%

例如，每月销售额为 16 000 美元的销售人员将获得 14% 的佣金（2 240 美元），销售额为 18 000 美元的销售人员将获得 16% 的佣金（2 880 美元），销售额为 30 000 美元的销售人员将获得 18% 的佣金（5 400 美元）。

因为销售人员按月得到工资，所以 Hal 允许每位员工每月拿到 2 000 美元的预付工资。计算销售佣金时，每个员工拿到的预付工资将从佣金中扣除。如果销售人员的佣金少于其预付工资，他们必须向 Hal 偿还差额。要计算销售人员的每月工资，Hal 使用以下公式：

$$pay = sales \times commission\ rate - advanced\ pay$$

Hal 要求你写一个程序来完成工资的计算。下面的算法概述了程序必须采取的步骤：

1. *Get the salesperson's monthly sales.*
2. *Get the amount of advanced pay.*
3. *Use the amount of monthly sales to determine the commission rate.*
4. *Calculate the salesperson's pay using the formula previously shown. If the amount is negative, indicate that the salesperson must reimburse the company.*

程序 5-23 给出了使用多个函数编写而成的代码。而非一次呈现整个程序，让我们先看看 main 函数，而后是每个单独的函数。下面是 main 函数：

程序 5-23　（commission_rate.py）main function

```
 1   # This program calculates a salesperson's pay
 2   # at Make Your Own Music.
 3   def main():
 4       # Get the amount of sales.
 5       sales = get_sales()
 6
 7       # Get the amount of advanced pay.
 8       advanced_pay = get_advanced_pay()
 9
10       # Determine the commission rate.
11       comm_rate = determine_comm_rate(sales)
12
13       # Calculate the pay.
14       pay = sales * comm_rate - advanced_pay
15
16       # Display the amount of pay.
17       print('The pay is $', format(pay, ',.2f'), sep='')
18
19       # Determine whether the pay is negative.
20       if pay < 0:
21           print('The Salesperson must reimburse')
22           print('the company.')
23
```

第 5 行调用 get_sales 函数，从用户处获取销售额并返回相应的值。从函数返回的值赋值给 sales 变量。第 8 行调用 get_advanced_pay 函数，从用户处获取预付工资并返回相应的值。从函数返回的值赋值给 advanced_pay 变量。

第 11 行将销售额作为参数调用 determine_comm_rate 函数。这个函数根据销售额返回相应的佣金率。该值分配给 comm_rate 变量。第 14 行计算工资，然后第 17 行显示该数值。从第 20 ~ 22 行的 if 语句确定工资是否为负，并且如果为负，则显示一条消息表明该销售人员必须偿还公司。

get_sales 函数定义如下。

程序 5-23 （commission_rate.py）get_sales function

```
24   # The get_sales function gets a salesperson's
25   # monthly sales from the user and returns that value.
26   def get_sales():
27       # Get the amount of monthly sales.
28       monthly_sales = float(input('Enter the monthly sales: '))
29
30       # Return the amount entered.
31       return monthly_sales
32
```

get_sales 函数的目的是提示用户（销售人员）输入销售额并返回相应的数值。第 28 行提示用户输入销售额并将其存储在 monthly_sales 变量中。第 31 行返回 monthly_sales 变量中的数值。get_advanced_pay 的函数定义如下。

程序 5-23 （commission_rate.py）get_advanced_pay function

```
33   # The get_advanced_pay function gets the amount of
34   # advanced pay given to the salesperson and returns
35   # that amount.
36   def get_advanced_pay():
37       # Get the amount of advanced pay.
38       print('Enter the amount of advanced pay, or')
39       print('enter 0 if no advanced pay was given.')
40       advanced = float(input('Advanced pay: '))
41
42       # Return the amount entered.
43       return advanced
44
```

get_advanced_pay 函数的目的是提示用户（销售人员）输入预付工资并返回相应的数值。第 38 行和第 39 行告诉用户输入预付工资（0 表示没有）。第 40 行得到了用户输入并将其存储在 advanced 变量中。第 43 行返回 advanced 变量中的数值。

determine_comm_rate 函数的定义如下。

程序 5-23 （commission_rate.py）determine_comm_rate function

```
45   # The determine_comm_rate function accepts the
46   # amount of sales as an argument and returns the
47   # applicable commission rate.
48   def determine_comm_rate(sales):
```

```
49      # Determine the commission rate.
50      if sales < 10000.00:
51          rate = 0.10
52      elif sales >= 10000 and sales <= 14999.99:
53          rate = 0.12
54      elif sales >= 15000 and sales <= 17999.99:
55          rate = 0.14
56      elif sales >= 18000 and sales <= 21999.99:
57          rate = 0.16
58      else:
59          rate = 0.18
60
61      # Return the commission rate.
62      return rate
63
```

determine_comm_rate 函数以销售额为输入参数返回销售额所对应的佣金率。第 50~59 行的 if-elif-else 语句测试了 sales 参数并为局部变量 rate 分配了正确的数值。第 62 行返回了局部变量 rate 中的数值。

程序输出

```
Enter the monthly sales: 14650.00 [Enter]
Enter the amount of advanced pay, or
enter 0 if no advanced pay was given.
Advanced pay: 1000.00 [Enter]
The pay is $758.00
```

程序输出

```
Enter the monthly sales: 9000.00 [Enter]
Enter the amount of advanced pay, or
enter 0 if no advanced pay was given.
Advanced pay: 0 [Enter]
The pay is $900.00
```

程序输出

```
Enter the monthly sales: 12000.00 [Enter]
Enter the amount of advanced pay, or
enter 0 if no advanced pay was given.
Advanced pay: 2000.00 [Enter]
The pay is $-560.00
The salesperson must reimburse
the company.
```

5.8.4 返回字符串

到目前为止，你已经看到了返回数字的函数示例。你也可以编写函数返回字符串。例如，下面的函数提示用户输入他的名字，然后返回用户输入的字符串：

```
def get_name():
    # Get the user's name.
    name = input('Enter your name: ')
    # Return the name.
    return name
```

5.8.5 返回布尔值

Python 允许编写布尔函数来返回 True 或 False。你可以使用布尔函数来测试一个条件，然后返回 True 或 False 以表明条件是否满足。在分支和重复结构中，布尔函数在简化复杂的测试条件上十分有用。

例如，假定你正在设计一个程序要求用户输入一个数字，然后确定输入的数字是偶数还是奇数。下面的代码演示了做出这个判断的过程：

```
number = int(input('Enter a number: '))
if (number % 2) == 0:
    print('The number is even.')
else:
    print('The number is odd.')
```

让我们更进一步看看用 if-else 语句进行测试的布尔表达式。

```
(number % 2) == 0
```

这个表达式使用了第 2 章中介绍的 % 运算符，也就是求余运算符。它将两个数相除并返回余数。因此，这段代码是说："如果 number 除以 2 的余数为 0，则显示消息表明这个数字是偶数，否则显示消息表明这个数字是奇数。"因为一个偶数除以 2 的余数总为 0，逻辑上行得通。想让代码更加容易理解，你可以一定程度上重写："如果这个数字是偶数，则显示消息表明它是偶数，否则显示消息表明它是奇数。"显然，这可以用布尔函数来实现。在这个例子中，你可以编写一个名为 is_even 的布尔函数接受一个数字为参数，并且如果数字是偶数返回真，否则返回假。以下是函数的代码：

```
def is_even(number):
    # Determine whether number is even. If it is,
    # set status to true. Otherwise, set status
    # to false.
    if (number % 2) == 0:
        status = True
    else:
        status = False
    # Return the value of the status variable.
    return status
```

然后，你可以重写 if-else 语句，以便它调用 is_even 函数来确定 number 是不是偶数：

```
number = int(input('Enter a number: '))
if is_even(number):
    print('The number is even.')
else:
    print('The number is odd.')
```

这不仅仅使逻辑变得更容易理解，而且现在你有了一个在程序中随时可以调用的函数来检验一个数字是不是偶数。

在验证代码中使用布尔函数

你还可以使用布尔函数来简化复杂的输入验证代码。举例来说，假设你正在编写一个提示用户输入产品型号的程序，而且只接受 100、200 和 300 三个数值。你可以设计如下的输入算法：

```
# Get the model number.
model = int(input('Enter the model number: '))
# Validate the model number.
while model != 100 and model != 200 and model != 300:
    print('The valid model numbers are 100, 200 and 300.')
    model = int(input('Enter a valid model number: '))
```

只要产品型号不是 100、200 和 300 中的任意一个，验证代码要使用一个复杂的长布尔表达式来迭代循环。尽管这种逻辑可以工作，但是你可以通过编写能在循环中调用的用于检测 model 变量的布尔函数，来简化验证循环代码。比如，假设你将 model 变量传递给编写好的名为 is_invalid 的函数。如果 model 无效，则返回 True，否则返回 False。你可以重写验证循环代码如下：

```
# Validate the model number.
while is_invalid(model):
    print('The valid model numbers are 100, 200 and 300.')
    model = int(input('Enter a valid model number: '))
```

这使得循环更易于阅读。显而易见，只要 model 无效，循环就一直迭代下去。下面的代码显示了如何编写 is_invalid 函数。它接受产品型号作为参数，并且如果参数不是 100、200 和 300 中的任意一个，该函数返回 True 表明它是无效的。否则该函数返回 False。

```
def is_invalid(mod_num):
    if mod_num != 100 and mod_num != 200 and mod_num != 300:
        status = True
    else:
        status = False
    return status
```

5.8.6 返回多个值

目前看到的有返回值函数例子都是返回一个值。然而，在 Python 中，并不局限于只返回一个值，你可以在 return 语句后面使用逗号分隔的多个表达式，一般格式如下所示：

return *expression1*, *expression2*, *etc.*

作为一个例子，看看下面名为 get_name 函数的定义。该函数提示用户输入他的名字和姓氏。这些名字存储在 first 和 last 两个局部变量中。return 语句返回这两个变量。

```
def get_name():
    # Get the user's first and last names.
    first = input('Enter your first name: ')
    last = input('Enter your last name: ')
    # Return both names.
    return first, last
```

当你在赋值语句中调用该函数时，需要在等号左边使用两个变量。下面是一个例子：

first_name, last_name = get_name()

在 return 语句中列出的值将按照它们出现的顺序依次赋给等号左边的变量。在该语句执行后，first 的值将赋给 first_name，last 的值将赋给 last_name。需要注意，等号左边变量的个数必须与函数返回值的个数相同，否则将会出现错误。

检查点

5.31 函数中 return 语句的作用是什么？

5.32 请看下面的函数定义：

```
def do_something(number):
    return number * 2
```

a. 函数的名称是什么？

b. 函数的功能是什么？

c. 按照函数的定义，以下语句的输出结果是什么？

```
print(do_something(10))
```

5.33 什么是布尔函数？

5.9 math 模块

概念：Python 标准库的 math 模块包含了许多可以在数学计算中使用的函数。

Python 标准库中的 math 模块包含了许多用于进行数学运算的有用函数。表 5-2 列出了 math 模块中的许多函数。这些函数通常接受一个或多个值作为参数，使用这些参数进行数学运算并返回结果。（除了 ceil 和 floor 函数返回整数之外，表 5-2 列出的所有函数都返回一个浮点数。）例如，其中一个函数名为 sqrt。sqrt 函数接受一个参数，并返回该参数的平方根。下面是如何使用它的一个例子：

```
result = math.sqrt(16)
```

这个语句将 16 作为参数调用了 sqrt 函数。该函数返回 16 的平方根，然后将其赋值给 result 变量。程序 5-24 演示了 sqrt 函数。注意第 2 行的 import math 语句。在任何程序中使用 math 模块时都需要编写该语句。

表 5-2 math 模块中的函数

math 模块函数	描述
acos(x)	返回 x 的反余弦值（弧度）
asin(x)	返回 x 的反正弦值（弧度）
atan(x)	返回 x 的反正切值（弧度）
ceil(x)	返回大于或等于 x 的最小整数
cos(x)	返回 x 的余弦（弧度）
degrees(x)	假设 x 是以弧度表示的角度，该函数返回转换后的度数
exp(x)	返回 e^x
floor(x)	返回小于或等于 x 的最大整数
hypot(x, y)	返回从（0，0）延伸到（x, y）的斜边长度
log(x)	返回 x 的自然对数
log10(x)	返回 x 的以 10 为底的对数
radians(x)	假设 x 是以度数表示的角度，该函数返回转换后的弧度
sin(x)	返回 x 的正弦值（弧度）
sqrt(x)	返回 x 的平方根
tan(x)	返回 x 的正切值（弧度）

程序 5-24　（square_root.py）

```
1  # This program demonstrates the sqrt function.
2  import math
3
4  def main():
5      # Get a number.
6      number = float(input('Enter a number: '))
7
8      # Get the square root of the number.
```

```
 9       square_root = math.sqrt(number)
10
11       # Display the square root.
12       print('The square root of', number, '0 is', square_root)
13
14   # Call the main function.
15   main()
```

程序输出

```
Enter a number: 25 [Enter]
The square root of 25.0 is 5.0
```

程序 5-25 显示了使用 math 模块的另外一个例子。此程序使用 hypot 函数来计算一个直角三角形的斜边长度。

程序 5-25 （hypotenuse.py）

```
 1   # This program calculates the length of a right
 2   # triangle's hypotenuse.
 3   import math
 4
 5   def main():
 6       # Get the length of the triangle's two sides.
 7       a = float(input('Enter the length of side A: '))
 8       b = float(input('Enter the length of side B: '))
 9
10       # Calculate the length of the hypotenuse.
11       c = math.hypot(a, b)
12
13       # Display the length of the hypotenuse.
14       print('The length of the hypotenuse is', c)
15
16   # Call the main function.
17   main()
```

程序输出

```
Enter the length of side A: 5.0 [Enter]
Enter the length of side B: 12.0 [Enter]
The length of the hypotenuse is 13.0
```

math.pi 和 math.e 的值

math 模块还定义了两个变量，pi 和 e，它们被赋值为数学常量 π 和 e。你可以在需要这些数值的公式中使用这些变量。例如，下面的语句使用 pi 计算圆的面积。（请注意，我们使用点符号来引用变量。）

```
area = math.pi * radius**2
```

✓ 检查点

5.34 在一个使用 math 模块的程序中你需要编写什么 import 语句？

5.35 编写使用 math 模块函数的语句来获得 100 的平方根并将其赋值给一个变量。

5.36 编写使用 math 模块函数的语句将 45 度转换为弧度值赋值给变量。

5.10 在模块中存储函数

概念：模块是包含 Python 代码的文件。大型程序在分解为模块后，更容易调试和维护。

随着程序逐渐变得更大、更复杂，代码组织的需求也会变得越大。你已经知道复杂庞大的程序可以分成若干个函数，每个函数执行特定的任务。当你在程序中编写了越来越多的函数时，你可以考虑通过将它们存储在模块中来进行组织。

一个模块就是一个包含 Python 代码的文件。当你将一个程序分解成模块后，每个模块应该包含执行相关任务的函数。例如，假设你正在编写一个会计系统，你应该将所有应收账款函数、所有应付账款函数和所有工资函数分别存储在各自的模块中。这种方法称为模块化，使程序更容易理解、测试和维护。

模块还便于在多个程序中实现代码重用。如果你编写了一组可以在不同程序中使用的函数，你可以将这些函数放置在一个模块中。然后，你可以在每一个需要的程序中导入模块来调用其中的函数。

让我们来看一个简单的例子。假设你的老师要求你编写一个程序，计算如下：

- 圆的面积
- 圆的周长
- 长方形的面积
- 长方形的周长

显然，在这个程序中需要两类计算：与圆相关的和与矩形相关的。你可以将所有与圆相关的函数编写在一个模块中，而将所有与矩形相关的函数编写在另外一个模块中。程序 5-26 展示了 `circle` 模块。该模块包含两个函数定义：`area`（返回圆的面积）与 `circumference`（返回圆的周长）。

程序 5-26　（circle.py）

```
1   # The circle module has functions that perform
2   # calculations related to circles.
3   import math
4
5   # The area function accepts a circle's radius as an
6   # argument and returns the area of the circle.
7   def area(radius):
8       return math.pi * radius**2
9
10  # The circumference function accepts a circle's
11  # radius and returns the circle's circumference.
12  def circumference(radius):
13      return 2 * math.pi * radius
```

程序 5-27 展示了 `rectangle` 模块。该模块包含两个函数定义：`area`（返回矩形的面积）和 `perimeter`（返回矩形的周长）。

程序 5-27　（rectangle.py）

```
1   # The rectangle module has functions that perform
2   # calculations related to rectangles.
3
4   # The area function accepts a rectangle's width and
```

```
5   # length as arguments and returns the rectangle's area.
6   def area(width, length):
7       return width * length
8
9   # The perimeter function accepts a rectangle's width
10  # and length as arguments and returns the rectangle's
11  # perimeter.
12  def perimeter(width, length):
13      return 2 * (width + length)
```

请注意这两个文件都包含了函数定义,但不包含调用函数的代码。调用函数将通过导入这些模块的程序来完成。

在继续开始之前,我们应该提醒关于模块名的以下事项:

- 模块的文件名应该以 .py 结尾。如果模块的文件名不以 .py 结尾,你将无法将其导入到其他程序。
- 模块名称不能与 Python 的关键字相同。例如,若一个模块的名称是 for,则会发生错误。

要在程序中使用这些模块,你需要使用 import 语句导入它们。下面的例子展示了我们如何导入 circle 模块:

```
import circle
```

当 Python 解释器读到该语句时,它会在与该程序相同的文件夹中查找文件 circle.py。如果找到该文件,就将其加载到内存中。如果没有找到,就会发生错误。[⊖]

一旦导入模块,你就可以调用它的函数。假设变量 radius 赋值为一个圆的半径,下面的例子展示了我们是如何调用 area 和 circumference 函数的:

```
my_area = circle.area(radius)
my_circum = circle.circumference(radius)
```

程序 5-28 显示了使用这些模块的完整程序。

程序 5-28 (geometry.py)

```
1   # This program allows the user to choose various
2   # geometry calculations from a menu. This program
3   # imports the circle and rectangle modules.
4   import circle
5   import rectangle
6
7   # Constants for the menu choices
8   AREA_CIRCLE_CHOICE = 1
9   CIRCUMFERENCE_CHOICE = 2
10  AREA_RECTANGLE_CHOICE = 3
11  PERIMETER_RECTANGLE_CHOICE = 4
12  QUIT_CHOICE = 5
13
14  # The main function.
15  def main():
16      # The choice variable controls the loop
17      # and holds the user's menu choice.
18      choice = 0
```

⊖ 实际上,当 Python 解释器在程序所在的文件夹中没有找到一个模块时,它会在系统中其他预先定义好的位置继续寻找该模块。如果你想了解 Python 的高级特性,你就会学习到如何设置解释器寻找模块的位置。

```
19
20      while choice != QUIT_CHOICE:
21          # display the menu.
22          display_menu()
23
24          # Get the user's choice.
25          choice = int(input('Enter your choice: '))
26
27          # Perform the selected action.
28          if choice == AREA_CIRCLE_CHOICE:
29              radius = float(input("Enter the circle's radius: "))
30              print('The area is', circle.area(radius))
31          elif choice == CIRCUMFERENCE_CHOICE:
32              radius = float(input("Enter the circle's radius: "))
33              print('The circumference is',
34                    circle.circumference(radius))
35          elif choice == AREA_RECTANGLE_CHOICE:
36              width = float(input("Enter the rectangle's width: "))
37              length = float(input("Enter the rectangle's length: "))
38              print('The area is', rectangle.area(width, length))
39          elif choice == PERIMETER_RECTANGLE_CHOICE:
40              width = float(input("Enter the rectangle's width: "))
41              length = float(input("Enter the rectangle's length: "))
42              print('The perimeter is',
43                    rectangle.perimeter(width, length))
44          elif choice == QUIT_CHOICE:
45              print('Exiting the program...')
46          else:
47              print('Error: invalid selection.')
48
49  # The display_menu function displays a menu.
50  def display_menu():
51      print(' MENU')
52      print('1) Area of a circle')
53      print('2) Circumference of a circle')
54      print('3) Area of a rectangle')
55      print('4) Perimeter of a rectangle')
56      print('5) Quit')
57
58  # Call the main function.
59  main()
```

程序输出

```
        MENU
1) Area of a circle
2) Circumference of a circle
3) Area of a rectangle
4) Perimeter of a rectangle
5) Quit
Enter your choice: 1 [Enter]
Enter the circle's radius: 10
The area is 314.159265359
        MENU
1) Area of a circle
2) Circumference of a circle
3) Area of a rectangle
```

```
4) Perimeter of a rectangle
5) Quit
Enter your choice: 2 Enter
Enter the circle's radius: 10
The circumference is 62.8318530718
        MENU
1) Area of a circle
2) Circumference of a circle
3) Area of a rectangle
4) Perimeter of a rectangle
5) Quit
Enter your choice: 3 Enter
Enter the rectangle's width: 5
Enter the rectangle's length: 10
The area is 50
        MENU
1) Area of a circle
2) Circumference of a circle
3) Area of a rectangle
4) Perimeter of a rectangle
5) Quit
Enter your choice: 4 Enter
Enter the rectangle's width: 5
Enter the rectangle's length: 10
The perimeter is 30
        MENU
1) Area of a circle
2) Circumference of a circle
3) Area of a rectangle
4) Perimeter of a rectangle
5) Quit
Enter your choice: 5 Enter
Exiting the program ...
```

菜单驱动式程序

程序 5-28 是一个菜单驱动型程序的例子。菜单驱动型程序在屏幕上显示一个操作列表，并允许用户选择他想要程序执行的操作。显示在屏幕上的操作列表称为菜单。当程序 5-28 运行时，用户输入 1 则计算圆的面积，输入 2 则计算圆的周长，以此类推。

一旦用户选择了某一菜单，程序会使用一个分支结构来确定用户选择了哪个菜单项。程序 5-28 使用 if-elif-else 语句（从第 28 行到 47 行）来执行用户要求的操作。显示菜单、获取用户选项和执行对应选项的所有过程在 while 循环（从第 14 行开始）重复执行，直至用户从菜单中选择 5（Quit）。

5.11 机器龟图形库：使用函数模块化代码

概念：通常所需的机器龟图形库操作可以存储在函数中而后在需要时调用。

使用机器龟绘制形状通常需要几个步骤。例如，假设你想画一个填充色为蓝色的 100 像素宽的正方形。你需要以下步骤：

```
turtle.fillcolor('blue')
turtle.begin_fill()
```

```
    for count in range(4):
        turtle.forward(100)
        turtle.left(90)
    turtle.end_fill()
```

编写这六行代码似乎并不复杂，但如果我们需要在屏幕上的不同位置绘制很多蓝色正方形呢？突然间，我们发现自己一遍又一遍编写着相似的代码。我们可以通过编写一个可以在指定位置绘制一个正方形的函数来简化程序（并节省了大量的时间），只要在我们需要的任何时候调用该函数即可。

程序 5-29 展示了这样的函数。第 14 ~ 23 行的代码定义了 square 函数，square 函数具有以下参数：

- x 和 y：正方形左下角的坐标 (X, Y)。
- width：以像素为单位的正方形边长。
- color：以字符串表示的填充颜色名称。

在 main 函数中，我们调用 square 函数三次：

- 在第 5 行，我们绘制了一个左下角在 (100, 0)、50 个像素宽和填充色为红色的正方形。
- 在第 6 行，我们绘制了一个左下角在 (-150, -100)、200 个像素宽和填充色为蓝色的正方形。
- 在第 7 行，我们绘制了一个左下角在 (-200, 150)、75 个像素宽和填充色为绿色的正方形。

程序 5-29 （draw_squares.py）

```
1   import turtle
2
3   def main():
4       turtle.hideturtle()
5       square(100, 0, 50, 'red')
6       square(-150, -100, 200, 'blue')
7       square(-200, 150, 75, 'green')
8
9   # The square function draws a square. The x and y parameters
10  # are the coordinates of the lower-left corner. The width
11  # parameter is the width of each side. The color parameter
12  # is the fill color, as a string.
13
14  def square(x, y, width, color):
15      turtle.penup()              # Raise the pen
16      turtle.goto(x, y)           # Move to the specified location
17      turtle.fillcolor(color)     # Set the fill color
18      turtle.pendown()            # Lower the pen
19      turtle.begin_fill()         # Start filling
20      for count in range(4):      # Draw a square
21          turtle.forward(width)
22          turtle.left(90)
23      turtle.end_fill()           # End filling
24
25  # Call the main function.
26  main()
```

该程序画出了如图 5-26 所示的三个正方形。

程序 5-30 展示了使用函数模块化代码来完成圆的绘制的另一个例子。从代码第 14 行到第 21 行定义了 circle 函数。circle 函数具有以下参数：
- x 和 y：圆心的坐标 (X, Y)。
- radius：以像素为单位的圆半径。
- color：以字符串表示的填充颜色名称。

在 main 函数中，我们调用 circle 函数三次：
- 在第 5 行，我们绘制了一个圆心在（0，0）、半径为 100 个像素和填充色为红色的圆。
- 在第 6 行，我们绘制了一个圆心在（-150，-75）、半径为 50 个像素和填充色为蓝色的圆。
- 在第 7 行，我们绘制了一个圆心在（-200，150）、半径为 75 个像素和填充色为绿色的圆。

图 5-26　程序 5-29 的输出

程序 5-30　（draw_circles.py）

```
1    import turtle
2
3    def main():
4        turtle.hideturtle()
5        circle(0, 0, 100, 'red')
6        circle(-150, -75, 50, 'blue')
7        circle(-200, 150, 75, 'green')
8
9    # The circle function draws a circle. The x and y parameters
10   # are the coordinates of the center point. The radius
11   # parameter is the circle's radius. The color parameter
12   # is the fill color, as a string.
13
14   def circle(x, y, radius, color):
15       turtle.penup()              # Raise the pen
16       turtle.goto(x, y - radius)  # Position the turtle
17       turtle.fillcolor(color)     # Set the fill color
18       turtle.pendown()            # Lower the pen
19       turtle.begin_fill()         # Start filling
20       turtle.circle(radius)       # Draw a circle
21       turtle.end_fill()           # End filling
22
23   # Call the main function.
24   main()
```

该程序画出了如图 5-27 所示的三个圆。

程序 5-31 展示了使用函数模块化代码来完成直线绘制的另一个例子。代码第 20 行到第 25 行定义了 line 函数。line 函数具有以下参数：
- startX 和 startY：直线起点的坐标 (X, Y)。
- endX 和 endY：直线终点的坐标 (X, Y)。
- color：以字符串表示的填充颜色名称。

在 main 函数中，我们调用 line 函数三次来绘制一个三角形：
- 在第 13 行，我们绘制了从三角形顶点（0，100）

图 5-27　程序 5-30 的输出

到左基点（-100，-100）的一条边，绘线色为红色。
- 在第14行，我们绘制了从三角形顶点（0，100）到右基点（100，100）的一条边，绘线色为蓝色。
- 在第15行，我们绘制了从三角形左基点（-100，-100）到右基点（100，100）的一条边，绘线色为绿色。

程序 5-31 （draw_lines.py）

```
1   import turtle
2
3   # Named constants for the triangle's points
4   TOP_X = 0
5   TOP_Y = 100
6   BASE_LEFT_X = -100
7   BASE_LEFT_Y = -100
8   BASE_RIGHT_X = 100
9   BASE_RIGHT_Y = -100
10
11  def main():
12      turtle.hideturtle()
13      line(TOP_X, TOP_Y, BASE_LEFT_X, BASE_LEFT_Y, 'red')
14      line(TOP_X, TOP_Y, BASE_RIGHT_X, BASE_RIGHT_Y, 'blue')
15      line(BASE_LEFT_X, BASE_LEFT_Y, BASE_RIGHT_X, BASE_RIGHT_Y, 'green')
16
17  # The line function draws a line from (startX, startY)
18  # to (endX, endY). The color parameter is the line's color.
19
20  def line(startX, startY, endX, endY, color):
21      turtle.penup()                  # Raise the pen
22      turtle.goto(startX, startY)     # Move to the starting point
23      turtle.pendown()                # Lower the pen
24      turtle.pencolor(color)          # Set the pen color
25      turtle.goto(endX, endY)         # Draw a square
26
27  # Call the main function.
28  main()
```

该程序画出了如图 5-28 所示的三角形。

在模块中存储图形函数

随着你编写了越来越多的 turtle 图形函数，应该考虑将它们存储在一个模块中。然后，你可以在需要的时候将这个模块导入任何程序中。例如，程序 5-32 显示了一个名为 my_graphics.py 的模块，包含了前面介绍过的 square、circle 和 line 函数。程序 5-33 展示了如何导入模块并调用它包含的函数。图 5-29 显示了程序的输出。

图 5-28　程序 5-31 的输出

程序 5-32 （my_graphics.py）

```
1   # Turtle graphics functions
2   import turtle
3
```

```
 4  # The square function draws a square. The x and y parameters
 5  # are the coordinates of the lower-left corner. The width
 6  # parameter is the width of each side. The color parameter
 7  # is the fill color, as a string.
 8
 9  def square(x, y, width, color):
10      turtle.penup()                  # Raise the pen
11      turtle.goto(x, y)               # Move to the specified location
12      turtle.fillcolor(color)         # Set the fill color
13      turtle.pendown()                # Lower the pen
14      turtle.begin_fill()             # Start filling
15      for count in range(4):          # Draw a square
16          turtle.forward(width)
17          turtle.left(90)
18      turtle.end_fill()               # End filling
19
20  # The circle function draws a circle. The x and y parameters
21  # are the coordinates of the center point. The radius
22  # parameter is the circle's radius. The color parameter
23  # is the fill color, as a string.
24
25  def circle(x, y, radius, color):
26      turtle.penup()                  # Raise the pen
27      turtle.goto(x, y - radius)      # Position the turtle
28      turtle.fillcolor(color)         # Set the fill color
29      turtle.pendown()                # Lower the pen
30      turtle.begin_fill()             # Start filling
31      turtle.circle(radius)           # Draw a circle
32      turtle.end_fill()               # End filling
33
34  # The line function draws a line from (startX, startY)
35  # to (endX, endY). The color parameter is the line's color.
36
37  def line(startX, startY, endX, endY, color):
38      turtle.penup()                  # Raise the pen
39      turtle.goto(startX, startY)     # Move to the starting point
40      turtle.pendown()                # Lower the pen
41      turtle.pencolor(color)          # Set the pen color
42      turtle.goto(endX, endY)         # Draw a square
```

程序 5-33 (graphics_mod_demo.py)

```
 1  import turtle
 2  import my_graphics
 3
 4  # Named constants
 5  X1 = 0
 6  Y1 = 100
 7  X2 = -100
 8  Y2 = -100
 9  X3 = 100
10  Y3 = -100
11  RADIUS = 50
12
13  def main():
```

```
14          turtle.hideturtle()
15
16          # Draw a square.
17          my_graphics.square(X2, Y2, (X3 - X2), 'gray')
18
19          # Draw some circles.
20          my_graphics.circle(X1, Y1, RADIUS, 'blue')
21          my_graphics.circle(X2, Y2, RADIUS, 'red')
22          my_graphics.circle(X3, Y3, RADIUS, 'green')
23
24          # Draw some lines.
25          my_graphics.line(X1, Y1, X2, Y2, 'black')
26          my_graphics.line(X1, Y1, X3, Y3, 'black')
27          my_graphics.line(X2, Y2, X3, Y3, 'black')
28
29    main()
```

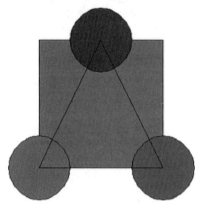

图 5-29 程序 5-33 的输出

复习题

多项选择题

1. 在程序中用于执行特定任务的一组语句是_____。
   a. 语句块　　　　b. 参数　　　　c. 函数　　　　d. 表达式
2. 可以有效减少程序中重复代码的一种设计技术，也是使用函数的优点的是_____。
   a. 代码重用　　　b. 分而治之　　c. 调试　　　　d. 团队合作
3. 函数定义的第一行称为_____。
   a. 函数体　　　　b. 介绍　　　　c. 初始化　　　d. 函数头
4. 你可以_____函数来执行它。
   a. 定义　　　　　b. 调用　　　　c. 导入　　　　d. 导出
5. 程序员用来将算法分解为函数的设计技术称为_____。
   a. 自顶向下的设计　b. 代码简化　　c. 代码重构　　d. 层次化子任务
6. _____是程序中函数间关系可视化表示的一种图示方法。
   a. 流程图　　　　b. 函数关系图　c. 符号图　　　d. 层次结构图
7. _____是在函数内部创建的变量。
   a. 全局变量　　　　　　　　　　　b. 局部变量
   c. 隐藏变量　　　　　　　　　　　d. 以上都不是；在函数内部不能创建变量

8. _____是变量可被访问的程序部分。
   a. 声明空间　　　　b. 可见区域　　　　c. 作用域　　　　d. 模式
9. _____是发送到函数的数据。
   a. 实参　　　　　　b. 形参　　　　　　c. 头部　　　　　d. 报文
10. _____是在函数调用时用来接收数据的特殊变量。
    a. 实参　　　　　　b. 形参　　　　　　c. 头部　　　　　d. 报文
11. 对程序中所有函数可见的变量是_____。
    a. 局部变量　　　　b. 通用变量　　　　c. 程序内变量　　d. 全局变量
12. 如果可能，应当避免在程序中使用_____变量。
    a. 局部　　　　　　b. 全局　　　　　　c. 引用　　　　　d. 参数
13. 下面_____是指预先编写的内置于编程语言中的函数。
    a. 标准函数　　　　b. 库函数　　　　　c. 定制函数　　　d. 自助函数
14. 下面_____标准库函数返回在指定范围内的一个随机整数。
    a. random　　　　　b. randint　　　　　c. random_integer　d. uniform
15. 下面_____标准库函数返回从 0.0 到 1.0 范围内（不包括 1.0）的一个随机浮点数。
    a. random　　　　　b. randint　　　　　c. random_integer　d. uniform
16. 下面_____标准库函数返回在指定范围内的一个随机浮点数。
    a. random　　　　　b. randint　　　　　c. random_integer　d. uniform
17. 下面_____语句使得函数终止并向调用它的程序部分返回一个值。
    a. end　　　　　　 b. send　　　　　　 c. exit　　　　　 d. return
18. 下面_____设计工具可以描述函数的输入、处理和输出。
    a. 层次结构图　　　b. IPO 图　　　　　c. 数据图　　　　d. 数据处理图
19. 下面_____函数类型返回 True 或 False。
    a. Binary　　　　　b. true_false　　　 c. Boolean　　　　d. logical
20. 下面_____是数学模块中的函数。
    a. derivative　　　b. factor　　　　　 c. sqrt　　　　　　d. differentiate

判断题
1. 短语"分而治之"的意思是团队中的所有程序员应该以隔离的方式进行划分和工作。
2. 函数使得程序员更易于团队协作。
3. 函数名称应该尽可能短。
4. 调用函数和定义函数是同一件事情。
5. 程序流程图显示了程序中函数间的层次关系。
6. 层次结构图不显示函数内的执行步骤。
7. 一个函数内的语句可以访问另一个函数内的局部变量。
8. Python 中不能写接受多个参数的函数。
9. Python 中可以指定函数调用中的一个实参传递给哪个形参。
10. 在函数调用中不能同时拥有关键字参数和非关键字参数。
11. 一些库函数内置在 Python 解释器中。
12. 想要使用 random 模块中的函数，并不需要一个 import 语句将其导入。
13. 复杂的数学表达式有时可以通过进一步分解为函数进行简化。
14. Python 中的函数可以返回多个值。
15. IPO 图表只提供了函数的输入、处理和输出的简短描述，并不显示在函数内部所执行的具体步骤。

简答题

1. 函数在程序中是如何重用代码的？
2. 命名和描述函数定义的两个部分。
3. 当一个函数运行时，程序执行到函数块结束时会发生什么？
4. 什么是局部变量？什么语句能够访问局部变量？
5. 什么是局部变量的作用域？
6. 为什么全局变量使程序调试起来变得困难？
7. 假设要从 0、5、10、15、20、25、30 的序列中选择一个随机数，你会用什么库函数？
8. 什么语句在有返回值的函数中必须有？
9. IPO 图上列出了哪三样东西？
10. 什么是布尔函数？
11. 将大程序分解为模块的优点是什么？

算法工作室

1. 编写一个名为 times_ten 的函数。该函数可以接受一个参数并显示该参数与 10 的乘积。
2. 查看以下函数头，然后编写一个语句将 12 作为参数调用该函数。

   def show_value(quantity):

3. 请看以下函数头：

   def my_function(a, b, c):

   现在来看看下面对 my_function 的调用：

   my_function(3, 2, 1)

   当此调用执行时，什么值将分配给 a？什么值将分配给 b？什么值将分配给 c？

4. 下面的程序将显示什么？

   ```
   def main():
       x = 1
       y = 3.4
       print(x, y)
       change_us(x, y)
       print(x, y)
   def change_us(a, b):
       a = 0
       b = 0
       print(a, b)
   main()
   ```

5. 请看下面的函数定义：

   ```
   def my_function(a, b, c):
       d = (a + c) / b
       print(d)
   ```

   a. 编写一个语句调用这个函数，并使用关键字参数分别将 2 传递给 a，将 4 传递给 b，将 6 传递给 c。
   b. 函数调用执行时将显示什么值？

6. 编写一个语句产生从 1 到 100 范围内的一个随机数并将其赋值给 rand 变量。
7. 下面的语句调用一个名为 half 的函数，它返回实参值的一半。（假设 number 变量引用一个浮点数。）为函数编写代码。

```
    result = half(number)
```

8. 程序包含以下函数定义：

```
def cube(num):
    return num * num * num
```

编写一个语句将 4 传递给该函数，并将函数返回值赋值给 `result` 变量。

9. 编写一个名为 `times_ten` 的函数接受一个数字为参数。当该函数调用时，它应该返回其参数的值乘以 10 的结果。

10. 编写一个函数名为 `get_first_name` 的函数，要求用户输入他的名字，并将其返回。

编程题

1. 公里转换器

编写一个程序，要求用户输入距离的公里数，将其转换为英里数，转换公式如下：

$$\text{Miles} = \text{Kilometers} \times 0.621\,4$$

2. 重构消费税程序

第 2 章的编程题 6 是消费税程序。对于这个习题，要求编写一个程序计算并显示区县和各州的消费税。如果你已经编写了该程序，请重新设计将各个子任务封装成函数。如果你还没有编写，请使用函数编写。

3. 多少保险？

许多金融专家提醒，业主应当为他们的物业进行财产投保，投保额应不低于物业更换结构成本价值的 80%。编写程序要求用户输入物业的更换成本，然后显示他应该购买的财产保险的最小金额。

4. 汽车成本

编写一个程序要求用户输入每月他的汽车产生的成本：贷款、保险、气、油、轮胎和维修费用。该程序应显示这些费用的月度总成本和年度总成本。

5. 财产税

一个区县依据财产的评估价征收财产税，评估价是财产实际价值的 60%。例如，如果一亩地价值 10 000 美元，其评估价为 6 000 美元。财产税按照评估价每 100 美元征收 72 美分。评估价为 6 000 美元的一亩地税收将是 $ 43.20。编写一个程序要求输入财产的实际价值，并显示其评估价和财产税。

6. 脂肪和碳水化合物的卡路里

一位工作在一家健身俱乐部的营养学家通过评估他们的饮食来帮助俱乐部成员。作为评估的一部分，她询问成员在一天内摄入的脂肪和碳水化合物的克数。然后，她用下面的公式计算脂肪产生的卡路里：

$$\text{calories from fat} = \text{fat grams} \times 9$$

接下来，她用下面的公式计算由碳水化合物产生的卡路里：

$$\text{calories from carbs} = \text{carb grams} \times 4$$

营养学家要求你编写一个程序来进行以上计算。

7. 体育场座位

体育场有三种类别的座位。A 类座位票价 20 美元，B 类座位票价 15 美元，C 类座位票价 10 美元。编写一个程序，要求输入每种类别的座位卖出的数量，然后显示门票带来的销售收入。

8. 油漆作业估算器

一家油漆作业公司已经确定，每粉刷 112 平方英尺的墙壁面积需要 1 加仑的油漆和 8 小时的人工。该公司每小时的工费是 35.00 美元。编写一个程序，要求用户输入需要粉刷的墙壁的平方英尺数和每加仑油漆的价格。

该程序显示以下数据：
- 所需的油漆加仑数
- 所需的劳动时间
- 油漆的费用
- 工费
- 油漆作业的总成本

9. **月销售税**

零售公司必须提交月度销售税报告，上面列出了当月销售总额以及各个州和区县销售税的金额。该州的销售税税率为 5%，区县的销售税税率为 2.5%。编写一个程序，要求用户输入当月的销售总额。从图中可以看出，应用程序应该计算并显示如下：
- 区县销售税的金额
- 州销售税的金额
- 总销售税金额（县和州）

10. **英尺转换到英寸**

1 英尺等于 12 英寸。编写一个名为 `feet_to_inches` 的函数，以英尺数作为参数，返回对应的英寸数。在程序中使用函数来提示用户输入一个英尺数，然后显示对应的英寸数。

11. **数学测验**

编写程序来完成简单的数学测验。该程序显示两个随机数的和，例如：

```
  247
+ 129
```

该程序允许学生输入答案。如果答案正确，则显示祝贺信息。如果答案不正确，则显示正确答案。

12. **两个数的最大值**

编写一个名为 max 的函数，接受两个整数作为参数，并返回两者中的较大值。例如，如果 7 和 12 作为参数传递给函数，该函数将返回 12。在程序中使用函数，提示用户输入两个整数。该程序将显示两个中的较大值。

13. **下落距离**

物体由于重力下落时，下面的公式可以用于确定物体在一段时间内的下落距离：

$$d = \frac{1}{2} g t^2$$

公式中的变量含义如下：d 是以米为单位的距离，g 为 9.8，t 是以秒为单位的物体下落时间。

编写一个名为 `falling_distance` 的函数，接受物体的下落时间（秒）作为参数。该函数将返回这段时间内物体的下落距离（米）。编写依次将 1 到 10 作为参数循环地调用函数的程序，并显示返回值。

14. **动能**

在物理学中，运动的物体具有动能。下面的公式可以用于确定运动中物体的动能：

$$KE = \frac{1}{2} m v^2$$

公式中的变量含义如下：KE 是动能，m 为物体的质量（千克），v 是物体的速度（米/秒）。

编写一个名为 `kinetic_energy` 的函数，接受一个物体的质量（以千克为单位）和速度（米/秒）作为参数。该函数将返回物体所具有的动能。编写程序要求用户输入质量和速度，然后调用 `kinetic_energy` 函数来得到物体的动能。

15. **考试的平均成绩和等级**

编写一个程序，要求用户输入五个考试分数。该程序显示每个分数对应的字母等级和考试的平均分数。在程序中编写以下函数：

- `calc_average`。这个函数将接受五个考试成绩作为参数，并返回分数的平均值。
- `determine_grade`。这个函数将接受一个考试分数作为参数，并返回基于以下分级表评定的字母等级。

分数	字母等级
90-100	A
80-89	B
70-79	C
60-69	D
低于 60	F

16. 奇 / 偶计数器

在这一章中，你曾看到了如何编写判断一个数是偶数还是奇数的算法。编写一个程序，随机生成 100 个随机数，并且分别计数其中有多少个奇数和偶数。

17. 素数

素数是仅可以被自身和 1 整除的数字。例如，5 是素数，因为它只能被 1 和 5 整除。但是 6 就不是素数，因为它可以被 1、2、3 和 6 整除。

编写一个名为 `is_prime` 的布尔函数，将一个整数作为参数，如果该参数是素数则返回 true，否则返回 false。在程序中使用函数提示用户输入一个数字，然后显示一个消息表明这个数字是否是素数。

提示：回想一下，% 操作符是将两个数相除并返回余数。例如，对于表达式 num1 % num2，如果 num1 可以被 num2 整除，则 % 操作符返回 0。

18. 素数列表

本练习假定你已经完成了编程练习 17 中的 `is_prime` 函数。再编写一个程序显示从 1 到 100 中的所有素数。该程序可以循环调用 `is_prime` 函数。

19. 未来价值

假设你在储蓄账户中有一部分钱以按月复利的方式获得利息，并且你想计算若干月后账户中的金额。计算公式如下：

$$F = P \times (1 + i)^t$$

公式中的各项含义是：
- F 是一段时间后账户中的未来价值。
- P 是账户的现值。
- i 是月利率。
- t 是月数。

编写一个程序，提示用户输入账户的现值、月利率和钱存在账户中的月份数。该程序将这些值传递到函数，返回指定月数过后账户的未来价值。该程序将显示账户的未来价值。

20. 随机数猜谜游戏

编写一个程序生成在 1 至 100 范围内的一个随机数，并要求用户猜这个数字是多少。如果用户猜的比这个随机数高，程序应该显示 "Too high, try again."。如果用户猜的比这个随机数低，程序应显示 "Too low, try again."。如果用户猜对了这个随机数，程序应该祝贺用户，并生成一个新的随机数，这样就可以重新开始游戏了。

可选的改进：改进程序使其可以记录用户猜的次数。当用户猜对了随机数时，程序应显示猜出的次数。

21. 石头、剪子、布游戏

编写一个程序可以让用户和电脑玩石头、剪子、布游戏。该程序工作过程如下：

1）当程序开始时，产生 1 至 3 范围内的一个随机数。如果数字为 1，则该计算机选择了石头。如果数字为 2，则该计算机选择了布。如果数字是 3，则该计算机选择了剪刀。（但并不显示计算机的选择。）

2）用户在键盘上输入他的选择"石头""布"或"剪刀"。

3）显示计算机的选择。

4）根据下面的规则决出胜者：

- 如果一个玩家选择石头而另一个玩家选择剪刀，则石头获胜。（石头捣毁剪刀。）
- 如果一个玩家选择剪刀而另一个玩家选择布，则剪刀获胜。（剪刀切掉布。）
- 如果一个玩家选择布而另一个玩家选择石头，则布获胜。（布包住石头。）
- 如果双方玩家做出同样的选择，则进行重赛来决出胜者。

22. Turtle 图：三角函数

编写一个名为 triangle 的函数，使用 Turtle 图形库画出一个三角形。该函数将三角形的顶点坐标 X 和 Y 以及三角形要填充的颜色作为参数。在程序中展示这个函数。

23. Turtle 图：模块化雪人

使用 Turtle 图编写一个程序来显示一个类似于图 5-30 所示的雪人。除了 main 函数外，该程序还应该具有以下函数：

- **drawBase**。该函数绘制雪人的底座，底座是位于底部的大雪球。
- **drawMidSection**。该函数绘制中间的雪球。
- **drawArms**。该函数绘制雪人的手臂。
- **drawHead**。该函数绘制雪人的头，包括眼睛、嘴巴以及其他所需的面部特征。
- **drawHat**。该函数绘制雪人的帽子。

24. Turtle 图：矩形图案

在该程序中，编写一个名为 drawPattern 的函数使用 Turtle 图形库绘制图 5-31 所示的矩形图案。drawPattern 函数接受两个参数：一个指定图案的宽度，另一个指定模式的高度。（图 5-31 所示的示例显示了在宽度和高度相同时图案的样子。）当程序运行时，程序应该询问用户图案的宽度和高度，然后将这些值作为参数传递给 drawPattern 函数。

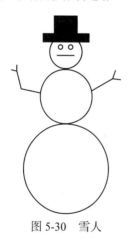

图 5-30 雪人

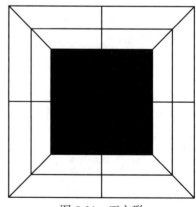

图 5-31 正方形

25. Turtle 图：棋盘

使用本章介绍的 square 函数编写一个 Turtle 图形程序，用一个循环（或多个循环）绘制在

图 5-32 中所示的棋盘图案上。

26. Turtle 图：城市天际线

编写一个 Turtle 图形程序显示如图 5-33 所示的城市天际线。该程序的总体任务是在夜空绘制一些城市建筑的轮廓。使用模块化的方法编写函数来完成以下任务：

- 画出建筑的轮廓。
- 绘制建筑物上的一些窗户。
- 使用随机放置的点作为星星（确保星星出现在天空中，而不是在建筑物上）。

图 5-32 棋盘

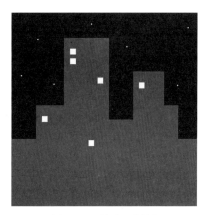

图 5-33 城市天际线

第 6 章
Starting Out with Python, Fourth Edition

文件和异常

6.1 文件输入和输出简介

概念：当一个程序需要保存数据以供稍后使用，它可以将数据写入文件。数据可以稍后从文件中读取。

目前为止编写的程序都需要用户在每次程序运行时重新输入数据，因为存储在内存中的数据（由变量引用的）在程序停止后就会消失。如果一个程序想要在多次运行之间保留数据，那么必须有一个保存数据的方法。数据可以保存在文件中，通常存储在计算机的硬盘上。一旦数据保存在文件中，在程序停止运行后数据依然存在。存储在文件中的数据可以稍后读取并使用。

日常使用的大多数商业软件都可以将数据存储在文件中。以下是一些例子：

- **文字处理器**。文字处理程序用于写信、写备忘录、写报告和写其他文件。这些文档保存在文件中，以便对它们进行编辑和打印。
- **图像编辑器**。图像编辑程序用于绘制图形和编辑图像，例如用数码相机拍摄的照片。使用图像编辑器创建或编辑的图像保存在文件中。
- **电子表格**。电子表格程序用于处理数字数据。数字和数学公式可以插入电子表格的行和列。电子表格可以保存在文件中以供以后使用。
- **游戏**。许多电脑游戏将数据保存在文件中。例如，一些游戏将玩家的名字列表及其分数存储在文件中。这些游戏通常根据他们的分数按从高到低的顺序显示玩家的名字。一些游戏还允许将当前的游戏进度保存在文件中，以便退出游戏后玩家可以稍后恢复进度，而不必从头开始。
- **Web 浏览器**。有时，当你访问网页时，浏览器会在计算机中存储称为 cookie 的一个小文件。Cookies 通常包含有关浏览会话的信息，如购物车的内容。

在日常业务操作中使用的程序广泛依赖于文件。工资表程序将员工数据保存在文件中，库存程序将公司产品的相关信息存储在文件中，会计系统将公司财务业务的相关数据保存在文件中，诸如此类。

程序员通常将数据保存到文件中的过程称为"写入数据"到文件。当一块数据写入一个文件中，它将从内存中的变量复制到文件。如图 6-1 所示，术语 output file 是用来描述数据写入的一个文件。因为程序将输出存储到其中，所以称它为输出文件。

从文件中读取数据的过程称为从文件中"读取数据"。当一块数据从一个文件中读取，它将从文件中复制到内存中并由一个变量引用。如图 6-2 所示，术语 input file 是用来描述数据读取的一个文件。因为程序将从文件中得到输入，所以称它为输入文件。

本章将讨论如何将数据写入文件并从文件读取数据。当程序使用文件时一般必须采取三个步骤：

1. **打开文件**。打开文件会创建一个文件和程序之间的连接。打开输出文件通常会在磁盘上创建文件，并允许程序向其写入数据。打开输入文件允许程序从文件中读取数据。

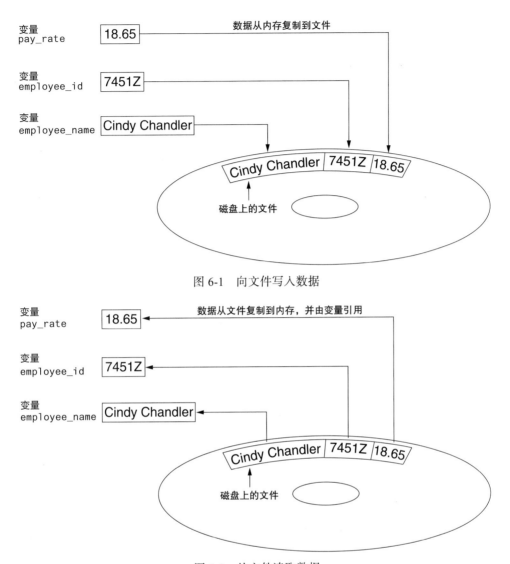

图 6-1 向文件写入数据

图 6-2 从文件读取数据

2. **处理文件**。在此步骤中，将数据写入文件（如果是输出文件）或从文件中读取（如果是输入文件）。

3. **关闭文件**。程序使用文件完成后，该文件必须关闭。关闭文件会断开文件与程序的连接。

6.1.1 文件类型

一般来说，有两种类型的文件：文本和二进制文件。文本文件包含了文本编码的数据，如 ASCII 或 Unicode 等。即使文件中包含数字，这些数字将作为一串字符存储在文件中。因此，文件可以用文本编辑器（如记事本）打开并查看。二进制文件包含没有转化为文本的数据。存储在二进制文件中的数据仅适用于程序读取。因此，你无法使用文本编辑器查看二进制文件的内容。

虽然 Python 允许处理文本文件和二进制文件，但在本书中我们只处理文本文件。这样，你就可以使用编辑器来检查程序所创建的文件了。

6.1.2 文件访问方法

大多数程序语言提供两种不同的方式访问文件中存储的数据：顺序存取和直接存取。当顺序存取文件时，你可以访问从文件开始到文件结尾的数据。如果你想读存储在文件最后的一条数据，那么必须读取它前面的所有数据——你不能直接跳转到所需的数据。这类似于老式盒式磁带播放器的工作方式。如果你想听录音带上的最后一首歌，你必须快速前进跳过所有在它之前的歌曲或者都听了它们。没有方法直接跳到一首指定的歌曲。

当直接存取文件时（也可称为随机访问文件），你可以直接跳转到文件中的任何数据，而无须读取它之前的数据。这类似于 CD 播放器或 MP3 播放器的工作方式。你可以直接跳转到任何你想听的歌曲。

在本书中，我们将使用顺序存取文件。顺序存取文件易于工作，并且可以使用它们来了解基本的文件操作。

6.1.3 文件名和文件对象

大多数计算机用户习惯于通过文件名来标识文件。例如，当使用文字处理器创建了一个文档并将该文档保存在文件中时，你必须指定一个文件名。当使用 Windows 资源管理器等程序查看磁盘的内容时，你就会看到一个文件名列表。图 6-3 显示了三个名为 cat.jpg、notes.txt 和 resume.docx 的文件是如何以图形方式在 Windows 中展示的。

图 6-3　三个文件

每个操作系统都有各自的文件命名规则。许多系统支持使用文件扩展名，它是出现在一个文件名之后的有一个句点（被称为"点"）的短序列字符。例如，图 6-3 所示的文件具有扩展名 .jpg、.txt 和 .doc。扩展名通常表示存储在文件中的数据类型。例如，jpg 扩展名通常表示该文件包含根据 JPEG 图像标准压缩的图片。.txt 扩展名通常表明该文件包含文本。.doc 扩展名（以及 .docx 扩展名）通常表明该文件包含 Microsoft Word 文档。

为了使程序与计算机磁盘上的文件一起工作，程序必须创建内存中的文件对象。一个文件对象是与特定文件相关联的一个对象，并可以为程序提供了一种使用该文件的方法。在程序中，一个变量引用了文件对象。该变量用于执行在文件上的任何操作。这个概念如图 6-4 所示。

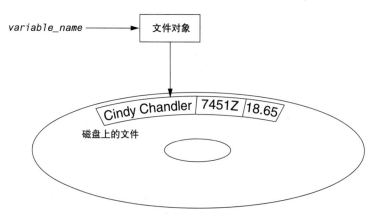

图 6-4　变量名引用与文件相关联的一个文件对象

6.1.4 打开文件

你可以在 Python 中使用 open 函数打开文件。open 函数创建一个文件对象并将其与磁盘上的文件相关联。下面是使用 open 函数的一般格式：

file_variable = open(*filename, mode*)

其中：

- file_variable 是引用该文件对象的变量名。
- filename 是指定文件名称的一个字符串。
- mode 是指定文件以何种模式（读、写等）打开的一个字符串。表 6-1 显示了可用于指定模式的三种字符串。（还有其他更复杂的模式，表 6-1 所示的模式是我们将在本书中使用的模式。）

表 6-1 Python 的一些文件模式

模式	描述
'r'	以只读方式打开文件。文件不能修改或者写入
'w'	以写入方式打开文件。如果文件已经存在，则清除其内容；如果文件不存在，则创建它
'a'	以追加方式打开文件。所有写入文件的数据将追加到文件末尾。如果文件不存在，则创建它

例如，假设文件 customers.txt 包含客户数据，我们要打开它进行读取。下面是我们如何调用 open 函数的例子：

customer_file = open('customers.txt', 'r')

执行该语句后，名为 customers.txt 的文件将会打开，并且变量 customer_file 将引用一个文件对象，我们可以用它来从文件中读取数据。

假设我们想创建一个名为 sales.txt 的文件，并向其中写入数据。下面是我们如何调用 open 函数的例子：

sales_file = open('sales.txt', 'w')

执行该语句后，名为 sales.txt 文件将会创建，并且变量 sales_file 将引用一个文件对象，我们可以用它来将数据写入文件。

> **警告**：请牢记，当使用 'w' 模式时，将在磁盘上创建这个文件。当打开这个文件时，如果拥有指定名字的文件已经存在，已存在文件的所有内容会被删除。

6.1.5 指定文件的位置

当你将文件名（不包含路径名）作为参数传递给 open 函数时，Python 解释器假定该文件的位置与程序所在位置相同。例如，假设程序位于 Windows 计算机上的以下文件夹中：

C:\Users\Blake\Documents\Python

如果程序正在运行并且执行下面的语句，文件 test.txt 将在同一个文件夹中创建：

test_file = open('test.txt', 'w')

如果要在不同位置上打开文件，可以在参数中指定路径以及文件名并传递给 open 函数。如果以字符串的形式指定路径（特别是在 Windows 计算机上），请务必在字符串前面添加前缀字母 r。下面是一个例子：

test_file = open(r'C:\Users\Blake\temp\test.txt', 'w')

该语句在 C:\Users\Blake\temp 文件夹中创建了文件 test.txt。用前缀 r 指定的字符串是一个原始字符串。这将导致 Python 解释器将反斜杠字符读为文字反斜杠。如果没有前缀 r，解释器将认为反斜杠字符是转义序列的一部分，就会发生错误。

6.1.6 将数据写入文件

到目前为止，在这本书中你已经使用过了 Python 的若干个库函数，甚至编写了自己的函数。现在，我们将向你介绍另一种类型的函数，称之为方法。一个方法是属于一个对象的函数，可以对该对象执行一些操作。打开文件后，你可以使用该文件对象的方法来对文件进行操作。

例如，文件对象有一种名为 write 的方法可用于将数据写入一个文件。调用 write 方法的一般格式为：

file_variable.write(*string*)

其中，file_variable 是引用一个文件对象的变量，并且 string 是一个即将写入文件的字符串。该文件必须以写（用 'w' 或 'a' 模式）的模式打开，否则将会发生错误。

假设 customer_file 引用一个文件对象，文件以 'w' 模式的方式打开以写入。下面是如何将字符串 'Charles Pace' 写入文件的例子：

customer_file.write('Charles Pace')

以下代码显示了另一个例子：

name = 'Charles Pace'
customer_file.write(name)

第 2 条语句将 name 变量所引用的数值写入相关联的文件 customer_file 中。在这种情况下，它会将字符串 'Charles Pace' 写入文件。（这些示例显示一个正在写入文件的字符串，但也可以写入数字。）

一旦程序处理完文件后，应关闭文件。关闭文件会断开程序与文件的连接。在某些系统中，输出文件的关闭失效可能会导致数据丢失。这是因为写入文件的数据首先写入缓冲，是内存中一片小的"暂存区"。当缓冲区已满时，系统会将缓冲区的内容写入文件。这种技术提高了系统的性能，因为向内存写入数据比向磁盘写入数据更快。关闭输出文件的过程将强制在缓冲区中剩余的任何未保存的数据写入该文件。

在 Python 中，你可以使用文件对象的 close 方法来关闭文件。例如，以下语句关闭了与 customer_file 关联的文件：

customer_file.close()

程序 6-1 显示了一个完整的 Python 程序，包括打开输出文件，将数据写入然后关闭它。

程序 6-1　（file_write.py）

```
 1    # This program writes three lines of data
 2    # to a file.
 3    def main():
 4        # Open a file named philosophers.txt.
 5        outfile = open('philosophers.txt', 'w')
 6
 7        # Write the names of three philosphers
 8        # to the file.
 9        outfile.write('John Locke\n')
10        outfile.write('David Hume\n')
```

```
11        outfile.write('Edmund Burke\n')
12
13        # Close the file.
14        outfile.close()
15
16  # Call the main function.
17  main()
```

第 5 行使用 'w' 模式打开文件 philosophers.txt。(这会创建该文件并打开它进行写入。)它还在内存中创建一个文件对象并将该对象分配给 outfile 变量。

第 9 ~ 11 行的语句将三个字符串写入文件。第 9 行写入字符串 'John Locke\n',第 10 行写入字符串 'David Hume\n',第 11 行写入字符串 'Edmund Burke\n'。第 14 行关闭文件。此程序运行后,图 6-5 所示的三个字符串将被写入 philosophers.txt 文件。

注意每个写入文件的字符串都以 \n 结尾,你应该还记得它是换行符。\n 不仅可以分离文件中的字符串,但也使它们在文本编辑器中查看时会以单独的一行显示。例如,图 6-6 显示记事本中出现的 philosophers.txt 文件。

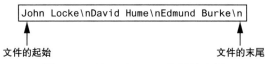

图 6-5　philosophers.txt 文件的内容

图 6-6　Notepad 中 philosophers.txt 的内容

6.1.7　从文件读取数据

如果一个文件已被打开准备读取(使用 'r' 模式),你可以使用文件对象的 read 方法将其全部内容读入内存。当调用 read 方法时,它以字符串的形式返回该文件的内容。例如,程序 6-2 展示了如何使用 read 方法来读取我们先前创建的 philosophers.txt 文件的内容。

程序 6-2　(file_read.py)

```
1   # This program reads and displays the contents
2   # of the philosophers.txt file.
3   def main():
4       # Open a file named philosophers.txt.
5       infile = open('philosophers.txt', 'r')
6
7       # Read the file's contents.
8       file_contents = infile.read()
9
10      # Close the file.
11      infile.close()
12
13      # Print the data that was read into
14      # memory.
15      print(file_contents)
16
17  # Call the main function.
18  main()
```

程序输出

```
John Locke
David Hume
Edmund Burke
```

第 5 行的语句使用 'r' 模式打开 philosophers.txt 文件进行读取。它还会创建一个文件对象并将其分配给 infile 变量。第 8 行调用 infile.read 方法来读取文件的内容，将文件的内容作为一个字符串读入内存并分配给 file_contents 变量，如图 6-7 所示。然后第 15 行中的语句打印由该变量引用的字符串。

file_contents ────────▶ John Locke\nDavid Hume\nEdmund Burke\n

图 6-7　变量 file_content 引用了从文件中读取的字符串

虽然 read 方法可以让你轻松地使用一个语句读取一个文件的全部内容，但是许多程序需要一次仅读取和处理存储在文件中的一个条目。例如，假设文件包含一系列销售金额，需要编写一个程序计算文件中的总金额。程序会从文件中读取每个销售金额并将其进行累加。

在 Python 中，可以使用 readLine 方法从文件中读取一行。（一行是指以一个 \n 字符结尾的字符串。）该方法以字符串的形式返回一行，包括 \n。程序 6-3 显示了如何使用 readLine 方法来每次一行地读取 philosophers.txt 文件的内容。

程序 6-3　（line_read.py）

```
 1    # This program reads the contents of the
 2    # philosophers.txt file one line at a time.
 3    def main():
 4        # Open a file named philosophers.txt.
 5        infile = open('philosophers.txt', 'r')
 6
 7        # Read three lines from the file.
 8        line1 = infile.readline()
 9        line2 = infile.readline()
10        line3 = infile.readline()
11
12        # Close the file.
13        infile.close()
14
15        # Print the data that was read into
16        # memory.
17        print(line1)
18        print(line2)
19        print(line3)
20
21    # Call the main function.
22    main()
```

程序输出

John Locke

David Hume

Edmund Burke

在检查代码之前，请注意，输出中的每一行之后都会显示空白行。这是因为从文件中读取的每一项都会以换行符（\n）的结束。稍后，你将学习如何删除换行符。

第 5 行的语句使用 'r' 模式打开 philosophers.txt 文件进行读取。它还会创建一个文件对象并将其分配给 infile 变量。当打开文件用于读取时，一个特殊的值读取位置将为这个文件所创建。文件的读取位置标记了从文件读取的下一个条目的位置。初始化时，读取位置设置为文件的开头。在第 5 行的语句执行后，philosophers.txt 文件的读取位置将定位在如图 6-8 所示的地方。

第 8 行的语句调用了 infile.readline 方法来读取文件的第 1 行。该行作为字符串返回并分配给 line1 变量。该语句执行后，line1 变量将赋值为字符串 'John Locke\n'。另外，文件的读取位置将前进到文件的下一行，如图 6-9 所示。

图 6-8　初始读取位置

然后，第 9 行的语句从文件中读取下一行，并将其分配给 line2 变量。该语句执行后，line2 变量将引用字符串 'David Hume\n'。文件的读取位置将前进到文件中的下一行，如图 6-10 所示。

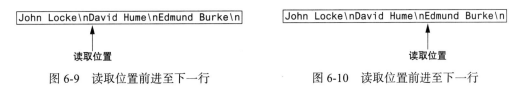

图 6-9　读取位置前进至下一行　　　图 6-10　读取位置前进至下一行

然后，第 10 行的语句从文件中读取下一行，并将其分配给 line3 变量。该语句执行后，，line3 变量将引用字符串 'Edmund Burke\n'。执行此语句后，读取位置将前进到文件末尾，如图 6-11 所示。图 6-12 显示了 line1、line2、line3 以及在这些语句执行后它们所引用的字符串。

图 6-11　读取位置前进至文件末尾　　图 6-12　由变量 line1、line2 和 line3 引用的字符串

第 13 行中的语句关闭了文件。第 17～19 行中的语句显示 line1、line2 和 line3 变量的内容。

 注：如果文件的最后一行没有以一个 \n 结尾，readline 函数将返回没有 \n 的一行。

6.1.8　将换行符连接到字符串

程序 6-1 将 3 个字符串写入一个文件中，并且每个字符串以 \n 结尾。在大多数情况下，写入文件的数据项并不是字符串文字，而是由变量引用的内存中的值。例如，程序提示用户输入数据，然后将该数据写入文件。

当程序将由用户输入的数据写入文件时，通常需要在写入之前，使用 \n 转义符在数据之间进行连接。这可以确保每条数据都写入文件中的单独一行。程序 6-4 演示了具体做法。

程序 6-4　（write_names.py）

```
1   # This program gets three names from the user
2   # and writes them to a file.
3
4   def main():
```

```
 5        # Get three names.
 6        print('Enter the names of three friends.')
 7        name1 = input('Friend #1: ')
 8        name2 = input('Friend #2: ')
 9        name3 = input('Friend #3: ')
10
11        # Open a file named friends.txt.
12        myfile = open('friends.txt', 'w')
13
14        # Write the names to the file.
15        myfile.write(name1 + '\n')
16        myfile.write(name2 + '\n')
17        myfile.write(name3 + '\n')
18
19        # Close the file.
20        myfile.close()
21        print('The names were written to friends.txt.')
22
23    # Call the main function.
24    main()
```

程序输出

```
Enter the names of three friends.
Friend #1: Joe Enter
Friend #2: Rose Enter
Friend #3: Geri Enter
The names were written to friends.txt.
```

第 7～9 行提示用户输入三个名字，并将它们分别分配给 name1、name2 和 name3 变量。第 12 行打开一个名为 `friends.txt` 的文件进行写入。然后，第 15～17 行写入由用户输入的名字，并且它们之间用 `'\n'` 转义符进行连接。结果是，当写入文件时，每个名字都有一个添加的 `\n` 转义符。如图 6-13 显示了一次运行中使用用户输入的名字而写入的文件内容。

`Joe\nRose\nGeri\n`

图 6-13　friends.txt 文件

6.1.9　读取字符串并删除其中的换行符

有时候，由 `readline` 方法返回的字符串末尾出现的 `\n` 会引起副作用。例如，你是否注意到程序 6-3 的示例输出中每行输出之后都打印一条空白行？这是因为从第 17～19 行的每个打印的字符串都以 `\n` 转义符结尾。在打印字符串时，`\n` 会导致额外空白行的出现。

`\n` 在文件中的主要目的是分隔存储在文件中的各个条目。然而，在很多情况下，从文件中读取它之后，你想要删除字符串中的 `\n`。Python 的每个字符串都有一个方法 `rstrip`，可以从文件末尾删除或"除去"特定的字符。（它被命名为 `rstrip` 是因为它从字符串的右侧开始除去字符）。下面的代码展示了如何使用 `rstrip` 方法的例子。

```
name = 'Joanne Manchester\n'
name = name.rstrip('\n')
```

第 1 个语句将字符串 `'Joanne Manchester\n'` 赋值给 name 变量（请注意字符串以 `\n` 转义符结束）。第 2 个语句调用了 `name.rstrip('\n')` 方法。该方法返回了没有 `\n` 结尾的 name 字符串副本。这个字符串又赋值给了 name 变量。其结果是，结尾的 `\n` 从 name 字符串中除去。

程序 6-5 是另一个程序可以读取并显示 philosophers.txt 文件的内容。该程序在将字符串显示在屏幕上之前，使用了 rstrip 方法将从文件中读取的字符串中删除了 \n。结果，额外的空白行不再出现在输出中。

程序 6-5 （strip_newline.py）

```
 1   # This program reads the contents of the
 2   # philosophers.txt file one line at a time.
 3   def main():
 4       # Open a file named philosophers.txt.
 5       infile = open('philosophers.txt', 'r')
 6
 7       # Read three lines from the file.
 8       line1 = infile.readline()
 9       line2 = infile.readline()
10       line3 = infile.readline()
11
12       # Strip the \n from each string.
13       line1 = line1.rstrip('\n')
14       line2 = line2.rstrip('\n')
15       line3 = line3.rstrip('\n')
16
17       # Close the file.
18       infile.close()
19
20       # Print the data that was read into
21       # memory.
22       print(line1)
23       print(line2)
24       print(line3)
25
26   # Call the main function.
27   main()
```

程序输出

```
John Locke
David Hume
Edmund Burke
```

6.1.10 将数据追加到已有文件

当使用 'w' 模式打开输出文件并且该文件名指定的文件已经存在于磁盘上，已有的文件将被删除，并且创建一个具有相同名称的新的空文件。有时，你想保留一个现有的文件并追加新数据到其内容。将数据追加到文件意味着将新数据写入文件中已经存在的数据的后面。

在 Python 中，你可以使用 'a' 模式以追加模式打开输出文件，这意味着：

- 如果文件已经存在，它不会被删除。如果文件不存在，那它将会被创建出来。
- 当数据写入文件中时，它会写在该文件当前内容的末尾。

例如，假设文件 friends.txt 包含以下名字，每行一个：

```
Joe
Rose
Geri
```

以下代码打开文件，并将额外数据追加到现有内容。

```
myfile = open('friends.txt', 'a')
myfile.write('Matt\n')
myfile.write('Chris\n')
myfile.write('Suze\n')
myfile.close()
```

该程序运行后，文件 friends.txt 将包含以下数据：

```
Joe
Rose
Geri
Matt
Chris
Suze
```

6.1.11 读写数值数据

字符串可以直接使用 write 方法写入文件，但数字在写入之前必须转换成字符串。Python 有一个名为 str 的内置函数可以将数值转换为字符串。例如，假设 num 变量赋值为 99，表达式 str(num) 将返回字符串 '99'。

程序 6-6 显示了使用 str 函数将数字转换为字符串并将生成的字符串写入文件的一个例子。

程序 6-6 （write_numbers.py）

```
 1  # This program demonstrates how numbers
 2  # must be converted to strings before they
 3  # are written to a text file.
 4
 5  def main():
 6      # Open a file for writing.
 7      outfile = open('numbers.txt', 'w')
 8
 9      # Get three numbers from the user.
10      num1 = int(input('Enter a number: '))
11      num2 = int(input('Enter another number: '))
12      num3 = int(input('Enter another number: '))
13
14      # Write the numbers to the file.
15      outfile.write(str(num1) + '\n')
16      outfile.write(str(num2) + '\n')
17      outfile.write(str(num3) + '\n')
18
19      # Close the file.
20      outfile.close()
21      print('Data written to numbers.txt')
22
23  # Call the main function.
24  main()
```

程序输出

```
Enter a number: 22 [Enter]
Enter another number: 14 [Enter]
Enter another number: -99 [Enter]
Data written to numbers.txt
```

第 7 行的语句打开文件 numbers.txt 进行写入。然后，第 10 ～ 12 行的语句提示用户输入 3 个数字，并分别分配给变量 num1，num2 和 num3。

再仔细看看第 15 行的语句，该语句将 num1 引用的数值写入文件中：

```
outfile.write(str(num1) + '\n')
```

表达式 str(num1) + '\n' 将 num1 引用的数值转换为一个字符串并与 \n 转义符相连接。在程序的示例运行中，用户输入 22 作为第 1 个数字，所以这个表达产生了字符串 '22\n'。结果，字符串 '22\n' 写入文件中。

第 16 ～ 17 行进行了类似的操作，将 num2 和 num3 引用的数值写入文件。执行完这些语句后，如图 6-14 所示的数值将写入文件中。图 6-15 显示了在记事本中查看的文件。

图 6-14 numbers.txt 文件的内容　　　图 6-15　记事本中显示的 numbers.txt 文件

当从文本文件中读取数字时，它们总是以字符串形式进行读取。例如，假设程序使用以下代码来从程序 6-6 创建的 numbers.txt 文件读取第 1 行：

```
1   infile = open('numbers.txt', 'r')
2   value = infile.readline()
3   infile.close()
```

第 2 行的语句使用 readline 方法来读取文件中的一行。在该语句执行后，value 变量将引用字符串 '22\n'。如果我们打算用 value 变量进行数学运算，这可能会导致问题，因为不能对字符串进行数学运算。在这种情况下，必须将字符串类型转换为数字类型。

回想一下第 2 章，Python 提供的内置函数 int 可以将一个字符串转换一个整数，并且内置函数 float 可以将一个字符串转换为浮点数。例如，我们可以修改以前显示的代码如下所示：

```
1   infile = open('numbers.txt', 'r')
2   string_input = infile.readline()
3   value = int(string_input)
4   infile.close()
```

第 2 行的语句读取文件中的一行，并将其分配给 string_input 变量。结果是，string_input 将引用字符串 '22\n'。然后第 3 行中的语句使用 int 函数将 string_input 转换为整数，并将结果赋值给 value。该语句执行后，value 变量将引用整数 22（无论是 int 和 float 函数，都会忽略作为参数的字符串末尾上的任何的 \n）。

此代码演示了一系列步骤，包括使用 readline 方法从文件中读取一个字符串，然后使用 int 函数将字符串转换为整数。在许多情况下，代码可以进行简化。更好的方法是在一个语句中完成从文件中读取字符串和转换的过程，如下所示：

```
1   infile = open('numbers.txt', 'r')
2   value = int(infile.readline())
3   infile.close()
```

注意第 2 行对 readline 方法的调用作为了 int 函数的参数。这段代码的工作方式是：调用 readline 方法并返回一个字符串。该字符串传递给 int 函数，将其转换为整数。结果赋值给 value 变量。

程序 6-7 给出了更完整的演示。numbers.txt 文件的内容被读取，转换为整数，并累加在一起。

程序 6-7 （read_numbers.py）

```
1   # This program demonstrates how numbers that are
2   # read from a file must be converted from strings
3   # before they are used in a math operation.
4
5   def main():
6       # Open a file for reading.
7       infile = open('numbers.txt', 'r')
8
9       # Read three numbers from the file.
10      num1 = int(infile.readline())
11      num2 = int(infile.readline())
12      num3 = int(infile.readline())
13
14      # Close the file.
15      infile.close()
16
17      # Add the three numbers.
18      total = num1 + num2 + num3
19
20      # Display the numbers and their total.
21      print('The numbers are:', num1, num2, num3)
22      print('Their total is:', total)
23
24  # Call the main function.
25  main()
```

程序输出

```
The numbers are: 22 14 -99
Their total is: -63
```

检查点

6.1 什么是输出文件？

6.2 什么是输入文件？

6.3 程序使用文件时必须采取的三个步骤是什么？

6.4 一般来说，文件的两种方式是什么？这两者有什么区别？

6.5 文件访问的两种方式是什么？这两者有什么区别？

6.6 编写执行文件操作的程序时，需要在代码中使用哪两个文件相关的名称？

6.7 如果文件已经存在，那么如果尝试将其作为输出文件打开，则会发生什么（用 'w' 模式）？

6.8 打开文件的目的是什么？

6.9 关闭文件的目的是什么？

6.10 什么是文件的读取位置？最初，一个输入文件打开时，读取位置在哪里？

6.11 如果要将数据写入但不想擦除文件的现有内容，打开文件的方式是什么？当你将数据写入这样一个文件时，数据写入文件的哪一部分？

6.2 使用循环处理文件

概念：文件通常拥有大量的数据，程序通常使用循环来处理文件中的数据。

虽然一些程序使用文件来存储少量的数据，但通常文件还是用于存储大量的数据。当一个程序使用一个文件写入或读取大量数据时，通常涉及循环。例如，请看程序 6-8 中的代码。该程序从用户那里获取一些天的销售金额并将这些金额写入一个名为 sales.txt 的文件。用户指定他需要输入的销售数据的天数。在程序的示例运行中，用户输入 5 天的销售金额。图 6-16 显示了 sales.txt 文件的内容，包含了由用户输入的数据。

程序 6-8 （write_sales.py）

```
1    # This program prompts the user for sales amounts
2    # and writes those amounts to the sales.txt file.
3
4    def main():
5        # Get the number of days.
6        num_days = int(input('For how many days do ' +
7                             'you have sales? '))
8
9        # Open a new file named sales.txt.
10       sales_file = open('sales.txt', 'w')
11
12       # Get the amount of sales for each day and write
13       # it to the file.
14       for count in range(1, num_days + 1):
15         # Get the sales for a day.
16         sales = float(input('Enter the sales for day #' +
17                             str(count) + ': '))
18
19         # Write the sales amount to the file.
20         sales_file.write(str(sales) + '\n')
21
22       # Close the file.
23       sales_file.close()
24       print('Data written to sales.txt.')
25
26   # Call the main function.
27   main()
```

程序输出

For how many days do you have sales? **5** [Enter]
Enter the sales for day #1: **1000.0** [Enter]
Enter the sales for day #2: **2000.0** [Enter]
Enter the sales for day #3: **3000.0** [Enter]
Enter the sales for day #4: **4000.0** [Enter]
Enter the sales for day #5: **5000.0** [Enter]
Data written to sales.txt.

6.2.1 使用循环读取文件并检查文件的结尾

程序经常必须在不知道文件中存储数据项的数量的情况下读取文件的内容。例如，由程序

`1000.0\n2000.0\n3000.0\n4000.0\n5000.0\n`

图 6-16 sales.txt 的文件内容

6-8 创建的 sales.txt 文件可以在其中存储任何数量的数据项，因为程序要求用户提供其销售金额的天数。如果用户输入的天数为 5，该程序将获得 5 个销售额并将其写入文件。如果用户输入的天数为 100，则该程序将获得 100 个销售额并将其写入文件。

想要编写一个程序来处理文件中的所有数据项，不论有多少数据项。例如，假设需要编写一个程序来读取 sales.txt 文件中的所有金额并计算它们的总和。你可以使用循环来读取文件中的数据项，但是需要一种方法知道何时到达文件末尾。

在 Python 中，readline 方法在试图读取文件末尾之外的内容时会返回空字符串（''）。这样就可以编写一个 while 循环来确定何时到达文件的末尾。算法的伪代码如下：

Open the file
Use readline to read the first line from the file
While the value returned from readline is not an empty string:
 Process the item that was just read from the file
 Use readline to read the next line from the file.
Close the file

 注：在这个算法中，我们在进入 while 循环之前先调用了 readline 函数。这次函数调用的作用是得到文件中的第一行，所以它可以进行循环测试。初始读取位置称为预读。

图 6-17 显示了这个算法的流程图。

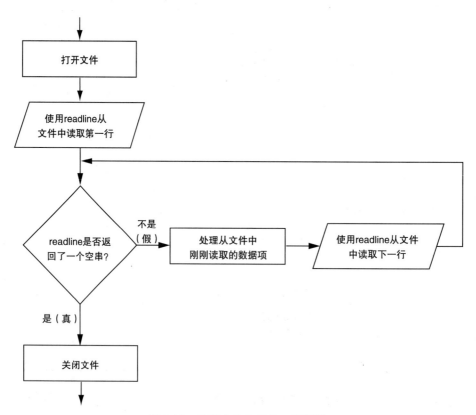

图 6-17　检测文件末尾的一般逻辑

程序 6-9 演示代码是如何完成的。程序读取并显示了 sales.txt 文件中的所有值。

程序 6-9 （read_sales.py）

```
 1   # This program reads all of the values in
 2   # the sales.txt file.
 3
 4   def main():
 5       # Open the sales.txt file for reading.
 6       sales_file = open('sales.txt', 'r')
 7
 8       # Read the first line from the file, but
 9       # don't convert to a number yet. We still
10       # need to test for an empty string.
11       line = sales_file.readline()
12
13       # As long as an empty string is not returned
14       # from readline, continue processing.
15       while line != '':
16           # Convert line to a float.
17           amount = float(line)
18
19           # Format and display the amount.
20           print(format(amount, '.2f'))
21
22           # Read the next line.
23           line = sales_file.readline()
24
25       # Close the file.
26       sales_file.close()
27
28   # Call the main function.
29   main()
```

程序输出

```
1000.00
2000.00
3000.00
4000.00
5000.00
```

6.2.2 使用 Python 的 for 循环读取多行

在前面的例子中，你已经看到当到达文件末尾时，readline 方法是如何返回空字符串的。大多数编程语言都提供了一种类似的技术来检测文件的末尾。如果你计划学习 Python 以外的编程语言，那么了解如何构造此类逻辑是很重要的。

Python 语言还允许你编写一个 for 循环，可以自动读取文件中的每一行而无须检测文件末尾的任何特殊条件。循环不需要启动读取操作，并且在到达文件末尾时它会自动停止。当你只想一个接一个地读取文件中的每一行时，该方法比编写 while 循环来显式检查文件末尾的条件更简单、更优雅。下面是循环的一般格式：

```
for variable in file_object:
    statement
    statement
    etc.
```

其中，variable 是变量的名称，file_object 是引用文件对象的变量。该循环将在文件中的每一行上迭代一次。第1次循环迭代时，variable将引用文件中的第1行（作为字符串），第2次循环迭代时，variable将引用第2行，以此类推。程序6-10 提供了一个演示。它读取并显示 sales.txt 文件中的所有数据项。

程序 6-10　（read_sales2.py）

```
 1    # This program uses the for loop to read
 2    # all of the values in the sales.txt file.
 3
 4    def main():
 5        # Open the sales.txt file for reading.
 6        sales_file = open('sales.txt', 'r')
 7
 8        # Read all the lines from the file.
 9        for line in sales_file:
10            # Convert line to a float.
11            amount = float(line)
12            # Format and display the amount.
13            print(format(amount, '.2f'))
14
15        # Close the file.
16        sales_file.close()
17
18    # Call the main function.
19    main()
```

程序输出

```
1000.00
2000.00
3000.00
4000.00
5000.00
```

聚光灯：使用文件

Kevin 是一个自由的视频制作人，为当地企业制作电视广告。当他做广告时，他通常拍摄几个短片。后来，他把这些短片放在一起来制作最后的广告。他要求你编写下面两个程序。

1. 允许他输入项目中每个短视频的运行时间（以秒为单位）的程序。所有的运行时间保存到文件。

2. 可以读取文件内容，显示运行时间然后显示所有片段总运行时间的程序。

这里是第一个程序的算法伪代码：

Get the number of videos in the project.
Open an output file.
For each video in the project:
    Get the video's running time.
    Write the running time to the file.
Close the file.

程序 6-11 显示了第一个程序的代码。

程序 6-11　（save_running_times.py）

```
1   # This program saves a sequence of video running times
2   # to the video_times.txt file.
3
4   def main():
5       # Get the number of videos in the project.
6       num_videos = int(input('How many videos are in the project? '))
7
8       # Open the file to hold the running times.
9       video_file = open('video_times.txt', 'w')
10
11      # Get each video's running time and write
12      # it to the file.
13      print('Enter the running times for each video.')
14      for count in range(1, num_videos + 1):
15          run_time = float(input('Video #' + str(count) + ': '))
16          video_file.write(str(run_time) + '\n')
17
18      # Close the file.
19      video_file.close()
20      print('The times have been saved to video_times.txt.')
21
22  # Call the main function.
23  main()
```

程序输出

```
How many videos are in the project? 6 [Enter]
Enter the running times for each video.
Video #1: 24.5 [Enter]
Video #2: 12.2 [Enter]
Video #3: 14.6 [Enter]
Video #4: 20.4 [Enter]
Video #5: 22.5 [Enter]
Video #6: 19.3 [Enter]
The times have been saved to video_times.txt.
```

这里是第二个程序的算法伪代码：

Initialize an accumulator to 0.
Initialize a count variable to 0.
Open the input file.
For each line in the file:
    Convert the line to a floating-point number. (This is the running time for a video.)
    Add one to the count variable. (This keeps count of the number of videos.)
    Display the running time for this video.
    Add the running time to the accumulator.
Close the file.
Display the contents of the accumulator as the total running time.

程序 6-12 显示了第二个程序的代码。

程序 6-12　（read_running_times.py）

```
1   # This program the values in the video_times.txt
2   # file and calculates their total.
3
```

```
 4  def main():
 5      # Open the video_times.txt file for reading.
 6      video_file = open('video_times.txt', 'r')
 7
 8      # Initialize an accumulator to 0.0.
 9      total = 0.0
10
11      # Initialize a variable to keep count of the videos.
12      count = 0
13
14      print('Here are the running times for each video:')
15
16      # Get the values from the file and total them.
17      for line in video_file:
18          # Convert a line to a float.
19          run_time = float(line)
20
21          # Add 1 to the count variable.
22          count += 1
23
24          # Display the time.
25          print('Video #', count, ': ', run_time, sep='')
26
27          # Add the time to total.
28          total += run_time
29
30      # Close the file.
31      video_file.close()
32
33      # Display the total of the running times.
34      print('The total running time is', total, 'seconds.')
35
36  # Call the main function.
37  main()
```

程序输出

```
Here are the running times for each video:
Video #1: 24.5
Video #2: 12.2
Video #3: 14.6
Video #4: 20.4
Video #5: 22.5
Video #6: 19.3
The total running time is 113.5 seconds.
```

检查点

6.12 编写一个小程序，使用 for 循环将数字 1 到 10 写入文件。

6.13 当 readline 方法返回空字符串时意味着什么？

6.14 假定文件 data.txt 存在并且包含几行文本。使用 while 循环编写一个小程序显示文件中的每一行。

6.15 修改要点 6.14 编写的程序，使用 for 循环代替 while 循环。

6.3 处理记录

概念：*存储在文件中的数据经常以记录的形式进行组织。记录是关于数据项的完整的数据集合，而一个字段是记录中的单个数据段。*

当数据写入文件时，它通常以记录和字段的形式进行组织。记录是描述一个数据项的完整的数据集合，而字段是记录中的单个数据段。例如，假设我们希望在文件中存储有关员工的数据。该文件包含了每个员工的记录。每个记录都是字段的集合，如姓名、ID 号和部门，如图 6-18 所示。

每次将记录顺序地写入文件时，都要将字段一个接一个地组成记录。例如，图 6-19 显示了一个包含三个雇员记录的文件。每个记录都由雇员的姓名、ID 号和部门组成。

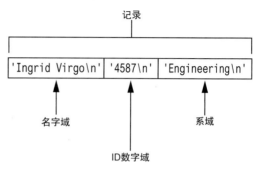

图 6-18 一条记录中的不同域

图 6-19 文件中的记录

程序 6-13 显示了如何将雇员记录写入文件的简单示例。

程序 6-13 （save_emp_records.py）

```
1   # This program gets employee data from the user and
2   # saves it as records in the employee.txt file.
3
4   def main():
5       # Get the number of employee records to create.
6       num_emps = int(input('How many employee records ' +
7                            'do you want to create? '))
8
9       # Open a file for writing.
10      emp_file = open('employees.txt', 'w')
11
12      # Get each employee's data and write it to
13      # the file.
14      for count in range(1, num_emps + 1):
15          # Get the data for an employee.
16          print('Enter data for employee #', count, sep='')
17          name = input('Name: ')
18          id_num = input('ID number: ')
19          dept = input('Department: ')
20
21          # Write the data as a record to the file.
22          emp_file.write(name + '\n')
23          emp_file.write(id_num + '\n')
24          emp_file.write(dept + '\n')
25
```

```
26          # Display a blank line.
27          print()
28
29          # Close the file.
30          emp_file.close()
31          print('Employee records written to employees.txt.')
32
33  # Call the main function.
34  main()
```

程序输出

```
How many employee records do you want to create? 3 [Enter]
Enter the data for employee #1

Name: Ingrid Virgo [Enter]
ID number: 4587 [Enter]
Department: Engineering [Enter]
Enter the data for employee #2

Name: Julia Rich [Enter]
ID number: 4588 [Enter]
Department: Research [Enter]
Enter the data for employee #3

Name: Greg Young [Enter]
ID number: 4589 [Enter]
Department: Marketing [Enter]

Employee records written to employees.txt.
```

第 6～7 行的语句提示用户输入要创建的雇员记录数。在循环的第 17～19 行中，程序获取雇员的姓名、ID 号和部门。这三项，组成一个雇员记录，在第 22～24 行写入文件中。该循环为每个员工记录迭代一次。

当我们从顺序存取文件中读取记录时，我们一个接一个地读取每个字段的数据，直到读取了完整的记录。程序 6-14 演示了如何读取 employee.txt 文件中的员工记录。

程序 6-14　（read_emp_records.py）

```
1   # This program displays the records that are
2   # in the employees.txt file.
3
4   def main():
5       # Open the employees.txt file.
6       emp_file = open('employees.txt', 'r')
7
8       # Read the first line from the file, which is
9       # the name field of the first record.
10      name = emp_file.readline()
11
12      # If a field was read, continue processing.
13      while name != '':
14          # Read the ID number field.
15          id_num = emp_file.readline()
16
17          # Read the department field.
18          dept = emp_file.readline()
19
```

```
20            # Strip the newlines from the fields.
21            name = name.rstrip('\n')
22            id_num = id_num.rstrip('\n')
23            dept = dept.rstrip('\n')
24
25            # Display the record.
26            print('Name:', name)
27            print('ID:', id_num)
28            print('Dept:', dept)
29            print()
30
31            # Read the name field of the next record.
32            name = emp_file.readline()
33
34      # Close the file.
35      emp_file.close()
36
37  # Call the main function.
38  main()
```

程序输出

```
Name: Ingrid Virgo
ID: 4587
Dept: Engineering
Name: Julia Rich
ID: 4588
Dept: Research

Name: Greg Young
ID: 4589
Dept: Marketing
```

在第6行，该程序中打开了该文件，然后在第10行读取第一个记录的第一个字段。这是第一个雇员的名字。第13行的while循环测试该值以确定它是否为空字符串。如果不是，则循环迭代。在循环中，程序读取该记录的第二个和第三个字段（雇员的ID号和部门），并显示它们。然后，在第32行中读取下一条记录的第一个字段（下一个雇员的姓名）。循环重新开始，此过程将继续直至没有更多的记录可供读取。

将记录存储在文件中的程序通常比简单地编写和读取记录需要更多的功能。在下面的聚光灯部分，我们将看看用于向文件中添加记录、搜索文件中的特定记录、修改记录和删除记录的算法。

聚光灯：添加和显示记录

午夜咖啡烘烤公司是一个从世界各地进口原料咖啡豆，并将它们烘焙成各种美食咖啡的小公司。公司的老板Julie，要求你写一系列的程序，可以用来管理她的库存。在与她交谈后，你已经确定需要一个文件来保存库存记录。每条记录都应该有两个字段来保存以下数据：

● 描述。一个包含咖啡名称的字符串。
● 库存数量。以浮点数表示的库存磅数。

你的第1个任务是编写可用于向文件中添加记录的程序。程序6-15显示了代码。注意输出文件以追加模式打开。每次执行该程序时，新记录都将追加到文件的现有内容中。

程序 6-15 （add_coffee_record.py）

```python
 1  # This program adds coffee inventory records to
 2  # the coffee.txt file.
 3
 4  def main():
 5      # Create a variable to control the loop.
 6      another = 'y'
 7
 8      # Open the coffee.txt file in append mode.
 9      coffee_file = open('coffee.txt', 'a')
10
11      # Add records to the file.
12      while another == 'y' or another == 'Y':
13          # Get the coffee record data.
14          print('Enter the following coffee data:')
15          descr = input('Description: ')
16          qty = int(input('Quantity (in pounds): '))
17
18          # Append the data to the file.
19          coffee_file.write(descr + '\n')
20          coffee_file.write(str(qty) + '\n')
21
22          # Determine whether the user wants to add
23          # another record to the file.
24          print('Do you want to add another record?')
25          another = input('Y = yes, anything else = no: ')
26
27      # Close the file.
28      coffee_file.close()
29      print('Data appended to coffee.txt.')
30
31  # Call the main function.
32  main()
```

程序输出

```
Enter the following coffee data:
Description: Brazilian Dark Roast Enter
Quantity (in pounds): 18 Enter
Do you want to enter another record?
Y = yes, anything else = no: y Enter
Description: Sumatra Medium Roast Enter
Quantity (in pounds): 25 Enter
Do you want to enter another record?
Y = yes, anything else = no: n Enter
Data appended to coffee.txt.
```

你的下一个任务是编写一个程序来显示库存文件中的所有记录。程序 6-16 显示了代码。

程序 6-16 （show_coffee_records.py）

```python
1  # This program displays the records in the
2  # coffee.txt file.
```

```
 3
 4  def main():
 5      # Open the coffee.txt file.
 6      coffee_file = open('coffee.txt', 'r')
 7
 8      # Read the first record's description field.
 9      descr = coffee_file.readline()
10
11      # Read the rest of the file.
12      while descr != '':
13          # Read the quantity field.
14          qty = float(coffee_file.readline())
15
16          # Strip the \n from the description.
17          descr = descr.rstrip('\n')
18
19          # Display the record.
20          print('Description:', descr)
21          print('Quantity:', qty)
22
23          # Read the next description.
24          descr = coffee_file.readline()
25
26      # Close the file.
27      coffee_file.close()
28
29  # Call the main function.
30  main()
```

程序输出

```
Description: Brazilian Dark Roast
Quantity: 18.0
Description: Sumatra Medium Roast
Quantity: 25.0
```

聚光灯：搜索记录

Julie 一直在使用你为她编写的前两个程序。她现在有几个记录存储在 coffee.txt 文件中，并要求你编写另一个程序以用来搜索记录。她希望能够输入描述并查看与该描述匹配的所有记录的列表。程序 6-17 显示了程序的代码。

程序 6-17 （search_coffee_records.py）

```
1  # This program allows the user to search the
2  # coffee.txt file for records matching a
3  # description.
4
5  def main():
6      # Create a bool variable to use as a flag.
```

```
 7       found = False
 8
 9       # Get the search value.
10       search = input('Enter a description to search for: ')
11
12       # Open the coffee.txt file.
13       coffee_file = open('coffee.txt', 'r')
14
15       # Read the first record's description field.
16       descr = coffee_file.readline()
17
18       # Read the rest of the file.
19       while descr != '':
20           # Read the quantity field.
21           qty = float(coffee_file.readline())
22
23           # Strip the \n from the description.
24           descr = descr.rstrip('\n')
25
26           # Determine whether this record matches
27           # the search value.
28           if descr == search:
29               # Display the record.
30               print('Description:', descr)
31               print('Quantity:', qty)
32               print()
33               # Set the found flag to True.
34               found = True
35
36           # Read the next description.
37           descr = coffee_file.readline()
38
39       # Close the file.
40       coffee_file.close()
41
42       # If the search value was not found in the file
43       # display a message.
44       if not found:
45           print('That item was not found in the file.')
46
47  # Call the main function.
48  main()
```

程序输出

```
Enter a description to search for: Sumatra Medium Roast [Enter]
Description: Sumatra Medium Roast
Quantity: 25.0
```

程序输出

```
Enter a description to search for: Mexican Altura [Enter]
That item was not found in the file.
```

聚光灯：修改记录

Julie 对你目前编写的程序很满意。你的下一个任务是编写一个程序，允许她可以使用它来修改现有记录中的数量字段。这将允许在咖啡出售或更多已有类型的咖啡进入库存时保持最新的记录。

若要修改顺序文件中的记录，你必须创建另一个临时文件。将原始文件的所有记录复制到临时文件中，但是当到达要修改的记录时，你不能将其旧内容写入临时文件，而是将其新修改的值写入临时文件。然后，将原始文件中的所有剩余记录复制到临时文件中。

然后临时文件会取代原始文件。你删除原始文件并重命名临时文件，使其与原始文件在计算机磁盘上的名称一致。下面是程序的一般算法。

Open the original file for input and create a temporary file for output.
Get the description of the record to be modified and the new value for the quantity.
Read the first description field from the original file.
While the description field is not empty:
    Read the quantity field.
    If this record's description field matches the description entered:
        Write the new data to the temporary file.
    Else:
        Write the existing record to the temporary file.
    Read the next description field.
Close the original file and the temporary file.
Delete the original file.
Rename the temporary file, giving it the name of the original file.

注意在算法的末尾删除了原始文件，然后重命名临时文件。Python 标准库的 `os` 模块提供了一个名为 `remove` 的函数，它可以删除磁盘上的文件。你只需将文件的名称作为参数传递给该函数。

下面是如何删除名为 coffee.txt 的文件的例子：

```
remove('coffee.txt')
```

`os` 模块还提供了一个名为 `rename` 的函数，它重新命名文件。下面是如何使用它将文件 `temp.txt` 重命名为 `coffee.txt` 的一个例子：

```
rename('temp.txt', 'coffee.txt')
```

程序 6-18 显示了程序的代码。

程序 6-18（modify_coffee_records.py）

```
1   # This program allows the user to modify the quantity
2   # in a record in the coffee.txt file.
3
4   import os  # Needed for the remove and rename functions
5
6   def main():
7       # Create a bool variable to use as a flag.
8       found = False
9
10      # Get the search value and the new quantity.
11      search = input('Enter a description to search for: ')
12      new_qty = int(input('Enter the new quantity: '))
```

```
13
14      # Open the original coffee.txt file.
15      coffee_file = open('coffee.txt', 'r')
16
17      # Open the temporary file.
18      temp_file = open('temp.txt', 'w')
19
20      # Read the first record's description field.
21      descr = coffee_file.readline()
22
23      # Read the rest of the file.
24      while descr != '':
25          # Read the quantity field.
26          qty = float(coffee_file.readline())
27
28          # Strip the \n from the description.
29          descr = descr.rstrip('\n')
30
31          # Write either this record to the temporary file,
32          # or the new record if this is the one that is
33          # to be modified.
34          if descr == search:
35              # Write the modified record to the temp file.
36              temp_file.write(descr + '\n')
37              temp_file.write(str(new_qty) + '\n')
38
39              # Set the found flag to True.
40              found = True
41          else:
42              # Write the original record to the temp file.
43              temp_file.write(descr + '\n')
44              temp_file.write(str(qty) + '\n')
45
46          # Read the next description.
47          descr = coffee_file.readline()
48
49      # Close the coffee file and the temporary file.
50      coffee_file.close()
51      temp_file.close()
52
53      # Delete the original coffee.txt file.
54      os.remove('coffee.txt')
55
56      # Rename the temporary file.
57      os.rename('temp.txt', 'coffee.txt')
58
59      # If the search value was not found in the file
60      # display a message.
61      if found:
62          print('The file has been updated.')
63      else:
64          print('That item was not found in the file.')
65
66  # Call the main function.
67  main()
```

程序输出

```
Enter a description to search for: Brazilian Dark Roast [Enter]
Enter the new quantity: 10 [Enter]
The file has been updated.
```

  注： 当处理顺序存取的文件时，每次修改文件中的一个数据项时必须要拷贝整个文件。可以想象，这种方法效率很低，尤其文件很大的话。另外，还有更多更高级的方法可以运用，尤其处理直接存取的文件时效率更高。在本书中我们不涉及这些高级的技术，但你可以在以后的课程中学习它们。

聚光灯：删除记录

你的最后一个任务是编写一个程序，使得朱莉可以使用它从 coffee.txt 文件中删除记录。与修改记录的过程一样，从顺序存取文件中删除记录的过程要求您创建另一个临时文件。将原始文件的所有记录复制到临时文件中，但要删除的记录除外。然后临时文件取代原始文件。删除原始文件并重命名临时文件，使其与原始文件在计算机磁盘上的名称一致。下面是程序的一般算法。

Open the original file for input and create a temporary file for output.
Get the description of the record to be deleted.
Read the description field of the first record in the original file.
While the description is not empty:
    Read the quantity field.
    If this record's description field does not match the description entered:
        Write the record to the temporary file.
    Read the next description field.
Close the original file and the temporary file.
Delete the original file.
Rename the temporary file, giving it the name of the original file.

程序 6-19 显示了程序的代码。

程序 6-19 （delete_coffee_record.py）

```
1   # This program allows the user to delete
2   # a record in the coffee.txt file.
3
4   import os # Needed for the remove and rename functions
5
6   def main():
7       # Create a bool variable to use as a flag.
8       found = False
9
10      # Get the coffee to delete.
11      search = input('Which coffee do you want to delete? ')
12
13      # Open the original coffee.txt file.
14      coffee_file = open('coffee.txt', 'r')
15
```

```
16      # Open the temporary file.
17      temp_file = open('temp.txt', 'w')
18
19      # Read the first record's description field.
20      descr = coffee_file.readline()
21
22      # Read the rest of the file.
23      while descr != '':
24          # Read the quantity field.
25          qty = float(coffee_file.readline())
26
27          # Strip the \n from the description.
28          descr = descr.rstrip('\n')
29
30          # If this is not the record to delete, then
31          # write it to the temporary file.
32          if descr != search:
33              # Write the record to the temp file.
34              temp_file.write(descr + '\n')
35              temp_file.write(str(qty) + '\n')
36          else:
37              # Set the found flag to True.
38              found = True
39
40          # Read the next description.
41          descr = coffee_file.readline()
42
43      # Close the coffee file and the temporary file.
44      coffee_file.close()
45      temp_file.close()
46
47      # Delete the original coffee.txt file.
48      os.remove('coffee.txt')
49
50      # Rename the temporary file.
51      os.rename('temp.txt', 'coffee.txt')
52
53      # If the search value was not found in the file
54      # display a message.
55      if found:
56          print('The file has been updated.')
57      else:
58          print('That item was not found in the file.')
59
60  # Call the main function.
61  main()
```

程序输出

Which coffee do you want to delete? **Brazilian Dark Roast** `Enter`
The file has been updated.

检查点

6.16 记录是什么？字段是什么？

6.17 描述在顺序存取文件中修改记录的程序使用临时文件的方法。

6.18 描述在顺序存取文件中删除记录的程序使用临时文件的方法。

6.4 异常

概念：异常是在程序运行时导致程序突然停止而发生的一个错误。你可以使用 try/except 语句来妥善处理异常。

异常是在程序运行时发生的错误。在大多数情况下，异常会导致程序突然停止。例如，来看一下程序 6-20。这个程序从用户那里得到两个数字，然后用第一个数字除以第二个数字。在程序的示例运行中，因为用户将第二个数字输入为 0，因此会发生异常。(除 0 会导致异常，因为它在数学上是不可能的。)

程序 6-20　(division.py)

```
1   # This program divides a number by another number.
2
3   def main():
4       # Get two numbers.
5       num1 = int(input('Enter a number: '))
6       num2 = int(input('Enter another number: '))
7
8       # Divide num1 by num2 and display the result.
9       result = num1 / num2
10      print(num1, 'divided by', num2, 'is', result)
11
12  # Call the main function.
13  main()
```

程序输出

```
Enter a number: 10 [Enter]
Enter another number: 0 [Enter]
Traceback (most recent call last):
  File "C:\Python\division.py," line 13, in <module>
    main()
  File "C:\Python\division.py," line 9, in main
    result = num1 / num2
ZeroDivisionError: integer division or modulo by zero
```

在样例运行中所示的冗长的错误消息称之为 *traceback*。*traceback* 给出了导致异常的行号（一个或多个）的信息（当一个异常发生时，程序员通常说引发了异常）。错误的最后一行消息显示了所引发的异常名称（ZeroDivisionError）和引发该异常的错误的简要说明（整数除零或模零）。

你可以通过仔细编写程序来防止很多异常的触发。例如，程序 6-21 显示了如何使用简单的 if 语句来防止除零异常。程序检查 num2 的值，如果该值为 0 则显示一个错误消息，而不是引发异常。这是一个很好地避免异常的例子。

程序 6-21　(division.py)

```
1   # This program divides a number by another number.
2
3   def main():
```

```
 4      # Get two numbers.
 5      num1 = int(input('Enter a number: '))
 6      num2 = int(input('Enter another number: '))
 7
 8      # If num2 is not 0, divide num1 by num2
 9      # and display the result.
10      if num2 != 0:
11          result = num1 / num2
12          print(num1, 'divided by', num2, 'is', result)
13      else:
14          print('Cannot divide by zero.')
15
16  # Call the main function.
17  main()
```

程序输出

```
Enter a number: 10 [Enter]
Enter another number: 0 [Enter]
Cannot divide by zero.
```

一些异常，无论怎样仔细地编写程序，都无法避免。例如，来看程序 6-22。这个程序计算工资总额。它提示用户输入工作小时数和每小时的工资。它将这两个数相乘得到了用户的工资总额并显示在屏幕上。

程序 6-22（gross_pay1.py）

```
 1  # This program calculates gross pay.
 2
 3  def main():
 4      # Get the number of hours worked.
 5      hours = int(input('How many hours did you work? '))
 6
 7      # Get the hourly pay rate.
 8      pay_rate = float(input('Enter your hourly pay rate: '))
 9
10      # Calculate the gross pay.
11      gross_pay = hours * pay_rate
12
13      # Display the gross pay.
14      print('Gross pay: $', format(gross_pay, ',.2f'), sep='')
15
16  # Call the main function.
17  main()
```

程序输出

```
How many hours did you work? forty [Enter]
Traceback (most recent call last):
  File "C:\Users\Tony\Documents\Python\Source
Code\Chapter 06\gross_pay1.py", line 17, in <module>
    main()
  File "C:\Users\Tony\Documents\Python\Source
Code\Chapter 06\gross_pay1.py", line 5, in main
    hours = int(input('How many hours did you work? '))
ValueError: invalid literal for int() with base 10: 'forty'
```

看看该程序的运行示例。当提示输入工作小时数时，由于用户输入字符串 'forty' 而不是数字 40，所以产生了一个异常。因为字符串 'forty' 不能转换为整数，第 5 行的 int 函数引发了一个异常，程序停止。请仔细查看 traceback 消息的最后一行，你会看到异常的名称是 ValueError，其描述是 invalid literal for int() with base 10: 'forty'。

Python，类似于大多数现代编程语言，可以让你编写代码用于异常抛出时的响应，并防止程序突然崩溃。这样的代码称之为异常处理句柄，可以使用 try/except 语句进行编写。有几种方法可以编写一个 try/except 语句，但下面的一般格式显示了最简单的形式：

```
try:
   statement
   statement
   etc.
except ExceptionName:
   statement
   statement
   etc.
```

首先是关键字 try，接着出现一个冒号。接下来，一个代码块出现，我们将其称为 *try 语句块*。该 *try* 语句块是有可能引发异常的一个或多个语句。

在 *try* 语句块之后，一个 *except* 语句出现。except 语句以关键字 except 开始，可选择地跟着一个异常的名字，并用冒号结束。下一行的开始是一个语句块，我们称之为句柄。

当 try/except 语句执行时，在 try 语句块中的语句开始执行。下面介绍接下来会发生什么：

- 如果 try 语句块中的一个语句抛出了由 except 语句指定的 *ExceptionName* 异常，则该句柄立即执行 except 语句。然后，程序会在 try/except 语句之后的一条语句处继续执行。程序恢复与语句紧随执行的 try / 除声明。
- 如果 try 语句块中的一个语句抛出的异常不是 except 语句指定的 *ExceptionName* 异常，然后程序会输出 traceback 错误消息并停止。
- 如果 try 语句块中的语句执行中没有抛出异常，则任何 except 语句和句柄会被忽略，并且程序会在 try/except 语句之后的一条语句处继续执行。

程序 6-23 显示了我们如何编写一个 try/except 语句妥善应对一个 ValueError 异常。

程序 6-23 （gross_pay2.py）

```
1   # This program calculates gross pay.
2
3   def main():
4       try:
5           # Get the number of hours worked.
6           hours = int(input('How many hours did you work? '))
7
8           # Get the hourly pay rate.
9           pay_rate = float(input('Enter your hourly pay rate: '))
10
11          # Calculate the gross pay.
12          gross_pay = hours * pay_rate
13
14          # Display the gross pay.
15          print('Gross pay: $', format(gross_pay, ',.2f'), sep='')
```

```
16      except ValueError:
17          print('ERROR: Hours worked and hourly pay rate must')
18          print('be valid numbers.')
19
20 # Call the main function.
21 main()
```

程序输出

```
How many hours did you work? forty [Enter]
ERROR: Hours worked and hourly pay rate must
be valid numbers.
```

让我们来看看在示例运行中发生了什么。第 6 行的语句提示用户输入工作的小时数，并且用户输入字符串 'forty'。由于字符串 'forty' 不能转换为整数，int 函数抛出一个 ValueError 异常。结果是，该程序立即跳出 try 语句块到第 16 行的 except ValueError 语句，并开始执行从第 17 行开始的句柄块，如图 6-20 所示。

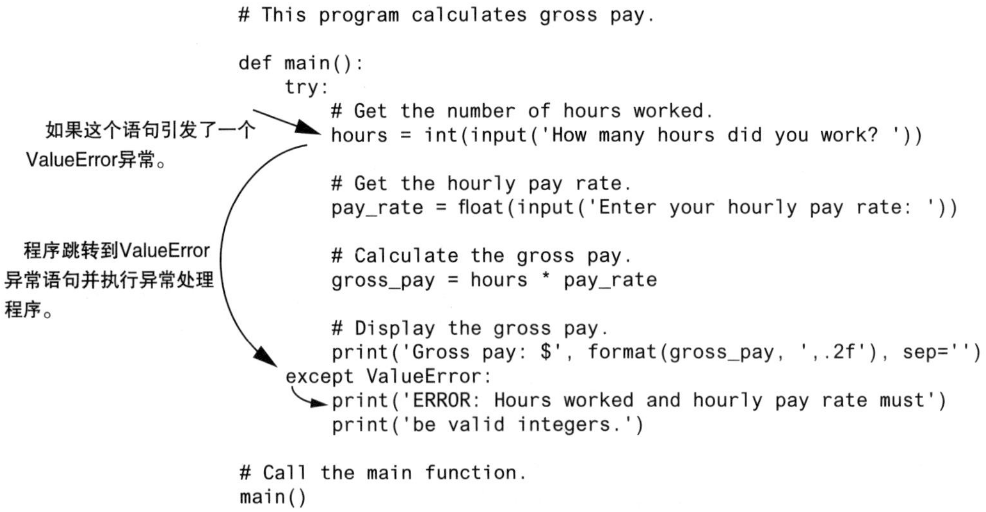

```
                            # This program calculates gross pay.

                            def main():
                                try:
                                    # Get the number of hours worked.
如果这个语句引发了一个         → hours = int(input('How many hours did you work? '))
ValueError异常。
                                    # Get the hourly pay rate.
                                    pay_rate = float(input('Enter your hourly pay rate: '))

程序跳转到ValueError                # Calculate the gross pay.
异常语句并执行异常处理              gross_pay = hours * pay_rate
程序。
                                    # Display the gross pay.
                                    print('Gross pay: $', format(gross_pay, ',.2f'), sep='')
                                except ValueError:
                                  → print('ERROR: Hours worked and hourly pay rate must')
                                    print('be valid integers.')

                            # Call the main function.
                            main()
```

图 6-20 异常处理

让我们来看看程序 6-24 中的另一个例子。这个程序，没有使用异常处理，从用户获取文件的名称，然后显示文件的内容。只要用户输入已存在的文件名，程序就会工作。如果用户指定的文件不存在，就会抛出一个异常。这就是示例运行中所发生的一切。

程序 6-24 （display_file.py）

```
 1  # This program displays the contents
 2  # of a file.
 3
 4  def main():
 5      # Get the name of a file.
 6      filename = input('Enter a filename: ')
 7
 8      # Open the file.
 9      infile = open(filename, 'r')
10
```

```
11      # Read the file's contents.
12      contents = infile.read()
13
14      # Display the file's contents.
15      print(contents)
16
17      # Close the file.
18      infile.close()
19
20  # Call the main function.
21  main()
```

程序输出

```
Enter a filename: bad_file.txt [Enter]
Traceback (most recent call last):
File "C:\Python\display_file.py," line 21, in <module>
main()
File "C:\Python\display_file.py," line 9, in main
infile = open(filename, 'r')
IOError: [Errno 2] No such file or directory: 'bad_file.txt'
```

当它调用 open 函数时，第 9 行的语句引发了异常。注意 traceback 错误消息中发生的异常的名称是 IOError。这是当文件 I/O 操作失败时抛出的一个异常。你可以看到 traceback 消息中错误的原因是 No such file or directory: 'bad_file.txt'。

程序 6-25 显示了如何使用 try/except 语句来修改程序 6-24，使其能妥善地响应一个 IOError 异常。在示例运行中，假设 bad_file.txt 文件不存在。

程序 6-25 （display_file2.py）

```
 1  # This program displays the contents
 2  # of a file.
 3
 4  def main():
 5      # Get the name of a file.
 6      filename = input('Enter a filename: ')
 7
 8      try:
 9          # Open the file.
10          infile = open(filename, 'r')
11
12          # Read the file's contents.
13          contents = infile.read()
14
15          # Display the file's contents.
16          print(contents)
17
18          # Close the file.
19          infile.close()
20      except IOError:
21          print('An error occurred trying to read')
22          print('the file', filename)
23
24  # Call the main function.
25  main()
```

程序输出

```
Enter a filename: bad_file.txt [Enter]
An error occurred trying to read the file bad_file.txt
```

让我们来看看在示例运行中发生了什么。当第 6 行执行时，用户输入 bad_file.txt，并将其分配给 filename 变量。在 try 语句块里面，第 10 行尝试打开 bad_file.txt 文件。因为该文件不存在，该语句会引发一个 IOError 异常。当发生这种情况时，程序将退出该 try 语句块，跳过了第 11 ~ 19 行。因为第 20 行的 except 语句指定了 IOError 异常，程序会跳转到从第 21 行开始的句柄。

6.4.1 处理多个异常

在许多情况下，try 语句块中的代码需要能够处理抛出的多种类型的异常。在这种情况下，你需要为每个类型的异常编写一个 except 语句来处理。例如，程序 6-26 读取文件名为 sales_data.txt 的内容。文件中的每一行包含了一个月的销售金额，并且文件有多行。下面是该文件的内容：

```
24987.62
26978.97
32589.45
31978.47
22781.76
29871.44
```

程序 6-26 从文件中读取了所有数字并将它们添加到累加器变量。

程序 6-26 （sales_report1.py）

```
 1    # This program displays the total of the
 2    # amounts in the sales_data.txt file.
 3
 4    def main():
 5        # Initialize an accumulator.
 6        total = 0.0
 7
 8        try:
 9            # Open the sales_data.txt file.
10            infile = open('sales_data.txt', 'r')
11
12            # Read the values from the file and
13            # accumulate them.
14            for line in infile:
15                amount = float(line)
16                total += amount
17
18            # Close the file.
19            infile.close()
20
21            # Print the total.
22            print(format(total, ',.2f'))
23
24        except IOError:
25            print('An error occured trying to read the file.')
26
```

```
 27      except ValueError:
 28          print('Non-numeric data found in the file.')
 29
 30      except:
 31          print('An error occured.')
 32
 33  # Call the main function.
 34  main()
```

该 try 组件包含的代码可以引发不同类型的异常。例如：
- 如果 sales_data.txt 文件不存在，第 10 行的语句会引发 IOError 异常。第 14 行的 for 循环还可以引发一个 IOError 异常，如果它从文件中读取数据时遇到了问题。
- 如果 line 变量引用了一个不能被转换为浮点数的字符串（例如字母串），第 15 行的 float 函数将引发一个 ValueError 异常。

注意 try/except 语句中有三个 except 语句：
- 第 24 行的 except 语句指定了一个 IOError 异常。如果引发了一个 IOError 异常，它的句柄会在第 25 行执行。
- 第 27 行的 except 语句指定了一个 ValueError 异常。如果引发了一个 ValueError 异常，它的句柄会在第 28 行执行。
- 第 30 行的 except 语句没有列出一个具体的异常。如果引发了一个其他 except 语句没有处理的异常，它的句柄会在第 31 行执行。

如果 try 语句块发生了一个异常，Python 解释器会从上到下检查 try/except 语句中的每一个 except 语句。当它发现一个 except 语句指定的类型匹配了所发生的异常，它会跳转到对应的 except 语句。如果没有 except 语句匹配所发生的异常，解释器会跳转到在第 30 行的 except 语句。

6.4.2 使用 except 语句捕获所有异常

前面的例子演示了在 try/except 语句块中如何分别处理多种类型的异常。有时，你可能想要编写一个 try/except 语句来简单地捕获 try 语句块中引发的任何异常并进行统一的处理，不需要考虑异常的类型。你可以在一个 try/except 语句中编写一个不指定任何特定类型异常的 except 语句来实现。程序 6-27 显示了一个例子。

程序 6-27 （sales_report2.py）

```
  1  # This program displays the total of the
  2  # amounts in the sales_data.txt file.
  3
  4  def main():
  5      # Initialize an accumulator.
  6      total = 0.0
  7
  8      try:
  9          # Open the sales_data.txt file.
 10          infile = open('sales_data.txt', 'r')
 11
 12          # Read the values from the file and
 13          # accumulate them.
```

```
 14          for line in infile:
 15              amount = float(line)
 16              total += amount
 17
 18          # Close the file.
 19          infile.close()
 20
 21          # Print the total.
 22          print(format(total, ',.2f'))
 23      except:
 24          print('An error occurred.')
 25
 26  # Call the main function.
 27  main()
```

注意在此程序中 try/except 语句只有在第 23 行的一个 except 语句。except 语句没有指定一个异常类型，因此任何出现在 try 语句块中的异常（从第 9 ～ 22 行）都会使得程序跳转到第 23 行，并执行第 24 行中的语句。

6.4.3 显示异常的默认错误信息

当抛出一个异常时，一个称为异常对象的对象将在内存中创建出来。异常对象通常包含了关于该异常的默认错误消息（事实上，它就是在一个异常未得到处理时 traceback 末尾可以看到的同一个错误消息。）当编写一个 except 语句时，则能够可选地为异常对象分配一个变量，如下所示：

```
except ValueError as err:
```

这个 except 子句捕获了 ValueError 异常。出现在 except 语句之后的表达式指明了我们正在将异常对象赋值给 err 变量（名字 err 并没有什么特别之处，它仅仅是我们为这些例子选择的名字而已，你可以使用任何你想要的名字）。这样做后，在异常句柄中将 err 变量传递给 print 函数来显示 Python 为该类错误提供的默认错误消息。程序 6-28 显示了如何做到这一点的例子。

程序 6-28 （gross_pay3.py）

```
 1  # This program calculates gross pay.
 2
 3  def main():
 4      try:
 5          # Get the number of hours worked.
 6          hours = int(input('How many hours did you work? '))
 7
 8          # Get the hourly pay rate.
 9          pay_rate = float(input('Enter your hourly pay rate: '))
10
11          # Calculate the gross pay.
12          gross_pay = hours * pay_rate
13
14          # Display the gross pay.
15          print('Gross pay: $', format(gross_pay, ',.2f'), sep='')
16      except ValueError as err:
17          print(err)
18
```

```
19  # Call the main function.
20  main()
```

程序输出

```
How many hours did you work? forty Enter
invalid literal for int() with base 10: 'forty'
```

当 try 语句块（从第 5-15 行）中出现 ValueError 异常时，该程序跳转到第 16 行的 except 语句。第 16 行的表达式 ValueError as err 使得结果异常对象分配给 err 变量。第 17 行的语句将 err 对象传递给 print 函数，使得异常的默认错误消息显示出来。

如果想要只用一个 except 语句来捕获 try 语句块中引发的所有异常，你可以将 Exception 指定为类型。程序 6-29 显示了一个例子。

程序 6-29 （sales_report3.py）

```
1  # This program displays the total of the
2  # amounts in the sales_data.txt file.
3
4  def main():
5      # Initialize an accumulator.
6      total = 0.0
7
8      try:
9          # Open the sales_data.txt file.
10         infile = open('sales_data.txt', 'r')
11
12         # Read the values from the file and
13         # accumulate them.
14         for line in infile:
15             amount = float(line)
16             total += amount
17
18         # Close the file.
19         infile.close()
20
21         # Print the total.
22         print(format(total, ',.2f'))
23     except Exception as err:
24         print(err)
25
26  # Call the main function.
27  main()
```

6.4.4 else 语句

try/except 语句可以有一个可选的 else 语句，出现在所有 except 语句之后。下面是使用 else 语句的 try/except 语句的一般形式：

```
try:
    statement
    statement
    etc.
except ExceptionName:
    statement
```

```
            statement
            etc.
    else:
            statement
            statement
            etc.
```

出现在 else 语句后的语句块称之为 else 语句块。else 语句块中的语句在 try 语句块之后并且只有没有引发异常时才会执行。如果引发了异常，else 语句块将会跳过。程序 6-30 显示了一个例子。

程序 6-30 （sales_report4.py）

```
 1   # This program displays the total of the
 2   # amounts in the sales_data.txt file.
 3
 4   def main():
 5       # Initialize an accumulator.
 6       total = 0.0
 7
 8       try:
 9           # Open the sales_data.txt file.
10           infile = open('sales_data.txt', 'r')
11
12           # Read the values from the file and
13           # accumulate them.
14           for line in infile:
15               amount = float(line)
16               total += amount
17
18           # Close the file.
19           infile.close()
20       except Exception as err:
21           print(err)
22       else:
23           # Print the total.
24           print(format(total, ',.2f'))
25
26   # Call the main function.
27   main()
```

在程序 6-30 中，第 24 行的语句只有在 try 语句块（从第 9-19 行）的语句执行中没有引发异常时才会执行。

6.4.5 finally 语句

try/except 语句可以有一个可选的 finally 语句，它必须出现在所有 except 语句之后。下面是使用 finally 语句的 try/except 语句的一般格式：

```
try:
    statement
    statement
    etc.
except ExceptionName:
    statement
    statement
    etc.
```

```
finally:
    statement
    statement
    etc.
```

在 finally 语句中出现的语句块称之为 finally 语句块。finally 语句块中的语句总是在 try 语句块和所有异常句柄执行完后才执行。无论是否有异常发生，finally 语句块中的语句总会执行。finally 语句块的目的是执行清理操作，例如关闭文件或其他资源。finally 语句块中编写的语句总会执行，即使 try 语句块引发了一个异常。

6.4.6 如果异常没有被处理怎么办

除非异常得到了处理，否则它将导致程序停止。抛出的异常未得到处理有两种可能的方式。第 1 种可能性是 try/except 语句中没有包含指定了正确异常类型的 except 语句。第 2 种可能是在 try/except 语句之外引发了异常。在这两种情况下，异常都会导致程序停止。

在本节中，已经看到了可以引发 ZeroDivisionError 异常、IOError 异常和 ValueError 异常的程序例子。在 Python 程序中有许多不同类型的异常。当你在设计 try/except 语句时，了解需要处理异常的一种方式是参考 Python 文档。它提供了每一个可能会导致异常发生的相关详细信息和类型。

可以了解程序中可能发生异常的另一种方式是实验。你可以运行一个程序，并有意执行会导致错误的操作。通过观察显示的 traceback 错误消息，你就可以看到引发的异常名称。然后，你可以编写 except 语句来处理这些异常。

✓ 检查点

6.19 简要描述一下异常是什么。
6.20 如果抛出一个异常，而且程序没有使用 try/except 语句处理它，会发生什么？
6.21 当尝试打开一个不存在的文件时，程序会抛出一个什么类型的异常？
6.22 当使用 float 函数将一个非数值型的字符串转换为数字时，程序会抛出一个什么类型的异常？

复习题

多项选择题

1. 数据写入的文件是_____。
   a. 输入文件　　　　b. 输出文件　　　　c. 顺序存取文件　　　　d. 二进制文件
2. 数据读取的文件是_____。
   a. 输入文件　　　　b. 输出文件　　　　c. 顺序存取文件　　　　d. 二进制文件
3. 程序可以使用文件之前，必须进行_____。
   a. 格式化　　　　　b. 加密　　　　　　c. 关闭　　　　　　　d. 打开
4. 当程序使用完文件后，应该做的是_____。
   a. 擦除文件　　　　　　　　　　　　b. 打开文件例如（Notepod）
   c. 关闭文件　　　　　　　　　　　　d. 加密文件
5. 文件的内容可以在编辑器中进行查看的文件类型是_____。
   a. 文本文件　　　　b. 二进制文件　　　c. 英文文件　　　　d. 人类可读的文件
6. 文件包含了无法转换为文本的内容的文件类型是_____。
   a. 文本文件　　　　b. 二进制文件　　　c. Unicode 文件　　　d. 符号文件

7. 当处理_____类型的文件时，你从文件的开始到结尾来访问其数据。
   a. 有序访问   b. 二进制访问   c. 直接存取   d. 顺序存取
8. 当处理_____类型的文件时，你可以直接跳转到文件中的任一数据，而不需要读取该数据之前的数据。
   a. 有序访问   b. 二进制访问   c. 直接存取   d. 顺序存取
9. 许多系统在将数据写入文件之前，先将数据写入内存中的一个小的"保存区"_____。
   a. 缓存   b. 变量   c. 虚拟文件   d. 临时文件
10. 标志着从文件中读取下一个数据项的位置的是_____。
    a. 输入位置   b. 分隔符   c. 指针   d. 读取位置
11. 当文件以_____方式打开时，数据将写入文件现有内容的后面。
    a. 输出模式   b. 追加模式   c. 备份模式   d. 只读模式
12. 一个记录中的单个数据段是_____。
    a. 字段   b. 变量   c. 分隔符   d. 子记录
13. 当一个异常产生时，也可以说它是_____。
    a. 建立   b. 抛出   c. 捕获   d. 杀掉
14. 妥善处理异常的代码段是_____。
    a. 异常产生器   b. 异常操作器   c. 异常句柄   d. 异常监视器
15. 编写处理异常的代码是_____。
    a. run/handle   b. try/except   c. try/handle   d. attempt/except

判断题

1. 当处理一个顺序存取文件时，可以直接跳转到任何数据，而不需要读取文件中在它之前的数据。
2. 当使用 'w' 模式打开已经存在于磁盘上的文件时，现有文件的内容将被删除。
3. 打开文件的过程仅对于输入文件有必要。当数据写入输出文件时，它们会自动打开。
4. 当打开输入文件时，它的初始读取位置在该文件的第一个数据项。
5. 当一个已存在的文件以追加模式打开，文件的现有内容将会删除。
6. 如果不处理异常，它会被 Python 解释器忽略，并且程序会继续执行。
7. 在一个 try/except 语句中，可以拥有多个不同的 except 语句。
8. try/except 语句中的 else 语句块只有在 try 语句块中的一个语句引发异常时才会执行。
9. try/except 语句中的 finally 语句块只有在 try 语句块中的语句没有引发异常时才会执行。

简答题

1. 描述程序在使用文件时必须采取的三个步骤。
2. 为什么文件在处理完毕后应该关闭它？
3. 什么是文件的读取位置？当文件第一次打开进行读取时，读取位置在哪里？
4. 如果一个已有文件以追加模式打开，文件的现有内容会发生什么？
5. 如果文件不存在，程序试图以追加方式打开它，会发生什么情况？

算法工作室

1. 编写程序使用 my_name.txt 打开一个输出文件，将你的名字写入文件，然后关闭文件。
2. 编写程序打开问题 1 程序创建的 my_name.txt 文件，从文件中读取你的名字，将其显示在屏幕上，然后关闭文件。
3. 编写代码执行以下操作：使用 number_list.txt 文件名打开一个输出文件，使用循环将数字 1～100 写入文件，然后关闭文件。

4. 编写代码执行以下操作：打开问题 3 中创建的 number_list.txt 文件，从文件中读取所有数字并显示它们，然后关闭文件。
5. 修改问题 4 的代码，使得它累加从文件中读取的数字并显示它们的总和。
6. 编写代码使用 number_list.txt 文件打开一个输出文件，但是如果文件已经存在，不能删除文件的内容。
7. 一个名为 students.txt 的文件已经在磁盘上。该文件包含几条记录，每条记录包含两个字段：学生的姓名和学生的期末考试分数。编写代码删除含有学生名字为"John Perz"的记录。
8. 一个名为 students.txt 的文件已经在磁盘上。该文件包含几条记录，每条记录包含两个字段：学生的姓名和学生的期末考试分数。编写代码将 Julie Milan 的分数改为 100。
9. 下面的代码显示什么？
```
try:
    x = float('abc123')
    print('The conversion is complete.')
except IOError:
    print('This code caused an IOError.')
except ValueError:
    print('This code caused a ValueError.')
print('The end.')
```
10. 下面的代码显示什么？
```
try:
    x = float('abc123')
    print(x)
except IOError:
    print('This code caused an IOError.')
except ZeroDivisionError:
    print('This code caused a ZeroDivisionError.')
except:
    print('An error happened.')
print('The end.')
```

编程题

1. 文件显示
假设名为 number.txt 的文件包含一系列整数并存在于计算机的磁盘上。编写程序显示文件中所有的数字。

2. 文件头显示
编写程序要求用户输入文件名。该程序应只显示文件内容的前五行。如果文件内容少于五行，则它应该显示该文件的全部内容。

3. 行号
编写程序要求用户输入文件名。该程序应显示文件对应的每行的行号，然后冒号以及每行内容行号应该从 1 开始。

4. 数据项计数器
假设名为 names.txt 的文件包含了一系列的名称（以字符串）并存储在计算机的磁盘上。编写程序显示存储在文件中姓名的个数。（提示：打开文件并读取存储在文件中的每一个字符串。使用一个变量记录从文件中读取的数据的个数）。

5. 数字之和
假设名为 numbers.txt 的文件包含一系列整数并存储在计算机的磁盘上。编写程序读取所有存储在文件中的数字并计算它们的总和。

6. 数字的平均值
假设名为 numbers.txt 的文件包含一系列整数并存储在计算机的磁盘上。编写程序计算文件中所有数字的平均值。

7. 随机数文件写入器

编写程序将一系列随机数写入文件。每个随机数应在 1 至 500 之间。应用程序应该让用户指定文件中保存多少个随机数。

8. 随机数文件读取器

本练习假定你已经完成了编程题 7，随机数文件写入器。编写另一个程序从文件中读取随机数并显示它们，然后显示以下数据：

- 数字总和
- 从文件中读取随机数的个数

9. 异常处理

修改练习 6 的程序使其能够处理以下异常：

- 它应该可以处理在文件打开和数据读取时引发的任何 `IOError` 异常。
- 它应该可以处理将文件中读取的数据项转换为数字时引发的任何 `ValueError` 异常。

10. 高尔夫成绩

Springfork 业余高尔夫俱乐部每周末都有一场竞标赛。俱乐部主席要求你编写两个程序：

1. 一个程序从键盘读入每个球员的名字和高尔夫成绩，然后将这些作为记录保存在名为 `golf.txt` 的文件。（每个记录都有一个球员名字的字段和球员成绩的字段。）

2. 一个程序从 `golf.txt` 文件中读取记录并显示它们。

11. 个人主页产生器

编写程序要求用户输入他的名字，然后要求用户输入一个描述他自己的一句话。下面是该程序的屏幕示例：

```
Enter your name: Julie Taylor [Enter]
Describe yourself: I am a computer science major, a member of the
Jazz club, and I hope to work as a mobile app developer after I
graduate. [Enter]
```

一旦用户输入了所需要的输入，程序将创建一个 HTML 文件，包含了一个简单的网页。下面是 HTML 内容的一个例子，使用先前显示的示例输入：

```
<html>
<head>
</head>
<body>
    <center>
        <h1>Julie Taylor</h1>
    </center>
    <hr />
    I am a computer science major, a member of the Jazz club,
    and I hope to work as a mobile app developer after I graduate.
    <hr />
</body>
</html>
```

12. 平均步数

私人健身追踪器是一个可穿戴设备，可以跟踪你的身体活动，如卡路里消耗、心率和睡眠模式等。大部分设备跟踪的最常见的一项体育活动是你每一天的步数。如果你已经在 Computer Science Portal 下载这本书的源代码，你会在第 06 章的文件夹中发现一个名为 `steps.txt` 的文件。（Computer Science Portal 可以在 www.pearsonhighered.com/gaddis 中找到。）`steps.txt` 文件包含了一个人一年中每一天的步数。文件中有 365 行，而且每行包含了一天走的步数。（第 1 行是 1 月 1 日走的步数，第 2 行是 1 月 2 日走的步数，以此类推。）编写程序，读取该文件，然后显示每月的平均步数。（该数据来自非闰年年份，所以二月有 28 天。）

第 7 章

Starting Out with Python, Fourth Edition

列表和元组

7.1 序列

概念：序列是保存多个数据项的对象，它们一个接着一个存储。你可以对存储在序列中的元素进行检查和操作。

一个序列是包含多个数据项的对象。序列中的元素一个接一个地存储。Python 提供了各种方式对存储在序列中的元素进行操作。

Python 中有多种不同类型的序列对象。在本章中，我们将会看到两种基本的序列类型：列表和元组。列表和元组都是可以容纳各种类型数据的序列。列表和元组之间的区别很简单：列表是可变的，这意味着程序可以更改其内容，但是元组是不可变的，这意味着一旦创建，它的内容就不能发生改变。我们会探索一些可能对这些序列进行的操作，包括访问和操纵其内容的方法。

7.2 列表简介

概念：列表是包含多个数据项的对象。列表是可变的，这意味着它们的内容可以在程序运行中进行改变。列表是动态数据结构，意味着列表可以添加元素或删除元素。你可以在程序中使用索引、切片和处理列表的各种方法。

列表是包含多个数据项的对象。存储在列表中的每个数据项称之为元素。下面是创建一个整数列表的语句：

even_numbers = [2, 4, 6, 8, 10]

括号中用逗号分隔的数据项是列表元素。该语句执行后，even_numbers 变量将引用列表，如图 7-1 所示。

图 7-1　整数列表

下面是另一个例子：

names = ['Molly', 'Steven', 'Will', 'Alicia', 'Adriana']

该语句创建包含 5 个字符串的一个列表。该语句执行后，name 变量将引用列表，如图 7-2 所示。

图 7-2　字符串列表

列表可以容纳不同类型的元素，如以下示例所示：

```
info = ['Alicia', 27, 1550.87]
```

该语句创建了一个包含字符串、整数和浮点数的列表。该语句执行后，info 变量将引用如图 7-3 所示的列表。

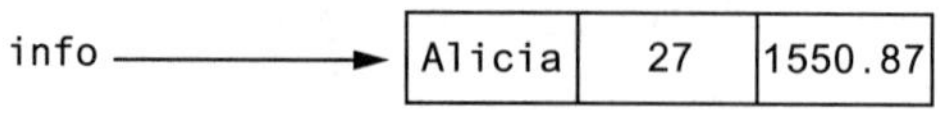

```
info ──────▶ │ Alicia │ 27 │ 1550.87 │
```

图 7-3　包含不同类型数据的列表

可以使用 print 函数显示整个列表，如下所示：

```
numbers = [5, 10, 15, 20]
print(numbers)
```

在该例子中，print 函数将显示列表的元素：

```
[5, 10, 15, 20]
```

Python 中也有一个内置函数 list，可以将特定类型的对象转换为列表。例如，回想一下第 4 章 range 函数返回一个可迭代对象，该对象拥有可以迭代的一系列数值。你可以使用如下的语句将 range 函数的迭代对象转换为一个列表：

```
numbers = list(range(5))
```

当该语句执行时，会发生以下情况：

- range 函数将 5 作为参数进行调用。该函数返回一个包含数值 0, 1, 2, 3, 4 的迭代对象
- iterable 作为参数传递给 list() 函数。list() 函数返回列表 [0, 1, 2, 3, 4]。
- 列表 [0, 1, 2, 3, 4] 分配给 numbers 变量。下面是另一个例子：

```
numbers = list(range(1, 10, 2))
```

回想第 4 章，当向 range 函数传递三个参数时，第 1 个参数是起始值，第 2 个参数是结束限制，第 3 个参数是步进值。该语句将列表 [1, 3, 5, 7, 9] 分配给 numbers 变量。

7.2.1　重复运算符

在第 2 章中学习到了符号 * 将两个数字相乘。但是，当符号 * 的左侧操作数是一个序列（例如，列表）并且右侧操作数是一个整数时，它将变成重复操作符。重复操作符复制出一个列表的多个副本并将它们全部连在一起。下面是一般格式：

```
list * n
```

其中，list 是列表，n 是复制出副本的数目。下面的交互式会话展示了：

```
1  >>> numbers = [0] * 5 [Enter]
2  >>> print(numbers) [Enter]
3  [0, 0, 0, 0, 0]
4  >>>
```

我们来仔细看看每一个语句：

- 在第 1 行，表达式 [0]*5 复制出 list[0] 的五个副本，并将它们连接起来形成一个单独的列表。结果该列表分配给 numbers 变量。
- 在第 2 行，numbers 变量传递给 print 函数。函数的输出如第 3 行所示。

下面是另一个交互模式的演示：

```
1  >>> numbers = [1, 2, 3] * 3 Enter
2  >>> print(numbers) Enter
3  [1, 2, 3, 1, 2, 3, 1, 2, 3]
4  >>>
```

 注：大部分的编程语言允许创建一个序列结构，如数组，类似于列表，但是其功能有诸多限制。在 Python 中你无法创建传统的数组因为列表具有同样的作用而且提供了更多的内置功能。

7.2.2 使用 for 循环在列表上迭代

在第 7.1 节中，我们讨论了访问字符串中单个字符的技术。许多相同的编程技术也适用于列表。例如，你可以使用 for 循环在列表上迭代，如下所示：

```
numbers = [99, 100, 101, 102]
for n in numbers:
    print(n)
```

如果我们运行这个代码，它将打印：

```
99
100
101
102
```

7.2.3 索引

访问列表中的单个元素的另一种方法是使用索引。列表中每个元素都有一个指定其在列表中的位置的索引。索引从 0 开始，所以第 1 个元素的索引为 0，第 2 个元素的索引为 1，依此类推。列表中最后一个元素的索引比列表中元素的数量少 1。

例如，以下语句创建了一个包含 4 个元素的列表：

```
my_list = [10, 20, 30, 40]
```

该列表中的元素的索引是 0，1，2 和 3。我们可以使用如下语句打印列表的元素：

```
print(my_list[0], my_list[1], my_list[2], my_list[3])
```

下面的循环也可以打印列表的元素：

```
index = 0
while index < 4:
    print(my_list[index])
    index += 1
```

你还可以使用列表的负索引来标识相对于列表末尾的元素的位置。Python 解释器将负索引与列表的长度相加来确定元素的位置。索引 –1 标识列表中的最后 1 个元素，–2 标识了倒数第 2 个元素等等。以下代码显示了一个示例：

```
my_list = [10, 20, 30, 40]
print(my_list[-1], my_list[-2], my_list[-3], my_list[-4])
```

在例子中，print 函数会显示：

```
40    30    20    10
```

如果你使用了列表的一个无效索引，将会引发 IndexError 异常。例如，看下面的代码：

```
# This code will cause an IndexError exception.
my_list = [10, 20, 30, 40]
index = 0
while index < 5:
    print(my_list[index])
    index += 1
```

该循环的最后一次迭代开始时，index 变量会赋值为 4，是该列表中的一个无效索引。结果是，调用 print 函数的语句将引发 IndexError 异常。

7.2.4 len 函数

Python 有一个名为 len 的内置函数，它返回一个序列的长度，如列表。以下代码演示：

```
my_list = [10, 20, 30, 40]
size = len(my_list)
```

第 1 个语句将列表 [10, 20, 30, 40] 分配给 my_list 变量。第 2 个语句以 my_list 为参数调用 len 函数。

该函数返回 4，它是列表中元素的个数。这个值分配给 size 变量。

在使用循环对列表进行迭代时，len 函数可以用于防止 IndexError 异常。下面是一个例子：

```
my_list = [10, 20, 30, 40]
index = 0
while index < len(my_list):
    print(my_list[index])
    index += 1
```

7.2.5 列表是可变的

Python 中的列表是可变的，这意味着它们的元素可以发生改变。因此，list[index] 的表达式形式可以出现在赋值运算符的左边。以下代码显示了一个示例：

```
1  numbers = [1, 2, 3, 4, 5]
2  print(numbers)
3  numbers[0] = 99
4  print(numbers)
```

第 2 行的语句会显示：

[1, 2, 3, 4, 5]

第 3 行的语句将 99 赋值给 numbers[0]。这会将列表中的第一个值更改为 99。当第 4 行的语句执行时，将显示

[99, 2, 3, 4, 5]

当使用索引表达式将值分配给列表元素时，必须为现有元素使用一个有效索引，否则 IndexError 异常将发生。例如，请看下面的代码：

```
numbers = [1, 2, 3, 4, 5]     # Create a list with 5 elements.
numbers[5] = 99               # This raises an exception!
```

在第 1 条语句创建的 numbers 列表中有 5 个元素，索引分别是从 0 到 4。第 2 条语句会引发一个 IndexError 异常，因为 numbers 列表在索引 5 位置上没有元素。

如果要使用索引表达式填充列表的值，则必须首先创建列表，如下所示：

```
1  # Create a list with 5 elements.
2  numbers = [0] * 5
```

```
3
4   # Fill the list with the value 99.
5   index = 0
6   while index < len(numbers):
7       numbers[index] = 99
8       index += 1
```

第 2 行中的语句创建了一个包含 5 个元素的列表，每个元素赋值为 0。从第 6～8 行的循环然后遍历列表元素，为每个元素赋值 99。

程序 7-1 显示了一个例子如何将用户的输入分配给列表的元素。该程序从用户获取销售金额并将其分配给一个列表。

程序 7-1（sales_list.py）

```
1   # The NUM_DAYS constant holds the number of
2   # days that we will gather sales data for.
3   NUM_DAYS = 5
4
5   def main():
6       # Create a list to hold the sales
7       # for each day.
8       sales = [0] * NUM_DAYS
9
10      # Create a variable to hold an index.
11      index = 0
12
13      print('Enter the sales for each day.')
14
15      # Get the sales for each day.
16      while index < NUM_DAYS:
17          print('Day #', index + 1, ': ', sep='', end='')
18          sales[index] = float(input())
19          index += 1
20
21      # Display the values entered.
22      print('Here are the values you entered:')
23      for value in sales:
24          print(value)
25
26  # Call the main function.
27  main()
```

程序输出

```
Enter the sales for each day.
Day #1: 1000 Enter
Day #2: 2000 Enter
Day #3: 3000 Enter
Day #4: 4000 Enter
Day #5: 5000 Enter
Here are the values you entered:
1000.0
2000.0
3000.0
4000.0
5000.0
```

第 3 行的语句创建了 NUM_DAYS 变量，其用作表示天数的一个常数。第 8 行中的语句创建一个包含 5 个元素的列表，每个元素赋值为 0。第 11 行创建一个名为 index 的变量并且将其赋值为 0。

第 16～19 行的循环迭代了 5 次。第 1 次迭代，index 引用 0，所以第 18 行的语句将用户的输入分配给 sales[0]。第 2 次循环迭代，index 引用 1，因此第 18 行中的语句将用户的输入分配给 sales[1]，直到输入值被分配给列表中的所有元素。

7.2.6 连接列表

连接意味着将两个东西结合在一起。可以使用 + 运算符连接两个列表。下面是一个例子：

```
list1 = [1, 2, 3, 4]
list2 = [5, 6, 7, 8]
list3 = list1 + list2
```

该代码执行后，list1 和 list2 仍然不变，list3 引用了如下列表：

[1, 2, 3, 4, 5, 6, 7, 8]

以下交互式会话也演示了列表连接：

```
>>> girl_names = ['Joanne', 'Karen', 'Lori'] Enter
>>> boy_names = ['Chris', 'Jerry', 'Will'] Enter
>>> all_names = girl_names + boy_names Enter
>>> print(all_names) Enter
['Joanne', 'Karen', 'Lori', 'Chris', 'Jerry', 'Will']
```

还可以使用 += 赋值运算符将一个列表连接到另一个列表。

下面是一个例子：

```
list1 = [1, 2, 3, 4]
list2 = [5, 6, 7, 8]
list1 += list2
```

最后 1 条语句将 list2 追加到 list1。该代码后执行，list2 保持不变，但 list1 引用下面的列表：

[1, 2, 3, 4, 5, 6, 7, 8]

以下交互式会话也演示了使用 += 运算符进行列表连接：

```
>>> girl_names = ['Joanne', 'Karen', 'Lori'] Enter
>>> girl_names += ['Jenny', 'Kelly'] Enter
>>> print(girl_names) Enter
['Joanne', 'Karen', 'Lori', 'Jenny', 'Kelly']
>>>
```

注：始终记住只能将列表与其他列表连接。如果你尝试将一个列表与一个非列表进行连接，会引发异常。

检查点

7.1 以下代码将显示什么？

```
numbers = [1, 2, 3, 4, 5]
numbers[2] = 99
print(numbers)
```

7.2 以下代码将显示什么?

```
numbers = list(range(3))
print(numbers)
```

7.3 以下代码将显示什么?

```
numbers = [10] * 5
print(numbers)
```

7.4 以下代码将显示什么?

```
numbers = list(range(1, 10, 2))
for n in numbers:
    print(n)
```

7.5 以下代码将显示什么?

```
numbers = [1, 2, 3, 4, 5]
print(numbers[-2])
```

7.6 如何找到列表中元素的个数?

7.7 以下代码将显示什么?

```
numbers1 = [1, 2, 3]
numbers2 = [10, 20, 30]
numbers3 = numbers1 + numbers2
print(numbers1)
print(numbers2)
print(numbers3)
```

7.8 以下代码将显示什么?

```
numbers1 = [1, 2, 3]
numbers2 = [10, 20, 30]
numbers2 += numbers1
print(numbers1)
print(numbers2)
```

7.3 列表切片

概念: 切片表达式可以从一个序列中选择一个范围内的元素。

你已经看到索引是如何允许你选择序列中的特定元素的。有时,你想要从序列中选择多个元素。在 Python 中,你可以编写一个表达式,该表达式选择序列的子部分,称为切片。

切片是从一个序列中取出的一组元素。当从列表中获取切片时,你可以从列表中获得一组元素。要获取一个列表的片段,可以使用以下格式编写表达式:

list_name[*start* : *end*]

其中,start 是切片第 1 个元素的索引,和 end 是标记切片结尾的索引。该表达式返回一个列表,它包含了从 start 开始直到(但不包括)end 的元素副本。例如,假设我们创建以下列表:

```
days = ['Sunday', 'Monday', 'Tuesday', 'Wednesday',
        'Thursday', 'Friday', 'Saturday']
```

以下语句使用切片表达式来获取从索引 2 开始到索引 5(但不包括 5)的元素:

```
mid_days = days[2:5]
```

这个语句执行后，`mid_days` 变量引用以下列表：

`['Tuesday', 'Wednesday', 'Thursday']`

可以快速地使用交互式解释器来查看切片的工作原理。例如，请看下面的会话。（我们添加了行号以便于参考。）

```
1  >>> numbers = [1, 2, 3, 4, 5] Enter
2  >>> print(numbers) Enter
3  [1, 2, 3, 4, 5]
4  >>> print(numbers[1:3]) Enter
5  [2, 3]
6  >>>
```

以下是每行的主要内容：

- 在第 1 行中，我们创建了列表 [1, 2, 3, 4, 5] 并将其分配给 `numbers` 变量。
- 在第 2 行中，我们将 `numbers` 作为参数传递给 `print` 函数。`print` 函数在第 3 行显示了列表。
- 在第 4 行中，我们将切片 `numbers[1:3]` 作为参数传递给 `print` 函数。`print` 函数在第 5 行显示了切片。

如果在一个切片表达式中 `start` 索引为空，Python 会使用 0 作为起始索引。

以下交互式会话显示了一个示例：

```
1  >>> numbers = [1, 2, 3, 4, 5] Enter
2  >>> print(numbers) Enter
3  [1, 2, 3, 4, 5]
4  >>> print(numbers[:3]) Enter
5  [1, 2, 3]
6  >>>
```

注意第 4 行将 `numbers[:3]` 作为参数传递给 `print` 函数。因为省略了起始索引，切片包含从索引 0 到 3 的所有元素。

如果在一个切片表达式中 `end` 索引为空，则 Python 会使用列表的长度作为 `end` 索引。以下交互式会话显示了一个示例：

```
1  >>> numbers = [1, 2, 3, 4, 5] Enter
2  >>> print(numbers) Enter
3  [1, 2, 3, 4, 5]
4  >>> print(numbers[2:]) Enter
5  [3, 4, 5]
6  >>>
```

注意第 4 行将 `numbers[2:]` 作为参数传递给 `print` 函数。因为省略了结束索引，切片包含从索引 2 到列表末尾的所有元素。

如果在一个切片表达式中 `start` 和 `end` 索引都为空，你会得到整个列表的一个副本。以下交互式会话显示了一个示例：

```
1  >>> numbers = [1, 2, 3, 4, 5] Enter
2  >>> print(numbers) Enter
3  [1, 2, 3, 4, 5]
4  >>> print(numbers[:]) Enter
5  [1, 2, 3, 4, 5]
6  >>>
```

到目前为止，我们已经看到的切片示例都是从列表中获得连续元素的切片。切片表达式也可以设置步长值，可能会导致在列表中跳过一些元素。以下交互式会话显示了使用一个步长值的切片表达式示例：

```
1  >>> numbers = [1, 2, 3, 4, 5, 6, 7, 8, 9, 10] Enter
2  >>> print(numbers) Enter
3  [1, 2, 3, 4, 5, 6, 7, 8, 9, 10]
4  >>> print(numbers[1:8:2]) Enter
5  [2, 4, 6, 8]
6  >>>
```

在第 4 行的切片表达式中，括号内的第 3 个数字是步长值。如本示例中所使用的步长值 2，会使得切片从列表的指定范围内间隔地选取元素。

还可以在切片表达式中使用负数作为索引表示相对于列表末尾的位置。Python 将负索引与列表长度相加得到该索引引用的位置。以下交互式会话显示一个示例：

```
1  >>> numbers = [1, 2, 3, 4, 5, 6, 7, 8, 9, 10] Enter
2  >>> print(numbers) Enter
3  [1, 2, 3, 4, 5, 6, 7, 8, 9, 10]
4  >>> print(numbers[-5:]) Enter
5  [6, 7, 8, 9, 10]
6  >>>
```

> **注**：无效的索引不会使得切片表达式引发异常。例如：
> - 如果 end 索引指定的位置超出了列表的末尾位置，Python 将使用列表长度进行代替。
> - 如果 start 索引指定的位置超出了列表的开始位置，Python 将使用 0 进行代替。
> - 如果 start 索引比 end 索引大，切片表达式将返回一个空列表。

 检查点

7.9 以下代码将显示什么？

```
numbers = [1, 2, 3, 4, 5]
my_list = numbers[1:3]
print(my_list)
```

7.10 以下代码将显示什么？

```
numbers = [1, 2, 3, 4, 5]
my_list = numbers[1:]
print(my_list)
```

7.11 以下代码将显示什么？

```
numbers = [1, 2, 3, 4, 5]
my_list = numbers[:1]
print(my_list)
```

7.12 以下代码将显示什么？

```
numbers = [1, 2, 3, 4, 5]
my_list = numbers[:]
print(my_list)
```

7.13 以下代码将显示什么？

```
numbers = [1, 2, 3, 4, 5]
my_list = numbers[-3:]
print(my_list)
```

7.4 使用 in 操作符在列表中查找元素

概念：可以使用 in 操作符在列表中查找一个元素。

在 Python 中，你可以使用 in 操作符以确定元素是否包含在列表中。下面是使用 in 操作符编写表达式来查找列表中元素的一般格式：

item in *list*

其中，item 是你正在查找的元素，list 是一个列表。如果 item 可以在 list 中找到，该表达式返回 true，否则返回 false。程序 7-2 显示了一个例子。

程序 7-2 （in_list.py）

```
 1   # This program demonstrates the in operator
 2   # used with a list.
 3
 4   def main():
 5       # Create a list of product numbers.
 6       prod_nums = ['V475', 'F987', 'Q143', 'R688']
 7
 8       # Get a product number to search for.
 9       search = input('Enter a product number: ')
10
11       # Determine whether the product number is in the list.
12       if search in prod_nums:
13           print(search, 'was found in the list.')
14       else:
15           print(search, 'was not found in the list.')
16
17   # Call the main function.
18   main()
```

程序输出

Enter a product number: **Q143** [Enter]
Q143 was found in the list.

程序输出

Enter a product number: **B000** [Enter]
B000 was not found in the list.

该程序在第 9 行从用户得到一个产品编号，并将其分配到 search 变量。if 语句在第 12 行确定 search 是否在 prod_nums 列表中。

你可以使用 not in 操作符来确定一个元素不在一个列表中。下面是一个例子：

```
if search not in prod_nums:
    print(search, 'was not found in the list.')
else:
    print(search, 'was found in the list.')
```

✓ 检查点

7.14 以下代码将显示什么？

```
names = ['Jim', 'Jill', 'John', 'Jasmine']
if 'Jasmine' not in names:
    print('Cannot find Jasmine.')
else:
    print("Jasmine's family:")
    print(names)
```

7.5 列表方法和有用的内置函数

概念：列表有许多方法允许你处理列表中包含的元素。Python 还提供了一些内置函数用于处理列表。

列表有许多方法允许你添加元素，删除元素，更改元素排序等等。我们将看看其中的几个方法[⊖]，如表 7-1 所示。

追加方法

append 方法常用于向列表中添加元素。作为参数的元素会追加到列表已有元素的末尾。程序 7-3 显示了一个示例。

表 7-1 列表的一些方法

方法	描述
append(item)	将 item 添加到列表末尾
index(item)	返回与 item 值相同的第一个元素的索引。如果 item 在列表中没有找到，会引发 Value-Error 异常
insert(index, item)	将 item 插入到列表中指定的 index 位置。当元素插入到列表时，列表大小会扩大以容纳新的元素。而之前在指定索引位置上的元素以及其后的所有元素则依次向后移动一个位置。如果你指定了一个无效索引，不会引发异常。如果指定的位置超过了列表末尾，元素会添加到列表末尾。如果你使用负索引指定了一个非法索引，元素会添加到列表开始
sort()	排序列表中元素使其按照升序排列（从最低到最高）
remove(item)	从列表中移除 item 出现的第一个元素。如果 item 在列表中没有找到，会引发 Value-Error 异常
reverse()	反转列表中元素的顺序

程序 7-3 （list_append.py）

```
1    # This program demonstrates how the append
2    # method can be used to add items to a list.
3
4    def main():
5        # First, create an empty list.
6        name_list = []
7
8        # Create a variable to control the loop.
9        again = 'y'
10
11       # Add some names to the list.
12       while again == 'y':
13           # Get a name from the user.
14           name = input('Enter a name: ')
15
16           # Append the name to the list.
17           name_list.append(name)
18
19           # Add another one?
20           print('Do you want to add another name?')
21           again = input('y = yes, anything else = no: ')
22           print()
23
```

⊖ 本书中并不会涉及列表的所有方法。要想了解所有列表方法的描述，请参照 www.python.org 的 Python 文档。

```
24        # Display the names that were entered.
25        print('Here are the names you entered.')
26
27        for name in name_list:
28            print(name)
29
30    # Call the main function.
31    main()
```

程序输出

```
Enter a name: Kathryn [Enter]
Do you want to add another name?
y = yes, anything else = no: y [Enter]
Enter a name: Chris [Enter]
Do you want to add another name?
y = yes, anything else = no: y [Enter]
Enter a name: Kenny [Enter]
Do you want to add another name?
y = yes, anything else = no: y [Enter]
Enter a name: Renee [Enter]
Do you want to add another name?
y = yes, anything else = no: n [Enter]
Here are the names you entered.
Kathryn
Chris
Kenny
Renee
```

注意第 6 行的语句：

`name_list = []`

该语句创建一个空列表（没有元素的列表），并将其分配给 `name_list` 变量。在循环中，调用 append 方法来生成列表。第一次调用该方法时，传递给它的参数将成为元素 0。第二次调用该方法时，传递给它的参数将成为元素 1。该过程一直继续直至用户退出循环。

index 方法

此前，你看到了如何使用 in 操作符来确定一个元素是否在列表中。有时，你不仅需要知道一个元素是否在一个列表中，而且还需要知道它位于何处。index 方法在这些情况下十分有用。你传递一个参数到 index 方法，它返回包含该元素的列表中第一个元素的索引。如果该元素在列表中没有找到，该方法会引发一个 ValueError 异常。程序 7-4 演示了 index 方法。

程序 7-4 （index_list.py）

```
1  # This program demonstrates how to get the
2  # index of an item in a list and then replace
3  # that item with a new item.
4
5  def main():
6      # Create a list with some items.
7      food = ['Pizza', 'Burgers', 'Chips']
8
9      # Display the list.
```

```
10      print('Here are the items in the food list:')
11      print(food)
12
13      # Get the item to change.
14      item = input('Which item should I change? ')
15
16      try:
17          # Get the item's index in the list.
18          item_index = food.index(item)
19
20          # Get the value to replace it with.
21          new_item = input('Enter the new value: ')
22
23          # Replace the old item with the new item.
24          food[item_index] = new_item
25
26          # Display the list.
27          print('Here is the revised list:')
28          print(food)
29      except ValueError:
30          print('That item was not found in the list.')
31
32  # Call the main function.
33  main()
```

程序输出

```
Here are the items in the food list:
['Pizza', 'Burgers', 'Chips']
Which item should I change? Burgers [Enter]
Enter the new value: Pickles [Enter]
Here is the revised list:
['Pizza', 'Pickles', 'Chips']
```

food 列表的元素显示在第 11 行，并且在第 14 行询问用户他想修改的元素。第 18 行调用 index 方法来获取该元素的索引。第 21 行从用户获取一个新值，并且第 24 行将新值分配给保存原先值的元素。

insert 方法

insert 方法可以让你在列表的特定位置插入一个元素。你传递两个参数到 insert 方法：一个索引指定元素应插入的位置和一个想要插入的元素。程序 7-5 显示了一个例子。

程序 7-5 （insert_list.py）

```
1   # This program demonstrates the insert method.
2
3   def main():
4       # Create a list with some names.
5       names = ['James', 'Kathryn', 'Bill']
6
7       # Display the list.
8       print('The list before the insert:')
9       print(names)
10
11      # Insert a new name at element 0.
12      names.insert(0, 'Joe')
```

```
13
14          # Display the list again.
15          print('The list after the insert:')
16          print(names)
17
18  # Call the main function.
19  main()
```

程序输出

```
The list before the insert:
['James', 'Kathryn', 'Bill']
The list after the insert:
['Joe', 'James', 'Kathryn', 'Bill']
```

sort 方法

sort 方法重新对列表中的元素进行排序，使其它们按升序排列（从最低值到最高值）。下面是一个例子：

```
my_list = [9, 1, 0, 2, 8, 6, 7, 4, 5, 3]
print('Original order:', my_list)
my_list.sort()
print('Sorted order:', my_list)
```

当该代码执行时，它会显示如下：

```
Original order: [9, 1, 0, 2, 8, 6, 7, 4, 5, 3]
Sorted order: [0, 1, 2, 3, 4, 5, 6, 7, 8, 9]
```

下面是另一个例子：

```
my_list = ['beta', 'alpha', 'delta', 'gamma']
print('Original order:', my_list)
my_list.sort()
print('Sorted order:', my_list)
```

当该代码执行时，它会显示如下：

```
Original order: ['beta', 'alpha', 'delta', 'gamma']
Sorted order: ['alpha', 'beta', 'delta', 'gamma']
```

remove 方法

remove 方法从列表中删除元素。你将一个元素作为参数传递给该方法，并且删除包含该参数的第一个元素。这会使得列表的大小减少 1。所删除元素之后的所有元素都会向前移动一个位置。如果在列表中没有找到该元素，则会引发一个 ValueError 异常。程序 7-6 演示了该方法。

程序 7-6（remove_item.py）

```
1   # This program demonstrates how to use the remove
2   # method to remove an item from a list.
3
4   def main():
5       # Create a list with some items.
6       food = ['Pizza', 'Burgers', 'Chips']
7
8       # Display the list.
9       print('Here are the items in the food list:')
10      print(food)
11
```

```
12      # Get the item to change.
13      item = input('Which item should I remove? ')
14
15      try:
16          # Remove the item.
17          food.remove(item)
18
19          # Display the list.
20          print('Here is the revised list:')
21          print(food)
22
23      except ValueError:
24          print('That item was not found in the list.')
25
26  # Call the main function.
27  main()
```

程序输出

```
Here are the items in the food list:
['Pizza', 'Burgers', 'Chips']
Which item should I remove? Burgers Enter
Here is the revised list:
['Pizza', 'Chips']
```

reverse 方法

reverse 方法简单地反转列表中元素的顺序。下面是一个例子：

```
my_list = [1, 2, 3, 4, 5]
print('Original order:', my_list)
my_list.reverse()
print('Reversed:', my_list)
```

该代码会显示如下：

```
Original order: [1, 2, 3, 4, 5]
Reversed: [5, 4, 3, 2, 1]
```

7.5.1 del 语句

如果该元素在列表中，你之前看到的 remove 方法从列表中移除特定的元素。某些情况可能需要在特定索引位置删除元素，无论在该索引位置存储的是什么元素。这可以使用 del 语句来实现。下面是如何使用 del 语句的例子：

```
my_list = [1, 2, 3, 4, 5]
print('Before deletion:', my_list)
del my_list[2]
print('After deletion:', my_list)
```

此代码将显示以下内容：

```
Before deletion: [1, 2, 3, 4, 5]
After deletion: [1, 2, 4, 5]
```

7.5.2 min 和 max 函数

Python 有名为 min 和 max 的两个内置函数来处理序列。min 函数接受一个序列作为参数，如列表，并返回序列中的最小值。下面是一个例子：

```
my_list = [5, 4, 3, 2, 50, 40, 30]
print('The lowest value is', min(my_list))
```

此代码将显示以下内容:

```
The lowest value is 2
```

max 函数接受一个序列作为参数, 如列表, 并返回序列中的最大值。下面是一个例子:

```
my_list = [5, 4, 3, 2, 50, 40, 30]
print('The highest value is', max(my_list))
```

此代码将显示以下内容:

```
The highest value is 50
```

检查点

7.15 调用列表的 remove 方法和使用 del 语句之间的差别是什么?

7.16 如何找到列表中最小和最大的值?

7.17 假设程序中出现以下声明:

```
names = []
```

你可以使用以下哪个语句将字符串 'Wendy' 添加到列表的索引 0 位置? 为什么选择这个语句而不是另一个?

a. `names[0] = 'Wendy'`
b. `names.append('Wendy')`

7.18 描述以下列表方法:

a. index
b. insert
c. sort
d. reverse

7.6 复制列表

概念: 做一个列表的副本, 则必须复制列表中的元素。

回想一下, 在 Python 中, 将一个变量分配给另一个变量只是使这两个变量引用内存中的同一个对象。例如, 看下面的代码:

```
# Create a list.
list1 = [1, 2, 3, 4]
# Assign the list to the list2 variable.
list2 = list1
```

该代码执行后, list1 和 list2 变量将引用内存中的同一个列表。如图 7-4 所示。

为了演示这一点, 请看下面的交互式会话:

```
1  >>> list1 = [1, 2, 3, 4] Enter
2  >>> list2 = list1 Enter
3  >>> print(list1) Enter
4  [1, 2, 3, 4]
5  >>> print(list2) Enter
6  [1, 2, 3, 4]
7  >>> list1[0] = 99 Enter
8  >>> print(list1) Enter
9  [99, 2, 3, 4]
```

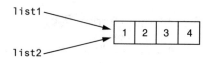

图 7-4 list1 和 list2 引用同一个列表

```
10  >>> print(list2) Enter
11  [99, 2, 3, 4]
12  >>>
```

我们来仔细看看每一行：

- 在第1行中，我们创建了一个整数列表并将其分配给 list1 变量。
- 在第2行中，我们将 list1 分配给 list2。在此之后，list1 和 list2 引用了内存中的同一个列表。
- 在第3行中，我们打印了 list1 所引用的列表。print 函数的输出如第4行所示。
- 在第5行中，我们打印了 list2 所引用的列表。print 函数的输出如第6行所示。请注意它与第4行所示的输出相同。
- 在第7行中，我们将 list[0] 的值改为 99。
- 在第8行中，我们打印了 list1 所引用的列表。print 函数的输出如第9行所示。注意第一个元素现在是 99。
- 在第10行中，我们打印了 list2 所引用的列表。print 函数的输入如第11行所示。注意第一个元素是 99。

在这个交互式会话中，list1 和 list2 变量引用了内存中的同一个列表。

假设你想要复制一个列表的副本，所以 list1 和 list2 引用两个独立的但相同的列表。一种方法是使用一个循环来复制列表的每个元素。

下面是一个例子：

```
# Create a list with values.
list1 = [1, 2, 3, 4]
# Create an empty list.
list2 = []
# Copy the elements of list1 to list2.
for item in list1:
    list2.append(item)
```

该代码执行后，list1 和 list2 将引用两个独立但相同的列表。完成相同任务的一个更简单和更优雅的方法是使用连接操作符，如下所示：

```
# Create a list with values.
list1 = [1, 2, 3, 4]
# Create a copy of list1.
list2 = [] + list1
```

这个代码的最后一句将 list1 和空表进行连接，并将结果列表分配给 list2。结果，list1 和 list2 引用了两个独立但相同的列表。

7.7 处理列表

目前，我们已经学习了处理列表的很多不同的方法。现在来看看程序处理列表中数据的许多方法。例如，下面的聚光灯部分显示了列表中的元素是如何用来计算的。

聚光灯：在数学表达式中使用列表元素

梅根拥有一个小型社区咖啡馆，其中有6名为其工作的咖啡师员工。所有员工都具有相同的小时薪酬。梅根已经要求你设计一个程序，允许她输入每个员工的工作小时数，然后显示所有的员工工资总额。你确定程序应执行以下步骤：

1. 对于每个员工：获得工作的小时数，并将其存储在一个列表元素中。
2. 对于每个列表元素：使用存储在元素中的值来计算雇员的工资总额。显示工资总额。

程序 7-7 显示了程序代码。

程序 7-7（barista_pay.py）

```
1    # This program calculates the gross pay for
2    # each of Megan's baristas.
3
4    # NUM_EMPLOYEES is used as a constant for the
5    # size of the list.
6    NUM_EMPLOYEES = 6
7
8    def main():
9        # Create a list to hold employee hours.
10       hours = [0] * NUM_EMPLOYEES
11
12       # Get each employee's hours worked.
13       for index in range(NUM_EMPLOYEES):
14           print('Enter the hours worked by employee ',
15                 index + 1, ': ', sep='', end='')
16           hours[index] = float(input())
17
18       # Get the hourly pay rate.
19       pay_rate = float(input('Enter the hourly pay rate: '))
20
21       # Display each employee's gross pay.
22       for index in range(NUM_EMPLOYEES):
23           gross_pay = hours[index] * pay_rate
24           print('Gross pay for employee ', index + 1, ': $',
25                 format(gross_pay, ',.2f'), sep='')
26
27    # Call the main function.
28    main()
```

程序输出

```
Enter the hours worked by employee 1: 10 [Enter]
Enter the hours worked by employee 2: 20 [Enter]
Enter the hours worked by employee 3: 15 [Enter]
Enter the hours worked by employee 4: 40 [Enter]
Enter the hours worked by employee 5: 20 [Enter]
Enter the hours worked by employee 6: 18 [Enter]
Enter the hourly pay rate: 12.75 [Enter]
Gross pay for employee 1: $127.50
Gross pay for employee 2: $255.00
Gross pay for employee 3: $191.25
Gross pay for employee 4: $510.00
Gross pay for employee 5: $255.00
Gross pay for employee 6: $229.50
```

注：假设梅根的业务增长，她又额外雇佣两个咖啡师。这将要求您修改程序以便处理 8 名雇员而不是 6 个。因为我们使用了常数表示列表的大小，这是一个简单的修改，你只需要将第 6 行的语句改为：

```
NUM_EMPLOYEES = 8
```

因为在第 10 行中使用 NUM_EMPLOYEES 常数创建了列表，hours 列表会自动变为 8。此外，由于使用了 NUM_EMPLOYEES 常数控制从 13～22 行的循环迭代，循环会自动迭代八次，每一次针对一个员工。

想一下如果你没有使用一个常数来确定列表的大小，这个修改将会多么困难。你将不得不修改程序中每个引用该列表大小的语句。这不仅需要更多的工作，也会带来错误的可能性。如果你忽视了语句中的任何一个引用列表的大小，就会发生错误。

7.7.1 计算列表中的数值之和

假设一个列表包含了数字值，为了计算这些值的总和，你可以使用一个带累加器变量的循环。这个循环通过遍历列表，将每个元素的数值添加到累加器。程序 7-8 展示了一个名为 numbers 列表的算法。

程序 7-8 （total_list.py）

```
1    # This program calculates the total of the values
2    # in a list.
3
4    def main():
5        # Create a list.
6        numbers = [2, 4, 6, 8, 10]
7
8        # Create a variable to use as an accumulator.
9        total = 0
10
11       # Calculate the total of the list elements.
12       for value in numbers:
13           total += value
14
15       # Display the total of the list elements.
16       print('The total of the elements is', total)
17
18   # Call the main function.
19   main()
```

程序输出

```
The total of the elements is 30
```

7.7.2 计算列表中数值的平均值

计算列表中数值平均值的第一步是获得它们的总和。你已经看到了在上一节中是如何做到这一点。第二步是将这个总和除以列表中元素的个数。程序 7-9 演示了这个算法。

程序 7-9 （average_list.py）

```
1    # This program calculates the average of the values
2    # in a list.
```

```
 3
 4   def main():
 5       # Create a list.
 6       scores = [2.5, 7.3, 6.5, 4.0, 5.2]
 7
 8       # Create a variable to use as an accumulator.
 9       total = 0.0
10
11       # Calculate the total of the list elements.
12       for value in scores:
13           total += value
14
15       # Calculate the average of the elements.
16       average = total / len(scores)
17
18       # Display the total of the list elements.
19       print('The average of the elements is', average)
20
21   # Call the main function.
22   main()
```

程序输出

```
The average of the elements is 5.3
```

7.7.3 将列表作为参数传递给函数

回想一下第 5 章当程序变得更大更复杂时，它应该分解成多个各自执行特定任务的函数调用。这使得程序更容易理解和维护。

你可以很容易地将列表作为参数传递给函数。这使得你有能力将很多在列表上的操作放到自己的函数中。当你需要调用这些函数时，你可以将列表作为参数。

程序 7-10 显示了这样使用函数的程序示例。在该程序中的函数接受一个列表作为参数，并返回列表元素的总和。

程序 7-10 （total_function.py）

```
 1   # This program uses a function to calculate the
 2   # total of the values in a list.
 3
 4   def main():
 5       # Create a list.
 6       numbers = [2, 4, 6, 8, 10]
 7
 8       # Display the total of the list elements.
 9       print('The total is', get_total(numbers))
10
11   # The get_total function accepts a list as an
12   # argument returns the total of the values in
13   # the list.
14   def get_total(value_list):
15       # Create a variable to use as an accumulator.
16       total = 0
17
18       # Calculate the total of the list elements.
```

```
19        for num in value_list:
20            total += num
21
22        # Return the total.
23        return total
24
25  # Call the main function.
26  main()
```

程序输出

```
The total is 30
```

7.7.4 从函数返回一个列表

函数可以返回一个列表的引用。这使得你可以编写一个函数，它可以创建一个列表，并添加元素，然后返回列表的引用，以便程序的其他部分可以处理它。程序 7-11 中的代码展示了示例。它使用了一个名为 get_values 的函数，从用户得到了一系列的数值，将它们存储在列表中，然后返回该列表的引用。

程序 7-11 （return_list.py）

```
1   # This program uses a function to create a list.
2   # The function returns a reference to the list.
3
4   def main():
5       # Get a list with values stored in it.
6       numbers = get_values()
7
8       # Display the values in the list.
9       print('The numbers in the list are:')
10      print(numbers)
11
12  # The get_values function gets a series of numbers
13  # from the user and stores them in a list. The
14  # function returns a reference to the list.
15  def get_values():
16      # Create an empty list.
17      values = []
18
19      # Create a variable to control the loop.
20      again = 'y'
21
22      # Get values from the user and add them to
23      # the list.
24      while again == 'y':
25          # Get a number and add it to the list.
26          num = int(input('Enter a number: '))
27          values.append(num)
28
29          # Want to do this again?
30          print('Do you want to add another number?')
31          again = input('y = yes, anything else = no: ')
32          print()
33
```

```
34      # Return the list.
35      return values
36
37  # Call the main function.
38  main()
```

程序输出

```
Enter a number: 1 [Enter]
Do you want to add another number?
y = yes, anything else = no: y [Enter]

Enter a number: 2 [Enter]
Do you want to add another number?
y = yes, anything else = no: y [Enter]

Enter a number: 3 [Enter]
Do you want to add another number?
y = yes, anything else = no: y [Enter]

Enter a number: 4 [Enter]
Do you want to add another number?
y = yes, anything else = no: y [Enter]

Enter a number: 5 [Enter]
Do you want to add another number?
y = yes, anything else = no: n [Enter]
The numbers in the list are:
[1, 2, 3, 4, 5]
```

聚光灯：处理列表

LaClaire 博士在该学期需要为她的化学课提供一系列考试。在本学期末，她在计算平均成绩之前需要先去掉每个学生的最低分。她要求你设计一个程序，将学生的考试成绩作为输入，计算去掉最低分后的平均成绩。这是你开发的算法：

Get the student's test scores.
Calculate the total of the scores.
Find the lowest score.
Subtract the lowest score from the total. This gives the adjusted total.
Divide the adjusted total by 1 less than the number of test scores. This is the average.
Display the average.

程序 7-12 显示了该程序的代码，其分为 3 个函数。我们并没有一次性地将所有代码呈现，而是让我们先看看 main 函数，然后是单独的每个函数。下面是 main 函数：

程序 7-12　drop_lowest_score.py: main function

```
1   # This program gets a series of test scores and
2   # calculates the average of the scores with the
3   # lowest score dropped.
4
5   def main():
6       # Get the test scores from the user.
7       scores = get_scores()
8
9       # Get the total of the test scores.
```

```
10      total = get_total(scores)
11
12      # Get the lowest test score.
13      lowest = min(scores)
14
15      # Subtract the lowest score from the total.
16      total -= lowest
17
18      # Calculate the average. Note that we divide
19      # by 1 less than the number of scores because
20      # the lowest score was dropped.
21      average = total / (len(scores) - 1)
22
23      # Display the average.
24      print('The average, with the lowest score dropped',
25            'is:', average)
26
```

第 7 行调用了 get_scores 函数。该函数从用户得到考试成绩并返回对包含这些分数的列表的引用，将该列表分配给 scores 变量。

第 10 行将 scores 列表作为参数调用了 get_total 函数。该函数返回列表中数值的总和，并将该值分配给 total 变量。

第 13 行将 scores 列表作为参数调用了内置的 min 函数。该函数返回列表中的最低数值，并将该值分配给 lowest 变量。

第 16 行从 total 变量中减去最低考试分数。然后，第 21 行通过 total 除以 len(scores)-1 来计算平均值。（该程序除以 len(scores)-1 是因为去掉了最低考试成绩）。24～25 行显示了平均值。

接下来是 get_scores 函数。

程序 7-12 drop_lowest_score.py: get_scores function

```
27      # The get_scores function gets a series of test
28      # scores from the user and stores them in a list.
29      # A reference to the list is returned.
30      def get_scores():
31          # Create an empty list.
32          test_scores = []
33
34          # Create a variable to control the loop.
35          again = 'y'
36
37          # Get the scores from the user and add them to
38          # the list.
39          while again == 'y':
40              # Get a score and add it to the list.
41              value = float(input('Enter a test score: '))
42              test_scores.append(value)
43
44              # Want to do this again?
45              print('Do you want to add another score?')
46              again = input('y = yes, anything else = no: ')
```

```
47          print()
48
49      # Return the list.
50      return test_scores
51
```

该 `get_scores` 功能提示用户输入一系列的考试成绩。每当输入一个分数，就会添加到列表中。该列表将在第 50 行返回。

接下来是 `get_total` 函数。

程序 7-12 drop_lowest_score.py: get_total function

```
52  # The get_total function accepts a list as an
53  # argument returns the total of the values in
54  # the list.
55  def get_total(value_list):
56      # Create a variable to use as an accumulator.
57      total = 0.0
58
59      # Calculate the total of the list elements.
60      for num in value_list:
61          total += num
62
63      # Return the total.
64      return total
65
66  # Call the main function.
67  main()
```

这个函数接受一个列表作为参数。它使用了一个累加器和一个循环来计算在列表中数值的总和并在第 64 行返回总和。

程序输出

```
Enter a test score: 92 [Enter]
Do you want to add another score?
Y = yes, anything else = no: y [Enter]
Enter a test score: 67 [Enter]
Do you want to add another score?
Y = yes, anything else = no: y [Enter]
Enter a test score: 75 [Enter]
Do you want to add another score?
Y = yes, anything else = no: y [Enter]
Enter a test score: 88 [Enter]
Do you want to add another score?
Y = yes, anything else = no: n [Enter]
The average, with the lowest score dropped is: 85.0
```

7.7.5 处理列表和文件

有些任务可能需要你将列表中的内容保存到文件中，这样数据就可以在稍后使用了。同样，某些情况下可能需要你将文件中的数据读入列表。例如，假设你有一个文件，包含了一组按照随机顺序出现的数值，并且你想要对其进行排序。文件中数值排序的一种技术是将它们读入一个列表，调用列表的 sort 方法，然后再将列表中的数值写回文件。

保存列表的内容到一个文件是一个简单的过程。事实上，Python 的文件对象有一个名为 writelines 的方法，可以将整个列表写入文件。writelines 方法的缺点在于，它不会自动地在每个元素后面添加一个换行符 ('\n')。因此，每个元素都会写成文件中的长长的一行。程序 7-13 演示了该方法。

程序 7-13 （writelines.py）

```
1   # This program uses the writelines method to save
2   # a list of strings to a file.
3
4   def main():
5       # Create a list of strings.
6       cities = ['New York', 'Boston', 'Atlanta', 'Dallas']
7
8       # Open a file for writing.
9       outfile = open('cities.txt', 'w')
10
11      # Write the list to the file.
12      outfile.writelines(cities)
13
14      # Close the file.
15      outfile.close()
16
17  # Call the main function.
18  main()
```

该程序执行后，cities.txt 文件将包含以下行：

New YorkBostonAtlantaDallas

另一种方法是使用 for 循环来遍历列表，为每个元素后面写入一个换行符。程序 7-14 显示了一个示例。

程序 7-14 （write_list.py）

```
1   # This program saves a list of strings to a file.
2
3   def main():
4       # Create a list of strings.
5       cities = ['New York', 'Boston', 'Atlanta', 'Dallas']
6
7       # Open a file for writing.
8       outfile = open('cities.txt', 'w')
9
10      # Write the list to the file.
11      for item in cities:
12          outfile.write(item + '\n')
13
14      # Close the file.
15      outfile.close()
16
```

```
17    # Call the main function.
18    main()
```

该程序执行后，cities.txt 文件将包含以下文本行：

```
New York
Boston
Atlanta
Dallas
```

Python 中的文件对象有一个名为 readlines 的方法，其以字符串列表的形式返回一个文件的内容。该文件中的每一行都会成为列表中的一个元素。列表中的所有元素都包含了在很多情况下想要剔除的换行符。程序 7-15 显示了一个示例。第 8 行的语句读取文件的内容到一个列表，并且 15 ~ 17 行的循环迭代遍历列表，从每个元素中剔除 "\n" 字符。

程序 7-15　（read_list.py）

```
1     # This program reads a file's contents into a list.
2
3     def main():
4         # Open a file for reading.
5         infile = open('cities.txt', 'r')
6
7         # Read the contents of the file into a list.
8         cities = infile.readlines()
9
10        # Close the file.
11        infile.close()
12
13        # Strip the \n from each element.
14        index = 0
15        while index < len(cities):
16            cities[index] = cities[index].rstrip('\n')
17            index += 1
18
19        # Print the contents of the list.
20        print(cities)
21
22    # Call the main function.
23    main()
```

程序输出

```
['New York', 'Boston', 'Atlanta', 'Dallas']
```

程序 7-16 显示了如何将列表写入文件的另一个例子。在这个例子中，一个数字的列表被写入。注意第 12 行，每个元素使用 str 函数将其转换为了一个字符串，然后让 "\n" 紧接其后。

程序 7-16　（write_number_list.py）

```
1     # This program saves a list of numbers to a file.
2
3     def main():
4         # Create a list of numbers.
5         numbers = [1, 2, 3, 4, 5, 6, 7]
```

```
 6
 7      # Open a file for writing.
 8      outfile = open('numberlist.txt', 'w')
 9
10      # Write the list to the file.
11      for item in numbers:
12          outfile.write(str(item) + '\n')
13
14      # Close the file.
15      outfile.close()
16
17  # Call the main function.
18  main()
```

当从文件中读取数字到列表时,这些数字将不得不从字符串类型转换到数字类型。程序 7-17 显示了一个例子。

程序 7-17 (read_number_list.py)

```
 1  # This program reads numbers from a file into a list.
 2
 3  def main():
 4      # Open a file for reading.
 5      infile = open('numberlist.txt', 'r')
 6
 7      # Read the contents of the file into a list.
 8      numbers = infile.readlines()
 9
10      # Close the file.
11      infile.close()
12
13      # Convert each element to an int.
14      index = 0
15      while index < len(numbers):
16          numbers[index] = int(numbers[index])
17          index += 1
18
19      # Print the contents of the list.
20      print(numbers)
21
22  # Call the main function.
23  main()
```

程序输出

```
[1, 2, 3, 4, 5, 6, 7]
```

7.8 二维列表

概念:二维列表是将其他列表作为其元素的列表。

列表中的元素实际上可以是任何东西,包括其他列表。为了演示,请看下面的交互式会话:

```
1  >>> students = [['Joe', 'Kim'], ['Sam', 'Sue'], ['Kelly', 'Chris']] Enter
2  >>> print(students) Enter
3  [['Joe', 'Kim'], ['Sam', 'Sue'], ['Kelly', 'Chris']]
```

```
 4  >>> print(students[0]) Enter
 5  ['Joe', 'Kim']
 6  >>> print(students[1]) Enter
 7  ['Sam', 'Sue']
 8  >>> print(students[2]) Enter
 9  ['Kelly', 'Chris']
10  >>>
```

让我们在每一行上一探究竟。

- 第 1 行创建了一个列表并将其分配给 students 变量。该列表有三个元素，并且每个元素也是一个列表。students[0] 元素是

  ['Joe', 'Kim']

  students[1] 元素是

  ['Sam', 'Sue']

  students[2] 元素是

  ['Kelly', 'Chris']

- 第 2 行打印了整个 students 列表。print 函数的输出显示在第 3 行。
- 第 4 行打印了整个 students[0] 元素。print 函数的输出显示在第 5 行。
- 第 6 行打印了整个 students[1] 元素。print 函数的输出显示在第 7 行。
- 第 8 行打印了整个 students[2] 元素。print 函数的输出显示在第 9 行。

列表的列表也可称为嵌套列表，或二维列表。通常将二维列表视为具有行和列的元素集合，如图 7-5 所示。该图表明了在之前的交互式会话中创建了具有三行两列的二维列表。注意，行编号分别为 0，1，2，列编号分别为 0 和 1。列表中一共有 6 个元素。

	第0列	第1列
第0行	'Joe'	'Kim'
第1行	'Sam'	'Sue'
第2行	'Kelly'	'Chris'

图 7-5　二维列表

二维列表在处理多组数据方面十分有用。例如，假设你正在为一个老师编写一个平均成绩程序。老师有三个学生，每个学生在学期中有三门考试。一种方法是为每个学生创建三个单独的列表。这些列表具有三个元素，对应每门考试成绩。然而，这种方法会很麻烦，因为你必须分别处理每个列表。更好的方法是使用一个二维列表具有三行（每个学生）和三列（每个考试分数），如图 7-6 所示。

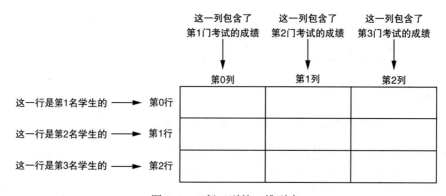

图 7-6　三行三列的二维列表

当处理一个二维列表中的数据时，你需要两个下标：一个对应行，一个对应列。例如，假设我们按照如下语句创建了一个二维列表：

```
scores = [[0, 0, 0],
          [0, 0, 0],
          [0, 0, 0]]
```

第 0 行的元素可按照如下进行引用：

```
scores[0][0]
scores[0][1]
scores[0][2]
```

第 1 行的元素可按照如下进行引用：

```
scores[1][0]
scores[1][1]
scores[1][2]
```

第 2 行的元素可按照如下进行引用：

```
scores[2][0]
scores[2][1]
scores[2][2]
```

图 7-7 展示了这个二维列表，显示了每个元素的下标。

	第0列	第1列	第2列
第0行	scores[0][0]	scores[0][1]	scores[0][2]
第1行	scores[1][0]	scores[1][1]	scores[1][2]
第2行	scores[2][0]	scores[2][1]	scores[2][2]

图 7-7　scores 列表中每一个元素的下标

处理二维列表的程序通常需要嵌套循环来完成。让我们来看一个例子。程序 7-18 创建了一个二维列表并为它的每个元素分配随机数。

程序 7-18　（random_numbers.py）

```
 1  # This program assigns random numbers to
 2  # a two-dimensional list.
 3  import random
 4
 5  # Constants for rows and columns
 6  ROWS = 3
 7  COLS = 4
 8
 9  def main():
10      # Create a two-dimensional list.
11      values = [[0, 0, 0, 0],
12                [0, 0, 0, 0],
13                [0, 0, 0, 0]]
14
15      # Fill the list with random numbers.
16      for r in range(ROWS):
17          for c in range(COLS):
18              values[r][c] = random.randint(1, 100)
19
20      # Display the random numbers.
```

```
21        print(values)
22
23  # Call the main function.
24  main()
```

程序输出

`[[[4, 17, 34, 24], [46, 21, 54, 10], [54, 92, 20, 100]]`

让我们对这个程序一探究竟：
- 第 6 ～ 7 行为行数和列数创建了全局常量。
- 第 11 ～ 13 行创建了一个二维列表，并将其分配给 values 变量。我们可以认为该列表具有三行四列。每个元素分配为 0。
- 第 16 ～ 18 行是一组嵌套循环。外部循环在每一行上迭代，并将从 0 到 2 的值分别分配给 r 变量。内部循环在每一个列上迭代，并将从 0 到 3 的值分别分配给 c 变量。第 18 行的语句为列表中的每个元素执行一次，为每个元素分配从 1 到 100 的一个随机数。
- 第 21 行显示了列表的内容。

注意，第 21 行将 values 列表作为参数传递给 print 函数。结果，整个列表显示在屏幕上。假设我们不喜欢 print 函数用括号括起来的列表，每个嵌套列表也括在括号内的这种显示方式。例如，假设我们想通过自己每行显示每个列表元素，就像下面这样：

4
17
34
24
46
and so forth.

为了实现它，我们可以编写一个嵌套循环，比如：

```
for r in range(ROWS):
    for c in range(COLS):
        print(values[r][c])
```

检查点

7.19 请看下面交互式会话，其中创建了一个二维列表。列表中共有多少行和多少列？

`numbers = [[1, 2], [10, 20], [100, 200], [1000, 2000]]`

7.20 编写一个语句，创建具有三行四列的一个二维列表。各元件应赋值为 0。

7.21 编写一组嵌套循环，可以显示检查点 7.19 中所示的 numbers 列表的内容。

7.9 元组

概念：元组是不可变的序列，这意味着它的内容不能被改变。

一个元组是一个序列，非常像一个列表。元组和列表之间的主要区别是元组是不可变的。这意味着一旦创建了一个元组，它就不能改变。当创建了一个元组，你使用一对括号将元素括起来，如以下交互式会话所示：

```
>>> my_tuple = (1, 2, 3, 4, 5) Enter
>>> print(my_tuple) Enter
```

```
(1, 2, 3, 4, 5)
>>>
```

第 1 条语句创建了一个包含元素 1, 2, 3, 4 和 5 的元组, 并将其分配给 my_tuple 变量。第 2 条语句将 my_tuple 作为参数传递给 print 函数, 用于显示其元素。下面的会话显示了一个 for 循环如何在一个元组的元素上进行迭代的过程:

```
>>> names = ('Holly', 'Warren', 'Ashley') Enter
>>> for n in names: Enter
        print(n) Enter Enter
Holly
Warren
Ashley
>>>
```

像列表一样, 元组支持索引, 如以下的会话所示:

```
>>> names = ('Holly', 'Warren', 'Ashley') Enter
>>> for i in range(len(names)): Enter
        print(names[i]) Enter Enter

Holly
Warren
Ashley
>>>
```

事实上, 除了那些会改变列表内容的操作之外, 元组支持所有与列表相同的操作。元组支持以下:

- 下标索引 (仅用于读取元素的值)
- 各种方法, 如 index
- 内置函数, 如 len, min 和 max
- 切片表达式
- in 操作符
- + 和 * 操作符

元组不支持如 append, remove, insert, reverse 和 sort 等方法。

 注: 如果你想创建只有一个元素的元组, 你必须在元素的值之后写一个结尾的逗号, 如下所示:

```
my_tuple = (1,)      # Creates a tuple with one element.
```

如果省略了逗号, 你就不会创建一个元组。例如, 下面的语句只是将整数值 1 分配给 values 变量:

```
value = (1)          # Creates an integer.
```

7.9.1 重点是什么

如果列表和元组之间的唯一区别是不可改变性, 你可能想知道为什么需要元组。元组存在的一个原因是性能。处理元组比处理列表快, 所以当正在处理大量数据并且这些数据不会被修改, 元组是个不错的选择。另一个原因是, 元组是安全的。因为你不能改变一个元组的内容。你可以将数据一劳永逸地放心存储, 它不会被 (意外或其他方式) 程序中的任何代码修改。

此外，在 Python 中还有一些特定的操作需要使用元组。当你更多地了解 Python 后，你会更频繁地使用元组。

7.9.2 列表和元组间的转换

你可以使用内置的 list() 函数将一个元组转换成一个列表，和使用内置的 tuple() 函数将一个列表转换成一个元组。下面的交互式会话演示了：

```
1  >>> number_tuple = (1, 2, 3) Enter
2  >>> number_list = list(number_tuple) Enter
3  >>> print(number_list) Enter
4  [1, 2, 3]
5  >>> str_list = ['one', 'two', 'three'] Enter
6  >>> str_tuple = tuple(str_list) Enter
7  >>> print(str_tuple) Enter
8  ('one', 'two', 'three')
9  >>>
```

以下是这些语句的主要内容：
- 第 1 行创建了一个元组并将其分配给 number_tuple 变量。
- 第 2 行将 number_tuple 传递给 list() 函数。该函数返回一个列表，包含了与 number_tuple 一样的数值，并将其分配给 number_list 变量。
- 第 3 行将 number_list 传递给 print 函数。该函数的输出如第 4 行所示。
- 第 5 行创建了一个字符串列表，并将其分配给 str_list 变量。
- 第 6 行将 str_list 传递给 tuple() 函数。该函数返回一个元组，包含了与 str_list 一样的数值，并将其分配给 str_tuple。
- 第 7 行将 str_tuple 传递给 print 函数。该函数的输出如第 8 行所示。

检查点

7.22 列表和元组之间的主要区别是什么？
7.23 给出元组存在的两个理由。
7.24 假定 my_list 引用了一个列表，编写一个语句将其转换为一个元组。
7.25 假定 my_tuple 引用了一个元组，编写一个语句将其转换为一个列表。

7.10 使用 matplotlib 包画出列表数据

matplotlib 包是用于创建二维图表和图形的库。它不是标准 Python 库的一部分，所以在系统中安装了 Python 后，你必须单独安装它。要在 Windows 系统上安装 matplotlib 包，打开一个命令提示符窗口，输入以下命令：

```
pip install matplotlib
```

在 Mac 或 Linux 系统上，打开一个终端窗口，输入以下命令：

```
sudo pip3 install matplotlib
```

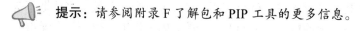
提示：请参阅附录 F 了解包和 PIP 工具的更多信息。

一旦输入这个命令，pip 工具将开始下载并安装软件包。一旦这个过程完成后，你可以通过启动 IDLE 并输入以下命令来验证该包是否正确安装：

```
>>> import matplotlib
```

如果没有看到错误消息，则可以认为已成功安装了该软件包。

7.10.1　导入 pyplot 模块

matplotlib 包中包含了一个名为 pyplot 的模块，你需要将其导入才能创建在本章中展示的所有图表。有多种方法导入该模块。也许最简单的技术是这样的：

```
import matplotlib.pyplot
```

在 pyplot 模块中，有多个函数可以调用来构建和显示图形。当使用这种形式的 import 语句时，你必须在每个函数调用前加入前缀 matplotlib.pyplot。例如，有一个名为 plot 的函数可以创建折线图，你会如下调用 plot 函数：

```
matplotlib.pyplot.plot(arguments...)
```

在每个函数调用的名称前不得不键入 matplotlib.pyplot 变得十分另人讨厌，因此我们可以使用一个稍微不同的技术来导入模块。我们将使用以下的 import 语句，它为 matplotlib.pyplot 模块创建了一个别名：

```
import matplotlib.pyplot as plt
```

这个语句导入了 matplotlib.pyplot 模块，并为该模块创建了一个别名 plt。这允许我们使用 plt 前缀调用 matplotlib.pyplot 模块中的任何函数。例如，我们可以像这样调用 plot 函数：

```
plt.plot(arguments...)
```

　提示：想了解关于 import 语句的更多信息，请参阅附录 E。

7.10.2　绘制折线图

可以使用 plot 函数来创建以直线连接一系列数据点的折线图。折线图具有水平 X 轴和垂直 Y 轴。图中的每个数据点位于一个坐标 (X, Y)。

要创建一个折线图，首先创建两个列表：含有每个数据点 X 坐标的列表，和含有每个数据点 Y 坐标的列表。例如，假设我们有 5 个数据点，坐标位置如下：

(0, 0)
(1, 3)
(2, 1)
(3, 5)
(4, 2)

我们将创建两个列表来保存坐标，比如下面：

```
x_coords = [0, 1, 2, 3, 4]
y_coords = [0, 3, 1, 5, 2]
```

接下来，我们将列表作为参数调用 plot 函数来创建图形。下面是一个例子：

```
plt.plot(x_coords, y_coords)
```

plot 函数在内存中构建了折线图，但并没有显示它。要显示该图形，需要调用 show 函数，如下所示：

```
plt.show()
```

程序 7-19 显示了一个完整的例子。当运行该程序时，会显示如图 7-8 所示的图形窗口。

程序 7-19 （line_graph1.py）

```
1   # This program displays a simple line graph.
2   import matplotlib.pyplot as plt
3
4   def main():
5       # Create lists with the X and Y coordinates of each data point.
6       x_coords = [0, 1, 2, 3, 4]
7       y_coords = [0, 3, 1, 5, 2]
8
9       # Build the line graph.
10      plt.plot(x_coords, y_coords)
11
12      # Display the line graph.
13      plt.show()
14
15  # Call the main function.
16  main()
```

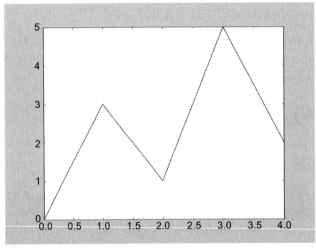

图 7-8　程序 7-19 的输出

添加标题、坐标轴标签和网格

你可以使用 title 函数给图形添加标题。仅需要将你想要作为标题的字符串作为参数来调用函数。标题将显示在图形的正上方。也可以使用 xlabel 和 ylabel 函数给 X 和 Y 轴添加描述性的标签。将想要在坐标轴上显示的字符串作为参数来调用这些函数。你也可以通过使用 True 作为参数调用 grid 函数来给图形添加一个网格。程序 7-20 显示了一个例子。

程序 7-20 （line_graph2.py）

```
1   # This program displays a simple line graph.
2   import matplotlib.pyplot as plt
3
4   def main():
5       # Create lists with the X and Y coordinates of each data point.
6       x_coords = [0, 1, 2, 3, 4]
7       y_coords = [0, 3, 1, 5, 2]
```

```
 8
 9      # Build the line graph.
10      plt.plot(x_coords, y_coords)
11
12      # Add a title.
13      plt.title('Sample Data')
14
15      # Add labels to the axes.
16      plt.xlabel('This is the X axis')
17      plt.ylabel('This is the Y axis')
18
19      # Add a grid.
20      plt.grid(True)
21
22      # Display the line graph.
23      plt.show()
24
25  # Call the main function.
26  main()
```

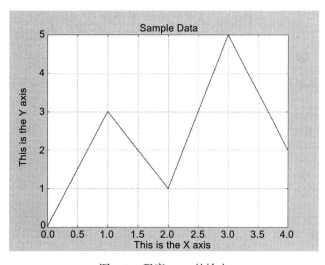

图 7-9　程序 7-20 的输出

自定义 X 和 Y 轴

默认情况下，X 轴的起始点是数据点集合中的最小 X 坐标，并且它的结束点是数据点集合中的最大 X 坐标。例如，注意在程序 7-20 中，最小 X 坐标为 0，最大 X 坐标为 4。现在来看图 7-9 中的程序输出，并注意 X 轴从 0 开始到 4 结束。

Y 轴默认情况下以相同的方式构造。Y 轴的起始点是数据点集合中的最小 Y 坐标，并且它的结束点是数据点集合中的最大 Y 坐标。再来看看程序 7-20，注意，最小 Y 坐标为 0，最大 Y 坐标为 5。在程序的输出中，Y 轴从 0 开始到 5 结束。

你可以通过调用 xlim 和 ylim 函数来改变 X 轴和 Y 轴的上下限。下面是一个示例，使用关键字参数设置了 X 轴的上下限来调用 xlim 函数：

```
plt.xlim(xmin=1, xmax=100)
```

这个语句将 X 轴设置为从 1 开始到 100 结束。下面是一个示例，使用关键字参数设置了

Y轴的上下限来调用 `ylim` 函数：

```
plt.ylim(ymin=10, ymax=50)
```

这个语句将Y轴设置为从10开始到50结束。程序7-21显示了一个完整的例子。在第20行，X轴设置为从 -1 开始到 10 结束。在第21行，Y轴设置为从 -1 开始到 6 结束。该程序的输出如图7-10所示。

程序7-21 （line_graph3.py）

```
 1   # This program displays a simple line graph.
 2   import matplotlib.pyplot as plt
 3
 4   def main():
 5       # Create lists with the X and Y coordinates of each data point.
 6       x_coords = [0, 1, 2, 3, 4]
 7       y_coords = [0, 3, 1, 5, 2]
 8
 9       # Build the line graph.
10       plt.plot(x_coords, y_coords)
11
12       # Add a title.
13       plt.title('Sample Data')
14
15       # Add labels to the axes.
16       plt.xlabel('This is the X axis')
17       plt.ylabel('This is the Y axis')
18
19       # Set the axis limits.
20       plt.xlim(xmin=-1, xmax=10)
21       plt.ylim(ymin=-1, ymax=6)
22
23       # Add a grid.
24       plt.grid(True)
25
26       # Display the line graph.
27       plt.show()
28
29   # Call the main function.
30   main()
```

你可以使用 `xticks` 和 `yticks` 函数来自定义每个刻度线的标签。这些函数将两个列表作为参数。第1个参数是刻度标记的位置列表，而第2个参数是在指定位置显示的标签列表。下面是使用 `xticks` 函数的一个示例：

```
plt.xticks([0, 1, 2], ['Baseball', 'Basketball', 'Football'])
```

在这个例子中，"Baseball"将显示在刻度线标记0所在的位置，"Basketball"将显示在刻度线标记1所在的位置，并且"Football"将显示在刻度线标记2所在的位置。下面是使用 `yticks` 函数的一个示例：

```
plt.yticks([0, 1, 2, 3], ['Zero', 'Quarter', 'Half', 'Three Quarters'])
```

在这个例子中，"Zero"将显示在刻度线标记0所在的位置，"Quarter"将显示在刻度线标记1所在的位置，"Half"将显示在刻度线标记2所在的位置，"Three Quarters"将显示在刻度线标记3所在的位置。程序7-22显示了一个完整的例子。在该程序的输出中，X轴上的刻度线标记显示年，Y轴上的刻度线标记显示以百万美元计的销售额。在第20～21行的语句调用了xticks函数来按如下方式自定义X轴：

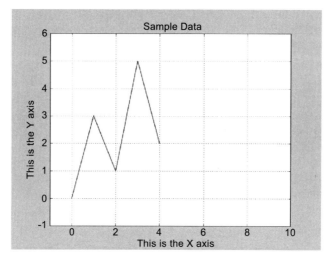

图7-10　程序7-21的输出

- '2016'将显示在刻度线标记0所在的位置
- '2017'将显示在刻度线标记1所在的位置
- '2018'将显示在刻度线标记2所在的位置
- '2019'将显示在刻度线标记3所在的位置
- '2020'将显示在刻度线标记4所在的位置

然后，在第22和23行的语句调用了yticks函数来按如下方式自定义Y轴：

- '$0m'将显示在刻度线标记0所在的位置
- '$1m'将显示在刻度线标记1所在的位置
- '$2m'将显示在刻度线标记2所在的位置
- '$3m'将显示在刻度线标记3所在的位置
- '$4m'将显示在刻度线标记4所在的位置
- '$5m'将显示在刻度线标记5所在的位置

程序的输出如图7-11所示。

程序7-22　（line_graph4.py）

```
 1   # This program displays a simple line graph.
 2   import matplotlib.pyplot as plt
 3
 4   def main():
 5       # Create lists with the X and Y coordinates of each data point.
 6       x_coords = [0, 1, 2, 3, 4]
 7       y_coords = [0, 3, 1, 5, 2]
 8
 9       # Build the line graph.
10       plt.plot(x_coords, y_coords)
11
```

```
12      # Add a title.
13      plt.title('Sales by Year')
14
15      # Add labels to the axes.
16      plt.xlabel('Year')
17      plt.ylabel('Sales')
18
19      # Customize the tick marks.
20      plt.xticks([0, 1, 2, 3, 4],
21                 ['2016', '2017', '2018', '2019', '2020'])
22      plt.yticks([0, 1, 2, 3, 4, 5],
23                 ['$0m', '$1m', '$2m', '$3m', '$4m', '$5m'])
24
25      # Add a grid.
26      plt.grid(True)
27
28      # Display the line graph.
29      plt.show()
30
31 # Call the main function.
32 main()
```

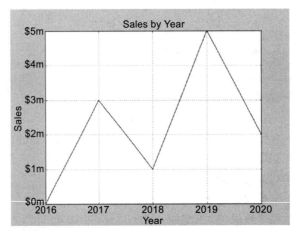

图 7-11　程序 7-22 的输出

在数据点上显示标记

你可以通过使用关键字参数 marker='o' 调用 plot 函数将折线图上的数据点标记为一个圆点。程序 7-23 显示了一个示例。程序的输出如图 7-12 所示。

程序 7-23　(line_graph5.py)

```
1  # This program displays a simple line graph.
2  import matplotlib.pyplot as plt
3
4  def main():
5      # Create lists with the X and Y coordinates of each data point.
6      x_coords = [0, 1, 2, 3, 4]
7      y_coords = [0, 3, 1, 5, 2]
8
9      # Build the line graph.
```

```
10      plt.plot(x_coords, y_coords, marker='o')
11
12      # Add a title.
13      plt.title('Sales by Year')
14
15      # Add labels to the axes.
16      plt.xlabel('Year')
17      plt.ylabel('Sales')
18
19      # Customize the tick marks.
20      plt.xticks([0, 1, 2, 3, 4],
21                 ['2016', '2017', '2018', '2019', '2020'])
22      plt.yticks([0, 1, 2, 3, 4, 5],
23                 ['$0m', '$1m', '$2m', '$3m', '$4m', '$5m'])
24
25      # Add a grid.
26      plt.grid(True)
27
28      # Display the line graph.
29      plt.show()
30
31  # Call the main function.
32  main()
```

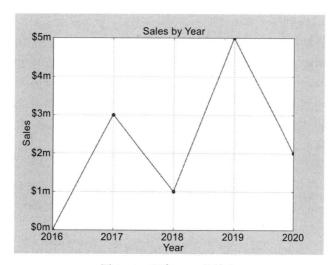

图 7-12　程序 7-23 的输出

除了圆点之外，你还可以显示其他类型的标记符号。表 7-2 示出了参数 marker= 可以接受的标记以及这些标记在显示时的类型描述。

表 7-2　一些标记符号

markers= 参数	结果
marker = 'o'	显示圆点标记
marker = 's'	显示方形标记
marker = '*'	显示星形标记
marker = 'D'	显示钻石形状标记

(续)

markers= 参数	结果
marker = '^'	显示上三角标记
marker = 'v'	显示下三角标记
marker = '>'	显示右三角标记
marker = '<'	显示左三角标记

注：如果你将标记字符作为一个位置参数（而不是作为一个关键字参数）传入，plot 函数将在数据点上绘制标记，但不会用线将它们连起来。下面是一个示例：

plt.plot(x_coords, y_coords, 'o')

7.10.3 绘制条形图

你可以使用 matplotlib.pyplot 模块中的 bar 函数来创建一个条形图。条形图具有水平 X 轴和垂直 Y 轴，以及一组通常由 X 轴起来的条形。每个条形代表了一个数值，并且条形的高度正比于条形所表示的数值。

要创建一个条形图，首先要创建两个列表：一个含有每个条形左边缘的 X 坐标，另一个包含每个条形沿 Y 轴的高度。程序 7-24 展示了这一点。第 6 行创建了 left_edges 列表来保存每个条形左边缘的 X 坐标。第 9 行创建了 heights 列表来保存每个条形的高度。看看这两个列表，我们可以判断如下：

- 第 1 个条形的左边缘在 X 轴的 0 所在位置，它沿 Y 轴的高度为 100。
- 第 2 个条形的左边缘在 X 轴的 10 所在位置，它沿 Y 轴的高度为 200。
- 第 3 个条形的左边缘在 X 轴的 20 所在位置，它沿 Y 轴的高度为 300。
- 第 4 个条形的左边缘在 X 轴的 30 所在位置，它沿 Y 轴的高度为 400。
- 第 5 个条形的左边缘在 X 轴的 40 所在位置，它沿 Y 轴的高度为 500。

程序的输出如图 7-13 所示。

程序 7-24 （bar_chart1.py）

```
1   # This program displays a simple bar chart.
2   import matplotlib.pyplot as plt
3
4   def main():
5       # Create a list with the X coordinates of each bar's left edge.
6       left_edges = [0, 10, 20, 30, 40]
7
8       # Create a list with the heights of each bar.
9       heights = [100, 200, 300, 400, 500]
10
11      # Build the bar chart.
12      plt.bar(left_edges, heights)
13
14      # Display the bar chart.
15      plt.show()
16
17  # Call the main function.
18  main()
```

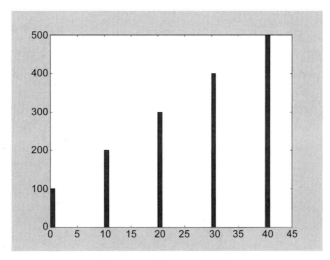

图 7-13　程序 7-24 的输出

自定义条形的宽度

在条形图上每个条形的默认宽度是沿 X 轴方向上的 0.8。你可以通过传入第 3 个参数到 bar 函数来改变条形的宽度。程序 7-25 通过将条形的宽度设置为 5 来演示。程序的输出如图 7-14 所示。

程序 7-25　（bar_chart2.py）

```
1    # This program displays a simple bar chart.
2    import matplotlib.pyplot as plt
3
4    def main():
5        # Create a list with the X coordinates of each bar's left edge.
6        left_edges = [0, 10, 20, 30, 40]
7
8        # Create a list with the heights of each bar.
9        heights = [100, 200, 300, 400, 500]
10
11       # Create a variable for the bar width.
12       bar_width = 5
13
14       # Build the bar chart.
15       plt.bar(left_edges, heights, bar_width)
16
17       # Display the bar chart.
18       plt.show()
19
20   # Call the main function.
21   main()
```

改变条形的颜色

bar 函数有一个 color 参数，可以用来改变条形图中条形的颜色。传递到这个形参的实参是一个元组，包含了一组颜色编码。表 7-3 显示了基本的颜色编码。

下面的语句展示了如何使用关键字参数将一组颜色代码传入的一个示例：

```
plt.bar(left_edges, heights, color=('r', 'g', 'b', 'w', 'k'))
```

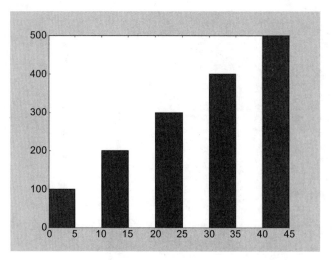

图 7-14 程序 7-25 的输出

表 7-3 颜色编码

颜色编码	对应的颜色
'b'	蓝色
'g'	绿色
'r'	红色
'c'	青色
'm'	品红色
'y'	黄色
'k'	黑色
'w'	白色

当该语句执行时，在结果的条形图中条形图的颜色如下所示：
- 第一个条形是红色
- 第二个条形是绿色
- 第三个条形是蓝色
- 第四个条形是白色
- 第五个条形是黑色

添加标题、坐标轴标签和自定义刻度线标签

你可以使用在折线图部分描述的相同函数向条形图添加标题和坐标轴标签，还可以自定义 X 和 Y 轴。例如，请看程序 7-26。第 18 行调用了 title 函数向图添加了标题，第 21～22 行调用了 xlabel 和 ylabel 函数向 X 和 Y 坐标轴添加了标签。第 25～26 行调用了 xticks 函数来显示 X 轴上的自定义刻度线标签。第 27～28 行调用了 yticks 函数来显示 Y 轴上的自定义刻度线标签。该程序的输出如图 7-15 所示。

程序 7-26（bar_chart3.py）

```
1    # This program displays a sales chart.
2    import matplotlib.pyplot as plt
3
4    def main():
```

```
 5      # Create a list with the X coordinates of each bar's left edge.
 6      left_edges = [0, 10, 20, 30, 40]
 7
 8      # Create a list with the heights of each bar.
 9      heights = [100, 200, 300, 400, 500]
10
11      # Create a variable for the bar width.
12      bar_width = 10
13
14      # Build the bar chart.
15      plt.bar(left_edges, heights, bar_width, color=('r', 'g', 'b', 'w', 'k'))
16
17      # Add a title.
18      plt.title('Sales by Year')
19
20      # Add labels to the axes.
21      plt.xlabel('Year')
22      plt.ylabel('Sales')
23
24      # Customize the tick marks.
25      plt.xticks([5, 15, 25, 35, 45],
26                 ['2016', '2017', '2018', '2019', '2020'])
27      plt.yticks([0, 100, 200, 300, 400, 500],
28                 ['$0m', '$1m', '$2m', '$3m', '$4m', '$5m'])
29
30      # Display the bar chart.
31      plt.show()
32
33  # Call the main function.
34  main()
```

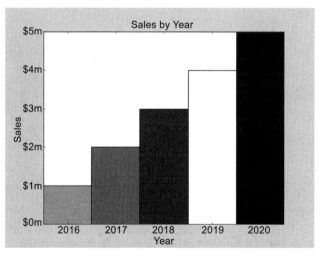

图 7-15　程序 7-26 的输出

7.10.4 绘制饼图

饼图是将一个圆分割为多个片状的图。圆圈代表了整体，切片代表了相对于整体的百分比。你可以使用 matplotlib.pyplot 模块中的 pie 函数来创建一个饼图。

当调用 pie 函数时，你可以将数值的列表作为参数传递。pie 函数将计算列表中数值的总和，然后使用该和作为整体的数值。然后，列表中的每个元素会成为饼图的一片。作为相对于整体的百分比，切片的大小代表了元素的数值。

程序 7-27 显示了一个例子。第 6 行创建了包含数值 10、30、40 和 20 的列表。然后，第 9 行将该列表作为参数传递给 pie 函数。我们对结果饼图有如下观察：

- 列表元素之和为 200，所以饼图的整体为 200。
- 列表中有四个元素，所以饼图被分为了四片。
- 第一片代表了 20，所以它的大小是整体的 10%。
- 第二片代表了 60，所以它的大小是整体的 30%。
- 第三片代表了 80，所以它的大小是整体的 40%。
- 第四片代表了 40，所以它的大小是整体的 20%。

该程序的输出如图 7-16 所示。

程序 7-27　（pie_chart1.py）

```
1   # This program displays a simple pie chart.
2   import matplotlib.pyplot as plt
3
4   def main():
5       # Create a list of values
6       values = [20, 60, 80, 40]
7
8       # Create a pie chart from the values.
9       plt.pie(values)
10
11      # Display the pie chart.
12      plt.show()
13
14  # Call the main function.
15  main()
```

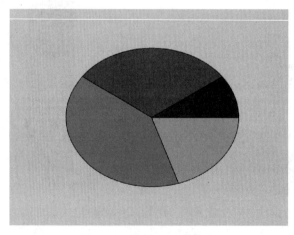

图 7-16　程序 7-27 的输出

显示切片标签和图标题

pie 函数有一个 label 参数，可以用它在饼状图上显示切片标签。传递到这个形参的实参包含了一个字符串形式的所需标签。程序 7-28 显示了一个例子。第 9 行创建了一个名为 slice_labels 的列表。然后，在第 12 行，将关键字参数 labels=slice_labels 传递到 pie 函数。其结果是，该字符串 '1st Qtr' 将为第一个切片显示一个标签，'2nd Qtr' 将为第二个切片显示一个标签，依此类推。第 15 行使用 title 函数显示了标题 'Sales by Quarter'。该程序的输出如图 7-17 所示。

程序 7-28 （pie_chart2.py）

```
1   # This program displays a simple pie chart.
2   import matplotlib.pyplot as plt
3
4   def main():
5       # Create a list of sales amounts.
6       sales = [100, 400, 300, 600]
7
8       # Create a list of labels for the slices.
9       slice_labels = ['1st Qtr', '2nd Qtr', '3rd Qtr', '4th Qtr']
10
11      # Create a pie chart from the values.
12      plt.pie(sales, labels=slice_labels)
13
14      # Add a title.
15      plt.title('Sales by Quarter')
16
17      # Display the pie chart.
18      plt.show()
19
20  # Call the main function.
21  main()
```

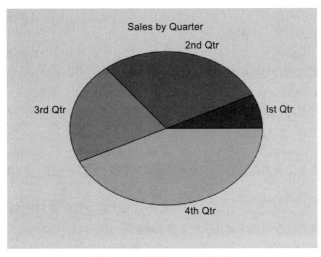

图 7-17　程序 7-28 的输出

改变切片的颜色

pie 函数可以自动改变切片的颜色，按以下顺序：蓝色、绿色、红色、青色、品红色、黄色、黑色和白色。你可以指定一组不同的颜色，但是需要将颜色代码的一个元组作为参数传递给 pie 函数的 colors 参数。基本颜色的颜色代码如先前表 7-3 所示。下面的语句显示了如何将颜色代码的元组作为关键字参数的一个示例：

```
plt.pie(values, colors=('r', 'g', 'b', 'w', 'k'))
```

当这个语句执行时，所产生的饼图中的切片的颜色分别为红色、绿色、蓝色、白色和黑色。

检查点

7.26 要使用 plot 函数创建图形，你必须传递两个什么参数？

7.27 plot 函数产生什么样的图？

7.28 使用什么函数在图中添加 X 和 Y 坐标轴的标签？

7.29 如何在图中改变 X 和 Y 轴的上下限？

7.30 如何在图中改变 X 和 Y 轴的刻度线标签？

7.31 要使用 bar 函数创建一个条形图，必须传递两个什么参数？

7.32 假定下面的语句调用了 bar 函数来构建具有四个条形的条形图。这些条形的颜色是什么？

```
plt.bar(left_edges, heights, color=('r', 'b', 'r', 'b'))
```

7.33 要使用 pie 函数创建一个饼状图，必须传递两个什么参数？

复习题

多项选择题

1. 下面_____术语是指列表中的一个数据项。
   a. 元素　　　　　　b. 二进制　　　　　c. 文件架　　　　　d. 槽

2. 下面_____是一个标识列表中元素的数字。
   a. 元素　　　　　　b. 索引　　　　　　c. 书签　　　　　　d. 标识符

3. 下面_____是列表中的第一个索引。
   a. −1　　　　　　　b. 1　　　　　　　　c. 0　　　　　　　　d. 列表的长度减 1

4. 下面_____是列表中的最后一个索引。
   a. 1　　　　　　　　b. 99　　　　　　　c. 0　　　　　　　　d. 列表的长度减 1

5. 如果尝试使用一个超出列表范围的索引会发生_____。
   a. 会发生 ValueError 异常　　　　　　b. 会发生 IndexError 异常
   c. 列表会被清除并且程序会继续运行　　d. 什么都不会发生 − 非法索引会被忽略

6. 下面_____函数返回列表的长度。
   a. length　　　　　b. size　　　　　　c. len　　　　　　　d. lengthof

7. 当 * 操作符的左操作数是列表并且右操作数是整数时，该操作符将变成_____。
   a. 乘法操作符　　　　　　　　　　　　b. 重复操作符
   c. 初始化操作符　　　　　　　　　　　d. 什么都不是 − 操作符不支持这中类型的操作数

8. 下面_____列表方法将一个元素添加到了已有列表的最后。
   a. add　　　　　　b. add_to　　　　　c. increase　　　　d. append

9. 下面_____将列表中特定索引位置的元素移除。
   a. remove 方法　　b. delete 方法　　c. del 语句　　　　d. kill 方法

10. 假定程序中出现了如下语句：

    ```
    mylist = []
    ```

    使用以下_____语句可以将字符串 'Labrador' 添加到索引 0 所在的位置？

a. `mylist[0] = 'Labrador'`　　　　　b. `mylist.insert(0, 'Labrador')`
   c. `mylist.append('Labrador')`　　　d. `mylist.insert('Labrador', 0)`
11. 如果调用 index 方法来定位列表中的一个元素并且该元素没有找到，会发生_____。
    a. 引发 `ValueError` 异常　　　　　b. 引发 `InvalidIndex` 异常
    c. 该方法返回 −1　　　　　　　　　d. 什么都不发生。该程序将在下一个语句上继续运行
12. 返回列表中的最大值的内置函数的是_____。
    a. `highest`　　　b. `max`　　　c. `greatest`　　　d. `best_of`
13. 返回一个包含文件内容的列表的文件对象方法的是_____。
    a. `to_list`　　　b. `getlist`　　　c. `readline`　　　d. `readlines`
14. 下面_____语句创建一个元组？
    a. `values = [1, 2, 3, 4]`　　　　b. `values = {1, 2, 3, 4}`
    c. `values = (1)`　　　　　　　　　d. `values = (1,)`

判断题

1. Python 中的列表是不可变的。
2. Python 中的元组是不可变的。
3. `del` 语句可以删除列表中指定索引位置的元素。
4. 假定 `list1` 引用了一个列表。执行如下语句之后，`list1` 和 `list2` 会引用内存中两个内容相同但单独的列表。

   `list2 = list1`

5. 文件对象的 `writelines` 方法在写入文件时会在每个列表元素后面添加一个换行符 (`'\n'`)。
6. 你可以使用 + 操作符来连接两个列表。
7. 一个列表可以是另一个列表的元素。
8. 你可以通过调用元组的 `remove` 方法来从元组中删除一个元素。

简答题

1. 请看下面的语句：

   `numbers = [10, 20, 30, 40, 50]`

   a. 列表中有多少个元素？
   b. 列表中第一个元素的索引是什么？
   c. 列表中的最后一个元素的索引是什么？

2. 请看下面的语句：

   `numbers = [1, 2, 3]`

   a. 在 numbers[2] 中存储的数值是什么？
   b. 在 numbers[0] 中存储的数值是什么？
   c. 在 numbers[-1] 中存储的数值是什么？

3. 下面的代码将显示什么？

   ```
   values = [2, 4, 6, 8, 10]
   print(values[1:3])
   ```

4. 下面的代码将显示什么？

   ```
   numbers = [1, 2, 3, 4, 5, 6, 7]
   print(numbers[5:])
   ```

5. 下面的代码将显示什么？

```
numbers = [1, 2, 3, 4, 5, 6, 7, 8]
print(numbers[-4:])
```

6. 下面的代码将显示什么？

```
values = [2] * 5
print(values)
```

算法工作台

1. 编写一个语句，可以创建一个具有字符串 'Einstein'、'Newton'、'Copernicus' 和 'Kepler' 的列表。
2. 假定 names 引用了一个列表。编写一个 for 循环显示列表中的每一个元素。
3. 假定 numbers1 列表有 100 个元素，并且 numbers2 是一个空列表。编写代码将 numbers1 中的数值复制到 numbers2。
4. 画一个流程图显示求列表中数值总和的一般逻辑。
5. 编写一个函数，接受列表作为参数（假定该列表包含了整数）并返回列表中数值的总和。
6. 假定 names 变量引用了一个字符串列表。编写代码来确定 'Ruby' 是否在 names 列表中。如果在，显示消息 'Hello Ruby'。否则，显示消息 'No Ruby'。
7. 下面的代码打印出什么？

```
list1 = [40, 50, 60]
list2 = [10, 20, 30]
list3 = list1 + list2
print(list3)
```

8. 编写一个语句创建一个具有 5 行 3 列的二维列表。然后编写嵌套循环从用户那里得到列表中每个元素的整数值。

编程题

1. 销售总额

设计一个程序，要求用户输入一个商店的一周每一天的销售额。这些数量应存储在列表中。使用循环来计算这周的销售总额并显示结果。

2. 开奖号码生成器

设计一个程序用于产生七位彩票号码。该程序产生 7 个从 0 到 9 之间的随机数，并且将每个数字分配到一个列表元素（随机数在第 5 章讨论过）。然后编写另一个循环显示该列表的内容。

3. 雨量统计

设计一个程序，让用户将 12 个月的每月降水量输入到一个列表。该程序计算并显示该年度的总降雨量、月平均降水量、最高降水量和最低降水量的月份。

4. 数字分析程序

设计一个程序，要求用户输入一组 20 个的数字。该程序将这些数字存储在列表，然后显示以下数据：

- 列表中的最小数字
- 列表中的最大数字
- 列表中的数字之和
- 列表中的数字平均值

5. 计费账户验证

如果你已经从 Computer Science Portal 网站下载了源代码，你会在第 07 章的文件夹下找到一个名为 charge_accounts.txt 的文件。这个文件有一个公司的有效计费账号列表。每个账号是一个 7 位数, 比如 5 658 845。

编写一个程序, 将文件的内容读取到一个列表。然后该程序要求用户输入一个计费账号。该程序通过在列表中进行查找来确定该账号是否在列表中。如果该账号在列表中, 程序应该显示一个消息说明该账号有效。如果该账号不在列表中, 则程序应该显示一个消息说明该账号无效。(你可以在 www.pearsonhighered.com/gaddis 访问 the Computer Science Portal。)

6. 比 n 大

在程序中, 编写一个函数, 接受两个参数: 一个列表和一个数字 n。假定该列表包含着数字。该函数应显示列表中所有比 n 大的数字。

7. 驾照考试

当地驾照考官要求你创建一个应用程序对驾照考试的笔试部分打分。该考试共有 20 道选择题。下面是正确答案:

1. A	6. B	11. A	16. C
2. C	7. C	12. D	17. B
3. A	8. A	13. C	18. B
4. A	9. C	14. A	19. D
5. D	10. B	15. D	20. A

你的程序应该将这些正确答案存入列表。该程序应将从一个文本文件中读取学生每个问题的答案并将其存储到另一个列表。(创建自己的文本文件来测试应用程序)。在学生的答案已经从文件中读取之后, 程序应该显示一条消息, 表明该学生通过或未通过考试。(一个学生必须正确回答 20 个问题中的 15 个才算通过考试)。然后, 它应该显示正确回答的问题的总数, 错误回答的问题的总数, 并显示错误回答的问题编号列表。

8. 名字搜索

如果你已经下载了源代码, 你会在第 07 章的文件夹下找到如下文件:

- GirlNames.txt 此文件包含了美国从 2000 年到 2009 年之间给新生女孩起名最流行的 200 个名字的列表。
- BoyNames.txt 此文件包含了美国从 2000 年到 2009 年之间给新出生男孩起名最流行的 200 个名字的列表。

编写一个程序, 将两个文件的内容分别读取到两个单独的列表。用户可以输入一个男孩的名字, 或者一个女孩的名字, 或者两者, 应用程序将显示一个消息, 指明这些名字是否在最热门名字之列。

(你可以在 www.pearsonhighered.com/gaddis 访问 Computer Science Portal。)

9. 人口数据

如果你已经下载了源代码, 你会在第 07 章的文件夹找到一个名为 USPopulation.txt 的文件。该文件包含了从 1950 年到 1990 年间美国的年中人口数量 (以千为单位)。文件中的第一行包含了 1950 年的人口数量, 第二行包含了 1951 年的人口数量, 以此类推。

编写一个程序, 将文件的内容读入到一个列表。该程序应显示如下数据:

- 在该时间段间人口的年均变动
- 在该时间段间人口增幅最大的年份
- 在该时间段间人口增幅最小的年份

10. 世界大赛冠军

如果你已经下载了源代码, 你可以在第 07 章的文件夹下找到一个名为 WorldSeriesWinners.txt 的文件。该文件包含了从 1903 年到 2009 年之间世界系列赛获胜队伍的时间列表 (文件中的第一行是 1903 年获胜球队的名称, 最后一行是 2009 年获胜球队的名字。注意在 1904 年和 1994 年世界系列赛并没有举办)。

编写一个程序，让用户能够输入一个队伍的名称，然后显示该队伍在 1903 年到 2009 年期间夺得世界大赛的次数。

 提示：将 WorldSeriesWinners.txt 文件的内容给读入到列表。当用户输入一个队伍的名称时，程序应该遍历整个列表，并对所选队伍出现的次数进行计数。

11. 罗素幻方

罗素幻方是一个 3 行 3 列的网格，如图 7-18 中所示。罗素幻方具有以下特性：
- 该网格正好包含数字 1 到 9。
- 每行，每列，每个对角线所有的总和加起来等于相同的数字。如图 7-19 所示。

在程序中，你可以使用二维列表模拟幻方。编写一个函数，将一个二维列表作为参数，并确定该列表是否是罗素幻方。请在程序中测试这个函数。

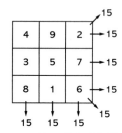

图 7-18 罗素幻方　　　　图 7-19 行、列和对角线的和

12. 素数生成

如果一个大于 1 的正整数只可以被 1 或者它自身整除，那么该数就可以说是素数。如果一个大于 1 的正整数不是素数，那么它就是合数。编写一个程序，要求用户输入一个大于 1 的整数，然后显示小于或等于所输入数字的所有质数。该程序应该如下进行：
- 一旦用户输入了一个数字，程序应该将从 2 到所输入数字之间的所有整数填充到一个列表。
- 然后，程序应该使用一个循环遍历这个列表。该循环将每一个元素传递到一个函数，由该函数显示这个元素是否是一个素数。

13. 魔术 8 球

编写一个程序模拟魔术 8 球，它是一个算命玩具可以对一个是或否的问题显示一个随机的响应。在本书的学生示例程序中，你会找到一个名为 8_ball_responses.txt 的文本文件。该文件包含了 12 种响应，例如"I don't think so"，"Yes, of course!"，"I'm not sure"，等等。该程序将文件中的响应读取到列表。它提示用户提出一个问题，然后从列表中随机选择一个响应进行显示。该程序一直重复直至用户准备退出。

```
Yes, of course!
Without a doubt, yes.
You can count on it.
For sure!
Ask me later.
I'm not sure.
I can't tell you right now.
I'll tell you after my nap.
No way!
I don't think so.
Without a doubt, no.
The answer is clearly NO.
```

14. 支出饼状图

创建一个包含你上个月支出的文本文件，其中包含以下类别：

- 房租
- 天然气
- 食物
- 衣物
- 车费
- 其他

编写一个 Python 程序，从文件中读取数据，并使用 matplotlib 绘制一个饼状图显示你的钱是如何支出的。

15. 1994 年每周的天然气图

在本书的学生示例程序中，你会找到一个名为 1994_Weekly_Gas_Averages.txt 的文本文件。该文件包含了 1994 年间每周天然气的平均价格（文件共有 52 行）。使用 matplotlib，编写一个 Python 程序，读取文件的内容然后绘制数据，可以是折线图或柱状图。一定要在 X 轴和 Y 轴上显示有意义的标签以及刻度线。

第 8 章

Starting Out with Python, Fourth Edition

深入字符串

8.1 字符串的基本操作

概念：Python 提供了多种方法访问字符串中的单个字符。字符串也有相应的方法允许你在其上进行操作。

目前编写的许多程序都涉及字符串的使用，但方法并不丰富。目前为止，对字符串的操作主要涉及输入和输出。例如，从键盘和文件中读取作为输入的字符串，并将字符串作为输出发送到屏幕和文件。

许多程序不只是作为输入读取字符串和作为输出写入字符串，还要对字符串执行操作。文字处理程序，例如，处理大量文本，需要广泛地使用字符串。Email 程序和搜索引擎也是对字符串执行操作的典型程序。

Python 提供了各种可以用来检查和操纵字符串的工具和编程技术。其实，字符串是一种序列，所以在第 7 章中你学过到的很多有关序列的概念也适用于字符串。我们将会在本章中看到更多的例子。

8.1.1 访问字符串中的单个字符

一些编程任务要求你访问字符串中的各个字符。例如，你常见到的要求你设置密码的网站。出于安全考虑，许多网站要求你的密码至少包含一个大写字母，至少包含一个小写字母和至少包含一个数字。当你设置密码的时候，一个程序负责检查每个字符以确保密码符合这些要求。（在本章的后面，你会看到一个做这种事情的程序例子。）在本节中，我们将介绍两种可以在 Python 中使用来访问字符串中的单个字符的技术：使用 for 循环和索引。

用 for 循环迭代字符串

访问字符串中单个字符的最简单方法之一是使用 for 循环。

一般格式如下：

```
for variable in string:
    statement
    statement
    etc.
```

其中，`variable` 是变量的名称，`string` 是字符串或者是引用字符串的变量。每次循环迭代时，`variable` 将从第一个字符开始依次引用字符串中的每个字符副本。我们可以说这个循环遍历了字符串中的字符。以下是一个例子：

```
name = 'Juliet'
for ch in name:
    print(ch)
```

`name` 变量引用一个 6 个字符的字符串，所以这个循环将迭代六次。第一次迭代时，`ch` 变量将引用 'J'，第二次迭代时，`ch` 变量将引用 'u'，依次类推，如图 8-1 所示。当代码执行时，将显示以下内容：

J
u
l
i
e
t

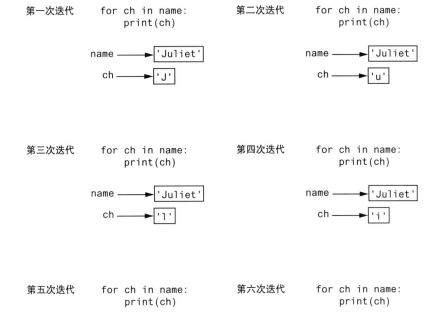

图 8-1　在字符串 "Juliet" 上迭代

注：图 8-1 演示了当循环迭代时 ch 变量是如何引用字符串中的字符副本的。如果在循环中我们改变了 ch 引用的值，对 name 所引用的字符串没有任何影响。请看如下演示：

```
1    name = 'Juliet'
2    for ch in name:
3        ch = 'X'
4    print(name)
```

第 3 行的语句在每次循环迭代时将 ch 变量重新赋值成一个不同的值。它对 name 所引用的字符串 'Juliet' 没有任何影响，也对循环迭代的次数没有任何影响。当这个代码执行时，第 4 行的语句将打印：

```
Juliet
```

程序 8-1 显示另一个例子。该程序要求用户输入一个字符串，然后使用 for 循环遍历字符串，计算其中字母 T 出现的次数（大写或小写）。

程序 8-1　（count_Ts.py）

```
1    # This program counts the number of times
2    # the letter T (uppercase or lowercase)
```

```
 3  # appears in a string.
 4
 5  def main():
 6      # Create a variable to use to hold the count.
 7      # The variable must start with 0.
 8      count = 0
 9
10      # Get a string from the user.
11      my_string = input('Enter a sentence: ')
12
13      # Count the Ts.
14      for ch in my_string:
15          if ch == 'T' or ch == 't':
16              count += 1
17
18      # Print the result.
19      print('The letter T appears', count, 'times.')
20
21  # Call the main function.
22  main()
```

程序输出

Enter a sentence: **Today we sold twenty-two toys.** `Enter`
The letter T appears 5 times.

索引

访问字符串中的各个字符的另一种方法是使用索引。字符串中的每个字符有一个索引指定其在字符串中的位置。索引从 0 开始，所以第 1 个字符的索引是 0，第 2 个字符的索引是 1，以此类推。字符串中最后 1 个字符的索引比字符串的字符总数小 1。图 8-2 给出了字符串 'Roses are red' 中的每个字符的索引。该字符串共有 13 个字符，所以字符索引的范围是从 0 到 12。

你可以使用索引来取回字符串中单个字符的副本，如图所示：

```
my_string = 'Roses are red'
ch = my_string[6]
```

第 2 个语句中的表达式 my_string[6] 返回 my_string 中在索引 6 位置上的字符副本。执行此语句后，ch 将引用 'a'，如图 8-3 所示。

图 8-2　字符串索引　　　　图 8-3　从字符串获取字符的副本

这里还有一个例子：

```
my_string = 'Roses are red'
print(my_string[0], my_string[6], my_string[10])
```

该代码将打印：

```
R a r
```

你也可以使用负数作为索引，以标识字符相对于整个字符串末尾的位置。Python 解释器将负数索引与字符串的长度相加来确定字符的位置。索引 –1 标识了字符串中的最后 1 个字符，索引 –2 标识了最后 1 个字符往前的 1 个字符，以此类推。以下代码显示了一个示例：

```
my_string = 'Roses are red'
print(my_string[-1], my_string[-2], my_string[-13])
```

该代码将打印：

```
d e R
```

IndexError 异常

如果对于特定的字符串你尝试使用超出范围的索引，则会发生 IndexError 异常。例如，字符串 'Boston' 有 6 个字符，所以有效的索引是从 0 到 5.（有效的负数索引为 –1 到 –6）。下面的示例代码会导致 IndexError 异常：

```
city = 'Boston'
print(city[6])
```

这种类型的错误最有可能发生在循环错误地迭代超过了字符串的末尾的情况，如下所示：

```
city = 'Boston'
index = 0
while index < 7:
    print(city[index])
    index += 1
```

这个循环的最后 1 次迭代，index 变量将赋值为 6，是 'Boston' 字符串的一个无效索引。因此，打印功能会导致一个 IndexError 异常。

len 函数

在第 7 章中，已经学习过了 len 函数，它返回序列的长度。len 函数也可以用来获取字符串的长度，如以下代码所示：

```
city = 'Boston'
size = len(city)
```

第 2 个语句将 city 变量作为参数调用 len 函数。该函数的返回值是 6，是字符串 'Boston' 的长度。这个值赋给了 size 变量。

len 函数特别有用，可以防止循环迭代超出字符串的末尾，如下所示：

```
city = 'Boston'
index = 0
while index < len(city):
    print(city[index])
    index += 1
```

注意，只要索引小于字符串的长度，循环就会一直迭代。这是因为字符串中最后 1 个字符的索引始终比字符串的长度小 1。

8.1.2 字符串连接

常见的一种字符串操作是连接或追加一个字符串到另一个字符串的末尾。在前面章节中已经看到过使用 + 运算符来连接字符串的例子。+ 运算符将作为操作数的两个字符串组合起来生成一个字符串。以下交互式会话演示：

```
1  >>> message = 'Hello ' + 'world' Enter
2  >>> print(message) Enter
```

```
3  Hello world
4  >>>
```

第 1 行连接字符串 'Hello' 和 'world' 产生字符串 'Hello world'，然后将字符串 'Hello world' 分配给 message 变量。第 2 行打印了 message 变量所引用的字符串。输出显示在第 3 行。

这里是展示字符串连接的另一个交互式会话：

```
1  >>> first_name = 'Emily' Enter
2  >>> last_name = 'Yeager' Enter
3  >>> full_name = first_name + ' ' + last_name Enter
4  >>> print(full_name) Enter
5  Emily Yeager
6  >>>
```

第 1 行将字符串 'Emily' 赋给 first_name 变量。第 2 行将字符串 'Yeager' 赋给 last_name 变量。第 3 行产生了一个连接后的字符串 first_name，再后跟一个空格，再后跟 last_name。生成的字符串赋给了 full_name 变量。第 4 行打印 full_name 所引用的字符串。输出显示在第 5 行。

也可以使用 += 运算符来执行连接。以下交互式会话演示了这一过程：

```
1  >>> letters = 'abc' Enter
2  >>> letters += 'def' Enter
3  >>> print(letters) Enter
4  abcdef
5  >>>
```

第 2 行中的语句执行字符串连接。它与下面的语句等同

```
letters = letters + 'def'
```

在第 2 行的语句执行后，letters 变量将引用字符串 'abcdef'。另一个例子如下：

```
>>> name = 'Kelly' Enter              # name is 'Kelly'
>>> name += ' ' Enter                 # name is 'Kelly '
>>> name += 'Yvonne' Enter            # name is 'Kelly Yvonne'
>>> name += ' ' Enter                 # name is 'Kelly Yvonne '
>>> name += 'Smith' Enter             # name is 'Kelly Yvonne Smith'
>>> print(name) e
Kelly Yvonne Smith
>>>
```

请记住，+= 操作符左侧的操作数必须是已经存在的变量。如果指定了一个不存在的变量，将引发异常。

8.1.3 字符串是不可变的

在 Python 中，字符串是不可变的，这意味着一旦创建，它们就不可能改变。一些操作，如连接，给人的印象是它们修改了字符串，但实际上它们并没有。例如，请看程序 8-2。

程序 8-2 （concatenate.py）

```
1  # This program concatenates strings.
2
3  def main():
4      name  = 'Carmen'
5      print('The name is', name)
6      name  = name + ' Brown'
```

```
 7      print('Now the name is', name)
 8
 9 # Call the main function.
10 main()
```

程序输出

```
The name is Carmen
Now the name is Carmen Brown
```

第 4 行中的语句将字符串 'Carmen' 赋给 name 变量，如图 8-4 所示。第 6 行中的语句将字符串 'Brown' 和字符串 'Carmen' 连接，并将结果赋给 name 变量，如图 8-5 所示。从图中可以看出，原始字符串 'Carmen' 未被修改。相反，一个包含 'Carmen Brown' 的新字符串被创建并分配给 name 变量。（原来的字符串 'Carmen' 无法可用，因为没有变量引用它。Python 解释器最终会从内存中销毁不可用的字符串。）

图 8-4　字符串"Carmen"赋给 name　　　图 8-5　字符串"Carmen Brown"赋给 name

由于字符串是不可变的，所以在赋值运算符的左侧不能使用 string[index]。例如，以下代码将导致一个错误：

```
# Assign 'Bill' to friend.
friend = 'Bill'
# Can we change the first character to 'J'?
friend[0] = 'J'    # No, this will cause an error!
```

此代码的最后那个语句将引发异常，因为它尝试更改字符串 'Bill' 中第 1 个字符的值。

检查点

8.1　假设变量 name 引用了一个字符串。编写一个 for 循环，打印字符串中的每个字符。
8.2　字符串中第 1 个字符的索引是什么？
8.3　如果一个字符串有 10 个字符，最后 1 个字符的索引是什么？
8.4　如果尝试使用一个无效索引来访问字符串中的字符，会发生什么？
8.5　如何找到字符串的长度？
8.6　以下代码有什么问题？

```
animal = 'Tiger'
animal[0] = 'L'
```

8.2　字符串切片

概念：你可以使用切片表达式从字符串中选出一个范围内的所有字符。

在第 7 章中已经学到过一个切片是从序列中截取的一组元素。当从字符串中取出一个切片时，可以从字符串中获取一组字符。字符串切片也称为子串。

要获取字符串的一个切片，可以编写如下格式的表达式：

```
string[start : end]
```

其中，start 是切片中第 1 个字符的索引，end 是标记切片结尾的索引。该表达式将返回一个包含从 start 开始到 end 结束（但不包括）的所有字符副本的字符串。例如，假设我们有下列代码：

```
full_name = 'Patty Lynn Smith'
middle_name = full_name[6:10]
```

第 2 个语句将字符串 'Lynn' 赋给 middle_name 变量。如果在切片表达式中没有指定 start 索引，Python 将使用 0 作为起始索引。以下是一个例子：

```
full_name = 'Patty Lynn Smith'
first_name = full_name[:5]
```

第 2 个语句将字符串 'Patty' 赋给 first_name。如果在切片表达式中没有指定 end 索引，Python 将使用字符串的长度作为结束索引。以下是一个例子：

```
full_name = 'Patty Lynn Smith'
last_name = full_name[11:]
```

第 2 个语句将字符串 "Smith" 赋给 last_name。你觉得以下代码将什么赋给 my_string 变量？

```
full_name = 'Patty Lynn Smith'
my_string = full_name[:]
```

第 2 个语句将整个字符串 'Patty Lynn Smith' 赋给 my_string。该语句相当于：

```
my_string = full_name[0 : len(full_name)]
```

目前为止，我们看到的切片示例都是从字符串截取连续字符的片段。切片表达式也可以设置步长，使得字符串中的部分字符被忽略。以下是使用步长的切片表达式的代码示例：

```
letters = 'ABCDEFGHIJKLMNOPQRSTUVWXYZ'
print(letters[0:26:2])
```

括号内的第 3 个数字是步长值。该例子中所用的步长值为 2，使得切片以隔一个字符的方式从字符串指定范围内截取字符。此代码将打印如下内容：

```
ACEGIKMOQSUWY
```

你还可以在切片表达式中使用负数作为索引来引用相对于字符串末尾的位置。以下是一个例子：

```
full_name = 'Patty Lynn Smith'
last_name = full_name[-5:]
```

回想一下，Python 将负数索引与字符串长度相加得到索引引用的位置。代码中的第 2 个语句将字符串 'Smith' 赋给 last_name 变量。

注：无效的索引不会使得切片表达式触发异常。比如：
- 如果 end 索引指定了一个超过字符串结尾的位置，Python 将使用字符串的长度来代替。
- 如果 start 指定了一个早于字符串起始的位置，Python 将会使用 0 代替。
- 如果 start 索引比 end 索引大，切片表达式将返回空字符串。

聚光灯：从字符串中提取字符

在大学里，每个学生都分配了一个系统登录名，可以让学生用来登录进入校园计算机系统。作为大学信息技术部门实习的一员，要求你编写一个生成学生系统登录名的代码。你将使用以下算法生成登录名：

1. Get the first three characters of the student's first name. (If the first name is less than three characters in length, use the entire first name.)
2. Get the first three characters of the student's last name. (If the last name is less than three characters in length, use the entire last name.)
3. Get the last three characters of the student's ID number. (If the ID number is less than three characters in length, use the entire ID number.)
4. Concatenate the three sets of characters to generate the login name.

例如，如果学生名字是 Amanda Spencer，她的 ID 号码是 ENG6721，她的登录名将会是 AmaSpe721。你决定编写一个名为 get_login_name 的函数，接受学生的名字、姓氏和 ID 号码作为参数，并以字符串的形式返回学生的登录名。你会将该函数保存在 login.py 模块中。这个模块可以导入到任何需要生成登录名的 Python 程序。程序 8-3 显示了 login.py 模块的代码。

程序 8-3 （login.py）

```
 1   # The get_login_name function accepts a first name,
 2   # last name, and ID number as arguments. It returns
 3   # a system login name.
 4
 5   def get_login_name(first, last, idnumber):
 6       # Get the first three letters of the first name.
 7       # If the name is less than 3 characters, the
 8       # slice will return the entire first name.
 9       set1 = first[0 : 3]
10
11       # Get the first three letters of the last name.
12       # If the name is less than 3 characters, the
13       # slice will return the entire last name.
14       set2 = last[0 : 3]
15
16       # Get the last three characters of the student ID.
17       # If the ID number is less than 3 characters, the
18       # slice will return the entire ID number.
19       set3 = idnumber[-3 :]
20
21       # Put the sets of characters together.
22       login_name = set1 + set2 + set3
23
24       # Return the login name.
25       return login_name
```

get_login_name 函数接受 3 个字符串参数：名字、姓氏和 ID 号码。第 9 行中的语句使用切片表达式来获取 first 所引用的字符串的前三个字符，并将这些字符作为字符串分配给 set1 变量。如果 first 所引用的字符串长度小于 3 个字符，那么 3 将会是无效的结束索引。在这种情况下，Python 会使用这个字符串的长度作为结束索引，并且切片表达式将返回整个字符串。

第 14 行中的语句使用切片表达式来获取 last 所引用的字符串的前 3 个字符，并将这些字符作为字符串分配给 set2 变量。如果 last 所引用的字符串长度小于 3 个字符，则返回整个字符串。

第 19 行中的语句使用切片表达式来获取 idnumber 所引用的字符串的最后 3 个字符，并将这些字符作为字符串分配给 set3 变量。如果 idnumber 所引用的字符串长度小于 3 个字符，则 –3 会是一个无效的起始索引。在这种情况下，Python 将使用 0 作为起始索引。

第 22 行中的语句将 set1、set2 和 set3 的连接分配给 login_name 变量，并在第 25 行中返回。程序 8-4 显示了这个函数。

程序 8-4　（generate_login.py）

```
 1   # This program gets the user's first name, last name, and
 2   # student ID number. Using this data it generates a
 3   # system login name.
 4
 5   import login
 6
 7   def main():
 8       # Get the user's first name, last name, and ID number.
 9       first = input('Enter your first name: ')
10       last = input('Enter your last name: ')
11       idnumber = input('Enter your student ID number: ')
12
13       # Get the login name.
14       print('Your system login name is:')
15       print(login.get_login_name(first, last, idnumber))
16
17   # Call the main function.
18   main()
```

程序输出

Enter your first name: **Holly** `Enter`
Enter your last name: **Gaddis** `Enter`
Enter your student ID number: **CSC34899** `Enter`
Your system login name is:
HolGad899

程序输出

Enter your first name: **Jo** `Enter`
Enter your last name: **Cusimano** `Enter`
Enter your student ID number: **BIO4497** `Enter`
Your system login name is:
JoCus497

检查点

8.7　以下代码将显示什么？

```
mystring = 'abcdefg'
```

```
print(mystring[2:5])
```

8.8 以下代码将显示什么？

```
mystring = 'abcdefg'
print(mystring[3:])
```

8.9 以下代码将显示什么？

```
mystring = 'abcdefg'
print(mystring[:3])
```

8.10 以下代码将显示什么？

```
mystring = 'abcdefg'
print(mystring[:])
```

8.3 测试、搜索和操作字符串

概念：Python 提供运算符和方法进行字符串的测试，字符串内容的搜索和字符串副本的修改。

8.3.1 使用 in 和 not in 测试字符串

在 Python 中，你可以使用 in 操作符来确定一个字符串是否包含在另一个字符串中。下面是两个字符串上使用 in 操作符的表达式的一般形式：

string1 in *string2*

string1 和 *string2* 可以是字符串本身或引用字符串的变量。如果 *string1* 包含在 *string2* 中，则表达式返回 true。例如，看下面的代码：

```
text = 'Four score and seven years ago'
if 'seven' in text:
    print('The string "seven" was found.')
else:
    print('The string "seven" was not found.')
```

此代码确定字符串 'Four score and seven years ago' 是否包含字符串 'seven'。如果运行这个代码，它将显示：

```
The string "seven" was found.
```

你也可以使用 not in 操作符来确定一个字符串是否不包含在另一个字符串中。这里是一个例子：

```
names = 'Bill Joanne Susan Chris Juan Katie'
if 'Pierre' not in names:
    print('Pierre was not found.')
else:
    print('Pierre was found.')
```

如果运行这个代码，它将显示：

```
Pierre was not found.
```

8.3.2 字符串方法

回想一下第 6 章，一个方法是属于对象的并可以在这个对象上执行一定操作的一个函数。[^①] Python 中的字符串有很多方法。在本节中，我们将讨论几种执行以下操作的字符串方法：

- 测试字符串的值
- 进行各种修改
- 搜索子串和替换字符序列

字符串方法调用的一般格式为：

stringvar.method(arguments)

其中，*stringvar* 是引用字符串的变量，*method* 是被调用的方法名称，*arguments* 是传递到方法的一个或多个参数。我们来看一些例子。

字符串测试方法

表 8-1 中的字符串方法测试字符串的具体特性。例如，如果字符串只包含数字，则 isdigit 方法返回 true。否则返回 false。以下是一个例子：

```
string1 = '1200'
if string1.isdigit():
    print(string1, 'contains only digits.')
else:
    print(string1, 'contains characters other than digits.')
```

此代码将显示

```
1200 contains only digits.
```

下面是另一个例子：

```
string2 = '123abc'
if string2.isdigit():
    print(string2, 'contains only digits.')
else:
    print(string2, 'contains characters other than digits.')
```

此代码将显示

```
123abc contains characters other than digits.
```

表 8-1 字符串测试方法

方法	描述
isalnum()	如果字符串只包含字母或数字，并且长度至少为 1 个字符，则返回 true。否则返回 false
isalpha()	如果字符串只包含字母并且长度至少为 1 个字符，则返回 true。否则返回 false
isdigit()	如果字符串只包含数字并且长度至少为 1 个字符，则返回 true。否则返回 false
islower()	如果字符串中的所有字母都是小写并且该字符串至少包含 1 个字母，则返回 true。否则返回 false
isspace()	如果字符串仅包含空白字符，并且长度至少为 1 个字符，则返回 true。否则返回 false（空白字符包括空格，换行 (\n) 和制表符 (\t)）
isupper()	如果字符串中的所有字母都是大写，并且字符串至少包含 1 个字母，则返回 true。否则返回 false

程序 8-5 演示了各种字符串测试方法。它要求用户输入一个字符串，然后根据方法的返回值显示关于字符串的各种消息。

[^①]: 我们不会涵盖这本书中的所有字符串方法。有关字符串方法的详细列表，请参阅 Python 文档 www.python.org。——译者注

程序 8-5 （string_test.py）

```
1   # This program demonstrates several string testing methods.
2
3   def main():
4       # Get a string from the user.
5       user_string = input('Enter a string: ')
6
7       print('This is what I found about that string:')
8
9       # Test the string.
10      if user_string.isalnum():
11          print('The string is alphanumeric.')
12      if user_string.isdigit():
13          print('The string contains only digits.')
14      if user_string.isalpha():
15          print('The string contains only alphabetic characters.')
16      if user_string.isspace():
17          print('The string contains only whitespace characters.')
18      if user_string.islower():
19          print('The letters in the string are all lowercase.')
20      if user_string.isupper():
21          print('The letters in the string are all uppercase.')
22
23  # Call the string.
24  main()
```

程序输出

Enter a string: **abc** ⏎
This is what I found about that string:
The string is alphanumeric.
The string contains only alphabetic characters.
The letters in the string are all lowercase.

程序输出

Enter a string: **123** ⏎
This is what I found about that string:
The string is alphanumeric.
The string contains only digits.

程序输出

Enter a string: **123ABC** ⏎
This is what I found about that string:
The string is alphanumeric.
The letters in the string are all uppercase.

修改方法

虽然字符串是不可变的，这意味着它们不能被修改，但它们确实有许多方法返回修改后的副本。表 8-2 列出了几种方法。

表 8-2 字符串修改方法

方法	描述
lower()	返回将所有字母转换为小写的字符串副本。任何已经是小写字母或不是字母的字符无须更改
lstrip()	返回删除所有前导空白字符的字符串副本。前导空白字符包括空格，换行（\n），以及出现在字符串开头的制表符（\t）

（续）

方法	描述
lstrip(char)	char 参数是包含字符的字符串。该方法返回删除所有前导 char 字符的字符串副本
rstrip()	返回删除所有尾部空白字符的字符串副本。尾部空白字符包括空格，换行（\n)，以及出现在字符串尾部的制表符（\t)
rstrip(char)	char 参数是包含字符的字符串。该方法返回删除所有尾部 char 字符的字符串副本
strip()	返回删除所有前导和尾部空白字符的字符串副本
strip(char)	返回删除所有前导和尾部 char 字符的字符串副本
upper()	返回将所有字母转换为大写的字符串副本。任何已经是大写字母或不是字母的字符无须更改

例如，lower 方法返回了将其所有字母转换为小写的字符串副本。下面是一个例子：

```
letters = 'WXYZ'
print(letters, letters.lower())
```

这段代码将会打印

```
WXYZ wxyz
```

upper 方法返回了将其所有字母转换为大写的字符串副本。下面是一个例子：

```
letters = 'abcd'
print(letters, letters.upper())
```

这段代码将会打印

```
abcd ABCD
```

lower 和 upper 方法可用于进行不区分大小写的字符串比较。而字符串比较是区分大小写的，也就是说大写字符与小写字符是区分开来的。例如，在一个区分大小写的比较中，字符串'abc'被认为与字符串'ABC'或字符串'Abc'是不一样的，因为字符的大小写不同。有时进行不区分大小写的比较更方便，也就是说字符的大小写会被忽略。在一个不区分大小写的比较中，字符串'abc'被认为与'ABC'或'Abc'是相同的。例如，看下面的代码：

```
again = 'y'
while again.lower() == 'y':
    print('Hello')
    print('Do you want to see that again?')
    again = input('y = yes, anything else = no: ')
```

请注意，在循环的最后一个语句要求用户输入 y 来再次查看显示的消息。只要表达式 again.lower() =='y' 为真，循环就会一直迭代。如果 again 变量引用 'y' 或 'Y'，该表达式就为真。

类似的结果可以通过使用 upper 方法来实现，如下所示：

```
again = 'y'
while again.upper() == 'Y':
    print('Hello')
    print('Do you want to see that again?')
    again = input('y = yes, anything else = no: ')
```

搜索和替换

程序通常需要搜索子字符串（出现在其他字符串中的字符串）。例如，假设你的文字处理器打开了一个文档，你需要搜索出现在某处的单词。你要搜索的词就是一个出现在较大的字符串（文档）里的子字符串。

表 8-3 列出了一些搜索子字符串的 Python 字符串方法，还包括用另一个字符串替换子

字符串的方法。

表 8-3 搜索和替换的方法

方法	描述
endswith(substring)	substring 参数是一个字符串。如果一个字符串以 substring 结尾，该方法则返回 true
find(substring)	substring 参数是一个字符串。该方法返回字符串中找到 substring 的最小索引位置。如果没有找到 substring，该方法返回 –1
replace(old, new)	old 和 new 参数都是字符串。该方法返回将所有 old 替换为 new 的字符串副本
startswith(substring)	substring 参数是一个字符串。如果一个字符串以 substring 开头，则该方法返回 true

endswith 方法可以确定一个字符串是否以指定的子字符串结尾。下面是一个例子：

```
filename = input('Enter the filename: ')
if filename.endswith('.txt'):
    print('That is the name of a text file.')
elif filename.endswith('.py'):
    print('That is the name of a Python source file.')
elif filename.endswith('.doc'):
    print('That is the name of a word processing document.')
else:
    print('Unknown file type.')
```

startswith 方法的工作方式与 endswith 方法类似，可以确定一个字符串是否以指定的子字符串开头。

find 方法在字符串中搜索指定的子字符串。如果找到，该方法返回该子字符串的最小索引。如果没有找到，该方法返回 –1。下面是一个例子：

```
string = 'Four score and seven years ago'
position = string.find('seven')
if position != -1:
    print('The word "seven" was found at index', position)
else:
    print('The word "seven" was not found.')
```

此代码将显示

```
The word "seven" was found at index 15
```

replace 方法返回一个字符串副本，将其中每一次出现的指定子字符串副本替换为另一个字符串。例如，看下面的代码：

```
string = 'Four score and seven years ago'
new_string = string.replace('years', 'days')
print(new_string)
```

此代码将显示

```
Four score and seven days ago
```

聚光灯：验证密码中的字符

在大学，学校电脑系统的密码必须符合以下要求：

- 长度必须至少7个字符。
- 必须包含至少1个大写字母。
- 必须包含至少1个小写字母。
- 必须包含至少1个数字。

当一个学生设置他的密码时，密码必须进行验证以确保它符合这些要求。要求你编写执行此验证的代码。你决定编写一个名为 valid_password 的函数，接受密码作为参数并返回 true 或 false 来表明其是否有效。以下是这个函数的伪代码算法：

valid_password function:
   Set the correct_length variable to false
   Set the has_uppercase variable to false
   Set the has_lowercase variable to false
   Set the has_digit variable to false
   If the password's length is seven characters or greater:
     Set the correct_length variable to true
     for each character in the password:
       if the character is an uppercase letter:
         Set the has_uppercase variable to true
       if the character is a lowercase letter:
         Set the has_lowercase variable to true
       if the character is a digit:
         Set the has_digit variable to true
   If correct_length and has_uppercase and has_lowercase and has_digit:
     Set the is_valid variable to true
   else:
     Set the is_valid variable to false
   Return the is_valid variable

此前（在之前的聚光灯部分）你已经创建了一个存储在 login 模块中的名为 get_login_name 的函数。由于 valid_password 函数的作用与创建学生登录账户的任务紧密相关，你决定将 valid_password 函数也存储在 login 模块中。程序 8-6 显示了添加了 valid_password 函数的 login 模块。该函数从第 34 行开始。

程序 8-6　（login.py）

```
 1    # The get_login_name function accepts a first name,
 2    # last name, and ID number as arguments. It returns
 3    # a system login name.
 4
 5    def get_login_name(first, last, idnumber):
 6        # Get the first three letters of the first name.
 7        # If the name is less than 3 characters, the
 8        # slice will return the entire first name.
 9        set1 = first[0 : 3]
10
11        # Get the first three letters of the last name.
12        # If the name is less than 3 characters, the
13        # slice will return the entire last name.
14        set2 = last[0 : 3]
15
16        # Get the last three characters of the student ID.
17        # If the ID number is less than 3 characters, the
18        # slice will return the entire ID number.
```

```
19      set3 = idnumber[-3 :]
20
21      # Put the sets of characters together.
22      login_name = set1  + set2 + set3
23
24      # Return the login name.
25      return login_name
26
27  # The valid_password function accepts a password as
28  # an argument and returns either true or false to
29  # indicate whether the password is valid. A valid
30  # password must be at least 7 characters in length,
31  # have at least one uppercase letter, one lowercase
32  # letter, and one digit.
33
34  def valid_password(password):
35      # Set the Boolean variables to false.
36      correct_length = False
37      has_uppercase = False
38      has_lowercase = False
39      has_digit = False
40
41      # Begin the validation. Start by testing the
42      # password's length.
43      if len(password) >= 7:
44          correct_length = True
45
46          # Test each character and set the
47          # appropriate flag when a required
48          # character is found.
49          for ch in password:
50              if ch.isupper():
51                  has_uppercase = True
52              if ch.islower():
53                  has_lowercase = True
54              if ch.isdigit():
55                  has_digit = True
56
57      # Determine whether all of the requirements
58      # are met. If they are, set is_valid to true.
59      # Otherwise, set is_valid to false.
60      if correct_length and has_uppercase and \
61          has_lowercase and has_digit:
62          is_valid = True
63      else:
64          is_valid = False
65
66      # Return the is_valid variable.
67      return is_valid
```

程序 8-7 导入了 login 模块，并演示了 valid_password 函数。

程序 8-7 （validate_password.py）

```
 1  # This program gets a password from the user and
 2  # validates it.
 3
 4  import login
 5
 6  def main():
 7      # Get a password from the user.
 8      password = input('Enter your password: ')
 9
10      # Validate the password.
11      while not login.valid_password(password):
12          print('That password is not valid.')
13          password = input('Enter your password: ')
14
15      print('That is a valid password.')
16
17  # Call the main function.
18  main()
```

程序输出

```
Enter your password: bozo [Enter]
That password is not valid.
Enter your password: kangaroo [Enter]
That password is not valid.
Enter your password: Tiger9 [Enter]
That password is not valid.
Enter your password: Leopard6 [Enter]
That is a valid password.
```

8.3.3 重复操作符

在第 7 章，你学会了如何使用重复操作符（*）复制列表。重复操作符也适用于字符串。一般格式如下：

string_to_copy * n

重复操作符创建一个包含 n 个 *string_to_copy* 重复副本的字符串。下面是一个例子：

my_string = 'w' * 5

该语句执行后，my_string 将引用字符串 'wwwww'。下面是另一个例子：

print('Hello' * 5)

该语句将打印：

HelloHelloHelloHelloHello

程序 8-8 演示了重复操作符。

程序 8-8 （repetition_operator.py）

```
1  # This program demonstrates the repetition operator.
2
```

```
 3  def main():
 4      # Print nine rows increasing in length.
 5      for count in range(1, 10):
 6          print('Z' * count)
 7
 8      # Print nine rows decreasing in length.
 9      for count in range(8, 0, -1):
10          print('Z' * count)
11
12  # Call the main function.
13  main()
```

程序输出

```
Z
ZZ
ZZZ
ZZZZ
ZZZZZ
ZZZZZZ
ZZZZZZZ
ZZZZZZZZ
ZZZZZZZZZ
ZZZZZZZZ
ZZZZZZZ
ZZZZZZ
ZZZZZ
ZZZZ
ZZZ
ZZ
Z
```

8.3.4 分割字符串

在 Python 中，字符串有一个名为 split 的方法，返回字符串中包含单词的列表。程序 8-9 给出了一个例子。

程序 8-9 （string_split.py）

```
 1  # This program demonstrates the split method.
 2
 3  def main():
 4      # Create a string with multiple words.
 5      my_string = 'One two three four'
 6
 7      # Split the string.
 8      word_list = my_string.split()
 9
10      # Print the list of words.
11      print(word_list)
12
13  # Call the main function.
14  main()
```

程序输出

```
['One', 'two', 'three', 'four']
```

默认情况下，split 方法使用空格作为分隔符（即其返回字符串中由空格分隔的单词列表）。你可以以参数传递的方式为 split 方法指定一个不同的分隔符。例如，假设一个字符串包含日期，如下所示：

```
date_string = '11/26/2018'
```

如果你想要分割其中的月、日、年作为列表中的元素，你可以使用 '/' 字符作为分隔符调用 split 方法，如下所示：

```
date_list = date_string.split('/')
```

该语句执行后，date_list 变量将引用这个列表：

```
['11', '26', '2018']
```

程序 8-10 说明了这一点。

程序 8-10 （split_date.py）

```
 1   # This program calls the split method, using the
 2   # '/' character as a separator.
 3
 4   def main():
 5       # Create a string with a date.
 6       date_string = '11/26/2018'
 7
 8       # Split the date.
 9       date_list = date_string.split('/')
10
11       # Display each piece of the date.
12       print('Month:', date_list[0])
13       print('Day:', date_list[1])
14       print('Year:', date_list[2])
15
16   # Call the main function.
17   main()
```

程序输出

```
Month: 11
Day: 26
Year: 2018
```

✓ 检查点

8.11 使用 in 操作符编写代码判断 'd' 是否在 mystring 中。

8.12 假设 big 变量引用一个字符串。编写一个语句，将它所引用的字符串转换为小写并将转换后的字符串分配给 little 变量。

8.13 编写一个 if 语句，如果 ch 变量引用的字符串包含一个数字，则显示 'Digit'，否则显示 'No digit'。

8.14 下面代码的输出是什么？

```
ch = 'a'
ch2 = ch.upper()
print(ch, ch2)
```

8.15 编写一个循环，询问用户"Do you want to repeat the program or quit? (R/Q)"。该循环重复进行，直到用户输入 R 或 Q（无论是大写或小写）。

8.16 下面的代码将显示什么？

```
var = '$'
print(var.upper())
```

8.17 编写一个循环，对 mystring 变量所引用的字符串中出现的大写字符计数。

8.18 假设下面的语句出现在一个程序：

```
days = 'Monday Tuesday Wednesday'
```

编写一个语句分割字符串，创建以下列表：

```
['Monday', 'Tuesday', 'Wednesday']
```

8.19 假设下面的语句出现在一个程序：

```
values = 'one$two$three$four'
```

编写一个语句分割字符串，创建以下列表：

```
['one', 'two', 'three', 'four']
```

复习题

多项选择题

1. 字符串的第 1 个索引是_____。
   a. –1   b. 1   c. 0   d. 字符串长度减 1
2. 字符串的最后 1 个索引是_____。
   a. 1   b. 99   c. 0   d. 字符串长度减 1
3. 如果你尝试使用了超出字符串范围的索引，会发生_____。
   a. 产生 ValueError 异常   b. 产生 IndexError 异常
   c. 该字符串会被删除，该程序将继续运行   d. 什么也不发生 – 无效索引将被忽略
4. 下面_____函数会返回字符串长度。
   a. length   b. size   c. len   d. lengthof
5. 下面_____字符串方法返回删除所有前导空白字符的字符串副本。
   a. lstrip   b. rstrip   c. remove   d. strip_leading
6. 下面_____字符串方法返回字符串中找到指定字符串的最小索引位置。
   a. first_index_of   b. locate   c. find   d. index_of
7. 下面_____操作符可以确定一个字符串是否包含在另一个字符串中。
   a. contains   b. is_in   c. ==   d. in
8. 下面_____方法返回 true，如果字符串只包含字母并且长度至少为 1 个字符。
   a. isalpha 方法   b. alpha 方法   c. alphabetic 方法   d. isletters 方法
9. 下面_____方法返回 true，如果字符串只包含数字并且长度至少为 1 个字符。
   a. digit 方法   b. isdigit 方法   c. numeric 方法   d. isnumber 方法
10. 下面_____方法返回删除所有前导和尾部空白字符的字符串副本。
    a. clean   b. strip   c. remove_whitespace   d. rstrip

判断题

1. 字符串一旦被创建，它就不能改变。
2. 可以使用 for 循环遍历字符串中的单个字符。
3. isupper 方法将字符串转换为大写。
4. 重复操作符（*）适用于字符串和列表。
5. 当你调用一个字符串的 split 方法时，该方法将该字符串分为两个子串。

简答题

1. 下面的代码显示什么？

   ```
   mystr = 'yes'
   mystr += 'no'
   mystr += 'yes'
   print(mystr)
   ```

2. 下面的代码显示什么？

   ```
   mystr = 'abc' * 3
   print(mystr)
   ```

3. 下面的代码显示什么？

   ```
   mystring = 'abcdefg'
   print(mystring[2:5])
   ```

4. 下面的代码显示什么？

   ```
   numbers = [1, 2, 3, 4, 5, 6, 7]
   print(numbers[4:6])
   ```

5. 下面的代码显示什么？

   ```
   name = 'joe'
   print(name.lower())
   print(name.upper())
   print(name)
   ```

算法工作室

1. 假设 choice 引用一个字符串。下面 if 语句判断是否 choice 等于 'Y' 或 'y'：

   ```
   if choice == 'Y' or choice == 'y':
   ```

   重写这个语句，使得只用一次比较，并且不能使用 or 操作符。（提示：使用 upper 或 lower 方法。）
2. 编写一个循环，对 mystring 所引用的字符串中出现的空格字符计数。
3. 编写一个循环，对 mystring 所引用的字符串中出现的数字计数。
4. 编写一个循环，对 mystring 所引用的字符串中出现的小写字符计数。
5. 编写一个函数，接受一个字符串为参数，如果该参数以子串 '.com' 结尾，则返回 true。否则，返回 false。
6. 编写代码生成一个字符串副本，将字符串中所有出现的字符 't' 转换为大写。
7. 编写一个函数，接受一个字符串为参数，并逆序显示该字符串。
8. 假设 mystring 引用一个字符串。编写使用切片表达式的一个语句，显示该字符串的前 3 个字符。
9. 假设 mystring 引用一个字符串。编写使用切片表达式的一个语句，显示该字符串的最后 3 个字符。
10. 请看下面的语句：

    ```
    mystring = 'cookies>milk>fudge>cake>ice cream'
    ```

编写一个语句分割该字符串，创建以下列表：

['cookies', 'milk', 'fudge', 'cake', 'ice cream']

编程题

1. 缩写

编写一个程序，获得包含一个人的名、中间名和姓氏的字符串，显示其名、中间名和姓氏的缩写。例如，如果用户输入 John William Smith，程序应该显示 J. W. S。

2. 字符串中的数字之和

编写一个程序，要求用户输入一系列没有分隔的单数字字符。该程序显示字符串中所有单个数字字符的总和。例如，如果用户输入 2514，则该方法应返回 12，是 2，5，1 和 4 的总和。

3. 日期打印机

编写一个程序，从用户读取含有日期形式为 mm/dd/yyyy 的一个字符串。它应该打印的日期格式为 March 12, 2018。

4. 摩尔斯电码转换器

摩尔斯电码是一种通过一系列点和线来代表不同英文字母、数字和标点符号的电码。表 8-4 展示了部分电码。编写一个程序，要求用户输入一个字符串，然后将该字符串转换为对应的摩尔斯电码。

表 8-4　莫尔斯电码

字符	电码	字符	电码	字符	电码	字符	电码
space	space	6	-....	G	--.	Q	--.-
comma	--..--	7	--...	H	....	R	.-.
period	.-.-.-	8	---..	I	..	S	...
question mark	..--..	9	----.	J	.---	T	-
0	-----	A	.-	K	-.-	U	..-
1	.----	B	-...	L	.-..	V	...-
2	..---	C	-.-.	M	--	W	.--
3	...--	D	-..	N	-.	X	-..-
4	....-	E	.	O	---	Y	-.--
5	.....	F	..-.	P	.--.	Z	--..

5. 字母电话号码翻译器

许多公司使用像 555-GET-FOOD 的电话号码，以便于它们的客户记住。在一般的电话上，这些字母将以如下形式映射到下面的数字：

A, B, and C = 2
D, E, and F = 3
G, H, and I = 4
J, K, and L = 5
M, N, and O = 6
P, Q, R, and S = 7
T, U, and V = 8
W, X, Y, and Z = 9

编写一个程序，要求用户输入格式为 XXX-XXX-XXXX 的 10 个字符的电话号码。应用程序应该显示与原先字母字符对应的经过转换后的等效数字电话号码。例如，如果用户输入 555-GET-FOOD，应用程序应该显示 555-438-3663。

6. 平均单词数量

如果你从 Computer Science Portal 网站下载了源代码，你会在第 08 章的文件夹中发现一个名为 text.txt 的文件。这个文件中的文本每行存储了一个句子。编写一个程序，读取文件内容并计算每一句话的平均单词数量。（可以在 www.pearsonhighered.com/gaddis 访问 Computer Science Portal 门户网站。）

7. 字符分析

如果你已经下载了源代码，你会在第 08 章的文件夹中发现一个名为 text.txt 的文件。编写一个程序，读取文件内容并确定了以下内容：

- 文件中大写字母字符的数量
- 文件中小写字母字符的数量
- 文件中数字字符的数量
- 文件中空白字符的数量

8. 句子首字母大写

使用函数编写一个程序，接受一个字符串作为参数，并返回一个字符串副本，其中将每个句子的首字母大写。例如，如果参数是"hello. my name is Joe. what is your name?"，函数应该返回字符串"Hello. My name is Joe. What is your name?"。这个程序让用户输入一个字符串，然后把它传递给函数。修改后的字符串将会显示出来。

9. 元音和辅音

使用函数编写一个程序，接受一个字符串作为参数，并返回该字符串包含元音的数量。该应用程序还有另一种函数，接受一个字符串作为参数，并返回该字符串包含辅音的数量。该应用程序让用户输入一个字符串，并显示它包含的元音和辅音数量。

10. 最常见字符

编写一个程序，允许用户输入一个字符串，并显示字符串中出现最频繁的字符。

11. 单词分割器

编写一个程序，接受首字符是大写的单词合并在一起的一个句子。将这个句子转换为一个字符串，其中单词之间用空格分隔并且只有第一个单词首字母大写。例如，字符串"StopAndSmellTheRoses"将会转换为"Stop and smell the roses"。

12. Pig Latin

编写一个程序，接受一个句子作为输入并将其中每个单词转换为"Pig Latin"。在一种版本中，要想将一个单词转换为 Pig Latin，你需要删除第 1 个字母并将其放置在单词末尾。然后，将字符串"AY"添加到单词后面。下面是一个例子：

English： I SLEPT MOST OF THE NIGHT
Pig Latin： IAY LEPTSAY OSTMAY FOAY HETAY IGHTNAY

13. 强力球彩票

要玩强力球彩票，你需要购买一张彩票，其中要从 1～69 之间选择 5 个数字并从 1～26 之间选择一个"强力球"号码。(你可以自己选择号码，或者让机器帮你挑选)。然后，在指定日期，中奖号码集合将由机器随机选出。如果你的前 5 个号码以任意顺序命中了前 5 个中奖号码，并且你的强力球号码命中了中奖强力球号码，你就赢得了大奖，会是一笔数目非常大的钱。如果你的号码仅命中了一部分中奖号码，取决于中了多少个中奖号码，你会赢得相应的一小部分。

在这本书的学生示例程序中，你会找到一个名为 pbnumbers.txt 的文件，包含了从 2010 年 2 月 3 日到 2016 年 5 月 11 日之间选出的强力球中奖号码（文件中包含了 654 组中奖号码）。图 8-6 显示了这个文件的前几行内容。文件中的每一行包含了指定日期选出的一组 6 个号码。这些数字用空格隔开，并且每行的最后 1 个数字是那天的强力球号码。例如，文件中的第 1 行显示了 2010 年 2 月 3 日的号码，它们是 17，22，36，37，52，以及强力球号码 24。

编写一个或多个程序处理这个文件完成以下工作：
- 按照频率显示最常出现的数字
- 按照频率显示最少出现的数字
- 显示一直没有出现的 10 个数字（很久没有抽到的数字），时间由远及近
- 显示 1～69 每个号码和 1～26 每个强力球号码的频率

14. 天然气价格

在本章的学生示例程序文件中，你可以找到一个名为 GasPrices.txt 的文本文件。该文件包含了美国从 1993 年 4 月 5 日到 2013 年 8 月 26 日以来一加仑天然气的每周平均价格。图 8-7 显示了这个文件的前几行内容。

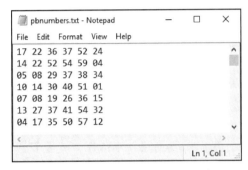

图 8-6 pbnumbers.txt 文件

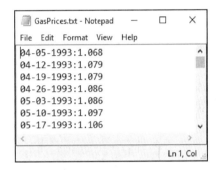

图 8-7 GasPrices.txt 文件

文件中的每一行包含了在指定日期下一加仑天然气的平均价格。每一行的格式如下：

MM-DD-YYYY:Price

MM 是两位数的月份，*DD* 是两位数的日子，*YYYY* 是四位数的年份。*Price* 是在指定日期下一加仑天然气的平均价格。

对于这个作业，你需要编写一个或多个程序读取文件中的内容，并执行以下计算：

年平均价格：针对文件中的每一年，计算每年天然气的平均价格。（文件中的数据从 1993 年 4 月开始到 2013 年 8 月结束。使用从 1993 年到 2013 年的数据）。

月平均价格：计算文件中每月天然气的平均价格。

年最高和最低价格：针对文件中的每一年，确定最低价格和最高价格以及对应的日期。

由低到高的价格清单：生成一个文本文件列出了从低到高的价格以及日期。

由高到低的价格清单：生成一个文本文件列出了从高到低的价格以及日期。

可以编写一个程序来执行所有的计算，或者可以为每种计算编写不同的程序。

第 9 章

Starting Out with Python, Fourth Edition

字典和集合

9.1 字典

概念：字典是一个可以存储一组数据的对象。字典中的每个元素都有两个部分：键和值。你可以使用键来定位相应的值。

当听到"字典"这个词的时候，你可能会想到一本厚厚的书，比如说韦氏大词典，其中包含着单词及其定义。如果你想知道一个具体词的含义，可以在字典中定位它并找到它的定义。

在 Python 中，字典是存储一组数据的对象。存储在字典中的每个元素都有两个部分：键和值。事实上，字典中的元素通常被称为键值对。当想从字典中检索特定值时，你可以使用与该值对应的键。这与在韦氏大词典中查找单词的过程十分类似，其中单词是键，定义是值。

例如，假设公司中的每个员工都有一个 ID，我们想要编写一个程序，让我们通过输入员工的 ID 来查找相应员工的名字。可以创建一个字典，其中每个元素都包含一个员工 ID 作为键，员工名字作为值。如果我们知道员工的 ID，那么就可以检索到该员工的姓名了。

另一个程序是让我们输入一个人名，然后返回其电话号码。该程序同样可以使用字典，其中每个元素将人名作为键，将电话号码作为值。如果我们知道一个人名，那么就可以检索到这个人的电话号码。

 注：由于一个键映射到一个值，所以键值对通常也被称为映射。

9.1.1 创建字典

字典可以通过将所有元素包含在一对大括号（{}）内来创建。一个元素由一个键后跟一个冒号，再后跟一个值而组成。元素间用逗号分隔。下面的语句给出了一个例子：

```
phonebook = {'Chris':'555-1111', 'Katie':'555-2222', 'Joanne':'555-3333'}
```

此语句创建了一个字典，并将其分配给变量 phonebook。该字典包含以下三个元素：
- 第一个元素是 'Chris':'555-1111'。其中，键是 'Chris'，值是 '555-1111'。
- 第二个元素是 'Katie':'555-2222'。其中，键是 'Katie'，值是 '555-2222'。
- 第三个元素是 'Joanne':'555-3333'。其中，键是 'Joanne'，值是 '555-3333'。

在这个例子中，键和值都是字符串。字典中的值可以是任何类型的对象，但是键必须是不可变对象。例如，键可以是字符串、整数、浮点值或元组，但不能是列表或其他的不可变对象类型。

9.1.2 从字典中检索值

字典中的元素并非按照某一特定顺序存储。例如，在以下交互式会话中，创建了一个字典并显示其元素：

```
>>> phonebook = {'Chris':'555-1111', 'Katie':'555-2222',
'Joanne':'555-3333'} Enter
>>> phonebook Enter
{'Chris': '555-1111', 'Joanne': '555-3333', 'Katie': '555-2222'}
>>>
```

请注意，元素的显示顺序与创建它们时的顺序并不相同。这说明了字典并不是像列表、元组和字符串一样的序列。因此，不能使用数字索引从字典中的相应位置检索值，而是使用一个键来检索值。

要从字典中检索值，只需用以下格式编写一个表达式：

dictionary_name[*key*]

其中，`dictionary_name` 是字典变量，`key` 是键。如果字典中存在该键，表达式将返回与该键对应的值。如果该键不存在，则抛出 KeyError 异常。正如以下交互式会话所示：

```
1  >>> phonebook = {'Chris':'555-1111', 'Katie':'555-2222',
   'Joanne':'555-3333'} Enter
2  >>> phonebook['Chris'] Enter
3  '555-1111'
4  >>> phonebook['Joanne'] Enter
5  '555-3333'
6  >>> phonebook['Katie'] Enter
7  '555-2222'
8  >>> phonebook['Kathryn'] Enter
Traceback (most recent call last):
   File "<pyshell#5>", line 1, in <module>
     phonebook['Kathryn']
KeyError: 'Kathryn'
>>>
```

让我们更加细致地观察这个会话：

- 第 1 行创建一个包含名字（作为键）和电话号码（作为值）的字典。
- 在第 2 行中，表达式 phonebook['Chris'] 从 phonebook 字典中返回与键 'Chris' 对应的值，并显示在第 3 行。
- 在第 4 行中，表达式 phonebook['Joanne'] 从 phonebook 字典中返回与键 'Joanne' 对应的值，并显示在第 5 行。
- 在第 6 行中，表达式 phonebook['Katie'] 从 phonebook 字典中返回与键 'Katie' 对应的值，并显示在第 7 行。
- 在第 8 行中，输入表达式 phonebook['Kathryn']。而在 phonebook 字典中并没有键 'Kathryn'，因此抛出 KeyError 异常。

 注：字符串比较是区分大小写的。表达式 phonebook['katie'] 不会找到字典中的键 'Katie'。

9.1.3 使用 in 和 not 操作符判断字典中的值

正如之前所示，如果你尝试使用一个不存在的键检索字典中的值，则会抛出 KeyError

异常。为了避免这种异常，在使用键检索值之前，可以使用 in 操作符来确定该键是否存在。正如以下交互式会话所示：

```
1  >>> phonebook = {'Chris':'555-1111', 'Katie':'555-2222',
   'Joanne':'555-3333'} Enter
2  >>> if 'Chris' in phonebook: Enter
3          print(phonebook['Chris']) Enter Enter
4
5  555-1111
6  >>>
```

第 2 行中的 if 语句确定键 'Chris' 是否在 phonebook 字典中。如果存在，则第 3 行中的语句显示与该键对应的值。

你也可以使用 not in 操作符来确定一个键是否不存在，如以下会话所示：

```
1  >>> phonebook = {'Chris':'555-1111', 'Katie':'555-2222'} Enter
2  >>> if 'Joanne' not in phonebook: Enter
3          print('Joanne is not found.') Enter Enter
4
5  Joanne is not found.
6  >>>
```

注：在 in 和 not 操作符中，字符串比较是区分大小写的。

9.1.4 向已有字典中添加元素

字典是可变对象。你可以使用如下格式的赋值语句向字典添加新的键值对：

dictionary_name[key] = value

其中，dictionary_name 是字典变量，key 是键。如果 key 在字典中已存在，它所对应的值将变为 value。如果 key 不存在，它和其对应值 value 会一起添加到字典中。正如以下交互式会话所示：

```
1  >>> phonebook = {'Chris':'555-1111', 'Katie':'555-2222',
   'Joanne':'555-3333'} Enter
2  >>> phonebook['Joe'] = '555-0123' Enter
3  >>> phonebook['Chris'] = '555-4444' Enter
4  >>> phonebook Enter
5  {'Chris': '555-4444', 'Joanne': '555-3333', 'Joe': '555-0123',
    'Katie': '555-2222'}
6  >>>
```

让我们更加细致地观察这个会话：
- 第 1 行创建一个包含名字（作为键）和电话号码（作为值）的字典。
- 第 2 行中的语句添加一个新的键值对到 phonebook 字典。由于在字典中没有键 'Joe'，该语句添加了键 'Joe' 和其对应的值 '555-0123' 到字典中。
- 第 3 行中的语句修改了已存在键对应的值。由于 phonebook 字典已经存在键 'Chris'，该语句将其对应的值修改成了 '555-4444'。
- 第 4 行显示了 phonebook 字典的所有内容，其输出如第 5 行所示。

注：字典中不存在重复的键。当对一个已存在的键赋值时，新值会替换旧值。

9.1.5 删除元素

可以使用 del 语句从字典中删除现有的键值对。一般格式如下：

```
del dictionary_name[key]
```

其中，`dictionary_name` 是字典变量，`key` 是键。该语句执行后，`key` 和其对应的值会从字典中删除。如果 `key` 不存在，会抛出 KeyError 异常。正如以下交互式会话所示：

```
1  >>> phonebook = {'Chris':'555-1111', 'Katie':'555-2222',
   'Joanne':'555-3333'} Enter
2  >>> phonebook Enter
3  {'Chris': '555-1111', 'Joanne': '555-3333', 'Katie': '555-2222'}
4  >>> del phonebook['Chris'] Enter
5  >>> phonebook Enter
6  {'Joanne': '555-3333', 'Katie': '555-2222'}
7  >>> del phonebook['Chris'] Enter
8  Traceback (most recent call last):
9      File "<pyshell#5>", line 1, in <module>
10         del phonebook['Chris']
11 KeyError: 'Chris'
12 >>>
```

让我们更加细致地观察这个会话：

- 第 1 行创建了一个字典，第 2 行显示了它的内容。
- 第 4 行删除了键 `'Chris'` 对应的元素，第 5 行显示了字典的内容。你可以在第 6 行的输出中看到该元素不再存在于字典中。
- 第 7 行尝试再次删除键 `'Chris'` 的元素。由于该元素不再存在，抛出一个 KeyError 异常。

为了防止抛出 KeyError 异常，你可以在尝试删除键值对之前先使用 in 操作符确定对应键是否存在。正如以下交互式会话所示：

```
1  >>> phonebook = {'Chris':'555-1111', 'Katie':'555-2222',
   'Joanne':'555-3333'} Enter
2  >>> if 'Chris' in phonebook: Enter
3          del phonebook['Chris'] Enter Enter
4
5  >>> phonebook Enter
6  {'Joanne': '555-3333', 'Katie': '555-2222'}
7  >>>
```

9.1.6 获取字典中元素的数量

可以使用内置的 len 函数来获得字典中元素的个数。正如以下交互式会话所示：

```
1  >>> phonebook = {'Chris':'555-1111', 'Katie':'555-2222'} Enter
2  >>> num_items = len(phonebook) Enter
3  >>> print(num_items) Enter
4  2
5  >>>
```

该会话的主要内容是：

- 第 1 行创建了一个含有两个元素的字典，并将其赋值给变量 phonebook。
- 第 2 行将变量 phonebook 作为参数调用 len 函数。该函数的返回值是 2，并将其赋值给变量 num_items。
- 第 3 行将 num_items 传递给 print 函数，其输出如第 4 行所示。

9.1.7 字典中数据类型的混合

如前所述，字典中的键必须是不可变对象，但它们的对应值可以是任何类型的对象。例如，值可以是列表，正如以下交互式会话所示。在该会话中，我们创建一个字典，其中键是学生姓名，值是测验成绩列表。

```
 1  >>> test_scores = { 'Kayla' : [88, 92, 100], Enter
 2                      'Luis'  : [95, 74, 81], Enter
 3                      'Sophie': [72, 88, 91], Enter
 4                      'Ethan' : [70, 75, 78] } Enter
 5  >>> test_scores Enter
 6  {'Kayla': [88, 92, 100], 'Sophie': [72, 88, 91], 'Ethan': [70, 75, 78],
 7  'Luis': [95, 74, 81]}
 8  >>> test_scores['Sophie'] Enter
 9  [72, 88, 91]
10  >>> kayla_scores = test_scores['Kayla'] Enter
11  >>> print(kayla_scores) Enter
12  [88, 92, 100]
13  >>>
```

让我们更加细致地观察这个会话。第 1～4 行的语句创建了字典，并将其赋给变量 test_scores。该字典包含以下四个元素：

- 第 1 个元素是 'Kayla': [88, 92, 100]，其中，键是 'Kayla'，值是列表 [88, 92, 100]。
- 第 2 个元素是 'Luis': [95, 74, 81]，其中，键是 'Luis'，值是列表 [95, 74, 81]。
- 第 3 个元素是 'Sophie': [72, 88, 91]，其中，键是 'Sophie'，值是列表 [72, 88, 91]。
- 第 4 个元素是 'Ethan': [70, 75, 78]，其中，键是 'Ethan'，值是列表 [70, 75, 78]。

该会话剩余部分的主要内容是：

- 第 5 行显示了字典的内容，如第 6～7 行所示。
- 第 8 行取回了键 'Sophie' 对应的值，并将其显示在第 9 行。
- 第 10 行取回了键 'Kayla' 对应的值，并将其赋值给变量 kayla_scores。该语句执行后，变量 kayla_scores 引用了列表 [88, 92, 100]。
- 第 11 行将变量 kayla_scores 传递给 print 函数，并在第 12 行显示输出。

存储在单个字典中的值可以是不同类型。例如，一个元素的值可能是一个字符串，另一个元素的值可能是一个列表，第三个元素的值也可能是一个整数。键也可以是不同的类型，只要它们是不可变的。以下交互式会话演示了如何在字典中混合存储不同的类型：

```
 1  >>> mixed_up = {'abc':1, 999:'yada yada', (3, 6, 9):[3, 6, 9]} Enter
 2  >>> mixed_up Enter
 3  {(3, 6, 9): [3, 6, 9], 'abc': 1, 999: 'yada yada'}
 4  >>>
```

第 1 行的语句创建了一个字典，并将其赋给变量 mixed_up。该字典包含以下元素：

- 第 1 个元素是 'abc':1，其中，键是 'abc'，值是整数 1。
- 第 2 个元素是 999:'yada yada'，其中，键是整数 999，值是字符串 'yada yada'。
- 第 3 个元素是 (3, 6, 9):[3, 6, 9]，其中，键是元组 (3, 6, 9)，值是列表 [3, 6, 9]。

以下交互式会话提供了一个更实际的例子。它创建了一个包含有关雇员的各种数据的字典：

```
1  >>> employee = {'name' : 'Kevin Smith', 'id' : 12345, 'payrate' :
   25.75 } Enter
2  >>> employee Enter
3  {'payrate': 25.75, 'name': 'Kevin Smith', 'id': 12345}
4  >>>
```

第1行的语句创建了一个字典，并将其赋值给变量 employee。该字典包含以下元素：

- 第1个元素是 'name': 'Kevin Smith'，其中，键是字符串 'name'，值是字符串 'Kevin Smith'。
- 第2个元素是 'id': 12345，其中，键是字符串 'id'，值是整数 12345。
- 第3个元素是 'payrate': 25.75，其中，键是字符串 'payrate'，值是浮点数 25.75。

9.1.8 创建空字典

有时，要创建一个空字典，然后在程序执行时向其添加元素。因此，可以使用一组空的大括号创建一个空字典，如以下交互式会话所示：

```
1  >>> phonebook = {} Enter
2  >>> phonebook['Chris'] = '555-1111' Enter
3  >>> phonebook['Katie'] = '555-2222' Enter
4  >>> phonebook['Joanne'] = '555-3333' Enter
5  >>> phonebook Enter
6  {'Chris': '555-1111', 'Joanne': '555-3333', 'Katie': '555-2222'}
7  >>>
```

第1行的语句创建了一个空字典，并将其赋给变量 phonebook。第2～4行向字典添加了多个键值对，第5行的语句显示了该字典的内容。

还可以使用内置的 dict() 方法创建一个空字典，如下面的语句：

```
phonebook = dict()
```

执行该语句后，变量 phonebook 将引用一个空字典。

9.1.9 使用 for 循环遍历字典

可以使用 for 循环遍历字典中的所有键，一般格式如下所示：

```
for var in dictionary:
    statement
    statement
    etc.
```

其中，*var* 是变量名，*dictionary* 是字典名。该循环对字典中的元素进行逐个迭代。每循环迭代一次，*var* 将会赋值为一个新键。如以下交互式会话所示：

```
1   >>> phonebook = {'Chris':'555-1111', Enter
2                    'Katie':'555-2222', Enter
3                    'Joanne':'555-3333'} Enter
4   >>> for key in phonebook: Enter
5   ...     print(key) Enter Enter
6
7
8   Chris
9   Joanne
10  Katie
11  >>> for key in phonebook: Enter
12  ...     print(key, phonebook[key]) Enter Enter
13
```

```
14
15    Chris 555-1111
16    Joanne 555-3333
17    Katie 555-2222
18 >>>
```

该会话的主要内容是：

- 第 1～3 行创建了一个包含三个元素的字典，并将其赋给变量 phonebook。
- 第 4～5 行包含一个 for 循环，对 phonebook 字典中的元素进行逐个迭代。每循环迭代一次，变量 key 会赋值为一个新键。第 5 行打印了变量 key 的值。第 8～9 行显示了循环的输出。
- 第 11～12 行包含了另一个 for 循环，将新键赋值给变量 key 并对 phonebook 字典中的元素进行逐个迭代。第 5 行打印变量 key 和其对应的值。第 15～17 行显示了循环的输出。

9.1.10 常用字典方法

字典对象有很多方法。在本节中，我们一起来看看表 9-1 中一些较为有用的方法。

表 9-1 字典方法

方法	描述
clear	清空字典的内容
get	获取与指定键对应的值。如果没有找到相应的键，该方法不会抛出异常，而是返回一个默认值
items	将字典中的所有键及其对应值以元组序列的形式返回
keys	将字典中的所有键以元组序列的形式返回
pop	返回与指定键对应的值并将键值对从字典中删除。如果没有找到相应的键，该方法返回默认值
popitem	从字典中以元组形式返回一个随机选择的键值对，并将键值对从字典中删除
values	将字典中的所有值以元组序列的形式返回

clear 方法

clear 方法删除字典中的所有元素，使其成为空字典。该方法的格式是

dictionary.clear()

以下交互式会话演示了该方法：

```
1  >>> phonebook = {'Chris':'555-1111', 'Katie':'555-2222'} Enter
2  >>> phonebook Enter
3  {'Chris': '555-1111', 'Katie': '555-2222'}
4  >>> phonebook.clear() Enter
5  >>> phonebook Enter
6  {}
7  >>>
```

请注意，在第 4 行的语句执行后，phonebook 字典不会包含任何元素。

get 方法

可以使用 get 方法来替代 [] 操作符从字典中获得值。如果指定键没有找到，get 方法不会引发异常。以下是 get 方法的一般格式：

dictionary.get(*key*, *default*)

其中，dictionary 是字典名，key 是待查询的键，default 是在 key 没找到时的默认

返回值。当调用该方法时，它返回与指定 key 对应的值。如果字典中没有找到指定的 key，该方法返回 default。正如以下交互式会话所示：

```
1  >>> phonebook = {'Chris':'555-1111', 'Katie':'555-2222'} Enter
2  >>> value = phonebook.get('Katie', 'Entry not found') Enter
3  >>> print(value) Enter
4  555-2222
5  >>> value = phonebook.get('Andy', 'Entry not found') Enter
6  >>> print(value) Enter
7  Entry not found
8  >>>
```

让我们更加细致地观察这个会话：

- 第 2 行的语句在 phonebook 字典中搜索键 'Katie'。该键能找到，因此返回对应的值并将其赋给变量 value。
- 第 3 行将变量 value 传递给 print 函数，其结果输出如第 4 行所示。
- 第 5 行的语句在 phonebook 字典中搜索键 'Andy'。但该键找不到，因此字符串 'Entry not found' 将赋给变量 value。
- 第 6 行将变量 value 传递给 print 函数，其结果输出如第 7 行所示。

items 方法

items 方法返回字典中的所有键及其对应值。它们将作为一种特殊的序列返回，称为字典视图。字典视图中的每个元素都是一个元组，每个元组包含一个键及其对应值。例如，假设我们已经创建了以下字典：

```
phonebook = {'Chris':'555-1111', 'Katie':'555-2222', 'Joanne':'555-3333'}
```

如果我们调用 phonebook.items() 方法，它会返回如下序列：

```
[('Chris', '555-1111'), ('Joanne', '555-3333'), ('Katie', '555-2222')]
```

注意以下内容：

- 序列中的第 1 个元素是元组 ('Chris', '555-1111')。
- 序列中的第 2 个元素是元组 ('Joanne', '555-3333')。
- 序列中的第 3 个元素是元组 ('Katie', '555-2222')。

可以使用 for 循环来遍历这个序列中的每个元组。正如交互式会话所示：

```
1  >>> phonebook = {'Chris':'555-1111', Enter
2                    'Katie':'555-2222', Enter
3                    'Joanne':'555-3333'} Enter
4  >>> for key, value in phonebook.items(): Enter
5        print(key, value) Enter Enter
6
7
8  Chris 555-1111
9  Joanne 555-3333
10 Katie 555-2222
11 >>>
```

以下是该会话的主要内容：

- 第 1～3 行创建了一个包含三个元素的字典，并将其赋值给变量 phonebook。
- 第 4～5 行的 for 循环调用 phonebook.items() 方法，其返回一个包含字典中键值对的元组序列。该循环对序列中的元组进行逐个迭代。每循环迭代一次，元组的值会赋给 key 和 value 变量。第 5 行打印了 key 和 value 变量的值。第 8～10 行显示了循环的输出。

keys 方法

keys 方法以字典视图（序列）的形式返回字典中的所有键。字典视图中的每个元素都是字典中的一个键。例如，假设我们已经创建了以下字典：

```
phonebook = {'Chris':'555-1111', 'Katie':'555-2222', 'Joanne':'555-3333'}
```

如果我们调用 phonebook.keys() 方法，它会返回下列序列：

```
['Chris', 'Joanne', 'Katie']
```

以下交互式会话说明了如何使用 for 循环遍历从 keys 方法返回的序列：

```
 1  >>> phonebook = {'Chris':'555-1111', Enter
 2                   'Katie':'555-2222', Enter
 3                   'Joanne':'555-3333'} Enter
 4  >>> for key in phonebook.keys(): Enter
 5          print(key) Enter Enter
 6
 7
 8  Chris
 9  Joanne
10  Katie
11  >>>
```

pop 方法

pop 方法返回与指定键对应的值并将键值对从字典中删除。如果没有找到键，该方法返回默认值。以下是该方法的一般格式：

dictionary.pop(*key*, *default*)

其中，dictionary 是字典名，key 是待查询的键，default 是在 key 没找到时的默认返回值。当调用该方法时，它返回与指定 key 相对应的值，并且将该键值对从字典中删除。如果字典中没有找到指定的 key，该方法返回 default。正如以下交互式会话所示：

```
 1  >>> phonebook = {'Chris':'555-1111', Enter
 2                   'Katie':'555-2222', Enter
 3                   'Joanne':'555-3333'} Enter
 4  >>> phone_num = phonebook.pop('Chris', 'Entry not found') Enter
 5  >>> phone_num Enter
 6  '555-1111'
 7  >>> phonebook Enter
 8  {'Joanne': '555-3333', 'Katie': '555-2222'}
 9  >>> phone_num = phonebook.pop('Andy', 'Element not found') Enter
10  >>> phone_num Enter
11  'Element not found'
12  >>> phonebook Enter
13  {'Joanne': '555-3333', 'Katie': '555-2222'}
14  >>>
```

该会话的主要内容是：

- 第 1～3 行创建了一个包含三个元素的字典，并将其赋给变量 phonebook。
- 第 4 行调用了 phonebook.pop() 方法，以 'Chris' 为键进行查找，并返回与该键对应的值，将其赋给变量 phone_num。包含 'Chris' 的键值对将从字典中删除。
- 第 5 行显示了变量 phone_num 的赋值，其输出显示在第 6 行。可以看到，这个值是键 'Chris' 相对应的值。
- 第 7 行显示了 phonebook 字典的所有内容，其输出如第 8 行所示。可以看到，包

含 'Chris' 的键值对已不在字典中。
- 第 9 行调用了 phonebook.pop() 方法，以 'Andy' 为键进行查找。由于没有找到该键，字符串 'Entry not found' 会赋给变量 phone_num。
- 第 10 行显示了变量 phone_num 的赋值，其输出显示在第 11 行。
- 第 12 行显示了 phonebook 字典的所有内容，其输出如第 13 行所示。

popitem 方法

popitem 方法返回一个随机选择的键值对，并从字典中删除该键值对。该键值对将作为一个元组返回。该方法的一般格式如下：

dictionary.popitem()

可以使用以下格式的赋值语句将返回的键和值分配给多个单独的变量：

k, *v* = *dictionary*.popitem()

这种方式的赋值称为多重赋值，因为多个变量可以一次同时进行赋值。在一般格式中，k 和 v 是变量。该语句执行后，k 赋值为 dictionary 中随机选择的键，v 赋值为该键相对应的值。该键值对会从字典中移除。

正如以下交互式会话所示：

```
1   >>> phonebook = {'Chris':'555-1111',
2                    'Katie':'555-2222',
3                    'Joanne':'555-3333'}
4   >>> phonebook
5   {'Chris': '555-1111', 'Joanne': '555-3333', 'Katie': '555-2222'}
6   >>> key, value = phonebook.popitem()
7   >>> print(key, value)
8   Chris 555-1111
9   >>> phonebook
10  {'Joanne': '555-3333', 'Katie': '555-2222'}
11  >>>
```

该会话的主要内容是：
- 第 1～3 行创建了一个包含三个元素的字典，并将其赋给 phonebook 变量。
- 第 4 行显示字典的内容，如第 5 行所示。
- 第 6 行调用了 phonebook.popitem() 方法。该方法返回的键和值会赋值给变量 key 和 value。该键值将从字典中删除。
- 第 7 行显示了赋值后变量 key 和 value 的值，其输出如第 8 行所示。
- 第 9 行显示了字典的内容，其输出如第 10 行所示。可以看到，第 6 行中 popitem 方法返回的键值对已被删除。

请牢记，如果在一个空字典上调用 popitem 方法，该方法会抛出一个 KeyError 异常。

values 方法

values 方法以字典视图（序列）的形式返回字典中的所有值（不包含键）。字典视图中的每个元素都是字典中的一个值。例如，假设我们创建了以下字典：

phonebook = {'Chris':'555-1111', 'Katie':'555-2222', 'Joanne':'555-3333'}

如果调用 phonebook.values() 方法，它返回如下序列：

['555-1111', '555-2222', '555-3333']

以下交互式会话说明了如何使用 for 循环遍历从 values 方法返回的序列：

```
 1  >>> phonebook = {'Chris':'555-1111', [Enter]
 2                   'Katie':'555-2222', [Enter]
 3                   'Joanne':'555-3333'} [Enter]
 4  >>> for val in phonebook.values(): [Enter]
 5  ...     print(val) [Enter] [Enter]
 6
 7
 8  555-1111
 9  555-3333
10  555-2222
11  >>>
```

聚光灯：使用字典来模拟一幅牌

在一些纸牌游戏中，每张纸牌赋予了一个数值。例如，在二十一点游戏中，每张纸牌设定成以下数值：

- 数字牌赋值为它们牌面的值。例如，黑桃 2 的值是 2，方片 5 的值是 5。
- J、Q 和 K 被赋值为 10。
- A 取决于玩家的选择，赋值为 1 或 11。

在本节中，我们来看一个程序使用字典模拟一盒标准的纸牌，其中纸牌赋值为数字值，类似于二十一点游戏。（在该程序中，我们将数值 1 分配给所有 A。）键值对使用纸牌的名称作为键，将纸牌的数字值用作值。例如，红桃 Q 的键值对是 'Queen of Hearts':10，而方块 8 的键值对是 '8 of Diamonds':8。

该程序会提示用户要处理多少张纸牌，并且它会随机处理牌盒中的一手牌。然后，显示纸牌的名称以及手中所有纸牌的总数值。程序 9-1 显示了程序代码。该程序包括三个函数：main、create_deck 和 deal_cards。我们并没有一次性全部呈现整个程序，而是首先来看 main 函数。

程序 9-1（card_dealer.py: main 函数）

```
 1  # This program uses a dictionary as a deck of cards.
 2
 3  def main():
 4      # Create a deck of cards.
 5      deck = create_deck()
 6
 7      # Get the number of cards to deal.
 8      num_cards = int(input('How many cards should I deal? '))
 9
10      # Deal the cards.
11      deal_cards(deck, num_cards)
12
```

第 5 行调用了 create_deck 函数。该函数创建一个字典，其包含了牌盒中所有纸牌的键值对，并返回该字典的引用。该引用将分配给变量 deck。

第 8 行提示用户输入要处理的纸牌数目。输入将转换为一个 int 并分配给变量 num_cards。

第 11 行将变量 deck 和 num_cards 作为参数调用了 deal_cards 函数。该函数处理来自于牌盒中指定数量的纸牌。

以下是 create_deck 函数。

程序 9-1（card_dealer.py: create_deck 函数）

```
13   # The create_deck function returns a dictionary
14   # representing a deck of cards.
15   def create_deck():
16       # Create a dictionary with each card and its value
17       # stored as key-value pairs.
18       deck = {'Ace of Spades':1, '2 of Spades':2, '3 of Spades':3,
19               '4 of Spades':4, '5 of Spades':5, '6 of Spades':6,
20               '7 of Spades':7, '8 of Spades':8, '9 of Spades':9,
21               '10 of Spades':10, 'Jack of Spades':10,
22               'Queen of Spades':10, 'King of Spades': 10,
23
24               'Ace of Hearts':1, '2 of Hearts':2, '3 of Hearts':3,
25               '4 of Hearts':4, '5 of Hearts':5, '6 of Hearts':6,
26               '7 of Hearts':7, '8 of Hearts':8, '9 of Hearts':9,
27               '10 of Hearts':10, 'Jack of Hearts':10,
28               'Queen of Hearts':10, 'King of Hearts': 10,
29
30               'Ace of Clubs':1, '2 of Clubs':2, '3 of Clubs':3,
31               '4 of Clubs':4, '5 of Clubs':5, '6 of Clubs':6,
32               '7 of Clubs':7, '8 of Clubs':8, '9 of Clubs':9,
33               '10 of Clubs':10, 'Jack of Clubs':10,
34               'Queen of Clubs':10, 'King of Clubs': 10,
35
36               'Ace of Diamonds':1, '2 of Diamonds':2, '3 of Diamonds':3,
37               '4 of Diamonds':4, '5 of Diamonds':5, '6 of Diamonds':6,
38               '7 of Diamonds':7, '8 of Diamonds':8, '9 of Diamonds':9,
39               '10 of Diamonds':10, 'Jack of Diamonds':10,
40               'Queen of Diamonds':10, 'King of Diamonds': 10}
41
42       # Return the deck.
43       return deck
44
```

第 18~40 行的代码创建了一个字典，其中键值对用来表示一盒标准纸牌中的所有纸牌。（在第 22、29 和 35 行中出现的空白行是为了使代码更易于阅读。）第 43 行返回了该字典的引用。

以下是 deal_cards 函数。

程序 9-1（card_dealer.py: deal_cards 函数）

```
45   # The deal_cards function deals a specified number of cards
46   # from the deck.
47
48   def deal_cards(deck, number):
49       # Initialize an accumulator for the hand value.
50       hand_value = 0
51
52       # Make sure the number of cards to deal is not
```

```
 53        # greater than the number of cards in the deck.
 54        if number > len(deck):
 55            number = len(deck)
 56
 57        # Deal the cards and accumulate their values.
 58        for count in range(number):
 59            card, value = deck.popitem()
 60            print(card)
 61            hand_value += value
 62
 63        # Display the value of the hand.
 64        print('Value of this hand:', hand_value)
 65
 66 # Call the main function.
 67 main()
```

deal_cards 函数接受两个参数：待处理纸牌的数量和它们所在的纸牌盒。第 50 行将一个名为 hand_value 的累加器变量初始化为 0。第 54 行中的 if 语句确定待处理的纸牌数量是否大于牌盒中的纸牌数量。如果大于，第 55 行将待处理纸牌的数量设置成了牌盒中的纸牌数量。

第 58 行开始的 for 循环迭代地一次处理一张纸牌。在循环中，第 59 行的语句调用了 popitem 方法从 deck 字典中随机地返回一个键值对，并将键赋给了变量 card，将值赋给了变量 value。第 60 行显示了纸牌的名字，并且第 61 行将纸牌的值累加到累加器 hand_value 中。

当循环结束后，第 64 行显示了手中纸牌的总数值。

程序输出

```
How many cards should I deal? 5 Enter
8 of Hearts
5 of Diamonds
5 of Hearts
Queen of Clubs
10 of Spades
Value of this hand: 38
```

聚光灯：在字典中存储名字和生日

在本节中，我们来看一个程序将你朋友的名字和生日保存在字典中。字典中的每个元素使用朋友的名字作为键，使用朋友的生日作为值。该程序可以通过输入他们的名字来查找你朋友的生日。

该程序显示了一个菜单，允许用户做出下列选项之一：

1. Look up a birthday
2. Add a new birthday
3. Change a birthday

4. Delete a birthday
5. Quit the program

该程序最初以空字典开始,因此必须从菜单中选择第2项以添加新条目。一旦添加了一些条目后,你可以选择第1项来查找特定人员的生日,选择第3项来更改字典中的已有生日,选择第4项从字典中删除生日或第5项退出该程序。

程序9-2显示了程序代码。该程序分为6个函数:main、get_menu_choice、look_up、add、change和delete。我们并没有一次性全部呈现整个程序,而是首先来看看全局常量和main函数。

程序9-2（birthdays.py: main 函数）

```
1   # This program uses a dictionary to keep friends'
2   # names and birthdays.
3
4   # Global constants for menu choices
5   LOOK_UP = 1
6   ADD = 2
7   CHANGE = 3
8   DELETE = 4
9   QUIT = 5
10
11  # main function
12  def main():
13      # Create an empty dictionary.
14      birthdays = {}
15
16      # Initialize a variable for the user's choice.
17      choice = 0
18
19      while choice != QUIT:
20          # Get the user's menu choice.
21          choice = get_menu_choice()
22
23          # Process the choice.
24          if choice == LOOK_UP:
25              look_up(birthdays)
26          elif choice == ADD:
27              add(birthdays)
28          elif choice == CHANGE:
29              change(birthdays)
30          elif choice == DELETE:
31              delete(birthdays)
32
```

第5~9行声明的全局常量用于测试用户的菜单选项。在main函数中,第14行创建了一个由变量birthdays引用的空字典。第17行将变量choice初始化为0。此变量保存用户的菜单选择。

第19行开始的while循环重复执行直到用户选择退出该程序。在循环中,第21行调用get_menu_choice函数。get_menu_choice函数显示菜单并返回用户的选择。返回值赋给了变量choice。

第 24~31 行的 if-elif 语句处理用户的菜单选项。如果用户选择第 1 项，则第 25 行调用 look_up 函数。如果用户选择第 2 项，则第 27 行调用 add 函数。如果用户选择第 3 项，则第 29 行调用 change 函数。如果用户选择第 4 项，则第 31 行调用 delete 函数。

以下是 get_menu_choice 函数。

程序 9-2（birthdays.py: get_menu_choice 函数）

```
33    # The get_menu_choice function displays the menu
34    # and gets a validated choice from the user.
35    def get_menu_choice():
36        print()
37        print('Friends and Their Birthdays')
38        print('---------------------------')
39        print('1. Look up a birthday')
40        print('2. Add a new birthday')
41        print('3. Change a birthday')
42        print('4. Delete a birthday')
43        print('5. Quit the program')
44        print()
45
46        # Get the user's choice.
47        choice = int(input('Enter your choice: '))
48
49        # Validate the choice.
50        while choice < LOOK_UP or choice > QUIT:
51            choice = int(input('Enter a valid choice: '))
52
53        # return the user's choice.
54        return choice
55
```

第 36~44 行的语句显示了屏幕上的菜单。第 47 行提示用户输入他的选项。输入值将会转换为一个整型数，并赋值给 choice 变量。第 50~51 行的 while 循环验证用户的输入，如果需要，提示用户重新输入他的选项。一旦输入了有效的选项，就在第 54 行从函数中返回。

接下来是 look_up 函数。

程序 9-2（birthdays.py: look_up 函数）

```
56    # The look_up function looks up a name in the
57    # birthdays dictionary.
58    def look_up(birthdays):
59        # Get a name to look up.
60        name = input('Enter a name: ')
61
62        # Look it up in the dictionary.
63        print(birthdays.get(name, 'Not found.'))
64
```

look_up 函数的目的是允许用户查找朋友的生日。它接受字典作为参数。第 60 行提示用户输入姓名，并且在第 63 行将该名字作为参数传递给字典的 get 函数。如果找到了名字，它的关联值（朋友的生日）会返回并显示。如果没有找到，就会显示字符串 'Not found.'。

接下来是 add 函数。

程序 9-2 （birthdays.py: add 函数）

```
65   # The add function adds a new entry into the
66   # birthdays dictionary.
67   def add(birthdays):
68       # Get a name and birthday.
69       name = input('Enter a name: ')
70       bday = input('Enter a birthday: ')
71
72       # If the name does not exist, add it.
73       if name not in birthdays:
74           birthdays[name] = bday
75       else:
76           print('That entry already exists.')
77
```

add 函数的目的是允许用户向字典中添加一个新的生日。它接受字典作为参数。第 69～70 行提示用户输入一个名字和一个生日。第 73 行的 if 语句确定这个名字是否已经在字典中。如果不在，第 74 行将新的名字和生日添加到字典中。否则，第 76 行将显示表明该条目已存在的一条消息。

接下来是 change 函数。

程序 9-2 （birthdays.py: change 函数）

```
78   # The change function changes an existing
79   # entry in the birthdays dictionary.
80   def change(birthdays):
81       # Get a name to look up.
82       name = input('Enter a name: ')
83
84       if name in birthdays:
85           # Get a new birthday.
86           bday = input('Enter the new birthday: ')
87
88           # Update the entry.
89           birthdays[name] = bday
90       else:
91           print('That name is not found.')
92
```

change 函数的目的是允许用户更改字典中已存在的生日。它接受字典作为参数。第 82 行从用户处获取一个名字。第 84 行中的 if 语句确定该名字是否在字典中。如果在，第 86 行获得新的生日，而第 89 行将这个生日存储在字典中。如果该名字没在字典中，则第 91 行打印相应的消息。

接下来是 delete 函数。

程序 9-2 （birthdays.py: delete 函数）

```
93   # The delete function deletes an entry from the
94   # birthdays dictionary.
```

```
 95  def delete(birthdays):
 96      # Get a name to look up.
 97      name = input('Enter a name: ')
 98
 99      # If the name is found, delete the entry.
100      if name in birthdays:
101          del birthdays[name]
102      else:
103          print('That name is not found.')
104
105  # Call the main function.
106  main()
```

delete 函数的目的是允许用户从字典中删除已有的生日。它接受字典作为参数。第 97 行从用户处获取一个名字。第 100 行中的 if 语句确定该名字是否在字典中。如果在，第 101 行删除它。如果该名字不在字典中，则第 103 行打印相应的消息。

程序输出

```
Friends and Their Birthdays
---------------------------
1. Look up a birthday
2. Add a new birthday
3. Change a birthday
4. Delete a birthday
5. Quit the program

Enter your choice: 2 [Enter]
Enter a name: Cameron [Enter]
Enter a birthday: 10/12/1990 [Enter]

Friends and Their Birthdays
---------------------------
1. Look up a birthday
2. Add a new birthday
3. Change a birthday
4. Delete a birthday
5. Quit the program

Enter your choice: 2 [Enter]
Enter a name: Kathryn [Enter]
Enter a birthday: 5/7/1989 [Enter]

Friends and Their Birthdays
---------------------------
1. Look up a birthday
2. Add a new birthday
3. Change a birthday
4. Delete a birthday
5. Quit the program

Enter your choice: 1 [Enter]
Enter a name: Cameron [Enter]
10/12/1990
```

```
Friends and Their Birthdays
--------------------------
1. Look up a birthday
2. Add a new birthday
3. Change a birthday
4. Delete a birthday
5. Quit the program

Enter your choice: **1** [Enter]
Enter a name: **Kathryn** [Enter]
5/7/1989

Friends and Their Birthdays
--------------------------
1. Look up a birthday
2. Add a new birthday
3. Change a birthday
4. Delete a birthday
5. Quit the program

Enter your choice: **3** [Enter]
Enter a name: **Kathryn** [Enter]
Enter the new birthday: **5/7/1988** [Enter]

Friends and Their Birthdays
--------------------------
1. Look up a birthday
2. Add a new birthday
3. Change a birthday
4. Delete a birthday
5. Quit the program

Enter your choice: **1** [Enter]
Enter a name: **Kathryn** [Enter]
5/7/1988

Friends and Their Birthdays
--------------------------
1. Look up a birthday
2. Add a new birthday
3. Change a birthday
4. Delete a birthday
5. Quit the program

Enter your choice: **4** [Enter]
Enter a name: **Cameron** [Enter]

Friends and Their Birthdays
--------------------------
1. Look up a birthday
2. Add a new birthday
3. Change a birthday
4. Delete a birthday
5. Quit the program

Enter your choice: **1** [Enter]
```

```
Enter a name: Cameron [Enter]
Not found.

Friends and Their Birthdays
---------------------------
1. Look up a birthday
2. Add a new birthday
3. Change a birthday
4. Delete a birthday
5. Quit the program

Enter your choice: 5 [Enter]
```

检查点

9.1 字典中的元素有两个部分。它们分别叫什么？

9.2 一个字典元素的哪一部分必须是不可变的？

9.3 假设 'start': 1472 是字典中的一个元素。哪个是键？哪个是值？

9.4 假设已经创建了一个名为 employee 的字典。以下语句做了什么？

```
employee['id'] = 54321
```

9.5 以下代码将显示什么？

```
stuff = {1 : 'aaa', 2 : 'bbb', 3 : 'ccc'}
print(stuff[3])
```

9.6 如何确定字典中是否存在一个键值对？

9.7 假设有一个名为 inventory 的字典已经存在。以下语句做了什么？

```
del inventory[654]
```

9.8 以下代码将显示什么？

```
stuff = {1 : 'aaa', 2 : 'bbb', 3 : 'ccc'}
print(len(stuff))
```

9.9 以下代码将显示什么？

```
stuff = {1 : 'aaa', 2 : 'bbb', 3 : 'ccc'}
for k in stuff:
    print(k)
```

9.10 字典方法 pop 和 popitem 有什么区别？

9.11 items 方法返回什么？

9.12 keys 方法返回什么？

9.13 values 方法返回什么？

9.2 集合

概念：集合包含了一组唯一值，就像一个数学集合一样工作。

集合是一个对象，存储着与数学集合一样的一组数据。关于集合的一些重要事项如下：
- 集合中的所有元素必须是唯一的。没有两个元素可以具有相同的值。

- 集合是无序的，意味着集合中的元素没有按照任何特定的顺序进行存储。
- 存储在集合中的元素可以是不同的数据类型。

9.2.1 创建集合

要创建集合，必须调用内置的 set 函数。下面是如何创建一个空集的例子：

```
myset = set()
```

执行该语句后，myset 变量将引用一个空集。你也可以传递一个参数到 set 函数。传递的参数必须包含可迭代元素，如列表、元组或字符串的对象。作为参数传递的对象中的每个元素会变成集合的元素。以下是一个例子：

```
myset = set(['a', 'b', 'c'])
```

在这个例子中，我们将一个列表作为参数传递给 set 函数。执行该语句后，myset 变量引用了一个集合，它包含元素 'a'、'b' 和 'c'。如果将一个字符串作为参数传递给 set 函数，字符串中的每个字符会变成集合中的成员。以下是一个例子：

```
myset = set('abc')
```

执行该语句后，myset 变量引用了一个集合，它包含元素 'a'、'b' 和 'c'。

集合不能包含重复的元素。如果将包含着重复元素的参数传递给了 set 函数，重复的元素只有一个会出现在集合中。

```
myset = set('aaabc')
```

字符 'a' 在字符串中出现了多次，但它在集合中只会出现一次。执行该语句后，myset 变量将引用一个集合，它包含元素 'a'、'b' 和 'c'。如果要创建一个集合，其中每个元素都是一个包含多个字符的字符串，该怎么办？例如，如何创建一个包含元素 'one'、'two' 和 'three' 的集合？以下代码无法做到，因为不可以传递多个参数到 set 函数：

```
# This is an ERROR!
myset = set('one', 'two', 'three')
```

下面的代码也不能完成这个任务：

```
# This does not do what we intend.
myset = set('one two three')
```

执行完该语句后，myset 变量将引用一个集合，它包含元素 'o'、'n'、'e'、' '、't'、'w'、'h' 和 'r'。要创建我们想要的集合，我们必须将一个包含着字符串 'one'、'two' 和 'three' 的列表作为参数传递给 set 函数。以下是一个例子：

```
# OK, this works.
myset = set(['one', 'two', 'three'])
```

执行完该语句后，myset 变量将引用一个集合，它包含元素 'one'、'two' 和 'three'。

9.2.2 获取集合中元素的数量

与列表、元组和字典一样，你可以使用 len 函数来获取集合中元素的数量。以下交互式会话演示了：

```
1  >>> myset = set([1, 2, 3, 4, 5]) Enter
2  >>> len(myset) Enter
```

```
3  5
4  >>>
```

9.2.3 添加和删除元素

集合是可变对象,因此可以向其中添加元素以及从其中删除元素。你可以使用 add 方法将元素添加到集合。示例如下:

```
1  >>> myset = set() Enter
2  >>> myset.add(1) Enter
3  >>> myset.add(2) Enter
4  >>> myset.add(3) Enter
5  >>> myset Enter
6  {1, 2, 3}
7  >>> myset.add(2) Enter
8  >>> myset
9  {1, 2, 3}
```

第 1 行的语句创建一个空集并将其分配给 myset 变量。第 2～4 行的语句将 1,2 和 3 添加到集合中。第 5 行显示了集合的内容,如第 6 行所示。

第 7 行的语句尝试将 2 添加到集合中。但是 2 已经在集合中。如果你尝试使用 add 方法添加一个重复的元素到一个集合,该方法不会触发异常。它只是不添加元素而已。

可以使用 update 方法一次性将一组元素添加到集合中。当你调用 update 方法时,你可以将一个包含了可迭代元素(如列表、元组、字符串或另一个集合)的对象作为参数传递。作为参数传递的对象,其中的每一个元素会变成集合中的元素。示例如下:

```
1  >>> myset = set([1, 2, 3]) Enter
2  >>> myset.update([4, 5, 6]) Enter
3  >>> myset Enter
4  {1, 2, 3, 4, 5, 6}
5  >>>
```

第 1 行中的语句创建一个包含数值 1、2 和 3 的集合。第 2 行添加了数值 4、5 和 6。下面的会话显示了另一个例子:

```
1  >>> set1 = set([1, 2, 3]) Enter
2  >>> set2 = set([8, 9, 10]) Enter
3  >>> set1.update(set2) Enter
4  >>> set1
5  {1, 2, 3, 8, 9, 10}
6  >>> set2 Enter
7  {8, 9, 10}
8  >>>
```

第 1 行创建了一个包含 1、2 和 3 的集合,并将其分配给 set1 变量。

第 2 行创建了一个包含 8、9 和 10 的集合,并将其分配给 set2 变量。

第 3 行将 set2 作为参数调用了 set1.update 方法。这将使 set2 的元素添加到 set1 中。注意,set2 保持不变。下面的会话显示了另一个例子:

```
1  >>> myset = set([1, 2, 3]) Enter
2  >>> myset.update('abc') Enter
3  >>> myset Enter
4  {'a', 1, 2, 3, 'c', 'b'}
5  >>>
```

第 1 行的语句创建了一个包含 1、2 和 3 的集合。第 2 行将字符串 'abc' 作为参数调用了 myset.update 方法。这将使得字符串中的每个字符作为元素添加到 myset 中。

你可以使用 remove 或 discard 方法从集合中删除元素。你可以将想要删除的元素作为参数传递给任一方法，然后该元素会从集合中删除。两种方法之间的唯一区别是当在集合中找不到指定元素时它们的表现会有不同。remove 方法会触发一个 KeyError 异常，但是 discard 方法不会触发异常。示例如下：

```
1   >>> myset = set([1, 2, 3, 4, 5]) Enter
2   >>> myset Enter
3   {1, 2, 3, 4, 5}
4   >>> myset.remove(1) Enter
5   >>> myset Enter
6   {2, 3, 4, 5}
7   >>> myset.discard(5) Enter
8   >>> myset Enter
9   {2, 3, 4}
10  >>> myset.discard(99) Enter
11  >>> myset.remove(99) Enter
12  Traceback (most recent call last):
13      File "<pyshell#12>", line 1, in <module>
14          myset.remove(99)
15  KeyError: 99
16  >>>
```

第 1 行创建一个包含元素 1、2、3、4 和 5 的集合。第 2 行显示了集合的内容，如第 3 行所示。第 4 行调用了 remove 方法从集合中删除 1。可以在第 6 行的显示输出中看到，1 不再在集合中。第 7 行调用了 discard 方法从集合中删除 5。可以在第 9 行的输出中看到，5 不再在集合中。第 10 行调用了 discard 方法从集合中删除 99。该值在集合中没有找到，但 discard 方法不会触发异常。第 11 行调用了 remove 方法从集合中删除 99。由于该值不在集合中，所以触发了一个 KeyError 异常，如第 12 ~ 15 行所示。

可以通过调用 clear 方法清空集合中的所有元素，如下面的交互式会话所示：

```
1   >>> myset = set([1, 2, 3, 4, 5]) Enter
2   >>> myset Enter
3   {1, 2, 3, 4, 5}
4   >>> myset.clear() Enter
5   >>> myset Enter
6   set()
7   >>>
```

第 4 行的语句调用了 clear 方法来清空集合。请注意，在第 6 行我们显示了一个空集的内容，解释器会显示 set()。

9.2.4 使用 for 循环在集合上迭代

你可以使用如下的 for 循环在集合中迭代所有元素：

```
for var in set:
    statement
    statement
    etc.
```

其中，var 是变量的名称，set 是集合的名称。这个循环对集合中的每个元素都迭代一次。每次循环迭代时，var 被赋值为一个元素。示例如下：

```
1   >>> myset = set(['a', 'b', 'c']) Enter
2   >>> for val in myset: Enter
3           print(val) Enter Enter
4
```

```
5 a
6 c
7 b
8 >>>
```

第 2～3 行包含了一个 for 循环，该循环对 myset 集合上的每个元素迭代一次。每次循环迭代时，集合中的一个元素就赋值给 val 变量。第 3 行打印了 val 变量的值。第 5～7 行显示了该循环的输出。

9.2.5 使用 in 和 not in 操作符判断集合中的值

可以使用 in 运算符来确定集合中是否存在一个值。示例如下：

```
1 >>> myset = set([1, 2, 3]) Enter
2 >>> if 1 in myset: Enter
3     print('The value 1 is in the set.') Enter Enter
4
5 The value 1 is in the set.
6 >>>
```

第 2 行的 if 语句确定 1 是否在 myset 集合中。如果在，那么第 3 行的语句显示一条消息。也可以使用 not in 运算符来确定一个值是否不存在于一个集合中，如下面的交互式会话所示：

```
1 >>> myset = set([1, 2, 3]) Enter
2 >>> if 99 not in myset: Enter
3     print('The value 99 is not in the set.') Enter Enter
4
5 The value 99 is not in the set.
6 >>>
```

9.2.6 求集合的并集

两个集合的并集是包含两个集合中所有元素的集合。在 Python 中，你可以调用 union 方法来获得两个集合的并集。一般格式如下：

set1.union(*set2*)

其中，set1 和 set2 都是集合。该方法返回了一个集合，该集合包含了 set1 和 set2 中所有元素的集合。示例如下：

```
1 >>> set1 = set([1, 2, 3, 4]) Enter
2 >>> set2 = set([3, 4, 5, 6]) Enter
3 >>> set3 = set1.union(set2) Enter
4 >>> set3 Enter
5 {1, 2, 3, 4, 5, 6}
6 >>>
```

第 3 行的语句以 set2 为参数调用了 set1 对象的 union 方法。该方法返回一个集合，该集合包含了 set1 和 set2 中所有元素的集合。（当然，没有重复的）。将结果集合分配给 set3 变量。也可以使用 | 操作符找到两个集合的并集。在两个集合上使用 | 操作符的表达式一般格式如下：

set1 | *set2*

其中，set1 和 set2 都是集合。该表达式返回了一个集合，该集合包含了 set1 和 set2 中所有元素的集合。示例如下：

```
1  >>> set1 = set([1, 2, 3, 4]) Enter
2  >>> set2 = set([3, 4, 5, 6]) Enter
3  >>> set3 = set1 | set2 Enter
4  >>> set3 Enter
5  {1, 2, 3, 4, 5, 6}
6  >>>
```

9.2.7 求集合的交集

两个集合的交集是包含了在两个集合中都可以找到的元素的集合。在 Python 中，可以调用 intersection 方法来获取两个集合的交集。一般格式如下：

set1.intersection(*set2*)

其中，set1 和 set2 都是集合。该方法返回了一个集合，该集合包含了 set1 和 set2 中都可以找到的元素。示例如下：

```
1  >>> set1 = set([1, 2, 3, 4]) Enter
2  >>> set2 = set([3, 4, 5, 6]) Enter
3  >>> set3 = set1.intersection(set2) Enter
4  >>> set3 Enter
5  {3, 4}
6  >>>
```

第 3 行的语句以 set2 为参数调用了 set1 对象的 intersection 方法。该方法返回了一个集合，该集合包含了 set1 和 set2 中都可以找到的元素。将结果集合分配给 set3 变量。

也可以使用 & 操作符来找到两个集合的交集。在两个集合上使用 & 操作符的表达式一般格式如下：

set1 & *set2*

其中，set1 和 set2 都是集合。该表达式返回了一个集合，该集合包含了 set1 和 set2 中都可以找到的元素。示例如下：

```
1  >>> set1 = set([1, 2, 3, 4]) Enter
2  >>> set2 = set([3, 4, 5, 6]) Enter
3  >>> set3 = set1 & set2 Enter
4  >>> set3 Enter
5  {3, 4}
6  >>>
```

9.2.8 求两个集合的差集

set1 和 set2 的差集是在 set1 中但不在 set2 中的元素的集合。在 Python 中，可以调用 difference 方法来获取两个集合的差集。一般格式如下：

set1.difference(*set2*)

其中，set1 和 set2 都是集合。该方法返回一个集合，该集合包含了在 set1 中但不在 set2 中的元素。下面的交互式会话演示了：

```
1  >>> set1 = set([1, 2, 3, 4]) Enter
2  >>> set2 = set([3, 4, 5, 6]) Enter
3  >>> set3 = set1.difference(set2) Enter
4  >>> set3 Enter
5  {1, 2}
6  >>>
```

也可以使用 – 操作符来找到两个集合的差集。在两个集合上使用 – 操作符的表达式的一般格式如下：

set1 - set2

其中，set1 和 set2 都是集合。该表达式返回了一个集合，该集合包含了在 set1 中但不在 set2 中的元素。示例如下：

```
1  >>> set1 = set([1, 2, 3, 4])
2  >>> set2 = set([3, 4, 5, 6])
3  >>> set3 = set1 - set2
4  >>> set3
5  {1, 2}
6  >>>
```

9.2.9 求集合的对称差集

set1 和 set2 的对称差集是两个集合中非共有元素的集合。换言之，它们是只能在其中一个集合中而不能同时在两个集合中的元素。在 Python 中，可以调用 symmetric_difference 方法来获取两个集合的对称差集。一般格式如下：

set1.symmetric_difference(*set2*)

其中，set1 和 set2 都是集合。该方法返回一个集合，该集合包含了在 set1 或 set2 中但不同时在两个集合中的元素。下面的交互式会话演示了：

```
1  >>> set1 = set([1, 2, 3, 4])
2  >>> set2 = set([3, 4, 5, 6])
3  >>> set3 = set1.symmetric_difference(set2)
4  >>> set3
5  {1, 2, 5, 6}
6  >>>
```

也可以使用 ^ 操作符来找到两个集合的对称差集。在两个集合上使用 ^ 操作符的表达式一般格式如下：

set1 ^ set2

其中，set1 和 set2 都是集合。该表达式返回了一个集合，该集合包含了在 set1 或 set2 中但不同时在两个集合中的元素。示例如下：

```
1  >>> set1 = set([1, 2, 3, 4])
2  >>> set2 = set([3, 4, 5, 6])
3  >>> set3 = set1 ^ set2
4  >>> set3
5  {1, 2, 5, 6}
6  >>>
```

9.2.10 求子集和超集

假设你有两个集合，其中一个集合包含另一个集合的所有元素。下面是一个例子：

```
set1 = set([1, 2, 3, 4])
set2 = set([2, 3])
```

在这个例子中，set1 包含了 set2 的所有元素，这意味着 set2 是 set1 的一个子集。这也意味着，set1 是 set2 的一个超集。在 Python 中，你可以调用 issubset 方法来确定一个集合是否是另一个集合的子集。一般格式如下：

set2.issubset(*set1*)

其中，set1 和 set2 都是集合。如果 set2 是 set1 的一个子集，该方法返回 true。否则，返回 False。也可以调用 issuperset 方法来确定一个集合是否是另一个集合的超集。一般格式如下：

set1.issuperset(*set2*)

其中，set1 和 set2 都是集合。如果 set1 是 set2 的超集，该方法返回 true。否则，返回 False。示例如下：

```
1  >>> set1 = set([1, 2, 3, 4]) Enter
2  >>> set2 = set([2, 3]) Enter
3  >>> set2.issubset(set1) Enter
4  True
5  >>> set1.issuperset(set2) Enter
6  True
7  >>>
```

也可以使用 <= 操作符来确定一个集合是否是另一个集合的子集，使用 >= 操作符来确定一个集合是否是另一个集合的超集。在两个集合上使用 <= 操作符的表达式的一般格式如下：

set2 <= *set1*

其中，set1 和 set2 都是集合。如果 set2 是 set1 的子集，该方法返回 true。否则，返回 False。在两个集合上使用 >= 操作符的表达式的一般格式如下：

set1 >= *set2*

其中，set1 和 set2 都是集合。如果 set1 是 set2 的一个超集，该方法返回 true。否则，返回 False。示例如下：

```
1  >>> set1 = set([1, 2, 3, 4]) Enter
2  >>> set2 = set([2, 3]) Enter
3  >>> set2 <= set1 Enter
4  True
5  >>> set1 >= set2 Enter
6  True
7  >>> set1 <= set2 Enter
8  False
```

聚光灯：集合操作

在本节中，你可以看到程序 9-3 演示了各种集合操作。该程序创建了两个集合：一个集合保存了棒球队中所有学生的姓名，另一个集合保存了篮球队中所有学生的姓名。然后程序执行以下操作：

- 找到两个集合的交集显示这两项体育运动都参加的学生姓名。
- 找到两个集合的并集显示参加任意一项体育运动的学生姓名。
- 找到棒球队和篮球队的差集显示参加棒球运动但不参加篮球运动的学生姓名。
- 找到篮球队和棒球队的差集（basketball-baseball）显示参加篮球运动但不参加棒球运动的学生姓名。也找到棒球队和篮球队的差集（baseball-basketball）显示参加棒球运动但不参加篮球运动的学生姓名。
- 找到篮球队和棒球队的对称差集显示只参加一项体育运动的学生姓名。

程序 9-3 （sets.py）

```
1   # This program demonstrates various set operations.
2   baseball = set(['Jodi', 'Carmen', 'Aida', 'Alicia'])
3   basketball = set(['Eva', 'Carmen', 'Alicia', 'Sarah'])
4
5   # Display members of the baseball set.
6   print('The following students are on the baseball team:')
7   for name in baseball:
8       print(name)
9
10  # Display members of the basketball set.
11  print()
12  print('The following students are on the basketball team:')
13  for name in basketball:
14      print(name)
15
16  # Demonstrate intersection
17  print()
18  print('The following students play both baseball and basketball:')
19  for name in baseball.intersection(basketball):
20      print(name)
21
22  # Demonstrate union
23  print()
24  print('The following students play either baseball or basketball:')
25  for name in baseball.union(basketball):
26      print(name)
27
28  # Demonstrate difference of baseball and basketball
29  print()
30  print('The following students play baseball, but not basketball:')
31  for name in baseball.difference(basketball):
32      print(name)
33
34  # Demonstrate difference of basketball and baseball
35  print()
36  print('The following students play basketball, but not baseball:')
37  for name in basketball.difference(baseball):
38      print(name)
39
40  # Demonstrate symmetric difference
41  print()
42  print('The following students play one sport, but not both:')
43  for name in baseball.symmetric_difference(basketball):
44      print(name)
```

程序输出

```
The following students are on the baseball team:
Jodi
Aida
Carmen
Alicia

The following students are on the basketball team:
```

```
Sarah
Eva
Alicia
Carmen
The following students play both baseball and basketball:
Alicia
Carmen
The following students play either baseball or basketball:
Sarah
Alicia
Jodi
Eva
Aida
Carmen
The following students play baseball but not basketball:
Jodi
Aida
The following students play basketball but not baseball:
Sarah
Eva
The following students play one sport but not both:
Sarah
Aida
Jodi
Eva
```

检查点

9.14 一个集合的元素是有序的还是无序的？

9.15 集合中允许存储重复的元素吗？

9.16 如何创建一个空集？

9.17 执行完下面的语句后，哪些元素会存储在 myset 集合中？

   myset = set('Jupiter')

9.18 执行完下面的语句后，哪些元素会存储在 myset 集合中？

   myset = set(25)

9.19 执行完下面的语句后，哪些元素会存储在 myset 集合中？

   myset = set('www xxx yyy zzz')

9.20 执行完下面的语句后，哪些元素会存储在 myset 集合中？

   myset = set([1, 2, 2, 3, 4, 4, 4])

9.21 执行完下面的语句后，哪些元素会存储在 myset 集合中？

   myset = set(['www', 'xxx', 'yyy', 'zzz'])

9.22 如何确定集合中的元素数量？

9.23 执行完下面的语句后,哪些元素会存储在 myset 集合中?

```
myset = set([10, 9, 8])
myset.update([1, 2, 3])
```

9.24 执行完下面的语句后,哪些元素会存储在 myset 集合中?

```
myset = set([10, 9, 8])
myset.update('abc')
```

9.25 remove 和 discard 方法有什么区别?

9.26 如何确定一个特定元素是否存在于一个集合中?

9.27 执行完下面的代码后,哪些元素会是 set3 的成员?

```
set1 = set([10, 20, 30])
set2 = set([100, 200, 300])
set3 = set1.union(set2)
```

9.28 执行完下面的代码后,哪些元素会是 set3 的成员?

```
set1 = set([1, 2, 3, 4])
set2 = set([3, 4, 5, 6])
set3 = set1.intersection(set2)
```

9.29 执行完下面的代码后,哪些元素会是 set3 的成员?

```
set1 = set([1, 2, 3, 4])
set2 = set([3, 4, 5, 6])
set3 = set1.difference(set2)
```

9.30 执行完下面的代码后,哪些元素会是 set3 的成员?

```
set1 = set([1, 2, 3, 4])
set2 = set([3, 4, 5, 6])
set3 = set2.difference(set1)
```

9.31 执行完下面的代码后,哪些元素会是 set3 的成员?

```
set1 = set(['a', 'b', 'c'])
set2 = set(['b', 'c', 'd'])
set3 = set1.symmetric_difference(set2)
```

9.32 请看下面的代码:

```
set1 = set([1, 2, 3, 4])
set2 = set([2, 3])
```

哪一集合是另一集合的子集?

哪一集合是另一集合的超集?

9.3 序列化对象

概念:序列化对象是将对象转换为字节流的过程,使之便于保存到文件以供之后读取。在 Python 中,对象序列化可称为 pickling。

在第 6 章,你已经学习了如何将数据存储到文本文件中。有时,你需要将一个复杂对象的内容存储在文件中,例如字典或集合。保存对象至文件的最简单方式是序列化对象。当序列化对象时,该对象会被转换为易于存储在文件中以供稍后读取的字节流。

在 Python 中,序列化对象的过程可称为 pickling。Python 标准库提供了一个名为 pickle 的模块,它有序列化或 pickle 对象的各种函数。

一旦导入了 pickle 模块，可以执行下列步骤来序列化一个对象：
- 打开一个文件进行二进制写入。
- 可以调用 pickle 模块的 dump 方法来序列化对象，并将其写入指定文件。
- 在将所有要序列化的对象保存到文件后，关闭文件。

让我们更详细地看看这些步骤。要打开一个文件进行二进制写入，你可以以 'wb' 的模式调用 open 函数。例如，下面的语句打开了一个名为 mydata.dat 的文件来进行二进制写入：

```
outputfile = open('mydata.dat', 'wb')
```

一旦已经打开了一个文件进行二进制写入，你可以调用 pickle 模块的 dump 方法。下面是 dump 方法的一般格式：

```
pickle.dump(object, file)
```

其中，object 是引用要 pickle 对象的一个变量，file 是引用文件对象的一个变量。在该函数执行完毕后，object 引用的对象将进行序列化并写入文件中。（你可以 pickle 任何类型的对象，包括列表、元组、字典、集合、字符串、整数和浮点数。）你可以将想要序列化的多个对象保存到文件。当完成后，可以调用文件对象的 close 方法关闭文件。下面的交互式会话提供了序列化字典的一个简单示范：

```
1  >>> import pickle [Enter]
2  >>> phonebook = {'Chris' : '555-1111', [Enter]
3                   'Katie' : '555-2222', [Enter]
4                   'Joanne' : '555-3333'} [Enter]
5  >>> output_file = open('phonebook.dat', 'wb') [Enter]
6  >>> pickle.dump(phonebook, output_file) [Enter]
7  >>> output_file.close() [Enter]
8  >>>
```

我们来仔细看一下这个会话：
- 第 1 行导入了 pickle 模块。
- 第 2～4 行创建了一个包含名称（作为键）和电话号码（作为值）的字典。
- 第 5 行打开了一个名为 phonebook.dat 的文件进行二进制写入。
- 第 6 行调用了 pickle 模块的 dump 函数来序列化 phonebook 字典并将其写入 phonebook.dat 文件。
- 第 7 行关闭了 phonebook.dat 文件。

之后，你将会需要读取或解析已序列化好的对象。下面是需要执行的步骤：
- 打开了一个文件进行二进制读取。
- 调用 pickle 模块的 load 函数从文件中读取一个对象并解析它。
- 在解析完你想要从文件中读取的对象后，关闭文件。

让我们更详细地看看这些步骤。要打开一个文件进行二进制读取，你可以以 'rb' 的模式调用 open 函数。例如，下面的语句打开了一个文件名为 mydata.dat 的文件进行二进制读取：

```
inputfile = open('mydata.dat', 'rb')
```

一旦打开一个文件进行二进制读取，可以调用 pickle 模块的 load 函数。下面是调用 load 函数的语句的一般格式：

```
object = pickle.load(file)
```

其中，`object` 是一个变量，并且 `file` 是引用一个文件对象的变量。该函数执行后，`object` 变量将引用从文件读取并解析出的一个对象。

你可以从文件中解析出多个对象。（如果你尝试读取超出了文件末尾的位置，`load` 函数将引发一个 `EOFError` 异常）。当完成后，可以调用文件对象的 `close` 方法来关闭文件。下面的交互式会话提供了解析先前会话中序列化过的 `phonebook` 字典的一个简单演示：

```
1  >>> import pickle Enter
2  >>> input_file = open('phonebook.dat', 'rb') Enter
3  >>> pb = pickle.load(inputfile) Enter
4  >>> pb Enter
5  {'Chris': '555-1111', 'Joanne': '555-3333', 'Katie': '555-2222'}
6  >>> input_file.close() Enter
7  >>>
```

让我们再仔细看看这个会话：

- 第 1 行导入了 `pickle` 模块。
- 第 2 行打开了一个名为 `phonebook.dat` 的文件进行二进制读取。
- 第 3 行调用了 `pickle` 模块的 `load` 函数从 `phonebook.dat` 文件读取并解析一个对象。结果对象分配给 `pb` 变量。
- 第 4 行显示了 `pb` 变量引用的字典。输出显示在第 5 行。
- 第 6 行关闭了 `phonebook.dat` 文件。

程序 9-4 显示了序列化对象的一个示例程序。它提示用户输入他希望的多条个人信息（姓名、年龄和体重）。每次用户输入完一个人的信息后，就将该信息存储在字典中，然后该字典将序列化并保存到一个名为 `info.dat` 的文件中。程序运行完后，`info.dat` 文件保存了用户输入的每个人信息的序列化对象。

程序 9-4 （pickle_objects.py）

```
1   # This program demonstrates object pickling.
2   import pickle
3
4   # main function
5   def main():
6       again = 'y'  # To control loop repetition
7
8       # Open a file for binary writing.
9       output_file = open('info.dat', 'wb')
10
11      # Get data until the user wants to stop.
12      while again.lower() == 'y':
13          # Get data about a person and save it.
14          save_data(output_file)
15
16          # Does the user want to enter more data?
17          again = input('Enter more data? (y/n): ')
18
19      # Close the file.
20      output_file.close()
21
22  # The save_data function gets data about a person,
23  # stores it in a dictionary, and then pickles the
```

```
24      # dictionary to the specified file.
25  def save_data(file):
26      # Create an empty dictionary.
27      person = {}
28
29      # Get data for a person and store
30      # it in the dictionary.
31      person['name'] = input('Name: ')
32      person['age'] = int(input('Age: '))
33      person['weight'] = float(input('Weight: '))
34
35      # Pickle the dictionary.
36      pickle.dump(person, file)
37
38  # Call the main function.
39  main()
```

程序输出

Name: **Angie** `Enter`
Age: **25** `Enter`
Weight: **122** `Enter`
Enter more data? (y/n): **y** `Enter`
Name: **Carl** `Enter`
Age: **28** `Enter`
Weight: **175** `Enter`
Enter more data? (y/n): **n** `Enter`

我们再仔细看看 main 函数：
- 第 6 行初始化的 again 变量用来控制循环。
- 第 9 行打开一个文件 info.dat 进行二进制写入。文件对象赋值给 output_file 变量。
- 只要 again 变量引用 'y' 或 'Y'，第 12 行开始的 while 循环就会一直重复。
- 在循环内部，第 14 行将 output_file 变量作为传入参数调用 save_data 函数。save_data 函数的目的是获取关于一个人的数据，并将其以一个序列化字典对象的形式保存到文件中。
- 第 17 行提示用户输入 y 或 n 以表明他是否希望输入更多的数据。输入会赋值给 again 变量。
- 在循环外部，第 20 行关闭了文件。

现在，让我们来看看 save_data 函数：
- 第 27 行创建一个空的字典，通过 person 变量来引用。
- 第 31 行提示用户输入这个人的姓名，并将该输入存储在 person 字典中。该语句执行后，该字典将包含一个以字符串 'name' 为键并以用户输入值为值的键值对。
- 第 32 行提示用户输入用户的年龄，并将该输入存储在 person 字典中。该语句执行后，该字典将包含一个以字符串 'age' 为键并以用户输入值（整型）为值的键值对。
- 第 33 行提示用户输入用户的体重，并将该输入存储在 person 字典中。该语句执行后，该字典将包含一个以字符串 'weight' 为键并以用户输入值（浮点型）为值的键值对。
- 第 36 序列化了 person 字典并将其写入文件。

程序 9-5 演示了序列化并保存到 info.data 文件中的字典对象是如何读取并解析的？

程序 9-5 （unpickle_objects.py）

```
1   # This program demonstrates object unpickling.
2   import pickle
3
4   # main function
5   def main():
6       end_of_file = False # To indicate end of file
7
8       # Open a file for binary reading.
9       input_file = open('info.dat', 'rb')
10
11      # Read to the end of the file.
12      while not end_of_file:
13          try:
14              # Unpickle the next object.
15              person = pickle.load(input_file)
16
17              # Display the object.
18              display_data(person)
19          except EOFError:
20              # Set the flag to indicate the end
21              # of the file has been reached.
22              end_of_file = True
23
24      # Close the file.
25      input_file.close()
26
27  # The display_data function displays the person data
28  # in the dictionary that is passed as an argument.
29  def display_data(person):
30      print('Name:', person['name'])
31      print('Age:', person['age'])
32      print('Weight:', person['weight'])
33      print()
34
35  # Call the main function.
36  main()
```

程序输出

Name: Angie
Age: 25
Weight: 122.0

Name: Carl
Age: 28
Weight: 175.0

让我们再仔细看看 main 函数：
- 在第 6 行初始化的 end_of_file 变量用来表明程序是否已经到了 info.dat 文件的末尾。注意，这个变量是用布尔值 False 进行初始化的。
- 第 9 行打开了 info.dat 文件进行二进制读取。文件对象赋值给 input_file 变量。
- 只要 end_of_file 是 False，第 12 行开始的 while 循环就会重复执行。

- 在 while 循环内部，一个 try/except 语句出现在 13～22 行。
- 在 try 语句中，第 15 行从文件中读取一个对象，解析它并将其分配给 person 变量。如果已经到达文件末尾，该语句会触发 EOFError 异常，程序将跳转到第 19 行的 except 语句。否则，第 18 行将 person 变量作为参数调用 display_data 函数。
- 当 EOFError 异常发生时，第 22 行将 end_of_file 变量设置为 True。这将使得 while 循环停止迭代。

现在，让我们来看看 display_data 函数：
- 当调用该函数时，person 参数引用一个会作为参数传入的字典。
- 第 30 行打印了 person 字典中与键 'name' 相关联的值。
- 第 31 行打印了 person 字典中与键 'age' 相关联的值。
- 第 32 行打印了 person 字典中与键 'weight' 相关联的值。
- 第 33 行打印了一个空行。

检查点

9.33 什么是对象序列化？

9.34 当你想打开一个文件用于保存序列化对象时，你应该使用什么文件访问模式？

9.35 当你想打开一个文件用于读取序列化对象时，你应该使用什么文件访问模式？

9.36 如果你想序列化对象，你需要导入什么模块？

9.37 调用什么函数来序列化对象？

9.38 调用什么函数来读取并解析对象？

复习题

多项选择题

1. 你可以使用_____操作符来确定在字典中是否存在一个键。
   a. &　　　　　　　b. in　　　　　　　c. ^　　　　　　　d. ?
2. 你可以使用_____从字典中删除元素。
   a. remove 方法　　b. erase 方法　　　c. delete 方法　　d. del 语句
3. _____函数返回在字典中的元素个数。
   a. size()　　　　　b. len()　　　　　　c. elements()　　d. count()
4. 你可以使用_____创建一个空的字典。
   a. {}　　　　　　　b. ()　　　　　　　c. []　　　　　　　d. empty()
5. _____方法从字典中返回随机选择的键值对。
   a. pop()　　　　　b. random()　　　　c. popitem()　　　d. rand_pop()
6. _____方法返回与指定的键相关联的值并从字典中删除该键值对。
   a. pop()　　　　　b. random()　　　　c. popitem()　　　d. rand_pop()
7. _____字典方法返回与指定的键相关联的值。如果找不到键，则返回默认值。
   a. pop()　　　　　b. key()　　　　　　c. value()　　　　d. get()
8. _____方法以元组序列的方式返回字典的所有键和相应的值。
   a. keys_values()　b. values()　　　　 c. items()　　　　d. get()
9. 下列函数返回集合中的元素个数的是_____。
   a. size()　　　　　b. len()　　　　　　c. elements()　　d. count()

10. 你可以用_____方法将一个元素添加到集合中。
    a. append   b. add   c. update   d. merge
11. 你可以用_____方法将一组元素添加到集合中。
    a. append   b. add   c. update   d. merge
12. _____集合方法删除一个元素，但是如果找不到该元素并不会触发一个异常。
    a. remove   b. discard   c. delete   d. erase
13. _____集合方法删除一个元素，并且如果找不到该元素会触发一个异常。
    a. remove   b. discard   c. delete   d. erase
14. _____操作符可以用来找到两个集合的并集。
    a. | b. &   c. -   d. ^
15. _____操作符可以用来找到两个集合的差集。
    a. | b. &   c. -   d. ^
16. _____操作符可以用来找到两个集合的交集。
    a. | b. &   c. -   d. ^
17. _____操作符可以用来找到两个集合的对称差集。
    a. | b. &   c. -   d. ^

判断题

1. 字典中的键必须是可变对象。
2. 字典不是序列。
3. 一个元组可以作为字典的键。
4. 一个列表可以作为字典的键。
5. 如果 popitem 方法在一个空字典上进行调用，该方法不会触发一个异常。
6. 下面的语句创建了一个空的字典：

    mydct = {}

7. 下面的语句创建一个空的集合：

    myset = ()

8. 集合中的元素以无序的方式进行存储。
9. 集合中可以存储重复的元素。
10. 如果一个指定元素没有在一个集合中找到，remove 方法会触发一个异常。

简答题

1. 下面的代码将显示什么？

    ```
    dct = {'Monday':1, 'Tuesday':2, 'Wednesday':3}
    print(dct['Tuesday'])
    ```

2. 下面的代码将显示什么？

    ```
    dct = {'Monday':1, 'Tuesday':2, 'Wednesday':3}
    print(dct.get('Monday', 'Not found'))
    ```

3. 下面的代码将显示什么？

    ```
    dct = {'Monday':1, 'Tuesday':2, 'Wednesday':3}
    print(dct.get('Friday', 'Not found'))
    ```

4. 下面的代码将显示什么?

   ```
   stuff = {'aaa' : 111, 'bbb' : 222, 'ccc' : 333}
   print(stuff['bbb'])
   ```

5. 如何从字典中删除一个元素?

6. 如何确定存储在字典中元素的个数?

7. 下面的代码将显示什么?

   ```
   dct = {1:[0, 1], 2:[2, 3], 3:[4, 5]}
   print(dct[3])
   ```

8. 下面的代码将显示什么?(不用考虑显示顺序)

   ```
   dct = {1:[0, 1], 2:[2, 3], 3:[4, 5]}
   for k in dct:
       print(k)
   ```

9. 执行下面语句后,哪些元素会存储在 myset 集合中?

   ```
   myset = set('Saturn')
   ```

10. 执行下面语句后,哪些元素会存储在 myset 集合中?

    ```
    myset = set(10)
    ```

11. 执行下面语句后,哪些元素会存储在 myset 集合中?

    ```
    myset = set('a bb ccc dddd')
    ```

12. 执行下面语句后,哪些元素会存储在 myset 集合中?

    ```
    myset = set([2, 4, 4, 6, 6, 6, 6])
    ```

13. 执行下面语句后,哪些元素会存储在 myset 集合中?

    ```
    myset = set(['a', 'bb', 'ccc', 'dddd'])
    ```

14. 下面的代码将显示什么?

    ```
    myset = set('1 2 3')
    print(len(myset))
    ```

15. 执行下面代码后,哪些元素会是 set3 的成员?

    ```
    set1 = set([10, 20, 30, 40])
    set2 = set([40, 50, 60])
    set3 = set1.union(set2)
    ```

16. 执行下面代码后,哪些元素会是 set3 的成员?

    ```
    set1 = set(['o', 'p', 's', 'v'])
    set2 = set(['a', 'p', 'r', 's'])
    set3 = set1.intersection(set2)
    ```

17. 执行下面代码后,哪些元素会是 set3 的成员?

    ```
    set1 = set(['d', 'e', 'f'])
    set2 = set(['a', 'b', 'c', 'd', 'e'])
    set3 = set1.difference(set2)
    ```

18. 执行下面代码后,哪些元素会是 set3 的成员?

    ```
    set1 = set(['d', 'e', 'f'])
    set2 = set(['a', 'b', 'c', 'd', 'e'])
    set3 = set2.difference(set1)
    ```

19. 执行下面代码后,哪些元素会是 set3 的成员?

    ```
    set1 = set([1, 2, 3])
    ```

```
set2 = set([2, 3, 4])
set3 = set1.symmetric_difference(set2)
```

20. 请看下面的代码：

```
set1 = set([100, 200, 300, 400, 500])
set2 = set([200, 400, 500])
```

哪一集合是另一集合的子集？

哪一集合是另一集合的超集？

算法工作台

1. 编写一个语句用于创建包含以下键值对的字典：

   'a' : 1
   'b' : 2
   'c' : 3

2. 编写一个语句创建一个空字典。

3. 假设变量 dct 引用一个字典。编写一个 if 语句以确定键 'James' 是否在字典中存在。如果存在，显示与该键相关联的值。如果该键不在字典中，则显示一条消息说明。

4. 假设变量 dct 引用一个字典。编写一个 if 语句以确定键 'Jim' 是否在字典中存在。如果存在，则删除 'Jim' 及其相关联的值。

5. 编写代码用于创建以 10, 20, 30 和 40 为元素的集合。

6. 假设变量 set1 和 set2 分别引用一个集合。编写代码创建另一个集合包含 set1 和 set2 的所有元素，并将结果集合分配给变量 set3。

7. 假设变量 set1 和 set2 分别引用一个集合。编写代码创建另一个集合，包含在 set1 和 set2 都可以找到的元素，并将结果集合分配给变量 set3。

8. 假设变量 set1 和 set2 分别引用一个集合。编写代码创建另一个集合，包含出现在 set1 中但不出现在 set2 中的元素，并将结果集合分配给变量 set3。

9. 假设变量 set1 和 set2 分别引用一个集合。编写代码创建另一个集合，包含出现在 set2 中但不出现在 set1 中的元素，并将结果集合分配给变量 set3。

10. 假设变量 set1 和 set2 分别引用一个集合。编写代码创建另一个集合，包含 set1 和 set2 中不共享的元素，并将结果集合分配给变量 set3。

11. 假设变量 dct 引用一个字典。编写代码序列化该字典并将其存储在名为 mydata.dat 的文件中。

12. 编写代码检索和解析在算法工作台 11 中序列化过的字典。

编程题

1. 课程信息

编写程序创建一个字典包含课程编号以及该课程上课的教室号码。该字典应具有以下键值对：

课程编号（键）	教师号码（值）
CS101	3004
CS102	4501
CS103	6755
NT110	1244
CM241	1411

这个程序也会创建一个字典包含课程编号以及该课程上课的教师姓名。这个字典应具有以下键值对：

课程编号（键）	教师（值）
CS101	Haynes
CS102	Alvarado
CS103	Rich
NT110	Burke
CM241	Lee

这个程序还会创建一个字典包含课程编号以及每个课程上课的时间。这个字典应具有以下键值对：

课程编号（键）	上课时间（值）
CS101	8:00 a.m.
CS102	9:00 a.m.
CS103	10:00 a.m.
NT110	11:00 a.m.
CM241	1:00 p.m.

该方案让用户输入一个课程编号，则它应该显示该课程的教室号码，教师和上课时间。

2. 程序首府考试

编写一个程序，创建包含美国各州为键以及其州府为值的字典。（利用互联网获得国家及其州府的列表）。该程序然后通过要求用户输入州府的名字并显示一个州的名字的方式来随机考查用户。该程序会对正确和错误的答案进行计数。（作为美国州的代替，程序可以使用国家及其首都）

3. 文件加解密

编写一个程序使用字典为每个字母表中的字母分配编码。例如：(codes = {'A':'%','a':'9','B': '@','b':'#', etc...}) 字母 A 会分配成符号 %，字母 a 会分配成数字 9，字母 B 会分配成符号 @，以此类推。该程序打开一个指定的文本文件，读取其内容，然后用这个字典将文件的加密版本写入第二个文件。第二个文件中的每个字符包含了第一个文件中对应字符的编码。编写第二个程序打开加密过的文件并在屏幕上显示解密后的内容。

4. 唯一单词

编写一个程序，打开一个指定的文本文件，然后显示文件中找到的所有唯一单词的列表。

提示：将每个单词存储为集合中的一个元素。

5. 单词频率

编写一个程序读取文本文件的内容。该程序创建一个字典，字典中的键是文件中找到的每个单词，其相关联的值是单词在文件中出现的次数。例如，"the"单词出现了 128 次，字典应该包含一个以 'the' 为键和 128 为值的元素。该程序显示每个单词的频率或者创建另一个文件包含了每个单词及其频率的一个列表。

6. 文件分析

编写一个程序，读取两个文本文件的内容，并将它们在以下几个方面进行比较：

- 显示包含在这两个文件中的所有唯一单词的列表。
- 显示都出现在两个文件中的单词列表。
- 显示出现在第一个文件但不出现在第二个文件的单词列表。
- 显示出现在第二个文件但不出现在第一个文件的单词列表。
- 显示仅出现在第一或第二个文件而不都出现的单词列表。

提示：使用集合操作来进行这些分析。

7. 世界大赛冠军

在本章的源代码文件夹（Computer Science Portal：pearsonhighered.com/gaddis），你会找到一个名为 WorldSeriesWinners 的文本文件。该文件包含了从 1903 年到 2009 按照时间顺序给出的世界大赛冠军队的列表。文件中的第一行是 1903 年冠军队的名字，最后一行是 2009 年冠军队的名字。（注意，世界大赛在 1904 年或 1994 没有举办，文件中有条目表明这一点。）

编写一个程序读取该文件，并创建一个以队名为键以获得冠军次数为值的字典。该程序还创建了一个以年为键以当年冠军队队名为值的字典。

该程序提示用户输入从 1903 年到 2009 年中的一年，然后显示当年赢得冠军的队名以及它们赢得冠军的次数。

8. 姓名与邮件地址

编写一个程序，将姓名和电子邮件地址以键值对形式保存在字典中。该程序显示一个菜单让用户可以查找一个人的邮件地址，添加一个新姓名及其邮件地址，修改一个已存在的邮件地址和删除一个已存在的姓名及其邮件地址。该程序可以在用户退出程序时序列化这个字典并将其存储在文件中。每次程序启动时，它可以读取该字典并解析它。

9. Blackjack 模拟

在本章的前面部分，看到了 card_dealer.py 程序模拟牌盒中的牌。改进这个程序，使其可以模拟两个虚拟玩家进行简单的 Blackjack 游戏。该牌具有以下值：

- 数字牌分配成它们牌面上的值。例如，黑桃 2 的值是 2，方块 5 的值是 5。
- J，Q 和 K 的值是 10。
- A 根据玩家的选择，可以是 1 或 11。

该程序处理每个玩家的牌直至一个玩家中的手牌超过了 21 点。当这种情况发生时，另一个玩家就是赢家。(有可能两个玩家的手牌同时超过 21 点，在这种情况下没有玩家获胜)。该程序一直重复直到所有的牌已经发完。如果一个玩家得到一个 A，程序应根据以下规则决定牌的值：A 的值是 11 点，除非玩家手中的牌超过 21 点。在这种情况下，A 的值是 1 分。

10. 单词索引

编写一个程序读取文本文件的内容。该程序创建一个以如下描述为键值的字典：

- 键。键是文件中找到的每个单词。
- 值。每个值的一个列表，包含了一个单词（键）在文件中出现的所有行号。

例如，假设"robot"一词出现在第 7、18、94 和 138 行，该字典将包含一个元素，其键是字符串"robot"，其值为一个列表包含数字 7、18、94 和 138。

一旦该字典生成后，该程序创建另一个称为单词索引的文本文件，列出来字典的内容。单词索引文件包含了字典中字母顺序的单词以及每个单词在原始文件中出现的行号的一个列表。图 9-1 展示了原始文本文件（Kennedy.txt）及其索引文件（index.txt）的一个例子。

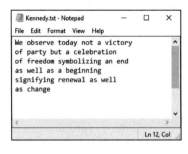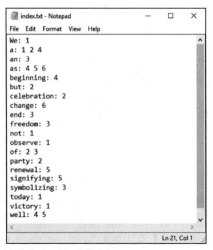

图 9-1　原始文本文件及其索引文件的例子

第 10 章

类与面向对象编程

10.1 面向过程和面向对象程序设计

概念：面向过程程序设计是一种以过程或行为为中心的编程方法。面向对象程序设计则是一种以对象为中心的编程方法。对象是一种将数据和成员函数封装在一起的抽象数据类型。

目前主要有两种程序设计方法：面向过程和面向对象。最早的编程语言是面向过程的，即由一个或者多个过程组成。这里所说的过程可以看作执行特定任务的函数，例如收集用户的输入、执行计算、读取或写入文件、显示输出等等。到目前为止我们编写的程序本质上是面向过程的。

面向过程程序设计的重点是编写操作数据的过程。数据与操作数据的过程是分离的，数据通常会从一个过程传递到另一个过程。正如你可能想象的那样，数据与操作数据的代码分离可能会导致程序变得越来越大，越来越复杂。

假设你是一个大型的客户关系数据库的开发团队的一员。该项目的最初设计是通过三个变量引用客户的姓名、地址和电话号码。你的工作是设计几个以这三个变量为形式参数的函数，并对它们进行一系列操作。该软件成功运行一段时间后，团队要求添加几项新功能。在修改过程中，项目主管要求客户的姓名、地址和电话号码将不再存储在变量中。而是将它们存储在一个列表中。这意味着你不得不修改你编写的所有函数，以便它们接受和使用列表作为形式参数而不是三个变量。进行这些大范围的修改不仅是一项繁重的工作，而且也增加了代码出错的概率。

面向过程编程关注在创建过程（函数）上，而面向对象编程（Object-Oriented Programming，OOP）则关注在创建对象上。对象是一个包含数据和过程的软件实体。包含在对象中的数据被称为对象的属性。对象的属性只是引用数据的变量。对象执行的过程称为成员方法。对象的成员方法是实现对该对象的属性操作的函数。概念上，对象是一个独立的单元，它由对数据进行操作的属性和成员方法组成。如图 10-1 所示。

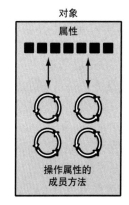

OOP 通过封装和数据隐藏来解决代码和数据分离的问题。封装是指将数据和代码组合到一个对象中。数据隐藏是指对象的属性对对象之外的代码隐藏，使之不能访问。只有该对象的成员方法可以直接访问并更改属性。

对象通常隐藏其属性，但允许外部代码访问其成员方法。如图 10-2 所示，对象的成员方法对外部代码提供接口，外部代码通过接口间接访问对象的属性。

图 10-1 一个对象包含属性和操作数据属性的成员方法

对象的属性对外部代码隐藏，并且对属性的访问仅限于对象的成员方法，这样可以防止数据被外部代码意外损坏。另外，对象之外的代码不需要知道对象属性的格式或内部结构。代码只需要与对象的成员方法进行交互即可。当程序员改变对象内部属性的结构时，他也会修改对象的成员方法，以便它们可以正确操作属性。然而，外部代码与成员方法交互的方式不会改变。

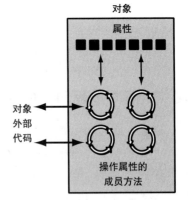

图 10-2 对象外部代码通过对象成员方法与对象交互

10.1.1 对象可重用性

除了解决代码和数据分离的问题之外，面向对象程序设计的另一个优势就是对象可重用。对象不再是一个孤立的程序，而是可以被其他的程序重复使用。例如，Sharon 是一名程序员同时也是数学专家，对计算机图形学非常熟悉。她开发了一组用于渲染 3D 图像的对象，以执行 3D 渲染所有必要的数学运算和计算机的视频硬件加速。正在为建筑公司编写程序的汤姆需要显示建筑物的 3D 图像。由于开发时间紧迫，并且对计算机图形学知之甚少，因此他可以使用 Sharon 编写的对象来进行 3D 渲染，而不需要自己编写代码（当然，需 Sharon 支付一定费用）。

10.1.2 一个常见的对象例子

把闹钟想象为一个软件对象。它将具有以下属性：
- current_second（0 ~ 59 范围内的一个值）
- current_minute（0 ~ 59 范围内的一个值）
- current_hour（1 ~ 12 范围内的值）
- alarm_time（有效的小时和分钟）
- alarm_is_set（True 或 False）

如上述定义所见，属性仅仅是定义闹钟当前状态的值。作为闹钟的使用者，你无法直接操作这些属性，因为它们是私有的（private）。要更改属性的值，你必须使用其中对象的成员方法。以下是一些闹钟对象的成员方法：
- set_time
- set_alarm_time
- set_alarm_on
- set_alarm_off

每个成员方法都可以处理一个或多个属性。例如，set_time 方法允许设置闹钟的时间。可以通过按下时钟顶部的按钮来激活该方法。通过使用另一个按钮，激活 set_alarm_time 方法设定闹铃时间。

另外，另一个按钮允许你执行 set_alarm_on 和 set_alarm_off 方法。注意，所有这些方法都可以由你在闹钟之外使用。可以被对象之外的实体访问的方法称为公共方法（public methods）。

闹钟也有私有方法（private methods），这是对象内部的成员方法。外部实体（例如闹钟的用户）不能直接访问闹钟的私有方法。该对象被设计为自动执行这些私有方法并对外部实体隐藏。以下是闹钟对象的私有方法：

- increment_current_second
- increment_current_minute
- increment_current_hour
- sound_alarm

increment_current_second 方法每执行一次。就会更改 current_second 属性的值一次。如果 current_second 属性设置为 59，当该方法执行时，编程将 current_second 属性重置为 0，然后执行 increment_current_minute 方法。此方法将 current_minute 属性值增加 1。但是如果它值为 59，它会将 current_minute 的值重置为 0，并执行 increment_current_hour 方法。increment_current_minute 方法会将新时间与 alarm_time 进行比较。如果两者匹配成功则打开闹铃，执行 sound_alarm 方法。

检查点

10.1 什么是对象？
10.2 什么是封装？
10.3 为什么对象的内部数据通常对外部代码隐藏？
10.4 什么是公共方法？什么是私有方法？

10.2 类

概念：类是定义特定类型对象的属性和方法的代码。

现在，我们来讨论如何在软件中创建对象。在创建对象之前，它必须由程序员进行设计。程序员确定对象必要的属性和方法，然后创建一个类。类是定义特定类型对象的属性和方法的代码。将类想象成可以创建对象的"蓝图"。它的用途与建造房屋蓝图类似。蓝图本身不是房子，而是对房屋的详细描述。当用蓝图建造一座真正的房子时，可以说我们正在建造蓝图描述的房屋实例。如果我们愿意，可以从同一个蓝图上建造几个相同的房屋。每栋房屋都是蓝图所描述的房屋的独立实例（如图 10-3 所示）。

描述房屋设计的蓝图

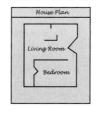

根据蓝图建造的房子

图 10-3　一张蓝图和根据蓝图建造的房屋实例

再举一个例子，用 cookie cutter(饼干模具) 和 cookie(饼干) 来解释类和对象之间的关系。虽然 cookie cutter 本身不是 cookie，但它描述了 cookie 的形状。如图 10-4 所示，cookie cutter 可用于制作多个 cookie。将 cookie cutter 视为一个类，并将该类创建的对象视为 cookie。

类是对象特性的描述。程序运行时，根据类的定义在内存中创建特定类型的任意多个对象。从某个类创建的每个对象都称为该类的一个实例。

杰西卡是昆虫学家，她也喜欢编写计算机程序。她设计了一个程序来编目不同类型的昆虫。作为该程序设计的一部分，她创建了一个

图 10-4　饼干模具和饼干来比喻类与对象的关系

名为 Insect 的类，该类指定了所有类型昆虫共有的特征。昆虫类是可以从中创建昆虫对象的规范。接下来，她编写程序语句，创建一个名为 housefly 的对象，该对象是 Insect 类的一个实例。housefly 对象是在内存中存储 housefly 数据的实体。它具有由 Insect 类指定的属性和成员方法。然后她编写创建一个名为 mosquito 的对象。mosquito 对象也是昆虫类的一个实例。它在内存中存储关于 mosquito 数据的实体。虽然 housefly 和 mosquito 是内存中的独立实体，但它们都是从 Insect 类中创建的。这意味着每个对象都有 Insect 类描述的属性和方法。如图 10-5 所示。

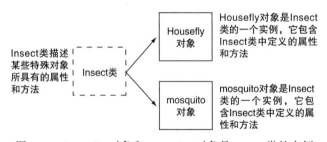

图 10-5　housefly 对象和 mosquito 对象是 Insect 类的实例

10.2.1　类定义

要创建一个类，首先需要编写一个类定义。类定义是一组定义类的成员方法和属性的语句。下面来看一个简单的例子。假设我们正在编写一个模拟投掷硬币的程序，需要反复投掷硬币，每次都产生字（硬币正面）或背（硬币反面）。采用面向对象程序设计的方法，我们将编写一个名为 Coin 的类来模拟投掷硬币的行为。

程序 10-1 显示了 Coin 类定义，我们将逐一解释（请注意，这不是一个完整的程序。随着我们的学习，我们会补全这个程序）。

程序 10-1　(Coin class, not a complete program)

```
1   import random
2
3   # The Coin class simulates a coin that can
4   # be flipped.
5
```

```
 6    class Coin:
 7
 8        # The __init__ method initializes the
 9        # sideup data attribute with 'Heads'.
10
11        def __init__(self):
12            self.sideup = 'Heads'
13
14        # The toss method generates a random number
15        # in the range of 0 through 1. If the number
16        # is 0, then sideup is set to 'Heads'.
17        # Otherwise, sideup is set to 'Tails'.
18
19        def toss(self):
20            if random.randint(0, 1) == 0:
21                self.sideup = 'Heads'
22            else:
23                self.sideup = 'Tails'
24
25        # The get_sideup method returns the value
26        # referenced by sideup.
27
28        def get_sideup(self):
29            return self.sideup
```

在第 1 行中，导入随机模块 random。这是必要的，因为需要使用 rardom 模块中的 randint 函数来生成一个随机数。第 6 行是类定义的开始。它从关键字 class 开始，接着是类名 coin，后面是一个冒号 (:)。

变量命名规则相同也适用于类命名。但一般编程时给类命名首字母要大写，如类名 Coin。这不是强制要求，而是在程序员中广泛使用的惯例。这有助于在阅读代码时轻松区分类名和变量名。

Coin 类有三种方法：

- __init__ 方法出现在第 11 至 12 行。
- toss 方法出现在第 19 至 23 行。
- get_sideup 方法出现在第 28 至 29 行。

请注意，除了它们在类内部之外，这些成员方法定义看起来像 Python 中的其他函数定义。它们以成员方法定义行开头，后面跟着一个缩进的语句块。

仔细查看成员方法定义的首行（第 11、19 和 28 行），每个方法都有一个名为 self 的变量参数：

第 11 行：def __init(self)：

第 19 行：def toss(self)：

第 28 行：def get_sideup(self)：

self 参数[一]在每个类的方法中都是必需的。回想之前关于面向对象程序设计封装的讨论，该成员方法对特定对象的属性进行操作。当一个成员方法执行时，它必须知道应该操作哪个对象的属性。这就是 self 参数实现的对该对象的引用。当一个成员方法被调用时，

一 该参数必须存在于方法中。不一定要命名为 self，但强烈建议遵守通行惯例将其命名为 self。

Python 会让 self 参数引用该成员方法应该运行的特定对象。

下面我们逐个来看看每一个成员方法。第一个方法名为 __init__ 的在第 11 ～ 12 行中定义：

```
def __init__(self):
    self.sideup = 'Heads'
```

大多数 Python 类都有一个名为 __init__ 的特殊方法，当在内存中创建类的一个实例时，它会自动执行。__init__ 方法通常被称为初始化方法，因为它会初始化对象的属性。（方法的名以两个下划线字符开头，后面跟着 init 这个成员方法名，后面跟着两个下划线字符）。

在内存中创建一个对象后，立即执行 __init__ 方法，并自动将 self 参数赋值为刚刚创建的对象。在该方法内部，第 12 行中的语句执行：

```
self.sideup = 'Heads'
```

此语句将字符串 'Heads' 赋值给刚创建的对象的 sideup 属性。作为 __init__ 方法的运行结果，Coin 类创建的每个对象都有一个 sideup 属性，它被设置为 'Heads'。

注：__init__ 方法通常是类定义中的第一个方法。

toss 方法出现在第 19 至 23 行：

```
def toss(self):
    if random.randint(0, 1) == 0:
        self.sideup = 'Heads'
    else:
        self.sideup = 'Tails'
```

该成员方法也具有所需的 self 参数。当 toss 方法被调用时，self 会自动引用该成员方法操作的对象。

toss 方法模拟投掷硬币。当调用该方法时，第 20 行中的 if 语句调用 random.randint 函数获得范围在 0 到 1 之间的随机整数。如果该数字为 0，则第 21 行中的语句将 'Heads' 分配给 self.sideup，意味着硬币正面朝上。否则，执行第 23 行中的语句将 "Tails" 赋值给 self.sideup，意味着硬币背面朝上。

get_sideup 方法出现在第 28 ～ 29 行中：

```
def get_sideup(self):
    return self.sideup
```

同理，该成员方法也需要 self 参数。这个方法作用只是返回 self.sideup 的值。调用这个方法时就会得到硬币的哪一面朝上。

为了演示 Coin 类的使用，这里编写一个完整的程序（如程序 10-2 所示）。在第 6 ～ 29 行为 Coin 类定义，用它来创建一个对象。在第 32 行到第 44 行，该程序有一个 main 函数。

程序 10-2 （Coin_demo1.py）

```
1   import random
2
3   # The Coin class simulates a coin that can
4   # be flipped.
5
6   class Coin:
```

```
 7
 8      # The __init__ method initializes the
 9      # sideup data attribute with 'Heads'.
10
11      def __init__(self):
12          self.sideup = 'Heads'
13
14      # The toss method generates a random number
15      # in the range of 0 through 1. If the number
16      # is 0, then sideup is set to 'Heads'.
17      # Otherwise, sideup is set to 'Tails'.
18
19      def toss(self):
20          if random.randint(0, 1) == 0:
21              self.sideup = 'Heads'
22          else:
23              self.sideup = 'Tails'
24
25      # The get_sideup method returns the value
26      # referenced by sideup.
27
28      def get_sideup(self):
29          return self.sideup
30
31  # The main function.
32  def main():
33      # Create an object from the Coin class.
34      my_coin = Coin()
35
36      # Display the side of the coin that is facing up.
37      print('This side is up:', my_coin.get_sideup())
38
39      # Toss the coin.
40      print('I am tossing the coin ...')
41      my_coin.toss()
42
43      # Display the side of the coin that is facing up.
44      print('This side is up:', my_coin.get_sideup())
45
46  # Call the main function.
47  main()
```

程序输出

```
This side is up: Heads
I am tossing the coin ...
This side is up: Tails
```

程序输出

```
This side is up: Heads
I am tossing the coin ...
This side is up: Heads
```

程序输出

```
This side is up: Heads
I am tossing the coin ...
This side is up: Tails
```

第 34 行中的语句：

my_coin = Coin()

= 赋值运算符右侧的表达式 Coin() 会导致两件事件发生：

1. 在内存中创建一个 Coin 类的对象。
2. Coin 类的 __init__ 方法被执行，self 参数被自动赋值为刚创建的对象。运行结果该对象的 sideup 属性被赋值为字符串 'Heads'。

图 10-6 说明了这一过程。

图 10-6　Coin() 表达式执行的创建对象的操作

在此之后，= 赋值运算符将刚创建的 Coin 对象赋值给 my_coin 变量。图 10-7 所示在第 34 行中的语句执行后，my_coin 变量将引用一个 Coin 对象，并且该对象的 sideup 属性将被赋值为字符串 'Heads'。

图 10-7　my_coin 变量引用一个 Coin 对象

下一条要执行的语句是第 37 行：

print('This side is up:', my_coin.get_sideup())

此打印语句指示硬币朝上一面的消息。注意下面的表达式出现在语句中：

my_coin.get_sideup()

该表达式调用 my_coin 引用对象的 get_sideup 成员方法。当该方法执行时，self 参数将引用 my_coin 对象。运行结果为该方法返回字符串 'Heads'。

请注意，尽管 get_sideup 方法中定义了 self 参数，但在调用 get_sideup 方法时我们不必为其传递参数。事实上，当一个成员方法被调用时，Python 会自动将被调用对象的引用传递给成员方法的第一个参数。运行结果是 self 参数将自动引用该成员方法要操作的对象。

接下来要执行的是第 40 行和第 41 行的语句：

```
print('I am tossing the coin ...')
my_coin.toss()
```

第41行中的语句调用my_coin引用对象的toss成员方法。当该方法执行时，self参数将引用my_coin对象。该方法将随机生成一个0或1的数并使用该数值来更改对象的sideup属性的值。

下一步执行第44行。此语句调用my_coin.get_sideup()显示当前朝上的是硬币的哪一面。

10.2.2 隐藏属性

在前面章节，我们提到对象的属性应该是私有的，只有对象的成员方法才能直接访问它们，这样可以保护对象的属性免受意外损坏。但是，在前面的程序10-2例子中Coin类的sideup属性不是私有的。它可以不通过Coin类的成员方法直接访问。程序10-3显示了一个例子。（请注意，为节省空间程序10-3的1至30行不显示。这些代码与程序10-2中的第1～30行相同）。

程序10-3（Coin_demo2.py）

Lines 1 through 30 are omitted. These lines are the same as lines 1 through 30 in Program 10-2.

```
31    # The main function.
32    def main():
33        # Create an object from the Coin class.
34        my_coin = Coin()
35
36        # Display the side of the coin that is facing up.
37        print('This side is up:', my_coin.get_sideup())
38
39        # Toss the coin.
40        print('I am tossing the coin ...')
41        my_coin.toss()
42
43        # But now I'm going to cheat! I'm going to
44        # directly change the value of the object's
45        # sideup attribute to 'Heads'.
46        my_coin.sideup = 'Heads'
47
48        # Display the side of the coin that is facing up.
49        print('This side is up:', my_coin.get_sideup())
50
51    # Call the main function.
52    main()
```

程序输出

```
This side is up: Heads
I am tossing the coin ...
This side is up: Heads
```

程序输出

```
This side is up: Heads
I am tossing the coin ...
This side is up: Heads
```

程序输出

```
This side is up: Heads
I am tossing the coin ...
This side is up: Heads
```

第 34 行在内存中创建一个 Coin 类对象并将其赋值给 my_coin 变量。第 37 行的语句显示硬币的朝上一面,然后第 41 行调用了对象的 toss 方法。然后,第 46 行中的语句直接将字符串 'Heads' 分配给对象的 sideup 属性:

```
my_coin.sideup = 'Heads'
```

无论 toss 方法的执行结果如何,此语句都会将 my_coin 对象的 sideup 属性更改为 'Heads'。正如你从三次程序运行结果中可以看到的那样,硬币始终正面朝上!

如果我们真的想要模拟正在投掷的硬币,那么我们不希望类以外的代码能够改变 toss 方法的运行结果。为了防止这种情况发生,我们需要将 sideup 属性设为私有。在 Python 中,你可以通过用两个下划线字符作为属性的名字开始来隐藏一个属性。如果将 sideup 属性的名字更改为 __sideup,那么 Coin 类以外的代码将无法访问它。程序 10-4 显示了 Coin 类的新版本,并进行了这种属性私有化更改。

程序 10-4 (Coin_demo3.py)

```
1   import random
2
3   # The Coin class simulates a coin that can
4   # be flipped.
5
6   class Coin:
7
8       # The __init__ method initializes the
9       # __sideup data attribute with 'Heads'.
10
11      def __init__(self):
12          self.__sideup = 'Heads'
13
14      # The toss method generates a random number
15      # in the range of 0 through 1. If the number
16      # is 0, then sideup is set to 'Heads'.
17      # Otherwise, sideup is set to 'Tails'.
18
19      def toss(self):
20          if random.randint(0, 1) == 0:
21              self.__sideup = 'Heads'
22          else:
23              self.__sideup = 'Tails'
24
25      # The get_sideup method returns the value
26      # referenced by sideup.
27
28      def get_sideup(self):
29          return self.__sideup
30
31  # The main function.
32  def main():
33      # Create an object from the Coin class.
34      my_coin = Coin()
35
36      # Display the side of the coin that is facing up.
37      print('This side is up:', my_coin.get_sideup())
38
```

```
39      # Toss the coin.
40      print('I am going to toss the coin ten times:')
41      for count in range(10):
42          my_coin.toss()
43          print(my_coin.get_sideup())
44
45  # Call the main function.
46  main()
```

程序输出

```
This side is up: Heads
I am going to toss the coin ten times:
Tails
Heads
Heads
Tails
Tails
Tails
Tails
Tails
Heads
Heads
```

10.2.3 在模块中存储类

到目前为止我们所演示的程序，Coin 类定义与使用 Coin 类的程序语句都在相同的文件中。这种方法只适用于一个或两个类的小程序。然而随着程序使用更多的类，如何合理组织这些类将成为一个复杂的问题。

程序员通常用模块来组织类定义。需要使用任何类时，程序可以导入包含它的模块。例如，假设将 Coin 类定义在名为 coin 的模块中并存储 coin.py 文件里（如程序 10-5 所示）。然后当一个程序需要使用 Coin 类时，我们可以导入 coin 模块（如程序 10-6 所示）。

程序 10-5 （Coin.py）

```
 1  import random
 2
 3  # The Coin class simulates a coin that can
 4  # be flipped.
 5
 6  class Coin:
 7
 8      # The __init__ method initializes the
 9      # __sideup data attribute with 'Heads'.
10
11      def __init__(self):
12          self.__sideup = 'Heads'
13
14      # The toss method generates a random number
15      # in the range of 0 through 1. If the number
16      # is 0, then sideup is set to 'Heads'.
17      # Otherwise, sideup is set to 'Tails'.
18
19      def toss(self):
```

```
20              if random.randint(0, 1) == 0:
21                  self.__sideup = 'Heads'
22              else:
23                  self.__sideup = 'Tails'
24
25      # The get_sideup method returns the value
26      # referenced by sideup.
27
28      def get_sideup(self):
29          return self.__sideup
```

程序 10-6（Coin_demo4.py）

```
1   # This program imports the coin module and
2   # creates an instance of the Coin class.
3
4   import coin
5
6   def main():
7       # Create an object from the Coin class.
8       my_coin = coin.Coin()
9
10      # Display the side of the coin that is facing up.
11      print('This side is up:', my_coin.get_sideup())
12
13      # Toss the coin.
14      print('I am going to toss the coin ten times:')
15      for count in range(10):
16          my_coin.toss()
17          print(my_coin.get_sideup())
18
19  # Call the main function.
20  main()
```

程序输出

```
This side is up: Heads
I am going to toss the coin ten times:
Tails
Tails
Heads
Tails
Heads
Heads
Tails
Heads
Tails
Tails
```

第 4 行输入 coin 模块。在第 8 行中，必须通过在模块名 coin 后面加上一个圆点，再加上 Coin 类名的方式来使用 Coin 类。如下所示：

```
my_coin = coin.Coin()
```

10.2.4 BankAccount 类

我们来看另一个例子。程序 10-7 显示了存储在名为 bankaccount 的模块中的 BankAccount

类。这个类创建的对象将模拟银行账户（即有一个起始金额，并且支持存款、取款和查询当前余额）。

程序 10-7　（bankaccount.py）

```
1   # The BankAccount class simulates a bank account.
2
3   class BankAccount:
4
5       # The __init__ method accepts an argument for
6       # the account's balance. It is assigned to
7       # the __balance attribute.
8
9       def __init__(self, bal):
10          self.__balance = bal
11
12      # The deposit method makes a deposit into the
13      # account.
14
15      def deposit(self, amount):
16          self.__balance += amount
17
18      # The withdraw method withdraws an amount
19      # from the account.
20
21      def withdraw(self, amount):
22          if self.__balance >= amount:
23              self.__balance -= amount
24          else:
25              print('Error: Insufficient funds')
26
27      # The get_balance method returns the
28      # account balance.
29
30      def get_balance(self):
31          return self.__balance
```

注意 __init__ 方法有两个参数变量：self 和 bal。bal 参数将接受账户的起始金额。在第 10 行中，bal 参数被赋值给对象的 __balance 属性。

deposit 成员方法在 15 到 16 行。这种方法有两个参数变量：self 和 amount。当调用该方法时，要存入账户的金额被传入 amount 参数。然后将 amount 参数的值添加到第 16 行中的 __balance 属性中。

withdraw 成员方法在第 21～25 行。此方法也有两个参数变量：self 和 amount。当调用该方法时，将从账户中提取的金额传递给 amount 参数。从第 22 行开始的 if 语句确定账户余额是否足以提款。如果可以提款则从第 23 行的 __balance 属性中减去金额，否则第 25 行显示消息 'Error: Insufficient funds'。

get_balance 成员方法在第 30 到 31 行。此方法返回 __balance 属性的值。

程序 10-8 演示了如何使用这个类。

程序 10-8　（account_test.py）

```
1   # This program demonstrates the BankAccount class.
```

```
 2
 3    import bankaccount
 4
 5    def main():
 6        # Get the starting balance.
 7        start_bal = float(input('Enter your starting balance: '))
 8
 9        # Create a BankAccount object.
10        savings = bankaccount.BankAccount(start_bal)
11
12        # Deposit the user's paycheck.
13        pay = float(input('How much were you paid this week? '))
14        print('I will deposit that into your account.')
15        savings.deposit(pay)
16
17        # Display the balance.
18        print('Your account balance is $',
19              format(savings.get_balance(), ',.2f'),
20              sep='')
21
22        # Get the amount to withdraw.
23        cash = float(input('How much would you like to withdraw? '))
24        print('I will withdraw that from your account.')
25        savings.withdraw(cash)
26
27        # Display the balance.
28        print('Your account balance is $',
29              format(savings.get_balance(), ',.2f'),
30              sep='')
31
32    # Call the main function.
33    main()
```

程序输出

```
Enter your starting balance: 1000.00 [Enter]
How much were you paid this week? 500.00 [Enter]
I will deposit that into your account.
Your account balance is $1,500.00
How much would you like to withdraw? 1200.00 [Enter]
I will withdraw that from your account.
Your account balance is $300.00
```

程序输出（with input shown in bold）

```
Enter your starting balance: 1000.00 [Enter]
How much were you paid this week? 500.00 [Enter]
I will deposit that into your account.
Your account balance is $1,500.00
How much would you like to withdraw? 2000.00 [Enter]
I will withdraw that from your account.
Error: Insufficient funds
Your account balance is $1,500.00
```

第 7 行从用户处获得起始账户余额并将其赋值给 start_bal 变量。第 10 行创建一个 BankAccount 类的实例并将其赋值给 savings 变量。具体语句如下：

```
savings = bankaccount.BankAccount(start_bal)
```

请注意，在括号内的 start_bal 变量会作为参数传递给 __init__ 方法。在 __init__ 方法中，它将被赋值给 bal 参数。

第 13 行获取用户的工资金额并将其赋值给 pay 变量。在第 15 行中，调用了 savings.deposit 方法，将 pay 变量作为参数传递。在 deposit 方法中，它将被赋值给 amount 参数。

第 18 行至第 20 行的语句显示账户余额。从 savings.get_balance 方法返回的值即为账户余额。

第 23 行获取用户想要提取的金额并将其赋值给 cash 变量。在第 25 行调用 savings.withdraw 方法将 cash 变量作为一个参数，将其传递给 withdraw 方法中的 amount 参数。第 28 行至第 30 行的语句显示账户最终的余额。

10.2.5 __str__ 方法

通常我们需要显示一个消息来指示一个对象的状态。对象的状态仅仅是对象属性在任何给定时刻的值。例如，BankAccount 类具有一个属性：__balance。在任何时候，BankAccount 对象的 __balance 属性都会引用某个值。__balance 属性的值表示当前对象的状态。显示 BankAccount 类对象状态的代码示例如下：

```
account = bankaccount.BankAccount(1500.0)
print('The balance is $', format(savings.get_balance(), ',.2f'), sep='')
```

第一条语句创建一个 BankAccount 对象，将值 1500.0 传递给 __init__ 方法。执行此语句后，account 变量将引用这个 BankAccount 对象。第二行显示一个字符串，显示 account 对象 __balance 属性的值。此语句的输出如下所示：

```
The balance is $1,500.00
```

显示对象的状态是一项常见任务。多数程序员在定义类时都会定义一个返回显示对象状态的字符串的方法。在 Python 中，为此方法提供了特殊名字 __str__。程序 10-9 显示了添加了 __str__ 方法的 BankAccount 类。__str__ 方法出现在第 36 至 37 行。它返回一个字符串，显示账户余额。

程序 10-9 （bankaccount2.py）

```
 1    # The BankAccount class simulates a bank account.
 2
 3    class BankAccount:
 4
 5        # The __init__ method accepts an argument for
 6        # the account's balance. It is assigned to
 7        # the __balance attribute.
 8
 9        def __init__(self, bal):
10            self.__balance = bal
11
12        # The deposit method makes a deposit into the
13        # account.
14
15        def deposit(self, amount):
16            self.__balance += amount
17
```

```
18          # The withdraw method withdraws an amount
19          # from the account.
20
21          def withdraw(self, amount):
22              if self.__balance >= amount:
23                  self.__balance -= amount
24              else:
25                  print('Error: Insufficient funds')
26
27          # The get_balance method returns the
28          # account balance.
29
30          def get_balance(self):
31              return self.__balance
32
33          # The __str__ method returns a string
34          # indicating the object's state.
35
36          def __str__(self):
37              return 'The balance is $' + format(self.__balance, ',.2f')
```

程序里可以不直接调用 __str__ 方法。相反，将对象作为参数传递给打印函数时，打印函数会自动调用对象的 __str__ 方法（如程序 10-10 所示）。

程序 10-10 （account_test2.py）

```
1   # This program demonstrates the BankAccount class
2   # with the __str__ method added to it.
3
4   import bankaccount2
5
6   def main():
7       # Get the starting balance.
8       start_bal = float(input('Enter your starting balance: '))
9
10      # Create a BankAccount object.
11      savings = bankaccount2.BankAccount(start_bal)
12
13      # Deposit the user's paycheck.
14      pay = float(input('How much were you paid this week? '))
15      print('I will deposit that into your account.')
16      savings.deposit(pay)
17
18      # Display the balance.
19      print(savings)
20
21      # Get the amount to withdraw.
22      cash = float(input('How much would you like to withdraw? '))
23      print('I will withdraw that from your account.')
24      savings.withdraw(cash)
25
26      # Display the balance.
27      print(savings)
28
29  # Call the main function.
30  main()
```

程序输出（with input shown in bold）

```
Enter your starting balance: 1000.00 Enter
How much were you paid this week? 500.00 Enter
I will deposit that into your account.
The account balance is $1,500.00
How much would you like to withdraw? 1200.00 Enter
I will withdraw that from your account.
The account balance is $300.00
```

对象 savings 在第 19 和 27 行中传递给 print 函数。这将调用 BankAccount 类的 __str__ 方法。然后显示从 __str__ 方法返回的字符串。

当对象作为参数传递给内置 str 函数时，__str__ 方法也会被自动调用。如下所示：

```
account = bankaccount2.BankAccount(1500.0)
message = str(account)
print(message)
```

在第二个语句中，account 对象作为参数传递给 str 函数。这会导致调用 BankAccount 类的 __str__ 方法。返回的字符串赋值给 message 变量，然后由第三行中的 print 函数显示出来。

检查点

10.5 你听到有人发表下面的评论："蓝图是一个房子的设计。木匠可以使用蓝图来建造房屋。如果木匠愿意，他可以用同一个蓝图建造几个相同的房屋。"把这看作是对类和对象的比喻。蓝图是代表一个类，还是代表一个对象？

10.6 在本章中，我们使用曲奇工具和用曲奇工具制作的饼干来描述类和对象。在这个比喻中，对象是饼干还是曲奇工具？

10.7 __init__ 方法的用途是什么？它何时执行？

10.8 方法中 self 参数的目的是什么？

10.9 在 Python 类中，如何对类外的代码隐藏属性（属性）？

10.10 __str__ 方法的用途是什么？

10.11 如何调用 __str__ 方法？

10.3 使用实例

概念：类的每个实例都有自己的一组属性。

当一个方法使用 self 作为参数时，该参数属于 self 引用的特定对象。我们称这样的参数为实例变量，因为它们引用该类的特定实例。

在程序中可以创建同一类的多个实例。每个实例都将拥有自己的一组属性。例如，程序 10-11 创建了三个 Coin 类实例，每个实例都有自己的 __sideup 属性。

程序 10-11（coin_demo5.py）

```
1   # This program imports the simulation module and
2   # creates three instances of the Coin class.
3
4   import coin
5
6   def main():
```

```
 7        # Create three objects from the Coin class.
 8        coin1 = coin.Coin()
 9        coin2 = coin.Coin()
10        coin3 = coin.Coin()
11
12        # Display the side of each coin that is facing up.
13        print('I have three coins with these sides up:')
14        print(coin1.get_sideup())
15        print(coin2.get_sideup())
16        print(coin3.get_sideup())
17        print()
18
19        # Toss the coin.
20        print('I am tossing all three coins ...')
21        print()
22        coin1.toss()
23        coin2.toss()
24        coin3.toss()
25
26        # Display the side of each coin that is facing up.
27        print('Now here are the sides that are up:')
28        print(coin1.get_sideup())
29        print(coin2.get_sideup())
30        print(coin3.get_sideup())
31        print()
32
33    # Call the main function.
34    main()
```

程序输出

```
I have three coins with these sides up:
Heads
Heads
Heads

I am tossing all three coins ...

Now here are the sides that are up:
Tails
Tails
Heads
```

在第 8～10 行语句中，创建了三个类对象，每个对象都是一个 Coin 类的实例，如下：

```
coin1 = coin.Coin()
coin2 = coin.Coin()
coin3 = coin.Coin()
```

图 10-8 说明了这些语句执行后，coin1、coin2 和 coin3 变量如何引用这三个对象，并且每个对象都有自己的 __sideup 属性。第 14～16 行显示从每个对象的 get_sideup 方法返回的值。

然后，第 22～24 行的语句调用每个对象的 toss 方法：

```
coin1.toss()
coin2.toss()
coin3.toss()
```

图 10-9 显示了这些语句如何在程序运行过程中对每个对象的 __sideup 属性进行更改。

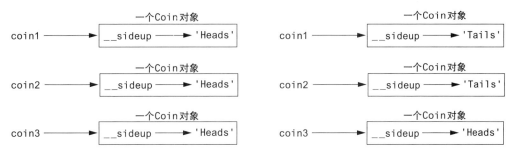

图 10-8 coin1、coin2 和 coin3 变量引用三个 Coin 对象　　图 10-9 调用 toss 方法后的对象

聚光灯：创建 CellPhone 类

Wireless Solutions Inc. 公司是一家销售手机和移动服务的公司。假设你是公司 IT 部门的程序员，你的团队正在设计一个程序来管理库存中的所有手机。你被要求设计一个存储手机信息的类。应该在类中包含如下属性：

- 手机制造商的名称将被赋值给 `__manufact` 属性。
- 手机的型号将被赋值给 `__model` 属性。
- 手机的零售价格将被赋值到 `__retail_price` 属性。

该类还将具有以下成员方法：

- `__init__` 方法，接受制造商、型号和零售价的参数。
- 设置制造商参数的 `set_manufact` 方法。如果需要，此方法将允许在创建对象后更改 `__manufact` 属性的值。
- 设置模型参数的 `set_model` 方法。如果需要，此方法将允许在创建对象后更改 `__model` 属性的值。
- 设置零售价参数的 `set_retail_price` 方法。如果需要，该方法将允许在创建对象后更改 `__retail_price` 属性的值。
- 返回手机制造商的 `get_manufact` 方法。
- 返回手机型号的 `get_model` 方法。
- 返回手机零售价格的 `get_retail_price` 方法。

程序 10-12 显示了类的定义。该类存储在名为 `cellphone` 的模块中。

程序 10-12　（cellphone.py）

```
1   # The CellPhone class holds data about a cell phone.
2
3   class CellPhone:
4
5       # The __init__ method initializes the attributes.
6
7       def __init__(self, manufact, model, price):
8           self.__manufact = manufact
9           self.__model = model
```

```
10          self.__retail_price = price
11
12      # The set_manuft method accepts an argument for
13      # the phone's manufacturer.
14
15      def set_manufact(self, manufact):
16          self.__manufact = manufact
17
18      # The set_model method accepts an argument for
19      # the phone's model number.
20
21      def set_model(self, model):
22          self.__model = model
23
24      # The set_retail_price method accepts an argument
25      # for the phone's retail price.
26
27      def set_retail_price(self, price):
28          self.__retail_price = price
29
30      # The get_manufact method returns the
31      # phone's manufacturer.
32
33      def get_manufact(self):
34          return self.__manufact
35
36      # The get_model method returns the
37      # phone's model number.
38
39      def get_model(self):
40          return self.__model
41
42      # The get_retail_price method returns the
43      # phone's retail price.
44
45      def get_retail_price(self):
46          return self.__retail_price
```

CellPhone 类将被导入到你的团队正在开发的几个程序中。在程序 10-13 中编写测试 CellPhone 类的代码。这是一个提示用户输入手机的制造商、型号和零售价格的简单程序。CellPhone 类的一个实例被创建并且数据被赋值给它的属性。

程序 10-13 （cell_phone_test.py）

```
1   # This program tests the CellPhone class.
2
3   import cellphone
4
5   def main():
6       # Get the phone data.
7       man = input('Enter the manufacturer: ')
8       mod = input('Enter the model number: ')
9       retail = float(input('Enter the retail price: '))
```

```
10
11      # Create an instance of the CellPhone class.
12      phone = cellphone.CellPhone(man, mod, retail)
13
14      # Display the data that was entered.
15      print('Here is the data that you entered:')
16      print('Manufacturer:', phone.get_manufact())
17      print('Model Number:', phone.get_model())
18      print('Retail Price: $', format(phone.get_retail_price(), ',.2f'), sep='')
19
20  # Call the main function.
21  main()
```

程序输出（with input shown in bold）
```
Enter the manufacturer: Acme Electronics Enter
Enter the model number: M1000 Enter
Enter the retail price: 199.99 Enter
Here is the data that you entered:
Manufacturer: Acme Electronics
Model Number: M1000
Retail Price: $199.99
```

10.3.1 Accessor 和 Mutator 方法

如前所述，一种通用做法将所有类的属性私有化并提供访问和更改这些属性的公共方法，以保证拥有这些属性的对象控制所有对它们的更改。

返回类定义中的属性值但不改变它的方法称为访问器（Accessor）方法。Accessor 方法为类外部的代码提供了一种安全的方式来访问属性的值，而避免直接让类外部的代码公开来更改属性的值。在程序 10-12 中看到的 CellPhone 类中，get_manufact、get_model 和 get_retail_price 方法是访问器方法。

类的属性赋值或以其他方式更改属性值的方法称为赋值器（Mutator）方法。Mutator 方法可以控制类属性被修改的方式。当类外部代码需要更改对象属性的值时，它通常会调用赋值器并将新值作为参数传递给它。如果需要，赋值器可以在将值赋给属性之前验证该值的合法性。在程序 10-12 中，set_manufact、set_model 和 set_retail_price 方法是赋值器方法。

 注：Mutator 方法有时被称为"setter"，Accessor 方法有时被称为"getter"。

聚光灯：将对象存储在列表中

将程序 10-12 中创建的 CellPhone 类将用在程序 10-14 中。程序 10-14 将会演示 CellPhone 对象存储在列表中的应用。该程序从用户那里获取五部手机的信息，创建五个保存这些信息的 CellPhone 对象，并将这些对象存储在一个列表中。然后它遍历显示列表中的每个对象。

程序 10-14 (cell_phone_list.py)

```python
 1  # This program creates five CellPhone objects and
 2  # stores them in a list.
 3
 4  import cellphone
 5
 6  def main():
 7      # Get a list of CellPhone objects.
 8      phones = make_list()
 9
10      # Display the data in the list.
11      print('Here is the data you entered:')
12      display_list(phones)
13
14  # The make_list function gets data from the user
15  # for five phones. The function returns a list
16  # of CellPhone objects containing the data.
17
18  def make_list():
19      # Create an empty list.
20      phone_list = []
21
22      # Add five CellPhone objects to the list.
23      print('Enter data for five phones.')
24      for count in range(1, 6):
25          # Get the phone data.
26          print('Phone number ' + str(count) + ':')
27          man = input('Enter the manufacturer: ')
28          mod = input('Enter the model number: ')
29          retail = float(input('Enter the retail price: '))
30          print()
31
32          # Create a new CellPhone object in memory and
33          # assign it to the phone variable.
34          phone = cellphone.CellPhone(man, mod, retail)
35
36          # Add the object to the list.
37          phone_list.append(phone)
38
39      # Return the list.
40      return phone_list
41
42  # The display_list function accepts a list containing
43  # CellPhone objects as an argument and displays the
44  # data stored in each object.
45
46  def display_list(phone_list):
47      for item in phone_list:
48          print(item.get_manufact())
49          print(item.get_model())
50          print(item.get_retail_price())
```

```
51              print()
52
53  # Call the main function.
54  main()
```

程序输出（with input shown in bold）

```
Enter data for five phones.

Phone number 1:
Enter the manufacturer: Acme Electronics [Enter]
Enter the model number: M1000 [Enter]
Enter the retail price: 199.99 [Enter]

Phone number 2:
Enter the manufacturer: Atlantic Communications [Enter]
Enter the model number: S2 [Enter]
Enter the retail price: 149.99 [Enter]

Phone number 3:
Enter the manufacturer: Wavelength Electronics [Enter]
Enter the model number: N477 [Enter]
Enter the retail price: 249.99 [Enter]

Phone number 4:
Enter the manufacturer: Edison Wireless [Enter]
Enter the model number: SLX88 [Enter]
Enter the retail price: 169.99 [Enter]

Phone number 5:
Enter the manufacturer: Sonic Systems [Enter]
Enter the model number: X99 [Enter]
Enter the retail price: 299.99 [Enter]

Here is the data you entered:
Acme Electronics
M1000
199.99

Atlantic Communications
S2
149.99

Wavelength Electronics
N477
249.99

Edison Wireless
SLX88
169.99

Sonic Systems
X99
299.99
```

`make_list` 函数出现在第 18 ～ 40 行。在第 20 行中，创建了一个名为 `phone_list` 的空列表。for 循环在第 24 行开始，迭代五次。每次循环迭代时，都会从用户获取手机的信息（第 27 ～ 29 行），它将创建一个 `CellPhone` 类的实例，该实例使用用户手机信息初始化（第 34 行），并将该对象添加到 `phone_list` 列表（第 37 行）。第 40 行返回列表对象。

> 第 46 行至第 51 行中的 `display_list` 函数接收 CellPhone 对象列表作为参数。从第 47 行开始的 `for` 循环迭代列表中的对象并显示每个对象属性的值。

10.3.2 传递对象作为参数

在开发面向对象程序时，常常需要编写接受对象作为参数的函数或方法。例如，下面的代码显示了一个名为 `show_coin_status` 的函数，它接受一个 Coin 对象作为参数：

```
def show_coin_status(coin_obj):
    print('This side of the coin is up:', coin_obj.get_sideup())
```

下面的代码示例演示了我们如何创建一个 Coin 对象，然后将其作为参数传递给 `show_coin_status` 函数：

```
my_coin = coin.Coin()
show_coin_status(my_coin)
```

当传递一个对象作为参数时，传递给参数变量的是该对象的引用。因此，接收对象作为参数的函数或方法可以访问实际的对象。例如，看下面的 `filp` 方法：

```
def flip(coin_obj):
    coin_obj.toss()
```

该方法接受 Coin 对象作为参数，并调用该对象的 `toss` 方法。程序 10-15 演示了该方法。

程序 10-15 （coin_argument.py）

```
 1  # This program passes a Coin object as
 2  # an argument to a function.
 3  import coin
 4
 5  # main function
 6  def main():
 7      # Create a Coin object.
 8      my_coin = coin.Coin()
 9
10      # This will display 'Heads'.
11      print(my_coin.get_sideup())
12
13      # Pass the object to the flip function.
14      flip(my_coin)
15
16      # This might display 'Heads', or it might
17      # display 'Tails'.
18      print(my_coin.get_sideup())
19
20  # The flip function flips a coin.
21  def flip(coin_obj):
22      coin_obj.toss()
23
24  # Call the main function.
25  main()
```

程序输出

```
Heads
Tails
```

程序输出
Heads
Heads

程序输出
Heads
Tails

第 8 行中的语句创建了一个由变量 my_coin 引用的 Coin 对象。第 11 行显示了 my_coin 对象的 __sideside 属性的值。因为对象的 __init__ 方法将 __sideup 属性设置为 'Heads'，第 11 行将显示字符串 'Heads'。第 14 行调用 flip 函数，将 my_coin 对象作为参数传递。在 flip 函数中，调用 my_coin 对象的 toss 方法。然后，第 18 行再次显示 my_coin 对象的 __sideup 属性的值。这一次，因为 my_coin 对象的 toss 方法被调用，所以无法预测是显示 'Heads' 还是 'Tails'。

聚光灯：序列化对象

回顾第 9 章，pickle 模块提供序列化对象的函数。序列化对象意味着将其转换为可以保存到文件供以后检索的字节流。pickle 模块的 dump 函数对一个对象进行序列化（pickles）并将其写入一个文件，load 函数从文件中读取一个对象并反序列化。

在第 9 章中，一些示例字典对象被序列化和反序列化。同理也可以序列化和反序列化类的对象。程序 10-16 演示了一个序列化三个 CellPhone 对象并将它们保存到一个文件的例子。程序 10-17 从文件中读取这些对象并反序列化它们。

程序 10-16 （pickle_cellphone.py）

```
 1   # This program pickles CellPhone objects.
 2   import pickle
 3   import cellphone
 4
 5   # Constant for the filename.
 6   FILENAME = 'cellphones.dat'
 7
 8   def main():
 9       # Initialize a variable to control the loop.
10       again = 'y'
11
12       # Open a file.
13       output_file = open(FILENAME, 'wb')
14
15       # Get data from the user.
16       while again.lower() == 'y':
17           # Get cell phone data.
18           man = input('Enter the manufacturer: ')
19           mod = input('Enter the model number: ')
20           retail = float(input('Enter the retail price: '))
21
22           # Create a CellPhone object.
```

```
23              phone = cellphone.CellPhone(man, mod, retail)
24
25              # Pickle the object and write it to the file.
26              pickle.dump(phone, output_file)
27
28              # Get more cell phone data?
29              again = input('Enter more phone data? (y/n): ')
30
31      # Close the file.
32      output_file.close()
33      print('The data was written to', FILENAME)
34
35  # Call the main function.
36  main()
```

程序输出（with input shown in bold）

```
Enter the manufacturer: ACME Electronics [Enter]
Enter the model number: M1000 [Enter]
Enter the retail price: 199.99 [Enter]
Enter more phone data? (y/n): y [Enter]
Enter the manufacturer: Sonic Systems [Enter]
Enter the model number: X99 [Enter]
Enter the retail price: 299.99 [Enter]
Enter more phone data? (y/n): n [Enter]
The data was written to cellphones.dat
```

程序 10-17 （unpickle_cellphone.py）

```
 1  # This program unpickles CellPhone objects.
 2  import pickle
 3  import cellphone
 4
 5  # Constant for the filename.
 6  FILENAME = 'cellphones.dat'
 7
 8  def main():
 9      end_of_file = False    # To indicate end of file
10
11      # Open the file.
12      input_file = open(FILENAME, 'rb')
13
14      # Read to the end of the file.
15      while not end_of_file:
16          try:
17              # Unpickle the next object.
18              phone = pickle.load(input_file)
19
20              # Display the cell phone data.
21              display_data(phone)
22          except EOFError:
23              # Set the flag to indicate the end
24              # of the file has been reached.
25              end_of_file = True
```

```
 26
 27        # Close the file.
 28        input_file.close()
 29
 30 # The display_data function displays the data
 31 # from the CellPhone object passed as an argument.
 32 def display_data(phone):
 33     print('Manufacturer:', phone.get_manufact())
 34     print('Model Number:', phone.get_model())
 35     print('Retail Price: $',
 36           format(phone.get_retail_price(), ',.2f'),
 37           sep='')
 38     print()
 39
 40 # Call the main function.
 41 main()
```

程序输出

```
Manufacturer: ACME Electronics
Model Number: M1000
Retail Price: $199.99

Manufacturer: Sonic Systems
Model Number: X99
Retail Price: $299.99
```

聚光灯：将对象存储在字典中

回顾第9章，词典是将键值对作为元素存储的对象。字典中的每个元素都有一个键和一个值。如果想从字典中检索特定值，请通过指定其键来完成。在第9章中的一些例子中，存储值可以是字符串、整数、浮点数、列表和元组形式。字典也可以用于存储类对象。

下面我们来看一个例子。假设编写一个保存联系人信息的程序，例如姓名、电话号码和电子邮件地址。在程序 10-18 中定义一个 Contact 类。Contact 类的一个实例保存下列数据：

- 个人的姓名存储在 __name 属性中。
- 个人的电话号码存储在 __phone 属性中。
- 个人的电子邮件地址存储在 __email 属性中。

该类有以下方法：

- __init__ 方法，接受人的姓名、电话号码和电子邮件地址三个参数
- 设置 __name 属性的 set_name 方法
- 设置 __phone 属性的 set_phone 方法
- 设置 __email 属性的 set_email 方法
- 返回 __name 属性的 get_name 方法
- 返回 __phone 属性的 get_phone 方法

- 一个返回__email属性的get_email方法
- __str__方法以字符串的形式返回对象的状态

程序10-18（contace.py）

```
1   # The Contact class holds contact information.
2
3   class Contact:
4       # The __init__ method initializes the attributes.
5       def __init__(self, name, phone, email):
6           self.__name = name
7           self.__phone = phone
8           self.__email = email
9
10      # The set_name method sets the name attribute.
11      def set_name(self, name):
12          self.__name = name
13
14      # The set_phone method sets the phone attribute.
15      def set_phone(self, phone):
16          self.__phone = phone
17
18      # The set_email method sets the email attribute.
19      def set_email(self, email):
20          self.__email = email
21
22      # The get_name method returns the name attribute.
23      def get_name(self):
24          return self.__name
25
26      # The get_phone method returns the phone attribute.
27      def get_phone(self):
28          return self.__phone
29
30      # The get_email method returns the email attribute.
31      def get_email(self):
32          return self.__email
33
34      # The __str__ method returns the object's state
35      # as a string.
36      def __str__(self):
37          return "Name: " + self.__name + \
38                 "\nPhone: " + self.__phone + \
39                 "\nEmail: " + self.__email
```

接下来，编写一个将Contact对象保存在字典中的程序。每次程序创建一个包含特定人员信息的Contact对象时，该对象都将作为值存储在字典中，并使用该人员的姓名作为key。然后，需要检索特定人员的数据，都可以使用该人员的姓名作为key从字典中获取联系人对象。

程序10-19显示了一个例子。该程序显示一个菜单，允许用户执行以下任何操作：
- 在字典中查找联系人

- 向字典中添加新联系人
- 更改字典中的现有联系人
- 从字典中删除联系人
- 退出程序

此外，当用户退出时程序会自动序列化字典并将其保存到文件中。程序启动时，它会自动检索并反序列化从文件中取出字典（回顾第 10 章，序列化一个对象将它保存到一个文件中，反序列化对象从文件中提取它）。如果该文件不存在，程序将从一个空字典开始。

该程序包括八个函数：main、load_contacts、get_menu_choice、look_up、add、change、delete 和 save_contacts。这里先不介绍整个程序，而是从开始部分逐一介绍，其中包括输入语句、全局常量和 main 函数：

程序 10-19 （contact_manager.py: main function）

```
1   # This program manages contacts.
2   import contact
3   import pickle
4
5   # Global constants for menu choices
6   LOOK_UP = 1
7   ADD = 2
8   CHANGE = 3
9   DELETE = 4
10  QUIT = 5
11
12  # Global constant for the filename
13  FILENAME = 'contacts.dat'
14
15  # main function
16  def main():
17      # Load the existing contact dictionary and
18      # assign it to mycontacts.
19      mycontacts = load_contacts()
20
21      # Initialize a variable for the user's choice.
22      choice = 0
23
24      # Process menu selections until the user
25      # wants to quit the program.
26      while choice != QUIT:
27          # Get the user's menu choice.
28          choice = get_menu_choice()
29
30          # Process the choice.
31          if choice == LOOK_UP:
32              look_up(mycontacts)
33          elif choice == ADD:
34              add(mycontacts)
35          elif choice == CHANGE:
36              change(mycontacts)
37          elif choice == DELETE:
38              delete(mycontacts)
```

```
39
40          # Save the mycontacts dictionary to a file.
41          save_contacts(mycontacts)
42
```

第2行导入包含 Contact 类的 contact 模块。第3行导入 pickle 序列化模块。第6行到第10行初始化的全局常量用于测试用户的菜单选择项。在第13行中初始化的 FILENAME 常量为 contacts.dat（存储字典 pickled 副本的文件名）。

在主函数内部，第19行调用 load_contacts 函数。如果程序之前已经添加联系人到字典中且保存到 contacts.dat 文件中，则 load_contacts 函数打开文件，从中获取字典并返回对字典的引用。如果该程序之前没有运行过，contacts.dat 文件不存在。在这种情况下，load_contacts 函数会创建一个空字典并返回对其的引用。执行第19行语句之后，mycontacts 变量引用一个字典。如果程序之前已经运行过且添加过联系人，mycontacts 引用一个包含 Contact 对象的字典。如果这是程序第一次运行，mycontacts 引用一个空字典。第22行 choice 变量初始化为0。此变量将保存用户的菜单选择值。从第26行开始的 while 循环重复，直到用户选择退出程序。在循环内部，第28行调用 get_menu_choice 函数。get_menu_choice 功能显示以下菜单：

1. 查找联系人
2. 添加一个新的联系人
3. 更改现有的联系人
4. 删除联系人
5. 退出程序

从 get_menu_choice 函数返回用户的选择值并赋值给 choice 变量。

第31～38行的 if-elif 语句处理用户的菜单选项。如果用户选择了项目1，则第32行调用 look_up 函数。如果用户选择了项目2，则第34行调用 add 函数。如果用户选择了项目3，则第36行调用 change 函数。如果用户选择了项目4，则第38行调用 delete 函数。当用户从菜单中选择了项目5时，终止 while 循环并执行第41行中的语句。该语句调用 save_contacts 函数，将 mycontacts 作为参数传递。save_contacts 函数将 mycontacts 字典保存到 contacts.dat 文件中。

下面介绍 load_contacts 函数。

程序 10-19 （contact_manager.py: load_contacts function）

```
43   def load_contacts():
44       try:
45           # Open the contacts.dat file.
46           input_file = open(FILENAME, 'rb')
47
48           # Unpickle the dictionary.
49           contact_dct = pickle.load(input_file)
50
51           # Close the phone_inventory.dat file.
52           input_file.close()
53       except IOError:
54           # Could not open the file, so create
```

```
55              # an empty dictionary.
56              contact_dct = {}
57
58          # Return the dictionary.
59          return contact_dct
60
```

在try语句体中,第46行试图打开contacts.dat文件。如果文件成功打开,第49行从它加载字典对象并反序列化它,将其赋值给contact_dct变量。第52行关闭文件。

如果contacts.dat文件不存在(第一次运行程序时会出现这种情况),则第46行中的语句会引发IOError异常。这会导致程序跳转到第53行的except子句。然后,第56行中的语句创建一个空字典并将其赋值给contact_dct变量。第59行中的语句返回contact_dct变量。

下面介绍get_menu_choice函数。

程序10-19 (contact_manager.py: get_choice function)

```
61   # The get_menu_choice function displays the menu
62   # and gets a validated choice from the user.
63   def get_menu_choice():
64       print()
65       print('Menu')
66       print('--------------------------')
67       print('1. Look up a contact')
68       print('2. Add a new contact')
69       print('3. Change an existing contact')
70       print('4. Delete a contact')
71       print('5. Quit the program')
72       print()
73
74       # Get the user's choice.
75       choice = int(input('Enter your choice: '))
76
77       # Validate the choice.
78       while choice < LOOK_UP or choice > QUIT:
79           choice = int(input('Enter a valid choice: '))
80
81       # return the user's choice.
82       return choice
83
```

第64行到第72行的语句在屏幕上显示菜单。第75行提示用户输入他的选择。用户输入被转换为int并被赋值给choice变量。第78~79行中的while循环验证用户的输入,并在必要时提示用户重新输入他的选择。一旦输入了有效的选择,它将从第82行中的函数返回choice变量值。

接下来介绍look_up函数。

程序10-19 (contact_manager.py: look_up function)

```
84   # The look_up function looks up an item in the
85   # specified dictionary.
86   def look_up(mycontacts):
```

```
87      # Get a name to look up.
88      name = input('Enter a name: ')
89
90      # Look it up in the dictionary.
91      print(mycontacts.get(name, 'That name is not found.'))
92
```

look_up 函数的功能是允许用户查找指定的联系人。它接受 mycontacts 字典作为参数。第 88 行提示用户输入一个联系人名字，第 91 行将该名字作为参数传递给字典的 get 函数。第 91 行将会发生下列其中一项行为：

- 如果在字典中找到作为 key 的指定联系人的名字，则 get 方法返回对与该名字关联的 Contact 对象的引用。Contact 对象然后作为参数传递给 print 函数。print 函数显示从 Contact 对象的 __str__ 方法返回的字符串。
- 如果在字典中未找到作为 key 的指定联系人的名字，则 get 方法将返回字符串 "that name is not found"，并由 print 函数显示。

接下来是 add 函数。

程序 10-19　（contact_manager.py: add function）

```
93      # The add function adds a new entry into the
94      # specified dictionary.
95      def add(mycontacts):
96          # Get the contact info.
97          name = input('Name: ')
98          phone = input('Phone: ')
99          email = input('Email: ')
100
101         # Create a Contact object named entry.
102         entry = contact.Contact(name, phone, email)
103
104         # If the name does not exist in the dictionary,
105         # add it as a key with the entry object as the
106         # associated value.
107         if name not in mycontacts:
108             mycontacts[name] = entry
109             print('The entry has been added.')
110         else:
111             print('That name already exists.')
112
```

add 函数的功能是允许用户向字典中添加新的联系人。它接受 mycontacts 字典作为参数。第 97～99 行提示用户输入姓名、电话号码和电子邮件地址。第 102 行创建了一个新的 Contact 对象，使用用户输入的数据进行初始化。

第 107 行中的 if 语句确定联系人是否已经存在于字典中。如果不存在，则第 108 行将新创建的 Contact 对象添加到字典中，并且第 109 行输出指示新数据被添加的消息。否则，在第 111 行中打印该联系人已经存在的消息。

接下来是 change 函数。

程序 10-19 （contact_manager.py: change function）

```
113  # The change function changes an existing
114  # entry in the specified dictionary.
115  def change(mycontacts):
116      # Get a name to look up.
117      name = input('Enter a name: ')
118
119      if name in mycontacts:
120          # Get a new phone number.
121          phone = input('Enter the new phone number: ')
122
123          # Get a new email address.
124          email = input('Enter the new email address: ')
125
126          # Create a contact object named entry.
127          entry = contact.Contact(name, phone, email)
128
129          # Update the entry.
130          mycontacts[name] = entry
131          print('Information updated.')
132      else:
133          print('That name is not found.')
134
```

change 函数的功能是允许用户更改字典中的现有联系人。它接受 mycontacts 字典作为参数。第 117 行从用户处获得一个联系人名字。第 119 行中的 if 语句确定该联系人是否在字典中。如果存在，则第 121 行获取新的电话号码，第 124 行获取新的电子邮件地址。第 127 行创建一个新的 Contact 对象，并使用现有名字、新电话号码和新电子邮件地址进行初始化。第 130 行将新的 Contact 对象存储在字典中，使用现有名字作为 key。

如果指定的名字不在字典中，则第 133 行将打印一条指示如此的消息 "that name is not found"。

接下来介绍 delete 函数。

程序 10-19 （contact_manager.py: delete function）

```
135  # The delete function deletes an entry from the
136  # specified dictionary.
137  def delete(mycontacts):
138      # Get a name to look up.
139      name = input('Enter a name: ')
140
141      # If the name is found, delete the entry.
142      if name in mycontacts:
143          del mycontacts[name]
144          print('Entry deleted.')
145      else:
146          print('That name is not found.')
147
```

Delete 函数的功能是允许用户从字典中删除现有的联系人。它接受 mycontacts 字典作为参数。第139行从用户处获得一个联系人名字。第142行中的 `if` 语句确定该名字是否在字典中。如果存在，则第143行将其删除，并且第144行将打印指示该条目已被删除的消息。如果该名字不在字典中，则第146行输出一条消息"that name is not found"。

接下来是 `save_contacts` 函数。

程序 10-19 （contact_manager.py: save_contacts function）

```
148  # The save_contacts funtion pickles the specified
149  # object and saves it to the contacts file.
150  def save_contacts(mycontacts):
151      # Open the file for writing.
152      output_file = open(FILENAME, 'wb')
153
154      # Pickle the dictionary and save it.
155      pickle.dump(mycontacts, output_file)
156
157      # Close the file.
158      output_file.close()
159
160  # Call the main function.
161  main()
```

在程序停止运行之前调用 `save_contacts` 函数。它接受 `mycontacts` 字典作为参数。第152行打开 contacts.dat 文件进行写入。第155行对 `mycontacts` 字典进行序列化并将其保存到文件中。第158行关闭文件。

以下程序输出显示程序的两个运行结果。输出示例不能显示程序所有操作的执行。它演示了程序结束时如何保存联系人，以及程序再次运行时如何加载已存在的联系人。

程序输出（with input shown in bold）

```
Menu
----------------------------
1. Look up a contact
2. Add a new contact
3. Change an existing contact
4. Delete a contact
5. Quit the program

Enter your choice: 2 Enter
Name: Matt Goldstein Enter
Phone: 617-555-1234 Enter
Email: matt@fakecompany.com Enter
The entry has been added.

Menu
----------------------------
1. Look up a contact
2. Add a new contact
3. Change an existing contact
4. Delete a contact
5. Quit the program

Enter your choice: 2 Enter
Name: Jorge Ruiz Enter
```

```
Phone: 919-555-1212 [Enter]
Email: jorge@myschool.edu [Enter]
The entry has been added.

Menu
---------------------------
1. Look up a contact
2. Add a new contact
3. Change an existing contact
4. Delete a contact
5. Quit the program

Enter your choice: 5 [Enter]
```

程序输出（with input shown in bold）

```
Menu
---------------------------
1. Look up a contact
2. Add a new contact
3. Change an existing contact
4. Delete a contact
5. Quit the program

Enter your choice: 1 [Enter]
Enter a name: Matt Goldstein [Enter]
Name: Matt Goldstein
Phone: 617-555-1234
Email: matt@fakecompany.com
Menu
---------------------------
1. Look up a contact
2. Add a new contact
3. Change an existing contact
4. Delete a contact
5. Quit the program

Enter your choice: 1 [Enter]
Enter a name: Jorge Ruiz [Enter]
Name: Jorge Ruiz
Phone: 919-555-1212
Email: jorge@myschool.edu
Menu
---------------------------
1. Look up a contact
2. Add a new contact
3. Change an existing contact
4. Delete a contact
5. Quit the program

Enter your choice: 5 [Enter]
```

检查点

10.12 什么是实例？

10.13 一个程序创建了 10 个 Coin 类的实例。多少 __sideup 属性存在于内存中？

10.14 什么是访问器方法？什么是赋值器方法？

10.4 设计类的技巧

10.4.1 统一建模语言

统一建模语言（Unified Modeling Language，UML），它提供了一套用图形描绘面向对象系统的标准图表，绘制 UML 图对设计类很有帮助。图 10-10 显示了一个类的 UML 图的总体布局。该图是一个由三个部分构成的框。最上面的部分写类名。中间部分写类属性的列表。底部部分写类的方法的列表。

图 10-11 和图 10-12 分别显示了本章前面介绍的 Coin 类和 CellPhone 类的 UML 图。请注意，在任何方法中都没有显示 self 参数，因为 self 参数是必需的。

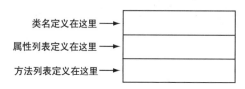

图 10-10　UML 类图的基本布局

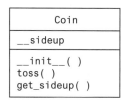

图 10-11　UML 描述的 Coin 类图

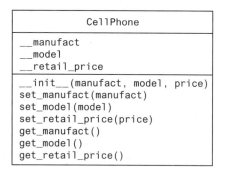

图 10-12　UML 描述的 CellPhone 类图

10.4.2 使用类解决问题

在开发面向对象的程序时，首要任务之一就是确定需要创建的类。一般来说，为了解决问题，定义现实世界存在的不同类型的对象，然后在应用程序中为这些类型对象创建类。

多年来，软件专业人员已经开发出许多用于在特定问题中定义类的方法。一种简单而流行的技术涉及以下步骤：

1. 获取问题域的书面描述。
2. 确定描述中的所有名词（包括代名词和名词短语）。这些都是潜在的类。
3. 优化列表以仅包含与问题相关的类。

让我们仔细看看每个步骤。

编写问题域的描述

问题域是与问题相关的一组真实世界的对象、实体和重大事件。如果充分理解了待解决问题的性质，则可以自行编写问题域的描述。如果不完全了解问题的性质，应该请专家编写问题说明。

假设编写一个程序，Joe's Automotive Shop 公司的经理将用它来为客户打印服务报价。乔写的描述如下：

乔的汽车店为外国汽车提供服务，并专门为梅赛德斯、保时捷和宝马汽车提供服务。当顾客将车开到商店时，经理获得顾客的姓名、地址和电话号码。经理然后根据汽车的品牌，车型和年份，并向客户提供服务报价。服务报价显示估计的零件费用、估算的劳动费用、销售税和总预估费用。

问题域描述应该包括以下任何一个：
- 物理物体，如车辆、机器或产品
- 任何角色扮演的角色，如经理、员工、客户、老师、学生等等
- 业务事件的结果，例如客户订单、服务报价
- 记录保存项目，例如客户历史记录和工资记录

识别所有的名词

下一步是识别所有的名词和名词短语（如果说明中包括代名词，也包括它们）。下面再看看前面的问题域描述（名词和名词短语以粗体显示）。

乔的汽车店为外国汽车提供服务，并专门为梅赛德斯、保时捷和宝马汽车提供服务。当顾客将车开到商店时，经理获得顾客的姓名、地址和电话号码。经理然后根据汽车的品牌，车型和年份，并向客户提供服务报价。服务报价显示估计的零件费用、估算的劳动费用、销售税和总预估费用。

请注意，一些名词是重复的。以下列表显示了没有重复的所有名词。

地址
宝马
汽车
客户
估计的劳动费
估计零件费用
外国汽车
乔的汽车商店
品牌
经理
奔驰
车型
名字
保时捷
销售税
服务报价
商店
电话号码
预计总费用
年份

提炼名词名单

在问题描述中出现的名词仅仅是候选类。可能它们没有必要全部设计为类。下一步是将

列表细化为只包含解决当前特定问题所需的类。下面将介绍从潜在类列表中排除一个名词的共性原因。

1. 一些名词的意思是一样的。

在这个例子中，以下几组名词表示相同的事物：

- 汽车和外国汽车

这些都是指汽车的一般概念。

- 乔的汽车商店和商店

这两个都是指公司"乔的汽车店"。

这样的每个类可以定义为一个类。在这个例子中，我们将从列表中清除外国汽车并使用汽车这个词。同样，我们会从名单中删除乔的汽车店并使用汽车店。潜在类的更新列表是：

地址

宝马

汽车

客户

估计的劳动费

估计零件费用

外国汽车

乔的汽车商店

品牌

经理

奔驰

车型

名字

保时捷

销售税

服务报价

商店

电话号码

预计总费用

年份

2. 一些名词可能展示了与解决问题无关的项目。

快速回顾问题描述，提醒我们应该做什么，打印服务报价。在这个例子中，可以从列表中消除两个不必要的类：

- 因为我们的应用程序只需要关注个人服务报价，所以我们可以将商店从列表中删除。它不需要使用或确定任何公司的信息。如果问题描述要求我们保留所有服务报价，那么为商店定义一个类是有意义的。
- 我们不需要为经理定义类，因为问题陈述并不处理有关经理的任何信息。如果有多个店铺经理，并且问题描述要求我们记录哪个经理生成服务报价，那么为经理定义一个类是有意义的。

此时潜在类的更新列表是：

地址
~~宝马~~
汽车
客户
估计的劳动费
估计零件费用
~~外国汽车~~
~~乔的汽车商店~~
品牌
~~经理~~
奔驰
车型
名字
保时捷
销售税
服务报价
商店
电话号码
预计总费用
年份

3. 一些名词可能代表对象，而不是类。

可以将奔驰、保时捷和宝马删除，因为在这个例子中，它们都代表特定的汽车，并且可以被视为汽车类的实例。此时，潜在类的更新列表是：

地址
~~宝马~~
汽车
客户
估计的劳动费
估计零件费用
~~外国汽车~~
~~乔的汽车商店~~
品牌
~~经理~~
~~奔驰~~
车型
名字
~~保时捷~~
销售税
服务报价
商店

电话号码
预计总费用
年份

注:面向对象的设计时注意到名词是复数还是单数。有时一个复数名词将表示一个类,一个单数名词将表示一个对象。

4.一些名词可能代表简单的值,可以分配给一个变量并且不需要类。

一个类包含属性和成员方法。属性是存储在类的对象中并定义对象状态的相关项目。成员方法是可以由类的对象执行的动作或行为。如果一个名词表示一种没有任何可定义属性或成员方法的项目,那么它可能会从列表中删除。为帮助确定名词是否代表具有属性和方法的项目,请询问以下有关它的问题:

- 是否使用一组相关的值来表示项目的状态?
- 该项目是否有明显的行动?

如果这两个问题的答案都是否定的,那么这个名词可能代表可以存储在一个简单变量中的值。如果将这两个问题用于检验列表中的每个名词,可以得出结论以下名词可能不是类:地址、估计劳动费用、估计零件费用、制造商、车型、名字、销售税、电话号码、总预估费用和年份。这些都是简单的字符串或数字值,可以存储在变量中。以下是潜在类的更新列表:

地址
宝马
汽车
客户
估计的劳动费
估计零件费用
外国汽车
乔的汽车商店
品牌
经理
奔驰
车型
名字
保时捷
销售税
服务报价
商店
电话号码
预计总费用
年份

从列表中可以看出,除了汽车、客户和服务报价之外,已经删除了所有其他名词。这意味着在我们的应用程序中,我们需要类来描述汽车、客户和服务报价。最终,将编写一个 Car 类、一个 Customer 类和一个 ServiceQuote 类。

10.4.3 确定一个类的任务

一旦确定了类，下一个任务就是确定每个类的职责。类的责任是：
- 类包含的事务
- 类包含的行为

当一旦确定了一个类负责的事务时，就已经确定了类的属性。同样，当确定一个类负责的行为时，就已经确定了它的成员方法。

提出问题通常很有帮助："在这个问题的背景下，类必须知道什么？类要做什么？"寻找答案的第一步就是对问题域的描述。许多类必须知道和做的事情将被提及。但是，有些类的责任可能不会直接在问题域中提及，因此需要进一步考虑。下面将这种方法应用于在之前问题域中确定的类。

Customer 类

在当前问题域的背景下，Customer 类必须包含什么属性？该描述直接提到了以下的项目，这些项目都是客户的属性：
- 客户的名字
- 客户的地址
- 客户的电话号码

这些都是可以表示为字符串并存储为属性的值。Customer 类可能会包含许多其他属性。在这一点上可能犯的一个错误是对象涉及了太多的东西。在某些应用程序中，Customer 类可能包含客户的电子邮件地址。在这个特定的问题域没有提到客户的电子邮件地址，所以不应该把它作为 Customer 类的一个属性。

现在确定这个类的成员方法。在当前问题领域的背景下，Customer 类必须做什么？唯一明显的行为是：
- 初始化 Customer 类的一个对象
- 设置并返回客户的姓名
- 设置并返回客户的地址
- 设置并返回客户的电话号码

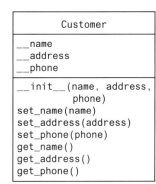

图 10-13 UML 描述的 Customer 类图

从这个列表中可以看到，Customer 类将有一个 __init__ 方法，以及属性的访问器和赋值器。图 10-13 显示了 Customer 类的 UML 图。程序 10-20 显示了该类的 Python 代码。

程序 10-20 （customer.py）

```
1   # Customer class
2   class Customer:
3       def __init__(self, name, address, phone):
4           self.__name = name
5           self.__address = address
6           self.__phone = phone
7
8       def set_name(self, name):
9           self.__name = name
10
11      def set_address(self, address):
```

```
12          self.__address = address
13
14      def set_phone(self, phone):
15          self.__phone = phone
16
17      def get_name(self):
18          return self.__name
19
20      def get_address(self):
21          return self.__address
22
23      def get_phone(self):
24          return self.__phone
```

Car 类

在当前问题域的背景下，Car 类的一个对象必须具有什么属性？以下项目是汽车的所有属性，并在问题域中提及：

- 汽车的制造商
- 汽车的车型
- 汽车的年份

现在确定这个类的成员方法。在当前问题域的背景下，Car 类必须做什么？唯一明显的行为是在大多数类中找到的一组标准方法（__init__ 方法，访问器和赋值器）。具体来说，这些行为是：

- 初始化 Car 类的一个对象
- 设置并获取汽车的制造商
- 设置并获取汽车的车型
- 设置并获取汽车的年份

图 10-14 显示了此时 Car 类的 UML 图。程序 10-21 显示了该类的 Python 代码。

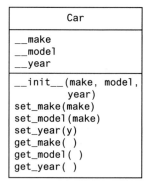

图 10-14 UML 描述 Car 类图

程序 10-21 （car.py）

```
1  # Car class
2  class Car:
3      def __init__(self, make, model, year):
4          self.__make = make
5          self.__model = model
6          self.__year = year
7
8      def set_make(self, make):
9          self.__make = make
10
11     def set_model(self, model):
12         self.__model = model
13
14     def set_year(self, year):
15         self.__year = year
16
17     def get_make(self):
```

```
18          return self.__make
19
20      def get_model(self):
21          return self.__model
22
23      def get_year(self):
24          return self.__year
```

ServiceQuote 类

在当前问题域的背景下，ServiceQuote 类的对象必须包括什么属性？问题域提到了以下几项：

- 估计的零件费用
- 估计的劳务费用
- 销售税
- 总预估费用

这个类需要的成员方法是一个 __init__ 方法，以及用于估算零件费用和估算人工费用的属性访问器和赋值器。此外，类将需要计算并返还销售税和总预估费用的方法。图 10-15 显示了 ServiceQuote 类的 UML 图。程序 10-22 展示了 Python 代码中类的一个例子。

ServiceQuote
__parts_charges
__labor_charges
__init__(pcharge, lcharge)
set_parts_charges(pcharge)
set_labor_charges(lcharge)
get_parts_charges( )
get_labor_charges( )
get_sales_tax( )
get_total_charges( )

图 10-15　UML 描述的 ServiceQuote 类图

程序 10-22 （servicequote.py）

```
1   # Constant for the sales tax rate
2   TAX_RATE = 0.05
3
4   # ServiceQuote class
5   class ServiceQuote:
6       def __init__(self, pcharge, lcharge):
7           self.__parts_charges = pcharge
8           self.__labor_charges = lcharge
9
10      def set_parts_charges(self, pcharge):
11          self.__parts_charges = pcharge
12
13      def set_labor_charges(self, lcharge):
14          self.__labor_charges = lcharge
15
16      def get_parts_charges(self):
17          return self.__parts_charges
18
19      def get_labor_charges(self):
20          return self.__labor_charges
21
22      def get_sales_tax(self):
23          return __parts_charges * TAX_RATE
24
25      def get_total_charges(self):
26          return __parts_charges + __labor_charges + \
27                 (__parts_charges * TAX_RATE)
```

10.4.4 这仅仅是开始

在本节中讨论的类设计方法只是一个开始。设计面向对象的程序是一个迭代过程。可能尝试几次才能确定最终需要的所有类，并确定其所有功能。随着设计进程的展开，对问题有了更深入的了解，因此可能进一步改进设计。

◆ 检查点

10.15 一个典型的类 UML 图有三个部分。这三个部分是什么？
10.16 什么是问题域？
10.17 当进行面向对象程序设计时，谁应该写一个问题域的描述？
10.18 如何识别问题域描述中的潜在类？
10.19 什么是类的职责？
10.20 确定类的职责问两个什么问题？
10.21 一个类的所有行为是否总是直接在问题域描述中提及？

复习题

多项选择题

1. _____编程实践侧重于数据与方法分离。
   a. 模块化   b. 过程化   c. 函数化   d. 面向对象
2. _____编程实践集中在创建对象上。
   a. 对象为中心的   b. 对象化   c. 过程化   d. 面向对象
3. 类中引用数据是通过_____。
   a. 方法   b. 实例   c. 数据属性   d. 模
4. 一个对象是_____。
   a. 蓝图   b. 曲奇模具   c. 变量   d. 实例
5. 以下_____的方法可以对类外部代码隐藏类的属性。
   a. 避免用 self 参数来创建属性   b. 用两个下划线开始属性的名称
   c. 用 private__ 开始属性的名称   d. 用 @ 符号开始属性的名称
6. _____获取数据属性的值，但不会更改它。
   a. 提取方法   b. 构造方法   c. 赋值器方法   d. 访问器方法
7. _____将值存储在数据属性中或以其他方式更改其值。
   a. 修改方法   b. 构造方法   c. 赋值器方法   d. 访问器方法
8. 创建对象时会自动调用的方法是_____。
   a. __init__   b. init   c. __str__   d. __object__
9. 如果一个类有一个名为 __str__ 的方法，其中哪一个方法可以调用该方法？
   a. 可以像调用其他方法一样：object.__str__()
   b. 通过将类的实例传递给内置 str 函数
   c. 该对象创建时会自动调用该方法
   d. 通过将类的一个实例传递给内置 state 函数
10. 用于图形化描绘面向对象系统的一组标准图表是_____。
    a. 统一建模语言（UML）   b. 流程图

    c. 伪代码　　　　　　　　　　　　d. 对象层次结构体系
11. 识别问题域中类的一种方法是程序员识别在问题域的描述中的_____。
    a. 动词　　　　b. 形容词　　　　c. 副词　　　　d. 名词
12. 识别类的数据属性和成员方法的方法是程序员识别类的方法_____。
    a. 责任　　　　b. 名称　　　　c. 同义词　　　　d. 名词

判断题

1. 面向过程编程主要任务是创建对象。
2. 对象可重用性是增加使用面向对象编程的一个因素。
3. 面向对象编程中的一种通用做法是类外部的语句可以访问类中的所有属性。
4. 类方法不必具有 self 参数。
5. 使用两个下划线开始一个属性将对类外部的代码隐藏该属性。
6. 不能直接调用 __str__ 方法。
7. 找到面向对象程序所需的类的方法是在问题域的描述中标识所有动词。

简答题

1. 什么是封装？
2. 为什么对象的属性应该对类外部的代码隐藏？
3. 类和类的实例有什么区别？
4. 以下语句调用对象的成员方法。该方法的名称是什么？引用该对象的变量的名称是什么？

```
wallet.get_dollar()
```

5. __init__ 方法执行时，self 参数引用了什么？
6. 在 Python 类中，如何对类外部代码隐藏属性？
7. 如何调用 __str__ 方法？

设计题

1. 假设 my_car 是引用对象的变量名，go 是成员方法名。编写一个使用 my_car 变量来调用 go 方法的语句。（不必向 go 方法传递任何参数）
2. 编写一个名为 Book 的类。Book 类应该具有书籍标题、作者姓名和发布者姓名的属性。该类还应该具备以下内容：
    a. 类的 __init__ 方法。该方法应该接受每个属性的参数。
    b. 每个属性的访问器和赋值器方法。
    c. 返回显示对象状态的字符串的 __str__ 方法。
3. 问题域的说明如下：
    银行为客户提供以下类型的账户：储蓄账户、支票账户和货币基金账户。客户可以将资金存入一个账户（可增加余额）、从账户中提取资金（可减少余额）并赚取账户利息。每个账户都有一个利率。
    假设你正在编写计算银行账户所获利息的程序，满足以下要求：
    a. 确定此问题域中的潜在类。
    b. 优化列表仅包含此问题所需的类。
    c. 确定类或类的职责。

编程题

1. Pet 类

编写一个名为 Pet 的类，它应具有以下属性：
- __name（用于宠物的名字）
- __animal_type（用于宠物的动物类型，例如 '狗'，'猫' 和 '鸟'）
- __age（对于宠物的年龄）

Pet 类应该有一个 __init__ 方法来创建这些属性。它还应该有以下方法：

- set_name

此方法为 __name 属性赋值。

- set_animal_type

该方法为 __animal_type 属性赋值。

- set_age

此方法为 __age 属性赋值。

- get_name

此方法返回 __name 属性的值。

- get_animal_type

此方法返回 __animal_type 属性的值。

- get_age

此方法返回 __age 属性的值。

完成 Pet 类定义后，写一个程序创建一个 Pet 类对象。提示用户输入他的宠物的名字、类型和年龄并且这些数据应该存储为对象的属性。使用对象的访问器方法来提取宠物的名字、类型和年龄，并在屏幕上显示这些数据。

2. Car 类

编写一个名为 Car 的类，它具有以下属性：
- __year_model（用于车的年份和车型）
- __make（用于汽车制造商）
- __速度（用于车辆的当前速度）

Car 类应该有一个 __init__ 方法来接受汽车的年份车型、制造商作为参数。这些值赋值给对象的 __year_model 和 __make 属性。它也应该将 __speed 属性赋值为 0。

该类还应该有以下方法：

- accelerate

每次调用时，accelerate 方法都应将速度属性添加 5。

- brake

brake 方法应在每次调用时从速度属性中减去 5。

- get_speed

get_speed 方法应该返回当前的速度。

接下来，设计一个程序创建一个 Car 对象，然后调用这个 accelerate 方法五次。在每次调用 accelerate 方法后，获取汽车的当前速度并显示它。然后调用 brake 方法五次，在每次调用 brake 方法后获取汽车的当前速度并显示它。

3. 个人信息（Information）类

设计一个包含以下个人资料的类：姓名、地址、年龄和电话号码。编写适当的访问器和赋值器方法。另外，编写一个程序来创建这个类的三个实例。一个实例保存你的信息，另外两个保存你的朋友或家人的信息。

4. 员工（Employee）类

编写一个名为 Employee 的类，其中包含关于员工的以下数据：姓名、ID 号码、部门和职位。

完成 Employee 类定义后，编写一个程序创建三个 Employee 对象来保存以下数据：

姓名	ID 号码	部门	职位
Susan Meyers	47899	Accounting	Vice President
Mark Jones	39119	IT	Programmer
Joy Rogers	81774	Manufacturing	Engineer

程序应该将这些数据存储在三个对象中，然后在屏幕上显示每个员工的数据。

5. RetailItem 类

编写一个名为 RetailItem 的类来定义零售商店中某个商品的数据。该类应将具有项目描述、库存单位和价格共 3 个属性：

编写完 RetailItem 类后，编写一个程序来创建三个 RetailItem 对象并在其中存储以下数据：

项目编号	项目描述	库存单位	价格
Item #1	Jacket	12	59.95
Item #2	Designer Jeans	40	34.95
Item #3	Shirt	20	24.95

6. 病人计费

编写一个名为 Patient 的类，该属性具有以下数据的属性：

- 名字、中间名和姓
- 地址、城市、州和邮政编码
- 电话号码
- 紧急联系的姓名和电话号码

Patient 类的 __init__ 方法应该初始化每个属性的参数。Patient 类还应该具有每个属性的访问方法和赋值方法。

再编写一个名为 Procedure 的类，该 Procedure 类表达已在患者身上执行的医疗过程。Procedure 类应该具有以下数据的属性：

- 程序名称
- 程序的日期
- 执行程序的执业医师的姓名
- 手续费

Procedure 类的 __init__ 方法应该初始化每个属性的参数。Procedure 类还应该具有每个属性的访问方法和赋值方法。

最后编写一个创建患者类 Patient 实例的程序，用示例数据初始化 Patient 实例。然后创建三个 Procedure 类的实例，用以下数据初始化三个实例：

Procedure #1:	Procedure #2:	Procedure #3:
Procedure name: Physical Exam	Procedure name: X-ray	Procedure name: Blood test
Date: Today's date	Date: Today's date	Date: Today's date
Practitioner: Dr. Irvine	Practitioner: Dr. Jamison	Practitioner: Dr. Smith
Charge: 250.00	Charge: 500.00	Charge: 200.00

该程序应显示病人的信息，所有三个 Procedure 类实例的信息，以及三个过程的总费用。

7. 员工管理系统

本练习假定已经完成编程练习 4 创建了 Employee 类。编写一个将 Employee 对象存储在字典中的程序。使用员工 ID 号码作为 key。程序应该显示一个菜单，让用户执行以下操作：

- 在字典中查找雇员
- 将新员工添加到字典中
- 更改字典中现有员工的姓名、部门和职位
- 从字典中删除一名员工
- 退出程序

程序结束时，它应该序列化字典并将其保存到文件中。每次程序启动时，都应该尝试从文件中加载序列化的字典。如果文件不存在，程序应该以空字典开始。

8. 收银机

本练习假定已完成编程练习 5，创建了 RetailItem 类。编写一个可与 RetailItem 类一起使用的 CashRegister 类。CashRegister 类应该能够在内部保存 RetailItem 对象的列表。该类应该有以下成员方法：

- 名为 purchase_item 的方法，它接受 RetailItem 对象作为参数。

每次调用 purchase_item 方法时，将 RetailItem 对象添加到列表中。

- 名为 get_total 的方法，返回在 CashRegister 对象内部列表中的所有 RetailItem 对象的价格总和。
- 名为 show_items 的方法，显示有关存储在 CashRegister 对象内部列表中的 RetailItem 对象的数据。
- 名为 clear 的方法应清除 CashRegister 对象的内部列表。

在一个程序中显示 CashRegister 类，允许用户选择多个项目进行购买。当用户准备结账时，程序应该显示他已选择购买的所有物品的清单以及总价。

9. 问答（Trivia）游戏

在本练习中，将为两个玩家编写一个简单的 Trivia 游戏。该游戏规则如下：

- 从玩家 1 开始，每个玩家回答 5 个 Trivia 问题（总共有 10 个问题）。当显示问题时，还会显示 4 个备选答案且只有一个答案是正确的，如果玩家选择了正确的答案，他可以获得一个积分。
- 为所有问题回答完毕后，程序将显示每位选手获得的积分，并宣布选手中得分最高的选手为胜方。

请编写一个 Question 类来保存 Trivia 问题的数据。该问题类应该具有以下数据的属性：

- 一个 Trivia 问题
- 可能的答案 1
- 可能的答案 2
- 可能的答案 3
- 可能的答案 4
- 正确答案的编号（1、2、3 或 4）

Question 类还应该有一个适当的 __init__ 方法、访问器和赋值器。

该程序应该有一个包含 10 个问题对象的列表或字典，每个对象对应一个 Trivia 问题。根据某个主题设定 Trivia 问题。

第 11 章

Starting Out with Python, Fourth Edition

继 承

11.1 继承简介

概念：继承允许一个新类扩展现有的类。新类继承它扩展类的成员。

11.1.1 泛化和特殊化

在现实世界中，可以找到许多对象除了具有一般对象的特征外还具有某些特殊特征。例如，术语"昆虫"是描述具有一般节肢动物共性特征的概念。蚱蜢和大黄蜂是昆虫，所以它们具有昆虫的一般特征。但是它们除了一般特征，有自己的特点。例如，蚱蜢有它的跳跃能力，而大黄蜂有它的毒刺。蚱蜢和大黄蜂是昆虫的特殊化，即某种特例（如图 11-1 所示）。

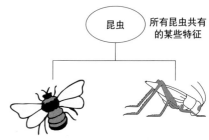

图 11-1 大黄蜂和蚱蜢是昆虫的特殊化

11.1.2 继承和 is a 关系

当一个对象是另一个对象的特殊化时，它们之间存在 is a 关系。例如，蚱蜢是一种昆虫。以下是其他一些 is a 关系的例子：

- 贵宾犬是一只狗。
- 汽车是一辆车。
- 花是一种植物。
- 矩形是一种形状。
- 足球运动员是一个运动员。

当对象之间存在 is a 关系时，这意味着特殊化对象具有通用对象的所有特征，以及使其具有特殊性的其他特征。在面向对象编程中，继承用于在类之间创建 is a 关系。可以通过创建类的一个特殊版本来扩展类的功能。

继承涉及超类和子类。超类是一般类（基类），而子类是特殊类。子类为超类的扩展版本，子类直接继承超类的属性和方法，而不必重写它们。此外，新的属性和方法可能会添加到子类中，这就使它成为超类的特殊化版本。

 注：超类也称为基类，而子类也称为派生类。为了一致性，本文将使用超类和子类。

来看一个如何使用继承的例子。假设编定一个汽车经销商管理二手汽车库存的程序。经销商的库存包括三种类型的汽车：轿车、皮卡车和运动型车辆（SUV）。无论何种类型车，经销商都会保存每辆汽车的以下信息：

- 品牌

- 型号
- 里程
- 价格

在库存中的每种车辆都具有这些一般特征，此外还具有自己的专门特征。对于轿车，经销商还需以下附加数据：

- 门数（2 或 4）

对于皮卡车，经销商还需以下附加数据：

- 驱动器类型（两轮驱动或四轮驱动）

对于 SUV，经销商还需以下附加数据：

- 乘客容量

在设计这个程序时，一种方法是编写以下三个类：

- 具有品牌、型号、里程、价格和门数数据属性的轿车型。
- 具有品牌、型号、里程、价格和变频器类型的数据属性的卡车类。
- 具有品牌、型号、里程、价格和乘客容量数据属性的 SUV 类别。

然而，这是一种效率低下的方法。因为这三个类都有大量的通用数据属性导致这些类将包含大量重复的代码。另外，如果以后需要添加更多的通用属性，将不得不修改所有三个类。

一个更好的方法是编写一个 Automobile 汽车超类来保存汽车的所有一般数据，然后为每种特定类型的汽车编写子类。程序 11-1 显示了 Automobile 类的代码，保存在名为 vehicles 的模块中。

程序 11-1 （Lines 1 through 44 of vehicles.py）

```
1   # The Automobile class holds general data
2   # about an automobile in inventory.
3
4   class Automobile:
5       # The __init__ method accepts arguments for the
6       # make, model, mileage, and price. It initializes
7       # the data attributes with these values.
8
9       def __init__(self, make, model, mileage, price):
10          self.__make = make
11          self.__model = model
12          self.__mileage = mileage
13          self.__price = price
14
15      # The following methods are mutators for the
16      # class's data attributes.
17
18      def set_make(self, make):
19          self.__make = make
20
21      def set_model(self, model):
22          self.__model = model
23
24      def set_mileage(self, mileage):
25          self.__mileage = mileage
26
27      def set_price(self, price):
```

```
28              self.__price = price
29
30      # The following methods are the accessors
31      # for the class's data attributes.
32
33      def get_make(self):
34          return self.__make
35
36      def get_model(self):
37          return self.__model
38
39      def get_mileage(self):
40          return self.__mileage
41
42      def get_price(self):
43          return self.__price
44
```

Automobile 类的 __init__ 方法接受车辆的品牌、型号、里程和价格参数。它使用这些值来初始化以下数据属性：

- __make
- __model
- __mileage
- __price

（回顾第 10 章，当数据属性的名字以两个下划线开头时，数据属性就会隐藏起来。）第 18 ~ 28 行出现的方法是每个数据属性的赋值器，第 33 ~ 43 行的方法是访问器。

Automobile 类是一个完整的类，可以编写一个程序导入 vehicle 模块并创建 Automobile 类的实例。然而，Automobile 类仅包含关于汽车的基础数据。它没有经销商希望存储的有关轿车、皮卡车和 SUV 的任何特定数据。为了保存关于这些特定类型汽车的数据，我们将定义继承自 Automobile 类的子类。程序 11-2 显示了 Car 类的代码，它也在 vehicle 模块中。

程序 11-2　(Lines 45 through 72 of vehicles.py)

```
45  # The Car class represents a car. It is a subclass
46  # of the Automobile class.
47
48  class Car(Automobile):
49      # The __init__ method accepts arguments for the
50      # car's make, model, mileage, price, and doors.
51
52      def __init__(self, make, model, mileage, price, doors):
53          # Call the superclass's __init__ method and pass
54          # the required arguments. Note that we also have
55          # to pass self as an argument.
56          Automobile.__init__(self, make, model, mileage, price)
57
58          # Initialize the __doors attribute.
59          self.__doors = doors
60
61      # The set_doors method is the mutator for the
62      # __doors attribute.
63
```

```
64        def set_doors(self, doors):
65            self.__doors = doors
66
67        # The get_doors method is the accessor for the
68        # __doors attribute.
69
70        def get_doors(self):
71            return self.__doors
72
```

第 48 行的类声明的第一行：

```
class Car(Automobile):
```

这一行定义了一个名为 Car 的类，它继承了 Automobile 类。Car 类是子类，Automobile 类是超类。如果我们想表达 Car 类和 Automobile 类之间的关系，我们可以说 Car 类是 Automobile 类。由于 Car 类扩展了 Automobile 类，它继承了 Automobile 类的所有方法和数据属性。

第 52 行中 __init__ 方法的第一行：

```
def __init__(self, make, model, mileage, price, doors):
```

注，除了所需的 self 参数之外，该方法还有名为 make、model、mileage、price 和 doors 的参数。因为 Car 对象将具有轿车的品牌、车型、里程年份、价格和门数等数据属性。然而，其中一些属性是由 Automobile 类创建的，所以我们需要调用 Automobile 类的 __init__ 方法并将这些值传递给它。如第 56 行所示：

```
Automobile.__init__(self, make, model, mileage, price)
```

该语句调用 Automobile 类的 __init__ 方法。该语句将 self 变量，以及 make、model、mileage、price 变量作为参数进行传递。当该方法执行时，它会初始化 __make、__model、__mileage 和 __price 数据属性。然后，在第 59 行中，__doors 属性使用传递给 doors 参数的值进行初始化：

```
self.__doors = doors
```

第 64～65 行的 set_doors 方法是 __doors 属性的赋值器，第 70～71 行的 get_doors 方法是 __doors 属性的访问器。程序 11-3 演示了 Car 类的使用。

程序 11-3（car_demo.py）

```
 1   # This program demonstrates the Car class.
 2
 3   import vehicles
 4
 5   def main():
 6       # Create an object from the Car class.
 7       # The car is a 2007 Audi with 12,500 miles, priced
 8       # at $21,500.00, and has 4 doors.
 9       used_car = vehicles.Car('Audi', 2007, 12500, 21500.0, 4)
10
11       # Display the car's data.
12       print('Make:', used_car.get_make())
13       print('Model:', used_car.get_model())
14       print('Mileage:', used_car.get_mileage())
```

```
15          print('Price:', used_car.get_price())
16          print('Number of doors:', used_car.get_doors())
17
18  # Call the main function.
19  main()
```

程序输出

```
Make: Audi
Model: 2007
Mileage: 12500
Price: 21500.0
Number of doors: 4
```

第 3 行导入 vehicle 模块，其中包含 Car 类和 Automobile 类的定义。第 9 行创建了 Car 类的一个实例，将 'Audi' 为品牌、2007 为型号、12500 为里程、21 500.00 为汽车的价格、4 为车门数对 Car 类对象初始化并被赋值到 used_car 变量。

第 12 行至第 15 行中的语句调用对象的 get_make、get_model、get_mileage 和 get_price 方法。Car 类定义中没有这些方法，但它从 Automobile 类继承它们。第 16 行调用了 Car 类中定义的 get_doors 方法。

现在来看看 Truck 类，它也继承了 Automobile 类。程序 11-4 显示了在 vehicle 模块中的 Truck 类的代码。

程序 11-4（Lines 73 through 100 of vehicles.py）

```
73  # The Truck class represents a pickup truck. It is a
74  # subclass of the Automobile class.
75
76  class Truck(Automobile):
77      # The __init__ method accepts arguments for the
78      # Truck's make, model, mileage, price, and drive type.
79
80      def __init__(self, make, model, mileage, price, drive_type):
81          # Call the superclass's __init__ method and pass
82          # the required arguments. Note that we also have
83          # to pass self as an argument.
84          Automobile.__init__(self, make, model, mileage, price)
85
86          # Initialize the __drive_type attribute.
87          self.__drive_type = drive_type
88
89      # The set_drive_type method is the mutator for the
90      # __drive_type attribute.
91
92      def set_drive_type(self, drive_type):
93          self.__drive = drive_type
94
95      # The get_drive_type method is the accessor for the
96      # __drive_type attribute.
97
98      def get_drive_type(self):
99          return self.__drive_type
100
```

Truck 类的 __init 方法从第 80 行开始。卡车需要品牌、型号、里程、价格和驱动类型参数。就像 Car 类一样，Truck 类调用 Automobile 类的 __init__ 方法（在第 84 行），将 make、model、mileage 和 price 作为参数传递。第 87 行创建了 __drive_type 属性，将 drive_type 参数的值初始化为它的值。

第 92～93 行中的 set_drive_type 方法是 __drive_type 属性的赋值器，第 98～99 行中的 get_drive_type 方法是该属性的访问器。

现在再来看看 SUV 类，它也从 Automobile 类继承。程序 11-5 显示了 SUV 类的代码，也在 vehicle 模块中。

程序 11-5 （Lines 101 through 128 of vehicles.py）

```
101   # The SUV class represents a sport utility vehicle. It
102   # is a subclass of the Automobile class.
103
104   class SUV(Automobile):
105       # The __init__ method accepts arguments for the
106       # SUV's make, model, mileage, price, and passenger
107       # capacity.
108
109       def __init__(self, make, model, mileage, price, pass_cap):
110           # Call the superclass's __init__ method and pass
111           # the required arguments. Note that we also have
112           # to pass self as an argument.
113           Automobile.__init__(self, make, model, mileage, price)
114
115           # Initialize the __pass_cap attribute.
116           self.__pass_cap = pass_cap
117
118       # The set_pass_cap method is the mutator for the
119       # __pass_cap attribute.
120
121       def set_pass_cap(self, pass_cap):
122           self.__pass_cap = pass_cap
123
124       # The get_pass_cap method is the accessor for the
125       # __pass_cap attribute.
126
127       def get_pass_cap(self):
128           return self.__pass_cap
```

SUV 类的 __init__ 方法从第 109 行开始。它接受车辆的品牌、型号、里程、价格和乘客容量作为参数。就像 Car 类和 Truck 类一样，SUV 类调用 Automobile 类的 __init__ 方法（在第 113 行中）传递 make、model、mileage、price 作为参数。第 116 行创建 __pass_cap 属性，用 pass_cap 参数的值将其初始化。

第 121～122 行中的 set_pass_cap 方法是 __pass_cap 属性的赋值器，127～128 行中的 get_pass_cap 方法是该属性的访问器。

程序 11-6 演示了前面讨论过的每个类的使用。它创建了一辆 Car 对象、Truck 对象和 SUV 对象。

程序 11-6 （car_truck_suv_demo.py）

```
1   # This program creates a Car object, a Truck object,
```

```python
 2  # and an SUV object.
 3
 4  import vehicles
 5
 6  def main():
 7      # Create a Car object for a used 2001 BMW
 8      # with 70,000 miles, priced at $15,000, with
 9      # 4 doors.
10      car = vehicles.Car('BMW', 2001, 70000, 15000.0, 4)
11
12      # Create a Truck object for a used 2002
13      # Toyota pickup with 40,000 miles, priced
14      # at $12,000, with 4-wheel drive.
15      truck = vehicles.Truck('Toyota', 2002, 40000, 12000.0, '4WD')
16
17      # Create an SUV object for a used 2000
18      # Volvo with 30,000 miles, priced
19      # at $18,500, with 5 passenger capacity.
20      suv = vehicles.SUV('Volvo', 2000, 30000, 18500.0, 5)
21
22      print('USED CAR INVENTORY')
23      print('==================')
24
25      # Display the car's data.
26      print('The following car is in inventory:')
27      print('Make:', car.get_make())
28      print('Model:', car.get_model())
29      print('Mileage:', car.get_mileage())
30      print('Price:', car.get_price())
31      print('Number of doors:', car.get_doors())
32      print()
33
34      # Display the truck's data.
35      print('The following pickup truck is in inventory.')
36      print('Make:', truck.get_make())
37      print('Model:', truck.get_model())
38      print('Mileage:', truck.get_mileage())
39      print('Price:', truck.get_price())
40      print('Drive type:', truck.get_drive_type())
41      print()
42
43      # Display the SUV's data.
44      print('The following SUV is in inventory.')
45      print('Make:', suv.get_make())
46      print('Model:', suv.get_model())
47      print('Mileage:', suv.get_mileage())
48      print('Price:', suv.get_price())
49      print('Passenger Capacity:', suv.get_pass_cap())
50
51  # Call the main function.
52  main()
```

程序输出

```
USED CAR INVENTORY
==================
```

```
The following car is in inventory:
Make: BMW
Model: 2001
Mileage: 70000
Price: 15000.0
Number of doors: 4

The following pickup truck is in inventory.
Make: Toyota
Model: 2002
Mileage: 40000
Price: 12000.0
Drive type: 4WD

The following SUV is in inventory.
Make: Volvo
Model: 2000
Mileage: 30000
Price: 18500.0
Passenger Capacity: 5
```

11.1.3 UML 图中的继承

UML 图中显示继承的表示方法，通过绘制子类到超类的带有开放箭头的一条线（箭头指向超类）。图 11-2 是显示 Automobile、Car、Truck、SUV 类之间关系的 UML 图。

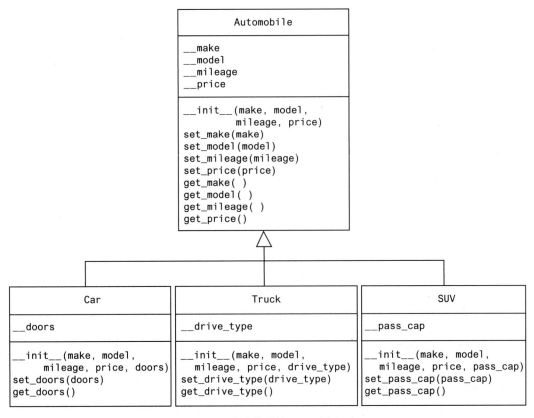

图 11-2 继承关系的 UML 图表示

聚光灯：使用继承

银行金融系统公司为银行和信用合作社开发财务软件。该公司正在开发一种面向对象的管理客户账户的系统。假设你的任务之一是开发一个代表储蓄账户的类。这个类的对象必须拥有的数据属性是：

- 账号
- 利率
- 账户余额

你还必须开发一个代表存款证（certificate of deposit，CD）账户的类。这个类的对象必须拥有的数据是：

- 账号
- 利率
- 账户余额
- 到期日

在分析这些要求时，可以看出 CD 账户实际上是储蓄账户的特殊化。CD 的类将保存与储蓄账户的类相同的数据属性，并添加额外的数据属性于到期日。设计一个 SavingsAccount 类来表示一个储蓄账户，然后设计一个名为 CD 的 SavingsAccount 的子类来表示一个 CD 账户。将这两个类都存储在名为 accounts 的模块中。程序 11-7 显示了 SavingsAccount 类的代码。

程序 11-7 （Lines 1 through 37 of accouts.py）

```
1   # The SavingsAccount class represents a
2   # savings account.
3
4   class SavingsAccount:
5
6       # The __init__ method accepts arguments for the
7       # account number, interest rate, and balance.
8
9       def __init__(self, account_num, int_rate, bal):
10          self.__account_num = account_num
11          self.__interest_rate = int_rate
12          self.__balance = bal
13
14      # The following methods are mutators for the
15      # data attributes.
16
17      def set_account_num(self, account_num):
18          self.__account_num = account_num
19
20      def set_interest_rate(self, int_rate):
21          self.__interest_rate = int_rate
22
23      def set_balance(self, bal):
24          self.__balance = bal
25
```

```
26      # The following methods are accessors for the
27      # data attributes.
28
29      def get_account_num(self):
30          return self.__account_num
31
32      def get_interest_rate(self):
33          return self.__interest_rate
34
35      def get_balance(self):
36          return self.__balance
37
```

该类的 __init__ 方法出现在第 9 ~ 12 行。__init__ 方法接收账号、利率和余额的参数（account_num、int_rate、bal）。这些参数用于初始化名为 __account_num, __interest_rate 和 __balance 的数据属性。

第 17 ~ 24 行中出现的 set_account_num, set_interest_rate 和 set_balance 方法是数据属性的赋值器。出现在第 29 ~ 36 行的 get_account_num, get_interest_rate 和 get_balance 方法是访问器。

在程序 11-7 的下一部分显示 CD 类。

程序 11-7　(Lines 38 through 65 of accouts.py)

```
38   # The CD account represents a certificate of
39   # deposit (CD) account. It is a subclass of
40   # the SavingsAccount class.
41
42   class CD(SavingsAccount):
43
44       # The init method accepts arguments for the
45       # account number, interest rate, balance, and
46       # maturity date.
47
48       def __init__(self, account_num, int_rate, bal, mat_date):
49           # Call the superclass __init__ method.
50           SavingsAccount.__init__(self, account_num, int_rate, bal)
51
52           # Initialize the __maturity_date attribute.
53           self.__maturity_date = mat_date
54
55       # The set_maturity_date is a mutator for the
56       # __maturity_date attribute.
57
58       def set_maturity_date(self, mat_date):
59           self.__maturity_date = mat_date
60
61       # The get_maturity_date method is an accessor
62       # for the __maturity_date attribute.
63
64       def get_maturity_date(self):
65           return self.__maturity_date
```

CD 类的 __init__ 方法出现在第 48～53 行。它接受账号、利率、余额和到期日的参数（account_num、int_rate、bal、mat_date）。第 50 行调用 SavingsAccount 类的 __init__ 方法，传递账号、利率和余额的参数。在执行 SavingsAccount 类的 __init__ 方法后，__account_num，__interest_rate 和 __balance 属性将被创建并初始化。然后，第 53 行创建了 __maturity_date 属性。

第 58～59 行中的 set_maturity_date 方法是设置 __maturity_date 属性的赋值器，第 64～64 行中的 get_maturity_date 方法是访问器。

为了测试前面定义的类，程序 11-8 中创建一个 SavingsAccount 类的实例来表示一个储蓄账户和一个 CD 账户的实例来表示一个存款证账户。

程序 11-8 （accout_demo.py）

```
 1  # This program creates an instance of the SavingsAccount
 2  # class and an instance of the CD account.
 3
 4  import accounts
 5
 6  def main():
 7      # Get the account number, interest rate,
 8      # and account balance for a savings account.
 9      print('Enter the following data for a savings account.')
10      acct_num = input('Account number: ')
11      int_rate = float(input('Interest rate: '))
12      balance = float(input('Balance: '))
13
14      # Create a SavingsAccount object.
15      savings = accounts.SavingsAccount(acct_num, int_rate,
16                                        balance)
17
18      # Get the account number, interest rate,
19      # account balance, and maturity date for a CD.
20      print('Enter the following data for a CD.')
21      acct_num = input('Account number: ')
22      int_rate = float(input('Interest rate: '))
23      balance = float(input('Balance: '))
24      maturity = input('Maturity date: ')
25
26      # Create a CD object.
27      cd = accounts.CD(acct_num, int_rate, balance, maturity)
28
29      # Display the data entered.
30      print('Here is the data you entered:')
31      print()
32      print('Savings Account')
33      print('---------------')
34      print('Account number:', savings.get_account_num())
35      print('Interest rate:', savings.get_interest_rate())
36      print('Balance: $',
37            format(savings.get_balance(), ',.2f'),
38            sep='')
39      print()
```

```
40      print('CD')
41      print('---------------')
42      print('Account number:', cd.get_account_num())
43      print('Interest rate:', cd.get_interest_rate())
44      print('Balance: $',
45            format(cd.get_balance(), ',.2f'),
46            sep='')
47      print('Maturity date:', cd.get_maturity_date())
48
49  # Call the main function.
50  main()
```

程序输出（with input shown in bold）

```
Enter the following data for a savings account.
Account number: 1234SA [Enter]
Interest rate: 3.5 [Enter]
Balance: 1000.00 [Enter]
Enter the following data for a CD.
Account number: 2345CD [Enter]
Interest rate: 5.6 [Enter]
Balance: 2500.00 [Enter]
Maturity date: 12/12/2019 [Enter]
Here is the data you entered:

Savings Account
---------------
Account number: 1234SA
Interest rate: 3.5
Balance: $1,000.00

CD
---------------
Account number: 2345CD
Interest rate: 5.6
Balance: $2,500.00
Maturity date: 12/12/2019
```

检查点

11.1 在本节中介绍了超类和子类。哪个是泛化类，哪个是特殊化类？

11.2 说两个对象之间存在"is a"关系是什么意思？

11.3 子类从它的超类中继承了什么？

11.4 看看下面类定义的第一行。超类的名字是什么？子类的名字是什么？

```
class Canary(Bird):
```

11.2 多态

概念：多态允许子类定义与超类中的方法具有相同名称的方法。使程序能够根据调用它的对象的类型调用正确的对应方法。

术语多态是指一个对象具有多种形式的能力。这是面向对象编程的强大功能之一。在本节中，介绍实现多态行为的两个基本要素：

1. 在子类中重写与超类中已定义方法具有相同名字的方法。当子类方法与超类方法具有相同的名称时，通常认为子类方法会覆盖超类方法。

2. 根据调用它的对象类型调用重写方法的正确版本。如果使用子类对象来调用重写的方法，那么该子类的方法就是要执行的方法。如果使用超类对象来调用重写的方法，那么超类的方法就是要执行的方法。

其实，在前面的程序中已经用到了方法重写。在本章中每个子类都有一个名为 __init__ 的方法，它覆盖了超类的 __init__ 方法。当创建子类的一个实例时，自动调用子类的 __init__ 方法。方法重写也适用于其他类方法。

下面通过程序 11-9 演示多态性，在该程序中显示了名为 Mammal 类的代码，它保存在名为 animals 的模块中。

程序 11-9　（Lines 1 through 22 of animals.py）

```
1   # The Mammal class represents a generic mammal.
2
3   class Mammal:
4
5       # The __init__ method accepts an argument for
6       # the mammal's species.
7
8       def __init__(self, species):
9           self.__species = species
10
11      # The show_species method displays a message
12      # indicating the mammal's species.
13
14      def show_species(self):
15          print('I am a', self.__species)
16
17      # The make_sound method is the mammal's
18      # way of making a generic sound.
19
20      def make_sound(self):
21          print('Grrrrr')
22
```

Mammal 类有三种方法：__init__，show_species 和 make_sound。以下是创建类实例并调用这些方法的代码示例：

```
import animals
mammal = animals.Mammal('regular mammal')
mammal.show_species()
mammal.make_sound()
```

此代码将显示以下内容：

```
I am a regular mammal
Grrrrr
```

程序 11-9 的下一部分显示了 Dog 类。Dog 类也在 animals 模块中，是 Mammal 类的一个子类。

程序 11-9 （Lines 23 through 38 of animals.py）

```
23   # The Dog class is a subclass of the Mammal class.
24
25   class Dog(Mammal):
26
27       # The __init__ method calls the superclass's
28       # __init__ method passing 'Dog' as the species.
29
30       def __init__(self):
31           Mammal.__init__(self, 'Dog')
32
33       # The make_sound method overrides the superclass's
34       # make_sound method.
35
36       def make_sound(self):
37           print('Woof! Woof!')
38
```

尽管 Dog 类继承了 Mammal 类中的 __init__ 和 make_sound 方法，但这些方法并不适用于 Dog 类。所以 Dog 类重写了自己的 __init__ 和 make_sound 方法，使它们执行适合狗的行为。Dog 类中的 __init__ 和 make_sound 方法覆盖 Mammal 类中的 t__init__ 和 make_sound 方法。以下是创建 Dog 类实例并调用方法的代码示例：

```
import animals
dog = animals.Dog()
dog.show_species()
dog.make_sound()
```

此代码将显示以下内容：

```
I am a Dog
Woof! Woof!
```

当使用 Dog 对象调用 show_species 和 make_sound 方法时，Dog 类中的这些方法被执行。接下来，请看程序 11-10，它显示了 Cat 类。Cat 类也在 animals 模块中，它是 Mammal 类的另一个子类。

程序 11-9 （Lines 39 through 53 of animals.py）

```
39   # The Cat class is a subclass of the Mammal class.
40
41   class Cat(Mammal):
42
43       # The __init__ method calls the superclass's
44       # __init__ method passing 'Cat' as the species.
45
46       def __init__(self):
47           Mammal.__init__(self, 'Cat')
48
49       # The make_sound method overrides the superclass's
50       # make_sound method.
51
52       def make_sound(self):
53           print('Meow')
```

Cat 类也覆盖 Mammal 类的 __init__ 和 make_sound 方法。以下是创建 Cat 类实例并调

用这些方法的代码示例：

```
import animals
cat = animals.Cat()
cat.show_species()
cat.make_sound()
```

此代码将显示以下内容：

```
I am a Cat
Meow
```

当使用 Cat 对象调用 show_species 和 make_sound 方法时，Cat 类中的这些方法被执行。

isinstance 函数

多态给程序设计带来很大的灵活性。例如，看看下面的函数：

```
def show_mammal_info(creature):
    creature.show_species()
    creature.make_sound()
```

可以将任何对象作为参数传递给此函数，只要它具有 show_species 方法和 make_sound 方法，函数就会调用这些方法。实际上，可以将任何 "is a" Mammal 类（或 Mammal 类的子类）的对象传递给此函数（如程序 11-10 所示）。

程序 11-10 （polymorphism_demo.py）

```
 1   # This program demonstrates polymorphism.
 2
 3   import animals
 4
 5   def main():
 6       # Create a Mammal object, a Dog object, and
 7       # a Cat object.
 8       mammal = animals.Mammal('regular animal')
 9       dog = animals.Dog()
10       cat = animals.Cat()
11
12       # Display information about each one.
13       print('Here are some animals and')
14       print('the sounds they make.')
15       print('--------------------------')
16       show_mammal_info(mammal)
17       print()
18       show_mammal_info(dog)
19       print()
20       show_mammal_info(cat)
21
22   # The show_mammal_info function accepts an object
23   # as an argument, and calls its show_species
24   # and make_sound methods.
25
26   def show_mammal_info(creature):
27       creature.show_species()
28       creature.make_sound()
29
30   # Call the main function.
31   main()
```

程序输出（continued）

```
Here are some animals and
the sounds they make.
-------------------------
I am a regular animal
Grrrrr
I am a Dog
Woof! Woof!
I am a Cat
Meow
```

但是如果传递一个不是 Mammal 类或 Mammal 子类的对象会发生什么样的现象呢？例如，程序 11-11 运行时会发生什么？

程序 11-11（wrong_type.py）

```
1    def main():
2        # Pass a string to show_mammal_info …
3        show_mammal_info('I am a string')
4
5    # The show_mammal_info function accepts an object
6    # as an argument, and calls its show_species
7    # and make_sound methods.
8
9    def show_mammal_info(creature):
10       creature.show_species()
11       creature.make_sound()
12
13   # Call the main function.
14   main()
```

在第 3 行中，我们将一个字符串作为参数传递给 show_mammal_info 函数。当解释器尝试执行第 10 行时，将会引发 AttributeError 异常，因为字符串没有名为 show_species 的方法。

可以通过使用 Python 内置函数 isinstance 来防止发生这种异常。使用 isinstance 函数来确定对象是否是制定类的实例或是该类的子类。这是函数调用的通用格式：

isinstance(*object*, *ClassName*)

在通用格式中，object 是对对象的引用，ClassName 是类的名称。如果 object 引用的对象是 ClassName 的实例，或者是 ClassName 的子类的实例，则该函数返回 true。否则它返回 false。程序 11-12 演示了如何在 show_mammal_info 函数中使用该函数。

程序 11-12（polymorphinsm_demo2.py）

```
1    # This program demonstrates polymorphism.
2
3    import animals
4
5    def main():
6        # Create an Mammal object, a Dog object, and
7        # a Cat object.
8        mammal = animals.Mammal('regular animal')
9        dog = animals.Dog()
```

```
10      cat = animals.Cat()
11
12      # Display information about each one.
13      print('Here are some animals and')
14      print('the sounds they make.')
15      print('--------------------------')
16      show_mammal_info(mammal)
17      print()
18      show_mammal_info(dog)
19      print()
20      show_mammal_info(cat)
21      print()
22      show_mammal_info('I am a string')
23
24  # The show_mammal_info function accepts an object
25  # as an argument and calls its show_species
26  # and make_sound methods.
27
28  def show_mammal_info(creature):
29      if isinstance(creature, animals.Mammal):
30          creature.show_species()
31          creature.make_sound()
32      else:
33          print('That is not a Mammal!')
34
35  # Call the main function.
36  main()
```

程序输出

```
Here are some animals and
the sounds they make.
--------------------------
I am a regular animal
Grrrrr
I am a Dog
Woof! Woof!
I am a Cat
Meow
That is not a Mammal!
```

在第 16，18 和 20 行中，将 Mammal 对象，Dog 对象和 Cat 对象传递给调用函数 show_mammal_info。在第 22 行中，将字符串作为参数传递给调用函数。在 show_mammal_info 函数中，第 29 行的 if 语句调用 isinstance 函数来确定参数是否是 Mammal 类（或子类）的实例。如果不是，则显示错误消息。

检查点

11.5 查看下面的类定义：

```
class Vegetable:
    def __init__(self, vegtype):
        self.__vegtype = vegtype
    def message(self):
        print("I'm a vegetable.")
class Potato(Vegetable):
```

```
        def __init__(self):
            Vegetable.__init__(self, 'potato')
        def message(self):
            print("I'm a potato.")
```

根据这些类定义，下列语句将显示什么？

```
v = Vegetable('veggie')
p = Potato()
v.message()
p.message()
```

复习题

多项选择题

1. 在继承关系中，_____是类的泛化。
   a. 子类　　　　　　b. 超类　　　　　　c. 从类　　　　　　d. 儿子类
2. 在继承关系中，_____是一个类的特殊化。
   a. 超类　　　　　　b. 主类　　　　　　c. 子类　　　　　　d. 父类
3. 假设一个程序使用两个类：飞机和喷气客机，其中_____最有可能是子类。
   a. 飞机　　　　　　b. 喷气客机　　　　c. 都　　　　　　　d. 都不是
4. 面向对象编程的_____特性允许使用子类的实例调用正确重写方法的版本。
   a. 多态　　　　　　b. 继承　　　　　　c. 泛化　　　　　　d. 特殊化
5. 可以用_____来确定一个对象是否是一个类的实例。
   a. in 操作符　　　　b. is_object_of 函数　c. isinstance 函数　d. 程序崩溃时显示错误消息

判断题

1. 多态允许在子类中编写与超类中的方法具有相同名称的方法。
2. 从子类的 __init__ 方法调用超类的 __init__ 方法是不可能的。
3. 子类可以有一个与超类中的方法同名的方法。
4. 只有 __init__ 方法可以被覆盖。
5. 不能使用 isinstance 函数来确定对象是否是一个类的子类实例。

简答题

1. 子类从它的超类继承了什么？
2. 看下面的类定义。超类的名字是什么？什么是子类的名称？

   `class Tiger(Felis):`

3. 什么是方法重写？

算法题

1. 写出 Poodle 类定义的第一行。Poodle 类从 Dog 类继承类。
2. 查看下面类定义：

```
class Plant:
    def __init__(self, plant_type):
        self.__plant_type = plant_type
    def message(self):
```

```
            print("I'm a plant.")
class Tree(Plant):
    def __init__(self):
        Plant.__init__(self, 'tree')
    def message(self):
        print("I'm a tree.")
```

根据这些类定义，下列语句将显示什么？

```
p = Plant('sapling')
t = Tree()
p.message()
t.message()
```

3. 看看下面的类定义：

```
class Beverage:
    def __init__(self, bev_name):
        self.__bev_name = bev_name
```

编写一个名为 Cola 类的代码，该类是 Beverage 类的子类。Cola 类的 __init__ 方法应该调用 Beverage 类的 __init__ 方法并将 'cola' 作为参数传递给它。

编程题

1. Employee 类和 ProductionWorker 类

编写一个 Employee 类，以保存以下几条信息的数据属性：

- 员工姓名
- 员工编号

编写一个名为 ProductionWorker 的类，该类是 Employee 类的子类。该 ProductionWorker 类应保存以下信息的数据属性：

- 倒班代码（一个整数，例如 1，2 或 3）
- 小时工资

工作日分为两个班次：白天和晚上。班次属性将保存代表员工工作班次的整数值。白天班次为班次 1，夜班班次为班次 2。为每个类编写适当的访问器和赋值器方法。

编写一个程序创建 ProductionWorker 类的对象，并提示用户输入每个对象属性的数据。将数据存储在对象中，然后使用对象的访问器方法来提取它并将其显示在屏幕上。

2. ShiftSupervisor 类

在一个工厂中，轮班主管是一名监督轮班的年薪员工。除了工资外，轮班主管在他的班次达到生产目标时还可获得年度奖金。

编写一个 ShiftSupervisor 类，它是编程练习 1 中创建的 Employee 类的子类。ShiftSupervisor 类应该含有年薪的数据属性以及轮班主管年度生产奖金的数据属性。编写一个程序创建 ShiftSupervisor 对象并显示类的信息。

3. Person 和 Customer 类

编写一个名为 Person 的类，其中包含个人姓名、地址和电话号码的数据属性。然后，编写一个名为 Customer 的类，该类是 Person 类的子类。Customer 类有一个客户编号的数据属性和一个布尔数据属性（表明客户是否希望在邮件列表中）。并且在程序中创建一个 Customer 类的实例并显示它。

第 12 章

Starting Out with Python, Fourth Edition

递 归

12.1 递归简介

概念：递归函数是一种可以自我调用的函数。

相信大家已经看到过调用其他函数的函数实例。在一个程序中，main 函数可能调用 A 函数，而后可能会调用 B 函数。一个函数也可以调用自身。调用自身的函数称为递归函数。例如，请看程序 12-1 所示的 message 函数。

程序 12-1 （endless_recursion.py）

```
 1   # This program has a recursive function.
 2
 3   def main():
 4       message()
 5
 6   def message():
 7       print('This is a recursive function.')
 8       message()
 9
10   # Call the main function.
11   main()
```

程序输出

```
This is a recursive function.
This is a recursive function.
This is a recursive function.
This is a recursive function.
     ... and this output repeats forever!
```

message 函数显示字符串'This is a recursive function'，然后调用自身。每次调用自身时，重复循环。你能发现这个函数的问题吗？问题在于没有办法停止递归调用。这个函数就像一个死循环，因为没有代码使其停止。如果运行此程序，你将不得不按键盘上的 Ctrl + C 来中断其执行。

像循环一样，递归函数必须使用特定的方法来控制它重复的次数。程序 12-2 的代码显示了修改后的 message 函数。在这个程序中，message 函数接收一个参数，用于指定该函数显示消息的次数。

程序 12-2 （recursive.py）

```
 1   # This program has a recursive function.
 2
 3   def main():
 4       # By passing the argument 5 to the message
 5       # function we are telling it to display the
 6       # message five times.
 7       message(5)
```

```
 8
 9  def message(times):
10      if times > 0:
11          print('This is a recursive function.')
12          message(times - 1)
13
14  # Call the main function.
15  main()
```

程序输出

```
This is a recursive function.
This is a recursive function.
This is a recursive function.
This is a recursive function.
This is a recursive function.
```

该程序 message 函数中的第 10 行包含了一个 if 语句用于控制重复次数。只要参数 times 大于零，则消息 'This is a recursive function' 会一直显示，然后该函数使用更小的参数再次调用自身。

main 函数中的第 7 行将 5 作为形参并调用 message 函数。第一次调用函数，if 语句显示消息，然后将 4 作为形参调用自身。图 12-1 说明了这一点。

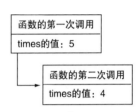

图 12-1 函数的前两次调用

在图 12-1 中所示的流程图说明了 message 函数的两次单独调用。每当函数被调用时，参数 times 的一个新实例会在内存中创建。第一次函数被调用时，参数 times 的值设为 5。当函数调用自身时，参数 times 的新实例会被创建，并将 4 传递给它。该过程将一直重复直至 0 作为参数传递给函数。如图 12-2 所示。

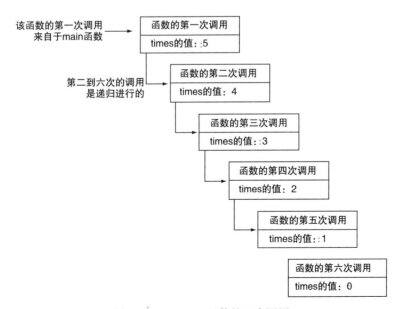

图 12-2 message 函数的 6 次调用

如图所示，该函数共调用了 6 次。第 1 次是从 main 函数调用，其他 5 次则是从自身调用。一个函数调用自身的次数称为递归深度。在这个例子中,递归深度是5。当函数调用到第6次时,参数 times 设置为0。此时,if 语句的条件表达式为假,则函数返回。程序的控制流将从函数的第6个实例直接返回到第5个实例的递归调用发生之后的位置,如图12-3所示。

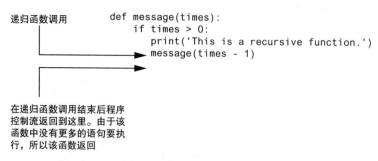

图 12-3　程序控制流返回到递归函数调用后的语句

因为在该函数调用后没有其他的语句需要执行,函数的第5个实例将程序的控制流返回到第4个实例。如此重复直至函数的所有实例返回。

12.2　递归求解问题

概念:一个问题可以用递归来解决,如果它可以被分解为与整体问题结构上一样的更小问题。

程序 12-2 中所示的代码演示了递归函数的机制。递归可以成为解决重复问题的强有力工具,一般在高级计算机科学课程中进行学习。你可能还不清楚如何使用递归来解决问题。

首先,注意递归并不是解决问题的唯一方法。任何用递归可以解决的问题也可以用循环来解决。事实上,递归算法通常比迭代算法效率低。这是因为调用函数的过程需要计算机执行若干操作。这些操作包括为参数和局部变量分配内存,并存储在函数结束后控制流返回的程序位置的地址。这些操作,有时也称为开销,每个函数调用都会发生。而循环不需要这样的开销。

然而,一些重复的问题使用递归比使用循环更容易解决。如果循环可能带来更快的执行速度,程序员可能会更快地设计出一个递归算法。一般来说,递归函数的工作原理如下:
- 如果问题当前可以直接求解,无须递归,那么该函数直接解决问题并返回结果;
- 如果问题当前无法直接求解,那么该函数将其简化到较小但类似的问题,并调用自身来解决这个较小的问题。

为了使用这种方法,我们首先确定至少一种可以直接求解而不递归的情况,称之为基本情况。其次,我们确定一种在所有其他情况下使用递归来解决问题的方法,称之为递归情况。在递归情况下,我们必须始终将问题降低到较小规模的同一问题。通过每次递归调用简化问题规模,最终会达到基本情况,使得递归停止。

12.2.1　使用递归计算阶乘

我们以数学示例来验证递归函数的应用。在数学中,符号 $n!$ 表示数字 n 的阶乘。非负数的阶乘可以通过以下规则来定义:

If $n = 0$ then　　$n! = 1$

If $n > 0$ then $\quad n! = 1 \times 2 \times 3 \times \cdots \times n$

让我们使用 factorial(n) 更换符号 n！，使其看起来更像计算机代码，并按照以下方式重写这些规则：

If $n = 0$ then $\quad$ factorial(n) = 1

If $n > 0$ then $\quad$ factorial(n) = $1 \times 2 \times 3 \times \cdots \times n$

这些规则规定是当 n 为 0 时，它的阶乘是 1，当 n 大于 0 时，它的阶乘是从 1 到 n 的所有正整数的乘积。例如，factorial(6) 计算为 $1 \times 2 \times 3 \times 4 \times 5 \times 6$。

当设计任意数字阶乘计算的递归算法时，首先我们需要确定基本情况，也就是我们可以直接求解而不需要递归计算的部分。即 n 等于 0 的情况：

If $n = 0$ then $\quad$ factorial(n) = 1

这告诉我们当 n 等于 0 时如何解决这个问题，但当 n 大于 0 时应该怎么做呢？这是递归情况，也就是我们使用递归解决问题的部分。具体表达如下：

If $n > 0$ then $\quad$ factorial(n) = $n \times$ factorial($n - 1$)

这说明如果 n 大于 0，n 的阶乘等于 n 乘以 n - 1 的阶乘。注意观察递归调用是如何降低问题规模的。所以，我们计算阶乘的递归规则可能如下所示：

If $n = 0$ then $\quad$ factorial(n) = 1

If $n > 0$ then $\quad$ factorial(n) = $n \times$ factorial($n - 1$)

程序 12-3 中的代码显示了程序中 factorial 函数是如何设计的

程序 12-3

```
1   # This program uses recursion to calculate
2   # the factorial of a number.
3
4   def main():
5       # Get a number from the user.
6       number = int(input('Enter a nonnegative integer: '))
7
8       # Get the factorial of the number.
9       fact = factorial(number)
10
11      # Display the factorial.
12      print('The factorial of', number, 'is', fact)
13
14  # The factorial function uses recursion to
15  # calculate the factorial of its argument,
16  # which is assumed to be nonnegative.
17  def factorial(num):
18      if num == 0:
19          return 1
20      else:
21          return num * factorial(num - 1)
22
23  # Call the main function.
24  main()
```

程序输出

Enter a nonnegative integer: **4** [Enter]
The factorial of 4 is 24

在该程序的运行示例中，将 4 传递给参数 num 后调用 factorial 函数。由于 num 不等于 0，if 语句的 else 子句将会执行如下语句：

return num * factorial(num - 1)

虽然这是一个 return 语句，但它不会立即返回。在确定返回值之前，factorial(num-1) 的值必须确定。factorial 函数将被递归调用，直至第 5 次调用，其中参数 num 的取值为 0。图 12-4 展示了函数每次调用过程中 num 和返回值的值。

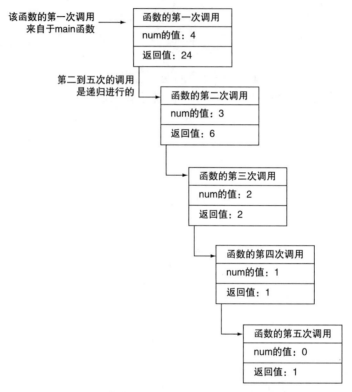

图 12-4　函数每次调用过程中 num 和返回值的值

该图说明了为什么递归算法在每次递归调用后必须降低问题的规模。只有这样，递归才可以最终停止并得到问题的答案。

如果每次递归调用都能工作在更小的问题规模上，那么递归调用就会越来越趋向于基本情况。而基本情况不需要递归，所以它可以停止递归调用链。

通常，问题规模的缩减可以通过降低每次递归调用中的一个或多个参数的取值来实现。在我们的 factorial 函数中，随着每次递归调用，参数 num 的值越接近 0。当参数达到 0 时，该函数返回一个值，而不需要进行另一个递归调用。

12.2.2　直接递归和间接递归

到目前为止，我们讨论的例子都是直接调用自身的递归函数，可称之为*直接递归*。在程序中也可能产生*间接递归*。当函数 A 调用函数 B，后者又调用函数 A 就属于这种情况。在递归中甚至可以涉及多个函数。例如，函数 A 可以调用函数 B，函数 B 可以调用函数 C，函数 C 调用函数 A。

检查点

12.1 有人说递归算法比迭代算法开销更大。这是什么意思?
12.2 什么是基础情况?
12.3 什么是递归情况?
12.4 什么可以使递归算法停止调用自身?
12.5 什么是直接递归?什么是间接递归?

12.3 递归算法示例

12.3.1 递归求解列表中元素的和

在这个例子中,我们看一下 range_sum 函数,它使用递归求解列表中指定范围内所有元素的和。该函数采用以下参数:一个列表包含着待求和的所有元素,一个整数指定进行计算的首个元素的索引,一个整数指定进行计算的末尾元素的索引。下面是使用该函数的一个示例:

```
numbers = [1, 2, 3, 4, 5, 6, 7, 8, 9]
my_sum = range_sum(numbers, 3, 7)
print(my_sum)
```

代码中的第二条语句指明了 range_sum 函数返回 numbers 列表中从索引位置 3 到 7 的所有元素的和。这种情况下返回值会是 30,并赋给变量 my_sum。这里是 range_sum 函数的定义:

```
def range_sum(num_list, start, end):
    if start > end:
        return 0
    else:
        return num_list[start] + range_sum(num_list, start + 1, end)
```

这个函数的基本情况是,当参数 start 大于参数 end 时。若这个条件为真,该函数返回 0。否则,该函数执行以下语句:

```
return num_list[start] + range_sum(num_list, start + 1, end)
```

这个语句返回 num_list[start] 和一个递归调用的返回值的总和。请注意,在递归调用中,新指定范围的起始索引是 start+1。实质上,该语句意思是"返回指定范围中第一项的值加上该范围中其余项的总和"。程序 12-4 演示了该函数。

程序 12-4

```
 1  # This program demonstrates the range_sum function.
 2
 3  def main():
 4      # Create a list of numbers.
 5      numbers = [1, 2, 3, 4, 5, 6, 7, 8, 9]
 6
 7      # Get the sum of the items at indexes 2
 8      # through 5.
 9      my_sum = range_sum(numbers, 2, 5)
10
11      # Display the sum.
12      print('The sum of items 2 through 5 is', my_sum)
13
14  # The range_sum function returns the sum of a specified
```

```
15      # range of items in num_list. The start parameter
16      # specifies the index of the starting item. The end
17      # parameter specifies the index of the ending item.
18      def range_sum(num_list, start, end):
19          if start > end:
20              return 0
21          else:
22              return num_list[start] + range_sum(num_list, start + 1, end)
23
24      # Call the main function.
25      main()
```

程序输出

```
The sum of elements 2 through 5 is 18
```

12.3.2 斐波那契数列

一些数学问题就是为递归求解而设计的。一个众所周知的例子是斐波那契数列的计算。斐波纳契数列是以意大利数学家莱昂纳多·斐波纳契（Leonardo Fibonacci，出生于 1170 年左右）命名的，其数列如下所示：

0, 1, 1, 2, 3, 5, 8, 13, 21, 34, 55, 89, 144, 233, …

可以看到，从第 2 个数字之后，数列中的每一个数字都是前两个数之和。斐波那契数列可以定义如下：

If $n = 0$ then   Fib(n) = 0
If $n = 1$ then   Fib(n) = 1
If $n > 1$ then   Fib(n) = Fib(n − 1) + Fib(n − 2)

计算 Fibonacci 数列第 n 项的递归函数如下所示：

```
def fib(n):
    if n == 0:
        return 0
    elif n == 1:
        return 1
    else:
        return fib(n - 1) + fib(n - 2)
```

注意这个函数实际上有两个基本情况：当 n 等于 0 时和当 n 等于 1 时。在任一情况下，该函数会返回一个值而不再进行递归调用。程序 12-5 中的代码通过显示斐波纳契数列的前 10 项来演示此函数。

程序 12-5 （fibonacci.py）

```
1   # This program uses recursion to print numbers
2   # from the Fibonacci series.
3
4   def main():
5       print('The first 10 numbers in the')
6       print('Fibonacci series are:')
7
8       for number in range(1, 11):
9           print(fib(number))
10
11  # The fib function returns the nth number
```

```
12      # in the Fibonacci series.
13      def fib(n):
14          if n == 0:
15              return 0
16          elif n == 1:
17              return 1
18          else:
19              return fib(n - 1) + fib(n - 2)
20
21      # Call the main function.
22      main()
```

程序输出

```
The first 10 numbers in the
Fibonacci series are:
1
1
2
3
5
8
13
21
34
55
```

12.3.3 求解最大公约数

我们下一个递归例子是计算两个数字的最大公约数（GCD）。两个正整数 x 和 y 的最大公约数可按照以下来确定：

If x can be evenly divided by y, then $gcd(x, y) = y$

Otherwise, $gcd(x, y) = gcd(y,$ remainder of $x/y)$

这个定义指出，如果 x/y 的余数为 0，则 x 和 y 的最大公约数就是 y。这是基本情况。否则，答案是 y 和 x/y 的余数的最大公约数。程序 12-6 中的代码给出了计算最大公约数的递归方法。

Program 12-6 （gcd.py）

```
1   # This program uses recursion to find the GCD
2   # of two numbers.
3
4   def main():
5       # Get two numbers.
6       num1 = int(input('Enter an integer: '))
7       num2 = int(input('Enter another integer: '))
8
9       # Display the GCD.
10      print('The greatest common divisor of')
11      print('the two numbers is', gcd(num1, num2))
12
13  # The gcd function returns the greatest common
14  # divisor of two numbers.
15  def gcd(x, y):
```

```
16      if x % y == 0:
17          return y
18      else:
19          return gcd(x, x % y)
20
21  # Call the main function.
22  main()
```

程序输出

```
Enter an integer: 49 Enter
Enter another integer: 28 Enter
The greatest common divisor of
these two numbers is 7
```

12.3.4 汉诺塔

汉诺塔是一个数学游戏，在计算机科学中经常用来说明递归的强大。游戏中使用三个钉子和一组中心有孔的圆盘。圆盘堆叠在其中任意一个钉子上，如图 12-5 所示。

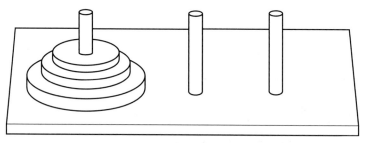

图 12-5　汉诺塔游戏的钉子和圆盘

请注意圆盘堆叠在最左侧的钉子上，圆盘按照自底向上由大到小的顺序排列。这个游戏源自于一个传说，传说河内一座寺庙中的一群僧侣有一套类似的钉子和 64 张圆盘。僧侣的工作是将所有圆盘从第一个钉子移动到第三个钉子上。中间的钉子可临时用来放置圆盘。同时，僧侣在移动圆盘时必须遵守以下规则：

- 一次只能移动一个圆盘；
- 大圆盘不能放置在较小的圆盘上面；
- 除了正在移动，所有圆盘必须放在钉子上。

根据传说，当僧人将所有的圆盘从第一个钉子移动到最后一个钉子时，世界末日将会到来。[⊖]

要玩这个游戏，你必须按照与僧人相同的规则将所有的光盘从第一个钉子移动到第三个钉子。我们来看看这个游戏的一些拥有不同数量的圆盘的例子。如果只有一个圆盘，移动方法很简单：将圆盘从 1 号钉子移动到 3 号钉子。如果有两个圆盘，移动方法需要 3 步：

- 将 1 号圆盘移动到 2 号钉子；
- 将 2 号圆盘移动到 3 号钉子；
- 将 1 号圆盘移动到 3 号钉子。

请注意这种方法使用 2 号钉子作为临时过渡。移动的复杂性也将随着圆盘数量的增加而

⊖ 如果你们担心僧人们会完成他们的任务然后导致世界在不久后任何时间毁灭，那么你们大可放心。如果僧人们按照每秒 1 个盘子的速率进行移动，大概需要花费他们 5850 亿年才能移动完所有 64 个盘子。

增加。要移动三个圆盘需要如图 12-6 所示的七次移动。

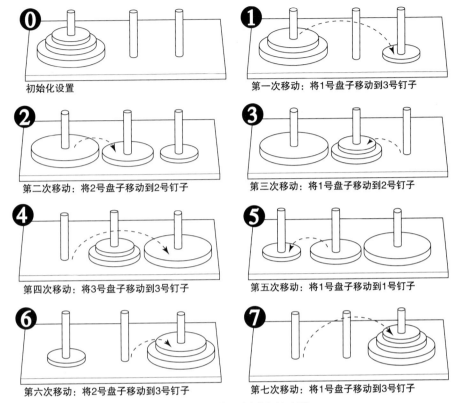

图 12-6　移动三个圆盘的步骤

以下语句描述了该问题的整个解决方案：

Move n discs from peg 1 to peg 3 using peg 2 as a temporary peg.

以下总结了模拟游戏求解的递归算法。请注意在这个算法中，我们使用变量 A，B 和 C 来保存钉子号。

To move n discs from peg A to peg C, using peg B as a temporary peg, do the following:
If n > 0:
  Move n − 1 discs from peg A to peg B, using peg C as a temporary peg.
  Move the remaining disc from peg A to peg C.
  Move n − 1 discs from peg B to peg C, using peg A as a temporary peg.

当没有更多的圆盘可移动时，就达到了算法的基本情况。以下代码是实现此算法的函数。注意该函数实际上并没有移动任何东西，只是显示了所有圆盘进行移动的指令。

```
def move_discs(num, from_peg, to_peg, temp_peg):
    if num > 0:
        move_discs(num - 1, from_peg, temp_peg, to_peg)
        print('Move a disc from peg', from_peg, 'to peg', to_peg)
        move_discs(num - 1, temp_peg, to_peg, from_peg)
```

这个函数接收以下参数：

num	待移动的圆盘数
from_peg	存放待移动圆盘的初始钉子
to_peg	存放待移动圆盘的最终钉子
temp_peg	可作为临时过渡的钉子

如果 num 大于 0，则有圆盘需要移动。第一个递归调用如下：

```
move_discs(num - 1, from_peg, temp_peg, to_peg)
```

这个语句是一个指令，用于将 $n-1$ 个圆盘从 from_peg 移动到 temp_peg，并使用 to_peg 作为临时过渡。接下来的语句如下：

```
print('Move a disc from peg', from_peg, 'to peg', to_peg)
```

这仅仅显示了一个消息，表明一个圆盘应从 from_peg 移动到 to_peg。接下来，执行另一个递归调用，如下所示：

```
move-discs(num - 1, temp_peg, to_peg, from_peg)
```

这个语句也是一个指令，用于将 $n-1$ 个圆盘从 temp_peg 移动到 to_peg，并使用 from_peg 作为临时过渡。程序 12-7 中的代码通过显示汉诺塔游戏的求解过程来演示该函数。

程序 12-7　（towers_of_hanoi.py）

```
 1  # This program simulates the Towers of Hanoi game.
 2
 3  def main():
 4      # Set up some initial values.
 5      num_discs = 3
 6      from_peg = 1
 7      to_peg = 3
 8      temp_peg = 2
 9
10      # Play the game.
11      move_discs(num_discs, from_peg, to_peg, temp_peg)
12      print('All the pegs are moved!')
13
14  # The moveDiscs function displays a disc move in
15  # the Towers of Hanoi game.
16  # The parameters are:
17  #    num:       The number of discs to move.
18  #    from_peg:  The peg to move from.
19  #    to_peg:    The peg to move to.
20  #    temp_peg:  The temporary peg.
21  def move_discs(num, from_peg, to_peg, temp_peg):
22      if num > 0:
23          move_discs(num - 1, from_peg, temp_peg, to_peg)
24          print('Move a disc from peg', from_peg, 'to peg', to_peg)
25          move_discs(num - 1, temp_peg, to_peg, from_peg)
26
27  # Call the main function.
28  main()
```

程序输出

```
Move a disc from peg 1 to peg 3
Move a disc from peg 1 to peg 2
Move a disc from peg 3 to peg 2
Move a disc from peg 1 to peg 3
Move a disc from peg 2 to peg 1
Move a disc from peg 2 to peg 3
```

```
Move a disc from peg 1 to peg 3
All the pegs are moved!
```

12.3.5 递归与循环

任何使用递归编写的算法也可以使用循环进行编写。这两种方法都能实现重复，但是哪种是最好的呢？

不使用递归的原因有很多。递归函数调用肯定比循环效率低。每次调用一个函数，系统会产生一个额外开销，而循环则没有。此外，在许多情况下，使用循环比使用递归更为清晰。事实上，大多数重复的任务最好用循环完成。

然而，某些问题通过递归比循环更容易解决。例如，最大公约数的数学定义非常适合于递归方法。如果递归解决特定问题较为清晰，并且递归算法不会将系统性能降低到不可容忍的程度，那么递归会是一个很好的选择。但是，如果一个问题更容易用循环来解决，那么你应该仍然采用循环。

复习题

多项选择题

1. 递归函数_____。
   a. 调用不同的函数　　b. 异常终止程序　　c. 调用自身　　d. 只能被调用一次
2. 一个函数由程序的 main 函数调用一次，之后它调用自身四次。递归的深度是_____。
   a. 1　　　　　　　　b. 4　　　　　　　　c. 5　　　　　　　d. 9
3. 不通过递归就可以解决的问题部分是_____情况。
   a. 基本　　　　　　　b. 可解决　　　　　　c. 已知　　　　　　d. 迭代
4. 通过递归解决的问题部分是_____情况。
   a. 基本　　　　　　　b. 迭代　　　　　　　c. 未知　　　　　　d. 递归
5. 当一个函数显式地调用自身时，可称为_____递归。
   a. 显示　　　　　　　b. 形式　　　　　　　c. 直接　　　　　　d. 间接
6. 当函数 A 调用函数 B，函数 B 再调用函数 A 时，可称为_____递归。
   a. 隐式　　　　　　　b. 形式　　　　　　　c. 直接　　　　　　d. 间接
7. 任何递归可以解决的问题也可以用_____来解决。
   a. 分支结构　　　　　b. 循环结构　　　　　c. 顺序结构　　　　d. 多分支结构
8. 调用函数时计算机会执行一系列操作，例如为参数和局部变量分配内存，也称为_____。
   a. 开销　　　　　　　b. 建立　　　　　　　c. 清理　　　　　　d. 同步
9. 递归算法在递归情况下必须_____。
   a. 不使用递归解决　　　　　　　　　　　　b. 把问题降低到同一问题的更小规模
   c. 确认发生错误并中止程序　　　　　　　　d. 把问题扩大到同一问题的更大规模
10. 递归算法在基本情况下必须_____。
    a. 不使用递归解决　　　　　　　　　　　　b. 把问题降低到同一问题的更小规模
    c. 确认发生错误并中止程序　　　　　　　　d. 把问题扩大到同一问题的更大规模

判断题

1. 使用循环的算法通常会比等效的递归算法运行得更快。

2. 一些问题只能通过递归来解决。
3. 并不是所有的递归算法都有一个基本情况。
4. 在基本情况下，递归方法会在较小版本的原始问题上调用自身。

简答题

1. 本章前面给出的程序 12-2 中，什么是 message 函数的基本情况？
2. 本章中，计算一个数字阶乘的规则如下：

$$\text{If } n = 0 \text{ then factorial}(n) = 1$$
$$\text{If } n > 0 \text{ then factorial}(n) = n \times \text{factorial}(n - 1)$$

如果你正在按照这些规则设计一个函数，那么基本情况是什么？递归情况是什么？
3. 递归求解问题是否是必需的？本质上你可以使用其他什么方法来解决重复的问题？
4. 当使用递归来求解问题时，为什么一定要递归函数调用自身来解决较小规模的同一问题？
5. 通常是如何使用递归函数来简化问题？

算法工作室

1. 以下程序将显示什么？
```
def main():
    num = 0
    show_me(num)

def show_me(arg):
    if arg < 10:
        show_me(arg + 1)
    else:
        print(arg)
main()
```

2. 以下程序将显示什么？
```
def main():
    num = 0
    show_me(num)

def show_me(arg):
    print(arg)
    if arg 10:
        show_me(arg + 1)
main()
```

3. 下列函数使用了循环。将其重写为执行相同操作的递归函数。
```
def traffic_sign(n):
    while n > 0:
        print('No Parking')
        n = n > 1
```

编程题

1. 递归打印

设计一个递归函数，接受一个整数参数 n，打印出从 1 到 n 的所有数字。

2. 递归乘法

设计一个递归函数，接受两个参数 x 和 y，返回 x 和 y 的乘积。请记住，乘法可以看作如下的重复加法问题：

$$7 \times 4 = 4 + 4 + 4 + 4 + 4 + 4 + 4$$

(出于简单考虑，假设 x 和 y 总是非零正整数)。

3. 递归输出行

编写一个递归函数，接受一个整数参数 n，在屏幕上显示 n 行星号线，其中，第 1 行显示 1 个星号，第 2 行显示 2 个星号，以此类推，直至第 n 行显示 n 个星号。

4. 最大列表项

设计一个函数，接受一个列表参数，返回该列表中的最大值。该函数使用递归寻找最大项。

5. 递归求解列表元素之和

设计一个函数，接受一个数字列表参数，递归地计算列表中所有数字之和，并返回结果。

6. 数字求和

设计一个函数，接受一个整数参数，并返回从 1 到该整数的所有整数之和。例如，如果将 50 作为参数，该函数将返回 1, 2, 3, 4, ⋯, 50 的总和。请使用递归计算总和。

7. 递归求幂

设计一个使用递归来计算数字的幂。该函数接受两个参数：基数和指数。假设指数是一个非负整数。

8. Ackermann 函数

Ackermann 函数是一个递归数学算法，可用于测试系统递归性能优化得有多好。设计一个函数 Ackermann(m, n)，解决了 Ackermann 函数。在函数中使用以下逻辑：

If m = 0 then return n + 1
If n = 0 then return ackermann(m − 1, 1)
Otherwise, return ackermann(m − 1, ackermann(m, n − 1))

一旦设计完函数，可以使用较小值 m 和 n 来调用函数进行测试。

第 13 章
Starting Out with Python, Fourth Edition

GUI 编程

13.1 GUI

概念：GUI（图形用户界面）允许用户使用图形控件（如图标、按钮和对话框）与操作系统和其他程序进行交互。

用户界面是用户与计算机交互的方式之一。用户界面的一部分由硬件设备组成，如键盘和视频显示器。用户界面的另一部分在于与计算机的操作系统交互。多年来，用户与操作系统交互的唯一方式是通过命令行界面，如图 13-1 所示。命令行界面通常提示用户键入一个命令，然后执行该命令。

许多计算机用户，特别是初学者，发现难以使用命令行界面。这是因为要学习许多命令，就像编程语句一样，每个命令都有自己的语法。如果没有正确输入命令它将不起作用。

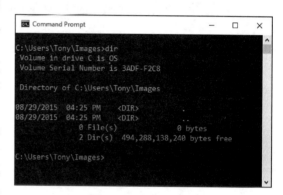

图 13-1 命令行界面

在 20 世纪 80 年代，在商业操作系统中使用了一种称为图形用户界面的新型界面。图形用户界面（Graphical Use Interface，GUI）允许用户通过屏幕上的图形控件与操作系统和其他程序进行交互。图形用户界面使用鼠标作为输入设备，图形用户界面不需要用户在键盘上键入命令，用户通过单击鼠标按钮来激活图形用户界面上的图形控件并执行它们代表的操作。

与图形用户界面的大部分交互都是通过对话框完成的，这些对话框是显示信息并允许用户执行操作的小窗体。图 13-2 显示了 Windows 操作系统中的一个对话框示例，该对话框允许用户更改系统的 Internet 设置。用户不按照指定的语法输入命令，而是与图标、按钮和滑动条等图形控件进行交互。

GUI 程序的事件驱动

在基于文本的环境（如命令行界面）中，程序确定事件发生的顺序。例如，计算矩形面积的程序。首先，程序提示用户输入矩形

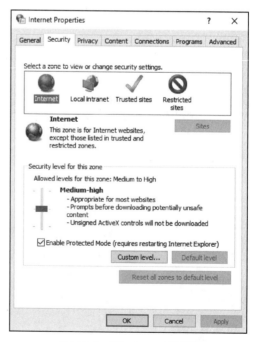

图 13-2 Windows 对话框

的宽度，接着用户输入宽度，然后程序提示用户输入矩形的长度，接着用户输入长度。最后程序计算该面积。用户别无选择，只能按请求的顺序输入数据。

然而在 GUI 环境中由用户确定事件的发生顺序。例如，图 13-3 显示了一个用于计算矩形面积的 GUI 程序（用 Python 编写）。用户可以按照他希望的任何顺序输入长度和宽度。如果发生错误，用户可以清除输入的数据并重新输入。当用户准备计算面积时，他单击计算面积按钮然后程序执行计算。因为 GUI 程序必须响应用户的操作，所以说它们是事件驱动的。用户行为导致事件发生（例如点击按钮），程序必须响应事件。

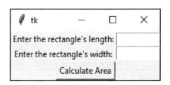

图 13-3 一个 GUI 程序

检查点

13.1 什么是用户界面？
13.2 命令行界面如何工作？
13.3 当用户在基于文本的环境（如命令行）中运行程序时，决定事件发生顺序的是什么？
13.4 什么是事件驱动程序？

13.2 tkinter 模块

概念：在 Python 中，使用 tkinter 模块来创建简单的 GUI 程序。

在 Python 语言中没有内置的 GUI 编程功能。不过，它附带了一个名为 tkinter 的模块，允许用户创建简单的 GUI 程序。"tkinter" 的命名（是 "Tk interface" 的缩写）是因为它为 Python 程序员提供了一种使用名为 Tk 的 GUI 库的方法。许多其他编程语言也使用 Tk 库。

 注：Python 有很多可用的 GUI 库。因为 tkinter 模块是 Python 自带的，在本章中仅学习它。

GUI 程序主体是一个窗体，其中包含各种与用户交互或查看的图形控件。tkinter 模块提供了 15 个控件（如表 13-1 所示）。本章不会介绍所有的 tkinter 控件，而是主要介绍如何创建收集输入和显示数据的简单 GUI 程序。

表 13-1 tkinter 控件

控件	功能描述
Button	按钮。单击按钮时触发事件
Canvas	画布。可用于显示图形的矩形区域
Checkbutton	选择按钮。一组按钮，可选择其中任意多个按钮
Entry	输入框。用户可以从键盘输入单行内容的区域
Frame	窗体。可以容纳其他控件的容器
Label	标签。显示一行文字或图像的区域
Listbox	列表框。一种选择列表，可供用户从中选择
Menu	菜单。显示菜单选项列表，用户可从中选择一项
Menubutton	菜单按钮。用来包含 Menu 的组件，用户点击后显示菜单
Message	消息框。类似 Label 但可显示多行文字
Radiobutton	单选按钮。一组可以选择或取消选择的控件。Radiobutton 控件只允许用户从几个选项中选择一个

控件	功能描述
Scale	滑动条。允许用户通过沿滑动条移动滑块来选择值的控件
Scrollbar	滚动条。可以与其他类型的控件一起使用为其提供滚动功能
Text	文本。一个允许用户输入多行文本的控件
Toplevel	顶层。像 Frame 一样，但是一个单独的窗体容器

程序 13-1 演示了一个使用 tkinter 模块显示空白窗体的简单 GUI 程序（如图 13-4 所示）。要退出程序，只需点击窗体右上角的标准 Windows 关闭按钮（×）即可。

程序 13-1　（empty_window1.py）

```
1   # This program displays an empty window.
2
3   import tkinter
4
5   def main():
6       # Create the main window widget.
7       main_window = tkinter.Tk()
8
9       # Enter the tkinter main loop.
10      tkinter.mainloop()
11
12  # Call the main function.
13  main()
```

注：tkinter 程序并不只是在 IDLE 下运行。这是因为 IDLE 本身使用 tkinter。另外可以使用 IDLE 的编辑器编写 GUI 程序。为了最佳效果可用操作系统的命令提示符直接运行它们。

第 3 行导入 tkinter 模块。在 main 函数内部，第 7 行创建了 tkinter 模块的 Tk 类的一个实例，并将其赋值给 main_window 变量。该对象是 root 控件，它是程序中的主窗体。第 10 行调用 tkinter 模块的 mainloop 函数。直到关闭主窗体之后，此功能将像无限循环一样持续运行。

大多数程序员在编写 GUI 程序时更喜欢采用面向对象的方法。编写一个类来创建屏幕上的控件，而不是编写一个函数来创建屏幕上的控件。通常的做法是构建 GUI 类，用 __init__ 方法创建屏幕上的控件。当 GUI 类的实例被创建时，窗体会出现在屏幕上。程序 13-2 显示了一个面向对象的空白窗体程序。当这个程序运行完时，它显示如图 13-4 所示的窗体。

图 13-4　程序 13-1 显示空窗体

程序 13-2　（empty_window2.py）

```
1   # This program displays an empty window.
2
3   import tkinter
```

```
  4
  5    class MyGUI:
  6       def __init__(self):
  7           # Create the main window widget.
  8           self.main_window = tkinter.Tk()
  9
 10           # Enter the tkinter main loop.
 11           tkinter.mainloop()
 12
 13    # Create an instance of the MyGUI class.
 14    my_gui = MyGUI()
```

第 5 ~ 11 行是 MyGUI 类的类定义。该类的 `__init__` 方法从第 6 行开始。第 8 行创建 root 窗体控件并将其赋值给类属性 `main_window`。第 11 行执行 tkinter 模块的 mainloop 功能。第 14 行中的语句创建了 MyGUI 类的一个实例。这会导致该类的 `__init__` 方法执行，并在屏幕上显示空白的窗体。

检查点

13.5 简要描述下面的每个 tkinter 控件功能：

　　a）标签

　　b）输入

　　c）按钮

　　d）框架

13.6 如何创建一个 root 控件？

13.7 tkinter 模块的 mainloop 函数有什么作用？

13.3　Label 控件

概念：可以使用 Label 控件在窗体中显示文本。

可以使用 Label 控件在窗体中显示单行文本。为了创建一个 Label 标签控件，需要先创建一个 tkinter 模块的 Label 类的实例。程序 13-3 演示了创建一个窗体，其中包含一个显示文本 "Hello World！" 的 Label 控件（如图 13-5 所示）。

图 13-5　程序 13-3 显示的窗体

程序 13-3（hello_word.py）

```
  1    # This program displays a label with text.
  2
  3    import tkinter
  4
  5    class MyGUI:
  6       def __init__(self):
  7           # Create the main window widget.
  8           self.main_window = tkinter.Tk()
  9
 10           # Create a Label widget containing the
 11           # text 'Hello World!'
 12           self.label = tkinter.Label(self.main_window,
 13                                      text='Hello World!')
```

```
14
15          # Call the Label widget's pack method.
16          self.label.pack()
17
18          # Enter the tkinter main loop.
19          tkinter.mainloop()
20
21  # Create an instance of the MyGUI class.
22  my_gui = MyGUI()
```

这个程序中的 MyGUI 类与之前在程序 13-2 中的类非常相似。它的 __init__ 方法在创建类的实例时构建图形用户界面。第 8 行创建一个 root 控件并将其赋值给 self.main_window 参数。以下语句显示在第 12 和 13 行中：

```
self.label = tkinter.Label(self.main_window,
                            text='Hello World!')
```

此语句创建一个 Label 控件并将其赋值给 self.label 参数。括号内的第一个参数是 self.main_window，它是对 root 控件的引用，这表示 Label 控件附属于 root 控件。第二个参数是 text ='Hello World!'。这指定了想要在 Label 标签中显示的文本。

第 16 行中的语句调用 Label 控件的 pack 方法。pack 方法确定了一个控件在窗体中的位置并在显示主窗体时使控件可见（调用 pack 方法的每个窗体控件已显示在窗体中）。第 19 行调用 tkinter 模块的 mainloop 方法，该方法显示程序的主窗体（如图 13-5 所示）。

再看另一个例子。程序 13-4 显示一个带有两个 Label 控件的窗体（如图 13-6 所示）。

图 13-6　程序 13-4 显示的窗体

程序 13-4　（hello_world2.py）

```
1   # This program displays two labels with text.
2
3   import tkinter
4
5   class MyGUI:
6       def __init__(self):
7           # Create the main window widget.
8           self.main_window = tkinter.Tk()
9
10          # Create two Label widgets.
11          self.label1 = tkinter.Label(self.main_window,
12                                       text='Hello World!')
13          self.label2 = tkinter.Label(self.main_window,
14                                       text='This is my GUI program.')
15
16          # Call both Label widgets' pack method.
17          self.label1.pack()
18          self.label2.pack()
19
20          # Enter the tkinter main loop.
21          tkinter.mainloop()
22
23  # Create an instance of the MyGUI class.
24  my_gui = MyGUI()
```

注意两个 Label 控件显示为一个堆叠在另一个之上。可以通过设定 pack 方法的参数来改变这个布局（如程序 13-5 所示）。当程序运行时，它显示如图 13-7 所示的窗体。

程序 13-5 （hello_world3.py）

```
 1    # This program uses the side='left' argument with
 2    # the pack method to change the layout of the widgets.
 3
 4    import tkinter
 5
 6    class MyGUI:
 7        def __init__(self):
 8            # Create the main window widget.
 9            self.main_window = tkinter.Tk()
10
11            # Create two Label widgets.
12            self.label1 = tkinter.Label(self.main_window,
13                            text='Hello World!')
14            self.label2 = tkinter.Label(self.main_window,
15                            text='This is my GUI program.')
16
17            # Call both Label widgets' pack method.
18            self.label1.pack(side='left')
19            self.label2.pack(side='left')
20
21            # Enter the tkinter main loop.
22            tkinter.mainloop()
23
24    # Create an instance of the MyGUI class.
25    my_gui = MyGUI()
```

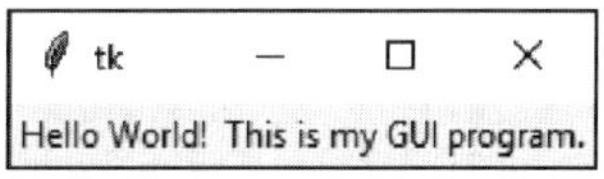

在第 18 和 19 行中，调用每个 Label 控件的 pack 方法传递参数 side ='left'。这设定该控件应该尽可能地放置在父控件的尽可能左边的位置。由于 label1 控件首先被添加到 main_window，它将出现在最左边。label2 控件接下来被添加，所以它出现在 label1 控件的旁边，结果这两个标签并排出现。可以传递给 pack 方法的有效参数是 side ='top'、side ='bottom'、side ='left' 和 side ='right'。

图 13-7　程序 13-5 显示的窗体

检查点

13.8　什么是 Widget（控件）的 pack 方法？

13.9　如果创建两个 Label 控件并且不带任何参数调用它们的 pack 方法，那么这两个 Label 控件将如何排列在其父控件中？

13.10　传递给 widget 的 pack 方法用什么参数来指定它放在父 widget 的尽可能左边的位置？

13.4　Frame 控件

概念：框架（Frame）是一个包容其他控件的容器。可以使用框架在窗体中组织其他控件。

框架是一个容器。它是一个可以容纳其他控件的控件。框架对于在窗体中组织和排列控件是很有用的。例如，可以将一组控件放置在一个 Frame 中并以特定方式排列它们，然后将一组控件放置在另一个 Frame 中并以不同方式排列它们（如程序 13-6 所示）。该程序运行结果如图 13-8 所示。

程序 13-6 （frame_demo.py）

```
 1   # This program creates labels in two different frames.
 2
 3   import tkinter
 4
 5   class MyGUI:
 6       def __init__(self):
 7           # Create the main window widget.
 8           self.main_window = tkinter.Tk()
 9
10           # Create two frames, one for the top of the
11           # window, and one for the bottom.
12           self.top_frame = tkinter.Frame(self.main_window)
13           self.bottom_frame = tkinter.Frame(self.main_window)
14
15           # Create three Label widgets for the
16           # top frame.
17           self.label1 = tkinter.Label(self.top_frame,
18                                       text='Winken')
19           self.label2 = tkinter.Label(self.top_frame,
20                                       text='Blinken')
21           self.label3 = tkinter.Label(self.top_frame,
22                                       text='Nod')
23
24           # Pack the labels that are in the top frame.
25           # Use the side='top' argument to stack them
26           # one on top of the other.
27           self.label1.pack(side='top')
28           self.label2.pack(side='top')
29           self.label3.pack(side='top')
30
31           # Create three Label widgets for the
32           # bottom frame.
33           self.label4 = tkinter.Label(self.bottom_frame,
34                                       text='Winken')
35           self.label5 = tkinter.Label(self.bottom_frame,
36                                       text='Blinken')
37           self.label6 = tkinter.Label(self.bottom_frame,
38                                       text='Nod')
39
40           # Pack the labels that are in the bottom frame.
41           # Use the side='left' argument to arrange them
42           # horizontally from the left of the frame.
43           self.label4.pack(side='left')
44           self.label5.pack(side='left')
45           self.label6.pack(side='left')
46
47           # Yes, we have to pack the frames too!
48           self.top_frame.pack()
49           self.bottom_frame.pack()
```

```
50
51              # Enter the tkinter main loop.
52              tkinter.mainloop()
53
54  # Create an instance of the MyGUI class.
55  my_gui = MyGUI()
```

第 12 ~ 13 行：

self.top_frame = tkinter.Frame(self.main_window)
self.bottom_frame = tkinter.Frame(self.main_window)

创建两个 Frame 对象。在括号内的 self.main_window 参数会将 Frame 添加到 main_window 控件中。

第 17 ~ 22 行创建了三个 Label 标签控件，这些控件添加到 self.top_frame 控件中。然后第 27 ~ 29 行调用每个 Label 控件的 pack 方法，传递 side ='top' 作为参数。如图 13-6 所示，这会导致三个控件在框架内部自上而下堆叠在一起。

第 33 ~ 38 行再创建三个 Label 标签控件，这些 Label 控件被添加到 self.bottom_frame 控件中。然后第 43 ~ 45 行调用每个 Label 控件的 pack 方法，传递 side ='left' 作为参数。如图 13-9 所示使三个 Label 控件在框架内按水平方向自左向右显示。

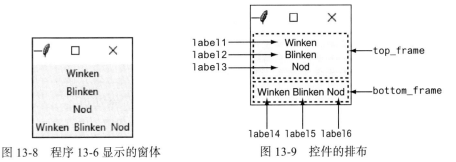

图 13-8　程序 13-6 显示的窗体　　图 13-9　控件的排布

第 48 ~ 49 行调用 Frame 控件的 pack 方法，这使得 Frame 控件可见。第 52 行执行 tkinter 模块的 mainloop 函数。

13.5　Button 控件和信息对话框

概念：使用 Button 控件在窗体中创建标准按钮。当用户点击一个按钮时，会调用指定的函数或方法。

消息对话框是一个简单的窗体，向用户显示一条消息，并具有一个 OK 按钮用于消除该对话框。可以使用 tkinter.messagebox 模块的 showinfo 函数在对话框中显示信息。

Button 是一种在用户单击时可以触发事件操作的控件。创建 Button 控件时，需要设定出现在按钮面上的文本和回调函数的名字。回调函数是用户单击按钮时要执行的函数或方法。

 注：回调函数也称为事件处理程序，因为它处理用户单击该按钮时发生的事件。

程序 13-7 显示了如图 13-10 所示的窗体。当用户点击按钮时，程序会显示一个单独的信息对话框。这里使用 tkinter.messagebox 模块中名为 showinfo 的函数来显示信息对话

框（使用 showinfo 函数需要导入 tkinter.messagebox 模块）。这是 showinfo 函数调用的通用格式：

```
tkinter.messagebox.showinfo(title, message)
```

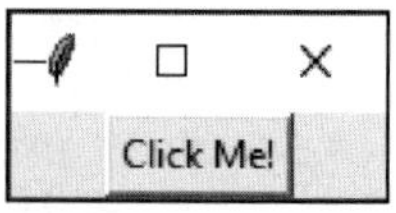

在通用格式中，title 是显示在对话框的标题栏中的字符串，message 是在对话框的主体部分中显示信息的字符串。

图 13-10　程序 13-7 显示的主窗体

程序 13-7　（button_demo.py）

```
1   # This program demonstrates a Button widget.
2   # When the user clicks the Button, an
3   # info dialog box is displayed.
4
5   import tkinter
6   import tkinter.messagebox
7
8   class MyGUI:
9       def __init__(self):
10          # Create the main window widget.
11          self.main_window = tkinter.Tk()
12
13          # Create a Button widget. The text 'Click Me!'
14          # should appear on the face of the Button. The
15          # do_something method should be executed when
16          # the user clicks the Button.
17          self.my_button = tkinter.Button(self.main_window,
18                                          text='Click Me!',
19                                          command=self.do_something)
20
21          # Pack the Button.
22          self.my_button.pack()
23
24          # Enter the tkinter main loop.
25          tkinter.mainloop()
26
27      # The do_something method is a callback function
28      # for the Button widget.
29
30      def do_something(self):
31          # Display an info dialog box.
32          tkinter.messagebox.showinfo('Response',
33                                      'Thanks for clicking the button.')
34
35  # Create an instance of the MyGUI class.
36  my_gui = MyGUI()
```

第 5 行导入 tkinter 模块，第 6 行导入 tkinter.messagebox 模块。第 11 行创建 root 控件并将其赋值给 main_window 变量。

第 17～19 行中的语句创建 Button 控件。括号内的第一个参数是 self.main_window，它是父窗体控件。text='Click Me!' 参数设定字符串 'Click Me!' 出现在按钮的表面上。command='self.do_something' 参数设定类的 do_something 方法作为回调函数。当用户点击按钮时，将执行 do_something 方法。

do_something 方法出现在第 31 ~ 33 行。该方法只是简单地调用了 tkinter.messagebox.showinfo 函数来显示图 13-11 所示的信息框。要关闭对话框，用户可以单击 OK 按钮。

创建一个退出按钮

GUI 程序通常有一个 Quit 按钮（或 Exit 按钮），当用户点击它时会关闭该程序。要在 Python 程序中创建 Quit 按钮，只需创建一个 Button 控件，该控件将 root 控件的 destroy 方法作为回调函数进行调用。程序 13-8 演示了具体做法。它是程序 13-7 的修改版本，添加按钮控件的第二个版本如图 13-12 所示。

图 13-11　程序 13-7 显示的信息对话框

程序 13-8（quit_button.py）

```
1   # This program has a Quit button that calls
2   # the Tk class's destroy method when clicked.
3
4   import tkinter
5   import tkinter.messagebox
6
7   class MyGUI:
8       def __init__(self):
9           # Create the main window widget.
10          self.main_window = tkinter.Tk()
11
12          # Create a Button widget. The text 'Click Me!'
13          # should appear on the face of the Button. The
14          # do_something method should be executed when
15          # the user clicks the Button.
16          self.my_button = tkinter.Button(self.main_window,
17                                          text='Click Me!',
18                                          command=self.do_something)
19
20          # Create a Quit button. When this button is clicked
21          # the root widget's destroy method is called.
22          # (The main_window variable references the root widget,
23          # so the callback function is self.main_window.destroy.)
24          self.quit_button = tkinter.Button(self.main_window,
25                                            text='Quit',
26                                            command=self.main_window.destroy)
27
28
29          # Pack the Buttons.
30          self.my_button.pack()
31          self.quit_button.pack()
32
33          # Enter the tkinter main loop.
34          tkinter.mainloop()
35
36      # The do_something method is a callback function
37      # for the Button widget.
```

```
38
39          def do_something(self):
40              # Display an info dialog box.
41              tkinter.messagebox.showinfo('Response',
42                                  'Thanks for clicking the button.')
43
44  # Create an instance of the MyGUI class.
45  my_gui = MyGUI()
```

第 24～26 行的语句创建了 Quit 按钮。注意 self.main_window.destroy 方法用作回调函数。当用户点击按钮时调用该方法并且程序结束。

图 13-12　程序 13-8 显示的信息对话框

13.6　使用 Entry 控件获得输入

概念：Entry 控件是一个用户可以输入文本的矩形区域。使用 Entry 控件的 get 方法可以提取已输入到控件中的数据。

Entry 控件是一个用户可以输入文本的矩形区域。Entry 控件用于在 GUI 程序中获取用户输入。一般情况下，GUI 程序中有一个或多个 Entry 控件，用户单击某个按钮获取他输入到 Entry 控件的数据。该按钮的回调函数从 Entry 控件中提取数据并对其进行处理。

使用 Entry 控件的 get 方法来提取用户输入到控件中的数据。get 方法返回一个字符串，所以如果 Entry 控件用于数字输入，它将转换为适当的数据类型。

下面编写一个程序，该程序允许用户输入一个以公里为单位的距离到 Entry 控件中，然后单击一个按钮以查看转换为英里的距离。公里转换为里程的公式为：

$$英里 = 公里 * 0.6214$$

图 13-13 显示了程序的运行结果。要将控件安排在图 13-13 中所示的布局，需要以两个框架组织它们（如图 13-14 所示）。显示提示 Label 控件和 Entry 控件布局在 top_frame 框架中，使用 side ='left' 参数调用它们的 pack 方法。这时它们在框架中水平方向显示。Convert 按钮和 Quit 按钮布局在 bottom_frame 框架中，并且使用 side ='left' 参数调用它们的 pack 方法。

程序 13-9 显示了该程序的代码。图 13-15 显示了当用户将 1000 输入 Entry 控件时发生的情况，然后单击 Convert 按钮。

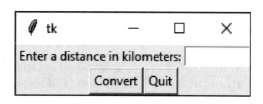

图 13-13　kilo_converter 程序的窗体

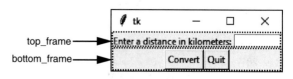

图 13-14　用框架组织的窗体

程序 13-9　（kilo_converter.py）

```
1  # This program converts distances in kilometers
2  # to miles. The result is displayed in an info
3  # dialog box.
```

```
 4
 5   import tkinter
 6   import tkinter.messagebox
 7
 8   class KiloConverterGUI:
 9       def __init__(self):
10
11           # Create the main window.
12           self.main_window = tkinter.Tk()
13
14           # Create two frames to group widgets.
15           self.top_frame = tkinter.Frame(self.main_window)
16           self.bottom_frame = tkinter.Frame(self.main_window)
17
18           # Create the widgets for the top frame.
19           self.prompt_label = tkinter.Label(self.top_frame,
20                       text='Enter a distance in kilometers:')
21           self.kilo_entry = tkinter.Entry(self.top_frame,
22                                           width=10)
23
24           # Pack the top frame's widgets.
25           self.prompt_label.pack(side='left')
26           self.kilo_entry.pack(side='left')
27
28           # Create the button widgets for the bottom frame.
29           self.calc_button = tkinter.Button(self.bottom_frame,
30                                             text='Convert',
31                                             command=self.convert)
32           self.quit_button = tkinter.Button(self.bottom_frame,
33                                             text='Quit',
34                                             command=self.main_window.destroy)
35           # Pack the buttons.
36           self.calc_button.pack(side='left')
37           self.quit_button.pack(side='left')
38
39           # Pack the frames.
40           self.top_frame.pack()
41           self.bottom_frame.pack()
42
43           # Enter the tkinter main loop.
44           tkinter.mainloop()
45
46       # The convert method is a callback function for
47       # the Calculate button.
48
49       def convert(self):
50           # Get the value entered by the user into the
51           # kilo_entry widget.
52           kilo = float(self.kilo_entry.get())
53
```

第 49～60 行所示的 convert 方法是 Convert 按钮的回调函数。第 52 行中的语句调用 kilo_entry 控件的 get 方法来获取已输入到 kilo_entry 控件中的数据。该值被转换为一个浮点数，然后赋值给 kilo 变量。第 55 行执行转换计算并将结果赋值给 miles 变量。第

58～61 行中的语句显示消息对话框，其中显示一条消息即已转换的英里值。

图 13-15　消息对话框

13.7　使用标签显示输出

概念：当一个 `StringVar` 对象与一个 `Label` 控件相关联时，`Label` 控件显示存储在 `StringVar` 对象中的任何数据。

前面的程序演示了如何使用消息对话框来显示输出。如果不想用单独的对话框显示程序的输出，可以在程序的主窗体中使用 `Label` 控件来动态显示输出。只需在主窗体中创建空的 `Label` 控件，然后编写代码以便在单击按钮时在这些标签中显示所需的数据。

`tkinter` 模块提供了一个名为 `StringVar` 的类，可以和 `Label` 控件一起使用显示数据。首先创建一个 `StringVar` 对象，然后创建一个 `Label` 控件并将其与 `StringVar` 对象关联。从此，任何存储在 `StringVar` 对象中的值都将自动显示在 `Label` 控件中。

程序 13-10 演示了程序 13-9 中 kilo_converter 程序的修改版本。该版本的程序主窗体中的标签显示英里数，而不是弹出消息对话框。

程序 13-10　（kilo_converter2.py）

```
 1    # This program converts distances in kilometers
 2    # to miles. The result is displayed in a label
 3    # on the main window.
 4
 5    import tkinter
 6
 7    class KiloConverterGUI:
 8        def __init__(self):
 9
10            # Create the main window.
11            self.main_window = tkinter.Tk()
12
13            # Create three frames to group widgets.
14            self.top_frame = tkinter.Frame()
15            self.mid_frame = tkinter.Frame()
16            self.bottom_frame = tkinter.Frame()
17
18            # Create the widgets for the top frame.
19            self.prompt_label = tkinter.Label(self.top_frame,
20                       text='Enter a distance in kilometers:')
21            self.kilo_entry = tkinter.Entry(self.top_frame,
22                                            width=10)
```

```
        # Pack the top frame's widgets.
        self.prompt_label.pack(side='left')
        self.kilo_entry.pack(side='left')

        # Create the widgets for the middle frame.
        self.descr_label = tkinter.Label(self.mid_frame,
                                text='Converted to miles:')

        # We need a StringVar object to associate with
        # an output label. Use the object's set method
        # to store a string of blank characters.
        self.value = tkinter.StringVar()

        # Create a label and associate it with the
        # StringVar object. Any value stored in the
        # StringVar object will automatically be displayed
        # in the label.
        self.miles_label = tkinter.Label(self.mid_frame,
                            textvariable=self.value)

        # Pack the middle frame's widgets.
        self.descr_label.pack(side='left')
        self.miles_label.pack(side='left')

        # Create the button widgets for the bottom frame.
        self.calc_button = tkinter.Button(self.bottom_frame,
                                          text='Convert',
                                          command=self.convert)
        self.quit_button = tkinter.Button(self.bottom_frame,
                                          text='Quit',
                                          command=self.main_window.destroy)

        # Pack the buttons.
        self.calc_button.pack(side='left')
        self.quit_button.pack(side='left')

        # Pack the frames.
        self.top_frame.pack()
        self.mid_frame.pack()
        self.bottom_frame.pack()

        # Enter the tkinter main loop.
        tkinter.mainloop()

    # The convert method is a callback function for
    # the Calculate button.

    def convert(self):
        # Get the value entered by the user into the
        # kilo_entry widget.
        kilo = float(self.kilo_entry.get())

        # Convert kilometers to miles.
        miles = kilo * 0.6214

```

```
79              # Convert miles to a string and store it
80              # in the StringVar object. This will automatically
81              # update the miles_label widget.
82              self.value.set(miles)
83
84  # Create an instance of the KiloConverterGUI class.
85  kilo_conv = KiloConverterGUI()
```

程序运行结果如图13-16所示。当用户输入千米数1000并点击Convert按钮时发生的情况如图13-17所示，然后里程数显示在主窗体的标签中。

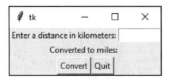 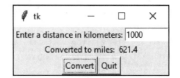

图13-16　程序13-10显示的窗体　　　　图13-17　显示1000公里转换为英里的窗体

第14～16行创建了三个框架：top_frame、mid_frame和bottom_frame。第19～26行顶部框架top_frame创建控件并调用它们的pack方法。第29～30行创建了Label控件，其文本为'Converted to miles:'，可以在图13-16的主窗体中看到该文本。然后，第35行创建了一个StringVar对象并将其赋值给value变量。第41行创建了一个名为miles_label的Label控件，使用它来显示里程数。在第42行中，使用参数textvariable = self.value，这会在Label控件和由value变量引用的StringVar对象之间建立关联。在String-Var对象中的任何值都将显示在标签中。

第45～46行调用mid_frame中的两个Label控件pack方法。第49～58行创建两个Button控件并调用pack方法。第61～63行调用三个Frame对象的pack方法。图13-18显示了这个窗体中的各种控件如何组织在三个框架中的。

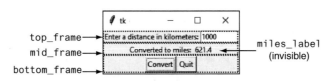

图13-18　kilo_converter2程序主窗体的布局

第71～82行显示的convert方法是Convert按钮的回调函数。第74行中的语句调用kilo_entry控件的get方法来获取已输入到控件中的数据。该值被转换为一个浮点数，然后赋值给kilo变量。第77行执行转换计算并将结果赋值给miles变量。然后，第82行中的语句调用StringVar对象的set方法，将miles变量作为参数传递。这会在StringVar对象中存储以英里为单位的值，并使其显示在miles_label窗体控件中。

聚光灯：创建一个GUI程序

在第3章中，介绍了计算三个测试分数平均值的程序。该程序提示学生输入每个分数，然后显示平均值。要求设计一个执行类似操作的GUI程序。程序有三个可以输入测试分数的输入控件,以及一个可以在点击后显示平均值的按钮。

在开始编写代码之前,如果绘制程序窗体的草图,将会很有帮助(如图13-19所示)。草图还显示每个控件的类型(当列出草图中所有的控件时,对所有控件进行编号以便于区别,这有助于编程)。

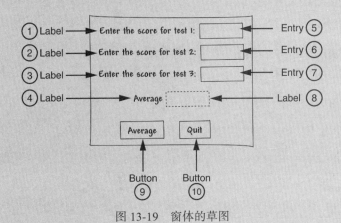

图 13-19 窗体的草图

根据草图制作需要的控件列表。在创建列表时对每个控件进行命名且简要说明。

控件编号	控件类型	功能描述	控件名称
1	Label	提示用户输入测试1的分数	test1_label
2	Label	提示用户输入测试2的分数	test2_label
3	Label	提示用户输入测试3的分数	test3_label
4	Label	标识将在此标签旁边显示的平均值	result_label
5	Entry	这是用户输入测试1的分数的地方	test1_entry
6	Entry	这是用户输入测试2的分数的地方	test2_entry
7	Entry	这是用户输入测试3的分数的地方	test3_entry
8	Label	该程序将显示该标签中的平均测试分数	avg_label
9	Button	单击此按钮时,程序将计算平均测试分数并将其显示在average-Label控件中	calc_button
10	Button	点击此按钮后,程序将结束	quit_button

从草图中可以看到窗体中有五行控件。为了组织它们,将创建五个Frame对象。图13-20显示了我们如何在五个Frame对象中布局窗体控件。

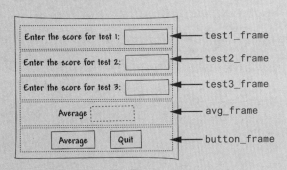

图 13-20 使用框架来组织窗体控件

程序 13-11 显示了 test_averages 程序的代码，图 13-21 显示了用户输入数据的程序窗体。

程序 13-11 （test_averages.py）

```python
 1   # This program uses a GUI to get three test
 2   # scores and display their average.
 3
 4   import tkinter
 5
 6   class TestAvg:
 7       def __init__(self):
 8           # Create the main window.
 9           self.main_window = tkinter.Tk()
10
11           # Create the five frames.
12           self.test1_frame = tkinter.Frame(self.main_window)
13           self.test2_frame = tkinter.Frame(self.main_window)
14           self.test3_frame = tkinter.Frame(self.main_window)
15           self.avg_frame = tkinter.Frame(self.main_window)
16           self.button_frame = tkinter.Frame(self.main_window)
17
18           # Create and pack the widgets for test 1.
19           self.test1_label = tkinter.Label(self.test1_frame,
20                                            text='Enter the score for test 1:')
21           self.test1_entry = tkinter.Entry(self.test1_frame,
22                                            width=10)
23           self.test1_label.pack(side='left')
24           self.test1_entry.pack(side='left')
25
26           # Create and pack the widgets for test 2.
27           self.test2_label = tkinter.Label(self.test2_frame,
28                                            text='Enter the score for test 2:')
29           self.test2_entry = tkinter.Entry(self.test2_frame,
30                                            width=10)
31           self.test2_label.pack(side='left')
32           self.test2_entry.pack(side='left')
33
34           # Create and pack the widgets for test 3.
35           self.test3_label = tkinter.Label(self.test3_frame,
36                                            text='Enter the score for test 3:')
37           self.test3_entry = tkinter.Entry(self.test3_frame,
38                                            width=10)
39           self.test3_label.pack(side='left')
40           self.test3_entry.pack(side='left')
41
42           # Create and pack the widgets for the average.
43           self.result_label = tkinter.Label(self.avg_frame,
44                                             text='Average:')
45           self.avg = tkinter.StringVar() # To update avg_label
46           self.avg_label = tkinter.Label(self.avg_frame,
47                                          textvariable=self.avg)
48           self.result_label.pack(side='left')
49           self.avg_label.pack(side='left')
50
```

```
51          # Create and pack the button widgets.
52          self.calc_button = tkinter.Button(self.button_frame,
53                                      text='Average',
54                                      command=self.calc_avg)
55          self.quit_button = tkinter.Button(self.button_frame,
56                                      text='Quit',
57                                      command=self.main_window.destroy)
58          self.calc_button.pack(side='left')
59          self.quit_button.pack(side='left')
60
61          # Pack the frames.
62          self.test1_frame.pack()
63          self.test2_frame.pack()
64          self.test3_frame.pack()
65          self.avg_frame.pack()
66          self.button_frame.pack()
67
68          # Start the main loop.
69          tkinter.mainloop()
70
71      # The calc_avg method is the callback function for
72      # the calc_button widget.
73
74      def calc_avg(self):
75          # Get the three test scores and store them
76          # in variables.
77          self.test1 = float(self.test1_entry.get())
78          self.test2 = float(self.test2_entry.get())
79          self.test3 = float(self.test3_entry.get())
80
81          # Calculate the average.
82          self.average = (self.test1 + self.test2 +
83                          self.test3) / 3.0
84
85          # Update the avg_label widget by storing
86          # the value of self.average in the StringVar
87          # object referenced by avg.
88          self.avg.set(self.average)
89
90  # Create an instance of the TestAvg class.
91  test_avg = TestAvg()
```

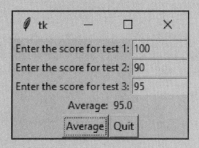

图 13-21 test_averages 程序窗体

检查点

13.11 如何从 Entry 控件获取数据？

13.12 当从一个 Entry 控件获得一个值时，它的数据类型是什么？

13.13 什么是 StringVar 类的模块？

13.14 将一个 StringVar 对象与一个 Label 控件关联可以完成什么？

13.8 Radio 按钮和 Check 按钮

概念：Radio 按钮通常以组的形式出现有两个或两个以上选项并允许用户从几种选项中选择其中一项。Check 按钮可以单独或分组显示，每个选项都是 / 否或开 / 关选择。

13.8.1 Radio 按钮

当希望从多个可能的选项中选择一项时，可以使用 Radio 按钮。图 13-22 显示了一个包含一组 Radio 单选按钮的窗体。每个单选按钮都有一个小圆圈，可以选择或取消选择单选按钮。当单选按钮被选中时显示为一个被填充了的小圆圈，当取消选中单选按钮时该圆圈显示为空。

使用 tkinter 模块的 Radiobutton 类来创建 Radiobutton 控件。点击 Radiobutton 选择它并自动取消选择同一个容器中的任何其他 Radiobutton。因为在任何时候一个容器（框架）中只能选择一个 Radiobutton，所以它们之间被认为是互斥的。

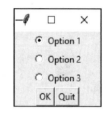

图 13-22 一组单选按钮

 注："Radio 按钮"名称来源于旧车收音机的选择电台按钮。一次只能按下其中一个按钮。当按下一个按钮时，它会自动弹出其他按下的按钮。

tkinter 模块提供了一个名为 IntVar 的类，与 Radiobutton 控件一起使用。当创建一组 Radiobutton 时，将它们全部与同一个 IntVar 对象相关联并为每个 Radiobutton 控件指定一个唯一的整数值。当选择其中一个 Radiobutton 控件时，它将其唯一整数值存储在 IntVar 对象中。

程序 13-12 演示了如何创建和使用 Radiobutton 控件。图 13-23 显示了程序运行后的窗体。当用户单击确定按钮时，会出现一个消息对话框，提示选择了哪个 Radiobutton。

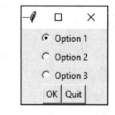

图 13-23 程序 13-12 显示的窗体

程序 13-12 （radiobutton_demo.py）

```
1   # This program demonstrates a group of Radiobutton widgets.
2   import tkinter
3   import tkinter.messagebox
4
5   class MyGUI:
6       def __init__(self):
7           # Create the main window.
8           self.main_window = tkinter.Tk()
9
```

```python
10          # Create two frames. One for the Radiobuttons
11          # and another for the regular Button widgets.
12          self.top_frame = tkinter.Frame(self.main_window)
13          self.bottom_frame = tkinter.Frame(self.main_window)
14
15          # Create an IntVar object to use with
16          # the Radiobuttons.
17          self.radio_var = tkinter.IntVar()
18
19          # Set the intVar object to 1.
20          self.radio_var.set(1)
21
22          # Create the Radiobutton widgets in the top_frame.
23          self.rb1 = tkinter.Radiobutton(self.top_frame,
24                                  text='Option 1',
25                                  variable=self.radio_var,
26                                  value=1)
27          self.rb2 = tkinter.Radiobutton(self.top_frame,
28                                  text='Option 2',
29                                  variable=self.radio_var,
30                                  value=2)
31          self.rb3 = tkinter.Radiobutton(self.top_frame,
32                                  text='Option 3',
33                                  variable=self.radio_var,
34                                  value=3)
35
36          # Pack the Radiobuttons.
37          self.rb1.pack()
38          self.rb2.pack()
39          self.rb3.pack()
40
41          # Create an OK button and a Quit button.
42          self.ok_button = tkinter.Button(self.bottom_frame,
43                                  text='OK',
44                                  command=self.show_choice)
45          self.quit_button = tkinter.Button(self.bottom_frame,
46                                  text='Quit',
47                                  command=self.main_window.destroy)
48
49          # Pack the Buttons.
50          self.ok_button.pack(side='left')
51          self.quit_button.pack(side='left')
52
53          # Pack the frames.
54          self.top_frame.pack()
55          self.bottom_frame.pack()
56
57          # Start the mainloop.
58          tkinter.mainloop()
59
60      # The show_choice method is the callback function for the
61      # OK button.
62      def show_choice(self):
63          tkinter.messagebox.showinfo('Selection', 'You selected option ' +
64                                  str(self.radio_var.get()))
65
```

```
66  # Create an instance of the MyGUI class.
67  my_gui = MyGUI()
```

第 17 行创建了一个名为 radio_var 的 IntVar 对象。第 20 行调用 radio_var 对象的 set 方法将整数值 1 存储在对象中。

第 23～26 行创建了第一个 Radiobutton 控件。variable= self.radio_var 将 Radiobutton 控件与 radio_var 对象相关联（在第 25 行）。value= 1 将整数 1 分配给此 Radiobutton 控件（在第 26 行）。因此任何时候选择此 Radiobutton，存储在 radio_var 对象中的值都将为 1。

第 27～30 行创建了第二个 Radiobutton 控件。注意这个 Radiobutton 控件也与 radio_var 对象相关联。value= 2 将整数 2 分配给此 Radiobutton(在第 30 行) 控件。因此，无论何时选择此 Radiobutton 控件，都将在 radio_var 对象中存储值 2。

第 31～34 行创建了第三个 Radiobutton 控件。这个 Radiobutton 控件也与 radio_var 对象相关联。value= 3 将整数 3 分配给此 Radiobutton 控件（在第 34 行）。因此，任何时候选择此 Radiobutton 控件，都将在 radio_var 对象中存储值 3。

第 62～64 行中的 show_choice 方法是 OK 按钮的回调函数。当方法被调用时，它调用 radio_var 对象的 get 方法来获取存储在该对象中的值。该值显示在消息对话框中。

程序运行时第一个 Radiobutton 最初被选中，这是因为程序在第 20 行将 radio_var 对象的值设置为 1。不仅可以使用 radio_var 对象来确定选择了哪个 Radiobutton，还可以用它来选择特定的 Radiobutton。当我们将一个特定的 Radiobutton 的值存储在 radio_var 对象中时，该 Radiobutton 将被选中。

13.8.2　Radiobutton 的回调函数

在程序 13-12 中用户单击 OK 按钮才确定选择了哪个 Radiobutton。此外还可以使用 Radiobutton 控件指定回调函数。如下例所示：

```
self.rb1 = tkinter.Radiobutton(self.top_frame,
                               text='Option 1',
                               variable=self.radio_var,
                               value=1,
                               command=self.my_method)
```

此代码使用参数 command = self.my_method 指定 my_method 是回调函数。当选择该 Radiobutton 时，将立即执行 my_method 方法。

13.8.3　Check 按钮

Check 按钮显示为一个小框，其旁边显示标签。如图 13-24 所示的窗体有三个 Check 按钮。

像单选按钮一样，Check 按钮可以选择或取消选择。当选中一个 Check 按钮时，在其框内会出现一个小复选标记。尽管 Check 按钮通常以组的形式显示，但它们并不互斥选择。相反，允许用户选中任何或全部的 Check 按钮。

可以使用 tkinter 模块的 Checkbutton 类来创建 Checkbutton 控件。与 Radiobuttons 一样，可以使用 IntVar 对象和 Checkbutton

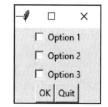

图 13-24　一组 Check 按钮

控件相关联。然而，与 Radiobuttons 不同的是需要不同的 IntVar 对象与每个 Checkbutton 控件相关联。选中 Checkbutton 控件时，其关联的 IntVar 对象将保持值 1。当未选中 Checkbutton 时，其关联的 IntVar 对象将保持值 0。

程序 13-13 演示了如何创建和使用 Checkbutton 控件。图 13-25 为程序运行后显示的窗体。当用户点击 OK 按钮时，会出现一个消息对话框，指出选择了哪些 Checkbutton。

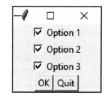

图 13-25　程序 13-13 显示的窗体

程序 13-13 （checkbutton_demo.py）

```
 1  # This program demonstrates a group of Checkbutton widgets.
 2  import tkinter
 3  import tkinter.messagebox
 4
 5  class MyGUI:
 6      def __init__(self):
 7          # Create the main window.
 8          self.main_window = tkinter.Tk()
 9
10          # Create two frames. One for the checkbuttons
11          # and another for the regular Button widgets.
12          self.top_frame = tkinter.Frame(self.main_window)
13          self.bottom_frame = tkinter.Frame(self.main_window)
14
15          # Create three IntVar objects to use with
16          # the Checkbuttons.
17          self.cb_var1 = tkinter.IntVar()
18          self.cb_var2 = tkinter.IntVar()
19          self.cb_var3 = tkinter.IntVar()
20
21          # Set the intVar objects to 0.
22          self.cb_var1.set(0)
23          self.cb_var2.set(0)
24          self.cb_var3.set(0)
25
26          # Create the Checkbutton widgets in the top_frame.
27          self.cb1 = tkinter.Checkbutton(self.top_frame,
28                                         text='Option 1',
29                                         variable=self.cb_var1)
30          self.cb2 = tkinter.Checkbutton(self.top_frame,
31                                         text='Option 2',
32                                         variable=self.cb_var2)
33          self.cb3 = tkinter.Checkbutton(self.top_frame,
34                                         text='Option 3',
35                                         variable=self.cb_var3)
36
37          # Pack the Checkbuttons.
38          self.cb1.pack()
39          self.cb2.pack()
40          self.cb3.pack()
41
42          # Create an OK button and a Quit button.
43          self.ok_button = tkinter.Button(self.bottom_frame,
44                                          text='OK',
```

```
45                                  command=self.show_choice)
46          self.quit_button = tkinter.Button(self.bottom_frame,
47                                     text='Quit',
48                                     command=self.main_window.destroy)
49
50          # Pack the Buttons.
51          self.ok_button.pack(side='left')
52          self.quit_button.pack(side='left')
53
54          # Pack the frames.
55          self.top_frame.pack()
56          self.bottom_frame.pack()
57
58          # Start the mainloop.
59          tkinter.mainloop()
60
61      # The show_choice method is the callback function for the
62      # OK button.
63
64      def show_choice(self):
65          # Create a message string.
66          self.message = 'You selected:\n'
67
68          # Determine which Checkbuttons are selected and
69          # build the message string accordingly.
70          if self.cb_var1.get() == 1:
71              self.message = self.message + '1\n'
72          if self.cb_var2.get() == 1:
73              self.message = self.message + '2\n'
74          if self.cb_var3.get() == 1:
75              self.message = self.message + '3\n'
76
77          # Display the message in an info dialog box.
78          tkinter.messagebox.showinfo('Selection', self.message)
79
80  # Create an instance of the MyGUI class.
81  my_gui = MyGUI()
```

检查点

13.15 用户只能从一组选项中选择一个项目。将使用哪种类型的控件，Radio 按钮或 Check 按钮？

13.16 用户能够从一组选项中选择任意数量的项目。将使用哪种类型的控件，Radio 按钮或 Check 按钮？

13.17 如何使用 IntVar 对象来确定在一组 Radiobutton 中选择了哪个 Radiobutton？

13.18 如何使用 IntVar 对象来确定是否选择了 Checkbutton？

13.9 使用 Canvas 组件绘制图形

概念： Canvas 组件提供了绘制简单形状的方法，例如直线、矩形、椭圆、多边形等。

Canvas 组件是一个空白的矩形区域，允许用户绘制简单的 2D 图形。在本节中，将介绍绘制直线、矩形、椭圆、圆弧、多边形和文本的 Canvas 方法。在介绍这些图形绘制之前，必须解释屏幕坐标系。可以使用 Canvas 组件的屏幕坐标系来指定图形的位置。

13.9.1 Canvas 组件的屏幕坐标系

计算机屏幕上显示的图像由称为像素的小点组成。屏幕坐标系用于标识应用程序窗口中的每个像素的位置。每个像素具有 X 坐标和 Y 坐标。X 坐标标识像素的水平位置，Y 坐标标识像素的垂直位置。坐标通常以（X，Y）的二元组形式给出。

在 Canvas 组件的屏幕坐标系中，屏幕左上角的像素坐标为（0, 0）。这意味着它的 X 坐标为 0，Y 坐标为 0。X 坐标从左到右增加，Y 坐标从上到下增加。在 640 像素宽 × 480 像素高的窗口中，窗口右下角的像素坐标为（639, 479）。在同一窗口中，窗口中心的像素坐标为（319, 239）。图 13-26 显示了窗口中各种像素的坐标。

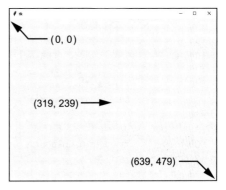

图 13-26 640×480 窗口中的各种像素位置

> 提示：Canvas 组件的屏幕坐标系与机器龟图形库使用的笛卡尔坐标系不同。以下是不同之处：
> - 使用 Canvas 组件，原点（0, 0）位于窗口的左上角。在机器龟图形中，原点（0, 0）位于窗口的中心。
> - 使用 Canvas 窗口组件时，Y 坐标会随着向下移动而增加。在机器龟图形中，当向下移动屏幕时，Y 坐标会减小。

Canvas 组件有许多方法在窗口组件上面绘制图形。下面将逐一介绍这些方法：
- create_line
- create_rectangle
- create_oval
- create_arc
- create_polygon
- create_text

在讨论这些方法的细节之前，先看一下程序 13-14。这是一个使用 Canvas 组件绘制直线的简单程序。图 13-27 显示了程序 13-14 运行结果的窗口。

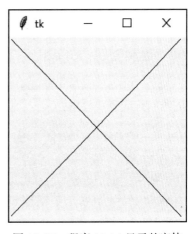

图 13-27 程序 13-14 显示的窗体

程序 13-14　（draw_line.py）

```
1   # This program demonstrates the Canvas widget.
2   import tkinter
3
```

```
 4    class MyGUI:
 5        def __init__(self):
 6            # Create the main window.
 7            self.main_window = tkinter.Tk()
 8
 9            # Create the Canvas widget.
10            self.canvas = tkinter.Canvas(self.main_window, width=200,height=200)
11
12            # Draw two lines.
13            self.canvas.create_line(0, 0, 199, 199)
14            self.canvas.create_line(199, 0, 0, 199)
15
16            # Pack the canvas.
17            self.canvas.pack()
18
19            # Start the mainloop.
20            tkinter.mainloop()
21
22  # Create an instance of the MyGUI class.
23  my_gui = MyGUI()
```

让我们来分析下这个程序。第10行创建了Canvas组件。括号内的第一个参数是对self.main_window的引用，self.main_window是添加Canvas组件的父容器。参数width = 200和height = 200指定Canvas组件的大小。

第13行调用了Canvas组件的create_line方法来绘制一条线。第一个和第二个参数是线的起点的（X，Y）坐标。第三个和第四个参数是线的终点的（X，Y）坐标。因此，此语句在Canvas上绘制一条线，从（0,0）到（199,199）。

第14行再次调用Canvas组件的create_line方法，以绘制第二条直线。此语句在画布上绘制一条线，从（199,0）到（0,199）。

第17行调用Canvas组件的pack方法，使组件可见。第20行执行tkinter模块的mainloop功能。

13.9.2 绘制直线：create_line方法

create_line方法在Canvas上的两个或多个点之间绘制一条线。以下是调用方法在两点之间绘制直线的一般格式：

canvas_name.create_line(*x1*, *y1*, *x2*, *y2*, *options*...)

参数x1和y1是线的起点的（X，Y）坐标。参数x2和y2是线的终点的（X，Y）坐标。在通用格式中，options … 表示可以传递该方法的几个可选关键字参数（如表13-2所示）。

在程序13-14中展示了调用create_line方法的示例，即程序中的第13行从（0,0）到（199,199）绘制一条线：

self.canvas.create_line(0, 0, 199, 199)

可以将多组坐标作为参数传递。create_line方法将绘制多点构成折线（如程序13-15所示）。第13行语句演示绘制了连接点（10,10）、（189,10）、（100,189）和（10,10）构成的折线。图13-28显示了程序13-15的运行结果。

程序 13-15 （draw_multi_lines.py）

```
1   # This program connects multiple points with a line.
2   import tkinter
3
4   class MyGUI:
5       def __init__(self):
6           # Create the main window.
7           self.main_window = tkinter.Tk()
8
9           # Create the Canvas widget.
10          self.canvas = tkinter.Canvas(self.main_window, width=200, height=200)
11
12          # Draw a line connecting multiple points.
13          self.canvas.create_line(10, 10, 189, 10, 100, 189, 10, 10)
14
15          # Pack the canvas.
16          self.canvas.pack()
17
18          # Start the mainloop.
19          tkinter.mainloop()
20
21  # Create an instance of the MyGUI class.
22  my_gui = MyGUI()
```

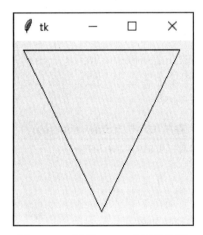

图 13-28　程序 13-15 显示的窗体

另有一种方式，可以将包含坐标的列表或元组作为参数。例如，在程序 13-15 中，可以使用下面的代码替换第 13 行并获得相同的运行结果：

```
points = [10, 10, 189, 10, 100, 189, 10, 10]
self.canvas.create_line(points)
```

表 13-2 列出了传递给 create_line 方法的几个可选的关键字参数的一些常用的方法。

表 13-2　create_line 方法可选参数的常用法

参数	说明
arrow = value	默认情况下，绘制的直线不带箭头。arrow 参数会在直线的一端或两端绘制箭头。设定 arrow = tkinter.FIRST 在直线的起始位置绘制箭头，arrow = tkinter.LAST 在直线的末尾位置绘制箭头，arrow = tkinter.BOTH 在直线的两端绘制箭头

（续）

参数	说明
dash = value	此参数设置直线成为虚线。该参数的值是一个由整数构成的元组，用于指定虚线模式。第一个整数指定要绘制直线的像素数，第二个整数指定要跳过的像素数，依此类推。例如，参数 dash = (5, 2) 将绘制 5 个像素，跳过 2 个像素，并重复绘制直至到达直线的末尾
fill = value	设定线条的颜色。参数的值是代表预定义颜色名称的字符串。例如一些常见的颜色是 'red'、'green'、'blue'、'yellow'、'cyan' 等（附录 D 显示完整预定义颜色列表，如果省略 fill 参数，则默认颜色为黑色）
smooth = value	默认情况下，smooth 参数设置为 False，该方法绘制指定点间的线条为直线。如果设定 smooth = True，则将线条绘制为曲线
width = value	设定直线的宽度（以像素为单位）。如参数 width = 5 会使线宽为 5 像素（默认情况下，线条宽度为 1 像素）

13.9.3 绘制矩形：create_rectangle 方法

create_rectangle 方法在 Canvas 上绘制一个矩形。以下是调用该方法的通用格式：

canvas_name.create_rectangle(*x1, y1, x2, y2, options*…)

参数 x1 和 y1 代表矩形左上角的 (X, Y) 坐标。参数 x2 和 y2 代表矩形右下角的 (X, Y) 坐标。在通用格式中，options… 表示可以传递该方法的几个可选关键字参数（如表 13-3 所示）。程序 13-16 的第 13 行演示了 create_rectangle 方法。矩形的左上角位于 (20, 20)，右下角位于 (180, 180)。图 13-29 显示了程序 13-16 的运行结果。

图 13-29　程序 13-16 显示的窗体

程序 13-16　（draw_square.py）

```
 1    # This program draws a rectangle on a Canvas.
 2    import tkinter
 3
 4    class MyGUI:
 5        def __init__(self):
 6            # Create the main window.
 7            self.main_window = tkinter.Tk()
 8
 9            # Create the Canvas widget.
10            self.canvas = tkinter.Canvas(self.main_window, width=200, height=200)
11
12            # Draw a rectangle.
13            self.canvas.create_rectangle(20, 20, 180, 180)
14
15            # Pack the canvas.
16            self.canvas.pack()
17
18            # Start the mainloop.
19            tkinter.mainloop()
20
21    # Create an instance of the MyGUI class.
22    my_gui = MyGUI()
```

表 13-3　create_rectangle 方法可选参数的常用法

参数	说明
dash = value	此参数使矩形的轮廓为虚线。该参数的值是一个由整数构成的元组，用于指定虚线模式。第一个整数指定要绘制直线的像素数，第二个整数指定要跳过的像素数，依此类推。例如，参数 dash = (5, 2) 将绘制 5 个像素，跳过 2 个像素，并重复绘制直到到达直线的末尾
fill = value	设定用于填充矩形的颜色。参数的值是代表预定义颜色名称的字符串。例如一些常见的颜色是 'red'、'green'、'blue'、'yellow'、'cyan' 等（附录 D 显示了完整预定义颜色列表，如果省略 fill 参数，则不填充）
outline = value	设定矩形轮廓的颜色。参数的值是代表预定义颜色名称的字符串。例如一些常见的颜色是 'red'、'green'、'blue'、'yellow'、'cyan' 等（如果省略 outline 参数，则默认颜色为黑色）
width = value	指定矩形轮廓的宽度（以像素为单位）。如参数 width = 5 会使线宽为 5 像素（默认情况下，线条宽度为 1 像素）

例如，如果我们按如下方式修改程序 13-16 中的第 13 行，程序将绘制一个带有虚线，3 像素宽的矩形。程序的运行结果如图 13-30 所示。

```
self.canvas.create_rectangle(20, 20, 180, 180, dash=(5, 2), width=3)
```

13.9.4　绘制椭圆：create_oval 方法

create_oval 方法绘制椭圆形。以下是调用该方法的通用格式：

canvas_name.create_oval(*x1, y1, x2, y2, options*...)

恰好包容该绘制椭圆的边界矩形坐标作为参数传递给该方法。(*x1, y1*) 是矩形左上角的坐标，(*x2, y2*) 是矩形右下角的坐标（如图 13-31 所示）。在通用格式中，*options*... 表示可以传递该方法的几个可选关键字参数（如表 13-4 所示）。

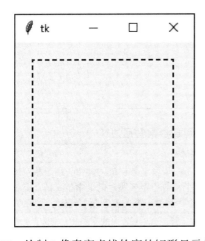

图 13-30　绘制 3 像素宽虚线轮廓的矩形显示的窗体

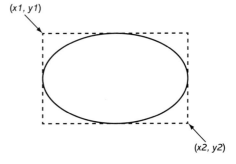

图 13-31　椭圆的边界矩形

程序 13-17 中第 13～14 行演示了 create_oval 方法。在第 13 行中绘制了第一个椭圆形，由一个边界矩形定义其左上角为（20, 20）及其右下角为（70, 70）。第 14 行绘制的第二个椭圆由一个边界矩形定义左上角为（100, 100），右下角为（180, 130）。图 13-32 显示了程序 13-17 的运行结果。

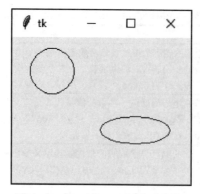

图 13-32　程序 13-17 显示的窗体

程序 13-17（draw_ovale.py）

```
1   # This program draws two ovals on a Canvas.
2   import tkinter
3
4   class MyGUI:
5       def __init__(self):
6           # Create the main window.
7           self.main_window = tkinter.Tk()
8
9           # Create the Canvas widget.
10          self.canvas = tkinter.Canvas(self.main_window, width=200, height=200)
11
12          # Draw two ovals.
13          self.canvas.create_oval(20, 20, 70, 70)
14          self.canvas.create_oval(100, 100, 180, 130)
15
16          # Pack the canvas.
17          self.canvas.pack()
18
19          # Start the mainloop.
20          tkinter.mainloop()
21
22  # Create an instance of the MyGUI class.
23  my_gui = MyGUI()
```

表 13-4　create_oval 方法的可选参数常用法

参数	说明
dash = value	此参数使椭圆的轮廓为虚线。该参数的值是一个由整数构成的元组，用于指定虚线模式。第一个整数指定要绘制直线的像素数，第二个整数指定要跳过的像素数，依此类推。例如，参数 dash = (5, 2) 将绘制 5 个像素，跳过 2 个像素，并重复绘制直到到达直线的末尾
fill = value	设定用于填充椭圆的颜色。参数的值是代表预定义颜色名称的字符串。例如一些常见的颜色是 'red'、'green'、'blue'、'yellow'、'cyan' 等（附录 D 显示了完整预定义颜色列表，如果省略 fill 参数，则不填充）
outline = value	设定椭圆轮廓的颜色。参数的值是代表预定义颜色名称的字符串。例如一些常见的颜色是 'red'、'green'、'blue'、'yellow'、'cyan' 等（如果省略 outline 参数，则默认颜色为黑色）
width = value	指定椭圆轮廓的宽度（以像素为单位）。如参数 width = 5 会使线宽为 5 像素（默认情况下，线条宽度为 1 像素）

提示：要绘制圆调用 create_oval 方法并使边界矩形的所有边长度相同。

13.9.5 绘制弧：create_arc 方法

create_arc 方法绘制弧形。以下是调用方法的通用格式：

canvas_name.create_arc(*x1*, *y1*, *x2*, *y2*, start=*angle*, extent=*width*, *options*...)

此方法绘制了一个弧形，它是椭圆的一部分。以恰好容纳了椭圆形边界的矩形坐标作为参数传递给该方法。(x1, y1) 是矩形左上角的坐标，(x2, y2) 是矩形右下角的坐标。start = angle 参数设定弧形的起始角度，extent = width 参数设定弧形的逆时针角度范围。例如，参数 start = 90 指定弧形以逆时针 90 度位置开始，参数 extent = 45 指定弧应逆时针延伸 45 度（如图 13-33 所示）。

我们将检查表 13-5 中的一些。程序 13-18 演示了 create_arc 方法。在第 13 行绘制弧形的一个边界矩形其左上角位于 (10, 10)，右下角位于 (190, 190)。弧形从 45 度开始，并逆时针延展 30 度。图 13-34 显示了程序 13-19 的运行结果。

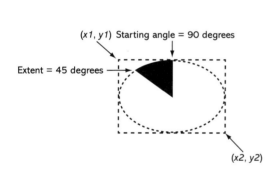

图 13-33 Arc 参数说明

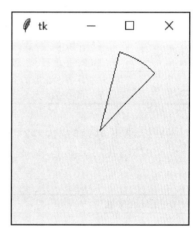

图 13-34 程序 13-18 显示的窗体

程序 13-18 （draw_arc.py）

```
1   # This program draws an arc on a Canvas.
2   import tkinter
3
4   class MyGUI:
5       def __init__(self):
6           # Create the main window.
7           self.main_window = tkinter.Tk()
8
9           # Create the Canvas widget.
10          self.canvas = tkinter.Canvas(self.main_window, width=200, height=200)
11
12          # Draw an arc.
13          self.canvas.create_arc(10, 10, 190, 190, start=45, extent=30)
14
15          # Pack the canvas.
16          self.canvas.pack()
17
```

```
18          # Start the mainloop.
19          tkinter.mainloop()
20
21  # Create an instance of the MyGUI class.
22  my_gui = MyGUI()
```

在通用格式中，options … 表示可以传递给该方法的几个可选关键字参数。

你可以将几个可选参数传递给 creat_arc 方法。表 13-5 列出了一些较常和的。

表 13-5　create_arc 方法可选参数的常用法

参数	说明
dash = value	此参数使弧形的轮廓为虚线。该参数的值是一个由整数构成的元组，用于指定虚线模式。第一个整数指定要绘制直线的像素数，第二个整数指定要跳过的像素数，依此类推。例如，参数 dash = (5, 2) 将绘制 5 个像素，跳过 2 个像素，并重复绘制直到到达直线的末尾
fill = value	设定用于填充弧形的颜色。参数的值是代表预定义颜色名称的字符串。例如一些常见的颜色是 'red'、'green'、'blue'、'yellow'、'cyan' 等（附录 D 显示了完整预定义颜色列表，如果省略 fill 参数，则不填充）
outline = value	设定弧形轮廓的颜色。参数的值是代表预定义颜色名称的字符串。例如一些常见的颜色是 'red'、'green'、'blue'、'yellow'、'cyan' 等（如果省略 outline 参数，则默认颜色为黑色）
style = value	设定弧形的样式。style 参数可以是 tkinter.PIESLICE, tkinter.ARC 或 tkinter.CHORD 值之一（参阅表 13-6）
width = value	指定弧形轮廓的宽度（以像素为单位）。如参数 width = 5 会使线宽为 5 像素（默认情况下，线条宽度为 1 像素）

你可以使用 style=arcstyle 参数绘制弧形样式，如表 13-6 所示（注意默认类型是 tiknter.PIESLICE）。图 13-35 显示了每种弧形样式的示例。

表 13-6　弧形样式说明

style 参数	说明
style = tkinter.PIESLICE	这是默认的弧形样式。弧形的每个端点到弧的中心点绘制直线。弧形像扇形披萨
style = tkinter.ARC	只绘制弧线，不绘制弧形端点到中心的直线
style = tkinter.CHORD	从弧形的一个端点到另一个端点绘制一条直线

tkinter.PIESLICE　　　tkinter.ARC　　　tkinter.CHORD

图 13-35　弧形的样式

程序 13-19 显示了使用弧形绘制饼图的示例程序，该程序的运行结果（如图 13-36 所示）。

程序 13-19　（draw_piechart.py）

```
1   # This program draws a pie chart on a Canvas.
2   import tkinter
3
4   class MyGUI:
5       def __init__(self):
```

```
 6              self.__CANVAS_WIDTH = 320    # Canvas width
 7              self.__CANVAS_HEIGHT = 240   # Canvas height
 8              self.__X1 = 60               # Upper-left X of bounding rectangle
 9              self.__Y1 = 20               # Upper-left Y of bounding rectangle
10              self.__X2 = 260              # Lower-right X of bounding rectangle
11              self.__Y2 = 220              # Lower-right Y of bounding rectangle
12              self.__PIE1_START = 0        # Starting angle of slice 1
13              self.__PIE1_WIDTH = 45       # Extent of slice 1
14              self.__PIE2_START = 45       # Starting angle of slice 2
15              self.__PIE2_WIDTH = 90       # Extent of slice 2
16              self.__PIE3_START = 135      # Starting angle of slice 3
17              self.__PIE3_WIDTH = 120      # Extent of slice 3
18              self.__PIE4_START = 255      # Starting angle of slice 4
19              self.__PIE4_WIDTH = 105      # Extent of slice 4
20
21              # Create the main window.
22              self.main_window = tkinter.Tk()
23
24              # Create the Canvas widget.
25              self.canvas = tkinter.Canvas(self.main_window,
26                                   width=self.__CANVAS_WIDTH,
27                                   height=self.__CANVAS_HEIGHT)
28
29              # Draw slice 1.
30              self.canvas.create_arc(self.__X1, self.__Y1, self.__X2, self.__Y2,
31                                   start=self.__PIE1_START,
32                                   extent=self.__PIE1_WIDTH,
33                                   fill='red')
34
35              # Draw slice 2.
36              self.canvas.create_arc(self.__X1, self.__Y1, self.__X2, self.__Y2,
37                                   start=self.__PIE2_START,
38                                   extent=self.__PIE2_WIDTH,
39                                   fill='green')
40
41              # Draw slice 3.
42              self.canvas.create_arc(self.__X1, self.__Y1, self.__X2, self.__Y2,
43                                   start=self.__PIE3_START,
44                                   extent=self.__PIE3_WIDTH,
45                                   fill='black')
46
47              # Draw slice 4.
48              self.canvas.create_arc(self.__X1, self.__Y1, self.__X2, self.__Y2,
49                                   start=self.__PIE4_START,
50                                   extent=self.__PIE4_WIDTH,
51                                   fill='yellow')
52
53              # Pack the canvas.
54              self.canvas.pack()
55
56              # Start the mainloop.
57              tkinter.mainloop()
58
59  # Create an instance of the MyGUI class.
60  my_gui = MyGUI()
```

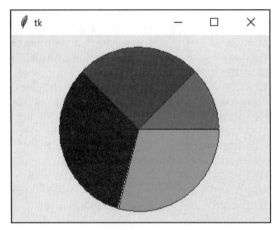

图 13-36　程序 13-19 显示的窗体

让我们分析一下程序 13-19，MyGUI 类中的 __init__ 方法：
- 第 6～7 行定义了 Canvas 组件的宽度和高度的属性。
- 第 8～11 行定义了每个弧形共享的边界矩形的左上角和右下角坐标的属性。
- 第 12～19 行定义了每个扇形区的起始角度和范围的属性。
- 第 22 行创建了主窗口和第 25～27 行创建 Canvas 组件。
- 第 30～33 行创建了第一个扇形，设置其填充颜色为红色。
- 第 36～39 行创建了第二个扇形，设置其填充颜色为绿色。
- 第 42～45 行创建了第三个扇形，设置其填充颜色为黑色。
- 第 54 行调用了 Canvas 的 pack 方法，使得 Canvas 的内容可见，且第 57 行调用了 tkinter 模块的 main_loop 函数。

13.9.6　绘制多边形：create_polygon 方法

create_polygon 方法在 Canvas 上绘制了封闭多边形。多个线段连接构成多边形，两条线段被连接的点被称为顶点。调用该方法来绘制多边形的通用格式如下：

canvas_name.create_polygon(*x1, y1, x2, y2, ..., options ...*)

参数 *x1* 和 *y1* 是第一个顶点的（*X*, *Y*）坐标，*X2* 和 *y2* 是第二顶点的坐标（*X*, *Y*），依此类推。该方法将通过自动绘制从最后顶点到第一个顶点的线段来封闭多边形。在通用格式，*options*... 表示可以传递给该方法的可选参数（如表 13-7 所示）。

表 13-7　create_polygon 方法可选参数的常用法

参数	说明
dash = value	此参数使多边形的轮廓为虚线。该参数的值是一个由整数构成的元组，用于指定虚线模式。第一个整数指定要绘制直线的像素数，第二个整数指定要跳过的像素数，依此类推。例如，参数 dash = (5, 2) 将绘制 5 个像素，跳过 2 个像素，并重复绘制直到到达直线的末尾
fill = value	设定用于填充多边形的颜色。参数的值是代表预定义颜色名称的字符串。例如一些常见的颜色是 'red'、'green'、'blue'、'yellow'、'cyan' 等（附录 D 显示了完整预定义颜色列表，如果省略 fill 参数，则默认的参数为黑色）
outline = value	设定多边形轮廓的颜色。参数的值是代表预定义颜色名称的字符串。例如一些常见的颜色是 'red'、'green'、'blue'、'yellow'、'cyan' 等（如果省略 outline 参数，则默认颜色为黑色）

（续）

参数	说明
smooth = value	默认情况下，smooth 参数设置为 False，这使得方法绘制连接指定点的直线。如果指定 smooth = True，则将线条绘制为曲线
width = value	指定弧形轮廓的宽度（以像素为单位）。如参数 width = 5 会使线宽为 5 像素（默认情况下，线条宽度为 1 像素）

程序 13-20 显示了 create_polygon 方法。第 13～14 行的语句绘制了八个顶点的多边形。第一顶点是在（60，20），第二顶点是在（100，20），依次类推（如图 13-37 所示）。图 13-38 显示了程序 13-20 的运行结果。

程序 13-20 （draw_polygon.py）

```
1   # This program draws a polygon on a Canvas.
2   import tkinter
3
4   class MyGUI:
5       def __init__(self):
6           # Create the main window.
7           self.main_window = tkinter.Tk()
8
9           # Create the Canvas widget.
10          self.canvas = tkinter.Canvas(self.main_window, width=160, height=160)
11
12          # Draw a polygon.
13          self.canvas.create_polygon(60, 20, 100, 20, 140, 60, 140, 100,
14                                     100, 140, 60, 140, 20, 100, 20, 60)
15
16          # Pack the canvas.
17          self.canvas.pack()
18
19          # Start the mainloop.
20          tkinter.mainloop()
21
22  # Create an instance of the MyGUI class.
23  my_gui = MyGUI()
```

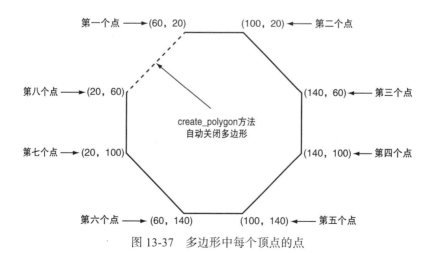

图 13-37 多边形中每个顶点的点

13.9.7 绘制文本：create_text 方法

使用 create_text 方法在 "Canvas" 上显示文本。调用该方法的通用格式如下：

canvas_name.create_text(*x*, *y*, text=*text*, *options* ...)

参数 *x* 和 *y* 是文本插入点的 (*X*, *Y*) 坐标，text = text 参数设定要显示的文本。默认情况下，文本在插入点水平和垂直居中显示。在通用格式中，options... 表示可以传递给该方法的几个可选参数（如表 13-8 所示）。

程序 13-21 显示了 create_text 方法的调用方法。第 13 行的语句在窗口中心的坐标（100, 100）处显示文本 "Hello World"。图 13-39 显示了程序 13-21 的运行结果。

程序 13-21 （draw_text.py）

```
1    # This program draws text on a Canvas.
2    import tkinter
3
4    class MyGUI:
5        def __init__(self):
6            # Create the main window.
7            self.main_window = tkinter.Tk()
8
9            # Create the Canvas widget.
10           self.canvas = tkinter.Canvas(self.main_window, width=200, height=200)
11
12           # Display text in the center of the window.
13           self.canvas.create_text(100, 100, text='Hello World')
14
15           # Pack the canvas.
16           self.canvas.pack()
17
18           # Start the mainloop.
19           tkinter.mainloop()
20
21   # Create an instance of the MyGUI class.
22   my_gui = MyGUI()
```

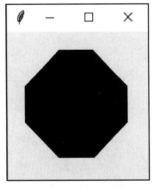

图 13-38　程序 13-20 显示的窗体

图 13-39　程序 13-21 显示的窗体

有几个可选的关键字参数可以传递给 creation_text 方法。表 13-8 列出了常用的一些。

表 13-8　create_text 方法的可选参数常用法

参数	说明
anchor = value	此参数设定文本相对于其插入点的位置。默认情况下，anchor 参数设置为 tkinter.CENTER，文本在插入点位置垂直和水平居中排列。还可以设定表 13-9 中列出的任何值
fill = value	设定文本颜色。参数的值是代表预定义颜色名称的字符串。例如一些常见的颜色是 'red'、'green'、'blue'、'yellow'、'cyan' 等（附录 D 显示了完整预定义颜色列表，如果省略 fill 参数，则文本将为黑色）
font = value	更改默认字体，创建一个 tkinter.font.Font 对象并将其作为 font 参数的值传递。（参阅本节后面有关字体的介绍）
justify = value	如果显示多行文本，则此参数设定行的对齐方式。值可以是 tkinter.LEFT, tkinter.CENTER 或 tkinter.RIGHT。默认值为 tkinter.LEFT

可以通过九种不同的方式相对于其插入点设定文本定位。anchor = position 参数，默认值为 tkinter.CENTER，可以使用表 13-9 中的值来更改定位。

表 13-9　文本定位值

anchor 参数	说明
anchor = tkinter.CENTER	文本以插入点为中心垂直和水平居中排列，这是默认文本定位
anchor = tkinter.NW	以插入点为文本左上角定位
anchor = tkinter.N	文本上边缘（北）沿插入点居中定位
anchor = tkinter.NE	以插入点为文本右上角定位
anchor = tkinter.W	以插入点位于文本的左边缘中间（西）定位
anchor = tkinter.E	以插入点位于文本的右边缘中间（东）定位
anchor = tkinter.SW	以插入点为文本的左下角定位
anchor = tkinter.S	文本的下边缘（南）居中沿插入点定位
anchor = tkinter.SE	以插入点为文本的右下角定位

图 13-40 显示了不同文本的定位方式，在图中每一行文本都有一个点代表插入点。

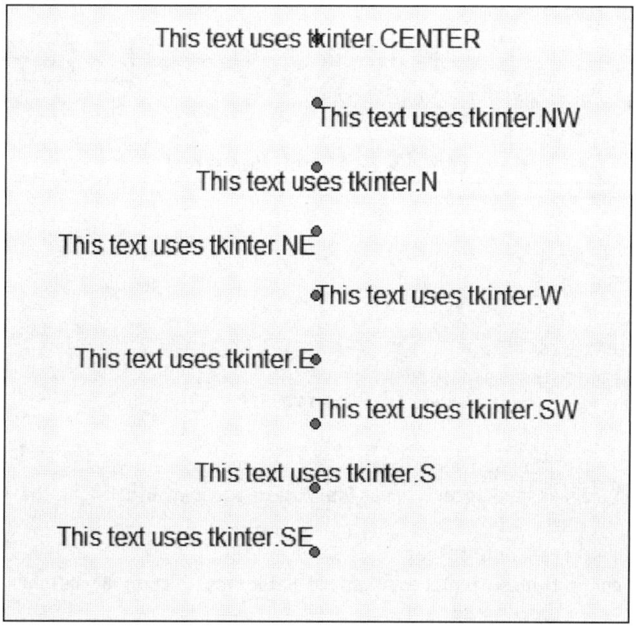

图 13-40　文本不同定位值显示结果

设置字体

设置与 create_text 方法一起使用的字体，可以通过创建 Font 对象并将其作为 font = 参数传递给 create_text 方法。Font 类存储在 tkinter.font 模块中，因此必须在程序中包含以下 import 语句：

```
import tkinter.font
```

以下是创建设定 Helvetica 12 磅字体的 Font 对象的示例：

```
myfont = tkinter.font.Font(family='Helvetica', size='12')
```

创造 Font 对象时，可以传递表 13-10 中显示的关键字参数的值。

表 13-10　Font 类的参数

参数	说明
family = value	此参数是一个字符串，用于设定字体的名称，例如 "Arial" "Courier" "Helvetica" "Times New Roman" 等
size = value	此参数是一个整数，设定以磅为单位的字体大小
weight = value	此参数设定字体的粗细。有效值是字符串 'bold' 和 'normal'
slant = value	此参数指定字体的倾斜度。如果希望字体显示为倾斜，设定为 "italic"。如果你希望字体显示为非斜体，设定为 "roman"
underline = value	文本显示带下划线，则设定为 1，否则设定为 0
overstrike = value	文本显示带下划线，则设定为 1，否则设定为 0

可用的字体取决于操作系统。要查看已安装的字体列表，在 Python shell 中输入以下内容：

```
>>> import tkinter
>>> import tkinter.font
>>> tkinter.Tk()
<tkinter.Tk object .>
>>> tkinter.font.families()
```

程序 13-22 显示了使用 18 磅粗体 Helvetica 字体显示文本的示例。图 13-41 显示了程序 13-22 运行结果。

图 13-41　程序 13-22 显示的窗体

程序 13-22　（font_demo.py）

```
 1  # This program draws text on a Canvas.
 2  import tkinter
 3  import tkinter.font
 4
 5  class MyGUI:
 6      def __init__(self):
 7          # Create the main window.
 8          self.main_window = tkinter.Tk()
 9
10          # Create the Canvas widget.
11          self.canvas = tkinter.Canvas(self.main_window, width=200, height=200)
12
13          # Create a Font object.
14          myfont = tkinter.font.Font(family='Helvetica', size=18, weight='bold')
15
16          # Display some text.
```

```
17              self.canvas.create_text(100, 100, text='Hello World', font=myfont)
18
19          # Pack the canvas.
20          self.canvas.pack()
21
22          # Start the mainloop.
23          tkinter.mainloop()
24
25  # Create an instance of the MyGUI class.
26  my_gui = MyGUI()
```

检查点

13.19 在 Canvas 组件的屏幕坐标系中，窗口左上角的像素坐标是什么？

13.20 在 Canvas 组件的屏幕坐标系中，窗口宽 640 像素，高 480 像素，右下角像素的坐标是多少？

13.21 Canvas 组件的屏幕坐标系与机器龟图形库使用的笛卡尔坐标系有何不同？

13.22 使用 Canvas 组件哪些方法绘制以下每种类型的形状？

a）一个圆

b）一个正方形

c）一个矩形

d）封闭的六边形

e）椭圆形

f）弧形

复习题

多项选择题

1. _____是用户与计算机交互的一部分。
   a. 中央处理器　　　b. 用户界面　　　c. 控制系统　　　d. 交互系统

2. 在 GUI 流行之前，_____界面是最常用的。
   a. 命令行　　　　　b. 远程终端　　　c. 感知　　　　　d. 事件驱动

3. _____是一个小窗口，显示信息并允许用户执行操作。
   a. 菜单　　　　　　b. 确认窗口　　　c. 启动屏幕　　　d. 对话框

4. _____程序是事件驱动的。
   a. 命令行　　　　　b. 基于文本　　　c. GUI　　　　　　d. 过程化

5. 下面是图形用户界面中的术语是_____。
   a. 小工具　　　　　b. 控件　　　　　c. 工具　　　　　d. 图标化的对象

6. 在 Python 中使用_____个模块来创建 GUI 程序。
   a. GUI　　　　　　b. PythonGui　　　c. Tkinter　　　　d. TGUI

7. _____控件是显示一行文本的区域。
   a. Label　　　　　 b. Entry　　　　　c. TextLine　　　 d. Canvas

8. _____控件是用户可以从键盘输入一行输入的区域。
   a. Label　　　　　 b. Entry　　　　　c. TextLine　　　 e. Entry

9. _____控件是一个可以容纳其他控件的容器。
   a. Grouper　　　　b. Composer　　　 c. Fence　　　　　d. Frame

10. _____方法将控件安排在适当的位置，并且在显示主窗口时使控件可见。
    a. pack   b. arrange   c. position   d. show
11. _____是特定事件触发时调用的函数或方法。
    a. 回调函数   b. 自动函数   c. 启动函数   d. 异常
12. showinfo 函数在_____模块中。
    a. tkinter   b. tkinfo   c. SYS   d. tkinter.messagebox
13. 可以调用_____方法关闭 GUI 程序。
    a. root 控件的 destroy 方法   b. 任何控件的 cancel 方法
    c. sys.shutdown 函数   d. Tk.shutdown 方法
14. 调用_____方法从 Entry 控件获取数据。
    a. get_entry   b. data   c. get   d. retrieve
15. _____的对象可以与 Label 标签控件相关联，存储在对象中的任何数据都将显示在标签中。
    a. StringVar   b. LabelVar   c. LabelValue   d. DisplayVar
16. _____控件组在任何时刻只能选择其中一个控件。
    a. Checkbutton b. Radiobutton   c. Mutualbutton   d. Button
17. _____组件提供了绘制简单 2D 形状的方法。
    a. Shape   b. Draw   c. Palette   d. Canvas

判断题

1. Python 语言具有用于创建 GUI 程序的内置关键字。
2. 每个控件都有一个可以调用来关闭程序的退出方法。
3. 你从 Entry 控件中检索出的数据始终为 int 数据类型。
4. 在同一个容器中的所有 Radiobutton 控件之间自动创建互斥关系。
5. 在同一个容器中的所有 Checkbutton 控件之间自动创建互斥关系。

简答题

1. 当程序在基于文本的环境（如命令行界面）中运行时，什么决定了事件发生的顺序？
2. 小控件的包装方法有什么作用？
3. tkinter 模块的主循环功能是做什么的？
4. 如果你创建了两个控件并且不带任何参数地调用它们的包装方法，那么这些控件将如何安排在它们的父控件中？
5. 你如何指定一个控件应该尽可能靠近其父控件的位置？
6. 如何从 Entry 控件中检索数据？
7. 如何使用 StringVar 对象更新 Label 控件的内容？
8. 如何使用 IntVar 对象来确定在一组 Radiobutton 中选择了哪个 Radiobutton？
9. 如何使用 IntVar 对象来确定 Check Button 是否被选中？

算法题

1. 编写一个创建 Label 控件的语句。其父控件是 self.main_window，其显示文本是 'Programming is fun!'。
2. 假定 self.label1 和 self.label2 引用两个 Label 控件。编写这两个控件的 pack 代码，以使它们放置在其父控件的尽可能左的位置。

3. 编写一个创建 Frame 控件的语句，其父控件是 self.main_window。
4. 编写一个语句显示一个消息对话框，标题为 "Program Paused"，并显示消息 "Click OK when you are ready to continue."。
5. 编写一个创建 Button 控件的语句。它的父控件是 self.button_frame，它的文本显示 'Calculate'，它的回调函数应该是 self.calculate 方法。
6. 编写一个语句，创建一个 Button 控件，当它被点击时关闭该程序。其父控件是 self.button_frame，其文本应该是 'Quit'。
7. 假设变量 data_entry 引用一个 Entry 控件。编写一个语句，从该控件中获取数据，将其转换为 int 类型，并将其赋值给名为 var 的变量。
8. 假设在程序中，以下语句创建了一个 Canvas 组件并将其赋值给 self.canvas 变量：

   self.canvas = tkinter.Canvas(self.main_window, width=200, height=200)

   编写程序语句实现以下操作：
   a) 从中画出一条蓝线，从 Canvas 组件的左下角到右下角。该线宽为 3 像素。
   b) 绘制一个红色轮廓和黑色内部填充的矩形。Canvas 组件中矩形的四个顶点坐标如下：

   左上角：(50, 50)

   右上角：(100, 50)

   左下角：(50, 100)

   右下角：(100, 100)
   c) 画一个绿色圆。圆的中心点为 (100, 100) 并且它的半径为 50。
   d) 绘制一个蓝色填充的圆弧，其边界矩形左上角坐标为 (20, 20)，右下角坐标为 (180, 180)。弧形从 0 度开始，并延伸 90 度。

编程题

1. 名称和地址

编写一个 GUI 程序，当点击一个按钮时显示你的姓名和地址。程序运行时的窗体如图 13-42 左侧的草图所示。当用户单击 "Show Info" 按钮时，程序应显示你的姓名和地址，如图 13-42 右侧草图所示。

图 13-42 名称和地址程序

2. 拉丁翻译

请看下面的拉丁文单词及其含义。

拉丁文	英文
sinister	left
dexter	right
medium	center

编写一个 GUI 程序，将拉丁文字翻译为英文。该窗体应该有三个按钮，每个拉丁词一个。当用户点击一个按钮时，程序会在标签中显示其英文翻译。

3. 英里每加仑计算器

编写一个 GUI 程序来计算汽车的油耗。该程序的窗体应该具有输入控件，用户可以输入汽车所容纳的汽油加仑[○]数以及加满后行驶的里程数。点击 Calculate MPG 按钮后，程序应显示汽车每加仑汽油可行驶的里程数。使用以下公式计算每加仑英里数：

$$每加仑英里数（MPG）= \frac{英里}{加仑}$$

4. 摄氏温度转换为华氏温度

编写一个 GUI 程序，将摄氏温度转换为华氏温度。用户应能够输入摄氏温度，单击按钮，然后显示相应的华氏温度。使用以下公式进行转换：

$$F = \frac{9}{5}C + 32$$

F 是华氏温度，C 是摄氏温度。

5. 物业税

一个县征收财产评估价值的财产税，这是财产实际价值的 60%。如果一英亩[○]的土地价值为 10 000 美元，那么它的评估价值是 $6 000。然后每 100 美元的评估价值为物业税 0.75 美元。评估价为 6 000 美元的物业税将为 45 美元。编写一个图形用户界面程序，在用户输入物业的实际价值时显示评估价值和物业税。

6. 乔的汽车

Joe's Automotive 执行以下日常维护服务：

- 换油 – $30.00
- 润滑油工作 – $20.00
- 散热器冲洗 – 40.00
- 传输冲洗 – $100.00
- 检查 – $35.00
- 消声器更换 – 200.00
- 轮胎旋转 – 20.00

用 Check 按钮编写一个 GUI 程序，允许用户选择任一或所有这些服务。当用户点击一个按钮时，计算并显示总费用。

7. 长途电话

长途电话运营商收取以下电话费用：

收费时段	费用（每分钟）
白天（上午 6:00～下午 5:59）	$0.07
晚上（下午 6:00～晚上 11:59）	$0.12
非高峰（半夜 12:00～上午 5:59）	$0.05

编写一个 GUI 应用程序，允许用户从一组 Radio 按钮中选择一个费率类别，并将呼叫的分钟数输入到一个 Entry 控件中。消息对话框应显示此次通话费用。

○ （美）加仑，1USgal = 3.785 41dm³。——编辑注

○ 英亩，1acre=4 046.856m²。——编辑注

8. 绘制房子

使用在本章中学习的 Canvas 组件来绘制房屋。一定要包括至少有两扇窗户和一扇门。随意绘制其他物体，如天空、太阳甚至是云。

9. 树龄

计算树的年轮是了解树龄的好方法。每个成长环算作一年。使用 Canvas 组件绘制 5 岁树的年轮环。然后每个生长环从中心向外开始编号，使用 create_text 方法显示与该生长环有关的年龄。

10. 好莱坞明星

在好莱坞星光大道上打造自己的明星。编写一个显示类似于图 13-43 所示星形的程序，你的名字显示在星形图案中。

图 13-43　好莱坞明星

11. 交通工具绘制

使用在本章中学到的绘制形状的方法，选择绘制（汽车、卡车、飞机等）交通工具的轮廓。

12. 太阳系

使用 Canvas 组件绘制太阳系的每个行星。首先画太阳，然后是每个行星（水星，金星，地球，火星，木星，土星，天王星，海王星，冥王星），根据与太阳的距离，逐一绘制。使用 create_text 方法标记每个行星名字。

附录 A

Starting Out with Python, Fourth Edition

Python 安装

下载 Python

要运行本书中的程序，你需要安装 Python 3.0 及以上的版本。你可以从 www.python.org/downloads 下载最新版本的 Python。本附录讨论了如何在 Windows 下安装 Python。Python 也适用于 Mac，Linux 和其他平台。对于下载这些系统的 Python 版本的链接，请参见 Python 下载站点 www.python.org/downloads。

 提示：请记住 Python 版本目前有两大家族，你可以下载：Python 3.x 和 Python 2.x。本书中的程序仅在 Python 3.x 系列上测试过。

Windows 下安装 Python3.x

当访问 Python 下载站点 www.python.org/downloads 时，你应该可以下载到 Python 3.x 的最新版本。图 A-1 显示了本书撰写时下载站点的页面呈现。从图中可以看出，Python 3.5.2 是当时的最新版本。

图 A-1　下载 Python 最新版本

一旦下载完了 Python 安装程序，就可以运行它。图 A-2 显示了 Python 3.5.2 的安装程序。强烈建议选中屏幕下方的两个选项：为所有用户安装启动器和将 `Python 3.X` 添加到 `PATH`。当选定完成后，单击立即安装。

接下来，Windows 会提示一个消息，例如"Do you want to allow this app to make changes to your device？"单击 Yes 继续安装。安装完成后，你将看到"Installation was successful."的消息。单击关闭按钮退出安装程序。

图 A-2　Python 安装程序

附录 B
Starting Out with Python, Fourth Edition

IDLE 简介

IDLE 是由若干个开发工具组成的一个集成开发环境，包括：
- 一个以交互模式运行的 Python 命令行。你可以在命令行提示符下键入 Python 语句，并立即执行它们。你还可以运行完整的 Python 程序。
- 一个文本编辑器，可以语法高亮显示 Python 关键字和程序的其他部分。
- 一个"检查模块"工具，可以在不运行 Python 程序的情况下检查其语法错误。
- 搜索工具，允许你在单个或多个文件中进行文本查找。
- 代码格式化工具，帮助保持 Python 程序中一致的缩进。
- 一个调试器，允许在 Python 程序中进行单步调试，观察每个语句执行时变量值的变化。
- 其他开发者可以使用的高级工具。

IDLE 软件与 Python 绑定在一起。当你安装 Python 解释器时，IDLE 也会自动安装。本附录提供了对 IDLE 的快速介绍，并描述了创建、保存和执行 Python 程序的基本步骤。

启动 IDLE 并使用 Python 命令行

在系统上安装 Python 后，你的开始菜单程序列表中会出现一个 Python 程序组。程序组中有一项冠以标题 IDLE（Python GUI）。单击此项以启动 IDLE，将看到如图 B-1 所示的 Python 命令行窗口。在这个窗口中，Python 解释器以交互模式运行，窗口顶部是一个菜单栏，可以访问 IDLE 的所有工具。

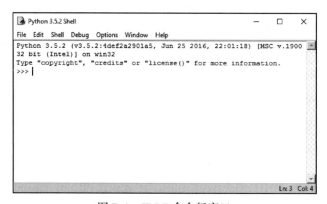

图 B-1　IDLE 命令行窗口

提示符 >>> 表示解释器正在等待你键入 Python 语句。当你在 >>> 提示符下键入语句并按下回车键时，该语句将立即执行。例如，图 B-2 显示了三个语句输入并执行后的 Python 命令行窗口。

当开始输入一个多行语句时，如 if 语句或循环语句，每个后续行会自动缩进。在一个空行上键入回车意味着多行语句的结尾，并让解释器执行它。图 B-3 给出了输入一个 for 循环语句并执行后的 Python 命令行窗口。

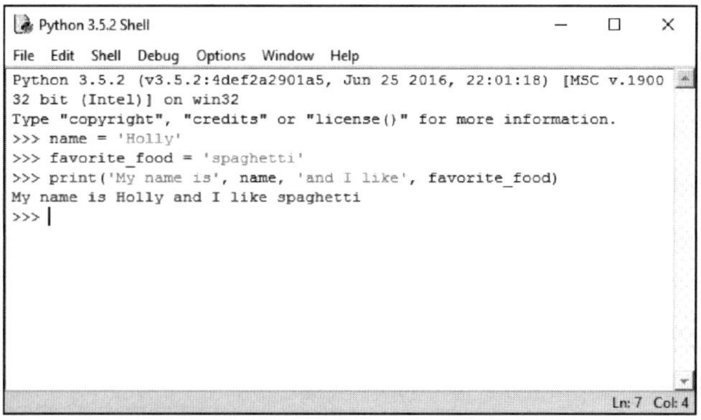

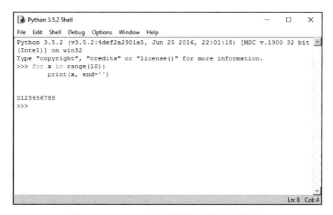

图 B-2　Python 解释器执行的语句

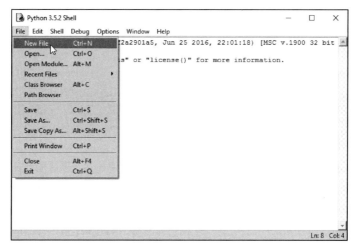

图 B-3　Python 解释器执行的多行语句

在 IDLE 编辑器中编写 Python 程序

要在 IDLE 中编写一个新的 Python 程序，你要打开一个新的编辑窗口。如图 B-4 所示，单击菜单栏上的 File，然后在下拉菜单上单击 New File（或者，可以按 Ctrl + N）。这样就可以打开如图 B-5 所示的文本编辑窗口。

图 B-4　文件菜单

要打开一个已存在的程序，单击菜单栏上的 File，然后点击 Open。浏览到文件的位置并选择它，它将在编辑器窗口中打开。

语法高亮

键入编辑器窗口的代码以及 Python 命令行窗口中的代码颜色标注如下所示：

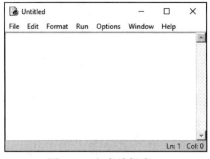

- Python 关键字显示为橙色；
- 注释显示为红色；
- 字符串文字显示为绿色；
- 定义的名称（如函数和类的名称）显示为蓝色；
- 内置函数显示为紫色。

图 B-5　文本编辑窗口

 提示：可以通过点击菜单栏上的 Options 后单击 Configure IDLE 改变来 IDLE 的颜色设置。在对话框的顶部选择 Hightlighting 选项卡，你就可以为 Python 程序中的每个元素指定颜色了。

自动缩进

IDLE 编辑器具有帮助你在 Python 程序中保持一致缩进的特性。也许最有用的功能就是自动缩进。当键入以冒号结束的一行代码，如 if 语句，循环的第一行，或一个函数头，然后按回车键，编辑器会自动缩进之后键入的代码行。例如，假设你键入如图 B-6 所示的代码。在①所标记行的末尾键入回车，编辑器会自动缩进之后键入的代码行。在②所标记行的末尾键入回车后，编辑器会再次缩进。在缩进行的开始按 Backspace 键可取消一级缩进。

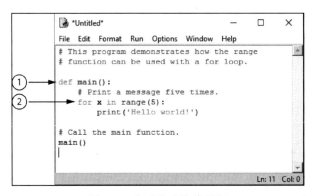

图 B-6　自动缩进的代码行

默认情况下，IDLE 的缩进相当于四个空格。可以通过单击菜单栏上的 Options，然后单击 Configure IDLE 来改变空格数。确保在对话框顶部选中了 Fonts/Tab，然后你就可以看到一个滑块，可以更改用于缩进宽度的空格数。但是四个空格是 Python 缩进的标准宽度，因此建议你保留此设置。

保存程序

在编辑器窗口中，可以通过从 File 菜单中选择下面的任一操作来保存当前程序：

- Save
- Save As
- Save Copy As

Save 和 Save As 的工作方式与任何 Windows 应用程序中一样。Save Copy As 工作方式类似于 Save As，但它会在编辑器窗口中保留原来的程序。

运行程序

将程序输入编辑器后，可以通过按 F5 键或如图 B-7 所示通过在编辑器窗口的菜单栏上单击 Run，然后单击 Run Module 来运行该程序。如果上次修改后程序尚未保存，将看到如图 B-8 所示的对话框。单击 OK 保存程序。当程序运行时，将看到其输出显示在 IDLE 的 Python 命令窗口中，如图 B-9 所示。

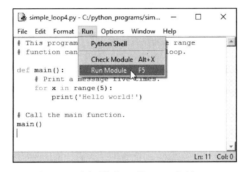

图 B-7　编辑器窗口的 Run 菜单　　　　图 B-8　Save 确认对话框

如果程序包含了语法错误，运行程序时，将看到如图 B-10 所示的对话框。单击 OK 按钮后，编辑器将高光显示代码中错误的位置。如果要检查程序的语法而不想运行程序，可以单击菜单栏上的 Run，然后单击 Check Module。发现的语法错误将会报告。

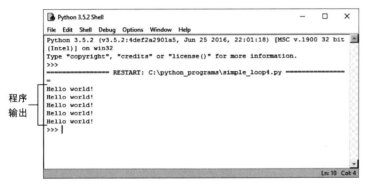

图 B-9　Python 命令行窗口的输出显示　　　图 B-10　报告语法错误的对话框

其他资源

本附录概述了如何使用 IDLE 创建，保存和执行程序。IDLE 提供了更多高级功能。要了解其他功能的有关信息，请参阅 www.python.org/idle 上的官方 IDLE 文档。

附录 C
Starting Out with Python, Fourth Edition

ASCII 码表

下面的表格列出了 ASCII（美国信息交换标准代码）字符集。它与 Unicode 的前 127 个字符代码相同，是 Unicode 的拉丁字母子集。ASCII 码列显示了 ASCII 码，字符列显示了对应的字符。例如，ASCII 码 65 表示字母 A。需要注意的是，前 31 个 ASCII 码和第 127 个 ASCII 码是不可打印的控制字符。

ASCII 码	字符	ASCII 码	字符	ASCII 码	字符	ASCII 码	字符	ASCII 码	字符
0	NUL	26	SUB	52	4	78	N	104	h
1	SOH	27	Escape	53	5	79	O	105	i
2	STX	28	FS	54	6	80	P	106	j
3	ETX	29	GS	55	7	81	Q	107	k
4	EOT	30	RS	56	8	82	R	108	l
5	ENQ	31	US	57	9	83	S	109	m
6	ACK	32	(Space)	58	:	84	T	110	n
7	BEL	33	!	59	;	85	U	111	o
8	Backspace	34	"	60	<	86	V	112	p
9	HTab	35	#	61	=	87	W	113	q
10	Line Feed	36	$	62	>	88	X	114	r
11	VTab	37	%	63	?	89	Y	115	s
12	Form Feed	38	&	64	@	90	Z	116	t
13	CR	39	'	65	A	91	[	117	u
14	SO	40	(	66	B	92	\	118	v
15	SI	41	)	67	C	93	]	119	w
16	DLE	42	*	68	D	94	^	120	x
17	DC1	43	+	69	E	95	_	121	y
18	DC2	44	,	70	F	96	`	122	z
19	DC3	45	-	71	G	97	a	123	{
20	DC4	46	.	72	H	98	b	124	|
21	NAK	47	/	73	I	99	c	125	}
22	SYN	48	0	74	J	100	d	126	~
23	ETB	49	1	75	K	101	e	127	DEL
24	CAN	50	2	76	L	102	f		
25	EM	51	3	77	M	103	g		

附录 D

Starting Out with Python, Fourth Edition

预定义颜色

这些是可以用在机器包图形库，`matplotlib` 和 `Tkinter` 的预定义颜色名称。

'snow'	'ghost white'	'white smoke'
'gainsboro'	'floral white'	'old lace'
'linen'	'antique white'	'papaya whip'
'blanched almond'	'bisque'	'peach puff'
'navajo white'	'lemon chiffon'	'mint cream'
'azure'	'alice blue'	'lavender'
'lavender blush'	'misty rose'	'dark slate gray'
'dim gray'	'slate gray'	'light slate gray'
'gray'	'light grey'	'midnight blue'
'navy'	'cornflower blue'	'dark slate blue'
'slate blue'	'medium slate blue'	'light slate blue'
'medium blue'	'royal blue'	'blue'
'dodger blue'	'deep sky blue'	'sky blue'
'light sky blue'	'steel blue'	'light steel blue'
'light blue'	'powder blue'	'pale turquoise'
'dark turquoise'	'medium turquoise'	'turquoise'
'cyan'	'light cyan'	'cadet blue'
'medium aquamarine'	'aquamarine'	'dark green'
'dark olive green'	'dark sea green'	'sea green'
'medium sea green'	'light sea green'	'pale green'
'spring green'	'lawn green'	'medium spring green'
'green yellow'	'lime green'	'yellow green'
'forest green'	'olive drab'	'dark khaki'
'khaki'	'pale goldenrod'	'light goldenrod yellow'
'light yellow'	'yellow'	'gold'
'light goldenrod'	'goldenrod'	'dark goldenrod'
'rosy brown'	'indian red'	'saddle brown'
'sandy brown'	'dark salmon'	'salmon'
'light salmon'	'orange'	'dark orange'
'coral'	'light coral'	'tomato'
'orange red'	'red'	'hot pink'
'deep pink'	'pink'	'light pink'
'pale violet red'	'maroon'	'medium violet red'
'violet red'	'medium orchid'	'dark orchid'
'dark violet'	'blue violet'	'purple'
'medium purple'	'thistle'	'snow2'

(续)

'snow3'	'snow4'	'seashell2'
'seashell3'	'seashell4'	'AntiqueWhite1'
'AntiqueWhite2'	'AntiqueWhite3'	'AntiqueWhite4'
'bisque2'	'bisque3'	'bisque4'
'PeachPuff2'	'PeachPuff3'	'PeachPuff4'
'NavajoWhite2'	'NavajoWhite3'	'NavajoWhite4'
'LemonChiffon2'	'LemonChiffon3'	'LemonChiffon4'
'cornsilk2'	'cornsilk3'	'cornsilk4'
'ivory2'	'ivory3'	'ivory4'
'honeydew2'	'honeydew3'	'honeydew4'
'LavenderBlush2'	'LavenderBlush3'	'LavenderBlush4'
'MistyRose2'	'MistyRose3'	'MistyRose4'
'azure2'	'azure3'	'azure4'
'SlateBlue1'	'SlateBlue2'	'SlateBlue3'
'SlateBlue4'	'RoyalBlue1'	'RoyalBlue2'
'RoyalBlue3'	'RoyalBlue4'	'blue2'
'blue4'	'DodgerBlue2'	'DodgerBlue3'
'DodgerBlue4'	'SteelBlue1'	'SteelBlue2'
'SteelBlue3'	'SteelBlue4'	'DeepSkyBlue2'
'DeepSkyBlue3'	'DeepSkyBlue4'	'SkyBlue1'
'SkyBlue2'	'SkyBlue3'	'SkyBlue4'
'LightSkyBlue1'	'LightSkyBlue2'	'LightSkyBlue3'
'LightSkyBlue4'	'SlateGray1'	'SlateGray2'
'SlateGray3'	'SlateGray4'	'LightSteelBlue1'
'LightSteelBlue2'	'LightSteelBlue3'	'LightSteelBlue4'
'LightBlue1'	'LightBlue2'	'LightBlue3'
'LightBlue4'	'LightCyan2'	'LightCyan3'
'LightCyan4'	'PaleTurquoise1'	'PaleTurquoise2'
'PaleTurquoise3'	'PaleTurquoise4'	'CadetBlue1'
'CadetBlue2'	'CadetBlue3'	'CadetBlue4'
'turquoise1'	'turquoise2'	'turquoise3'
'turquoise4'	'cyan2'	'cyan3'
'cyan4'	'DarkSlateGray1'	'DarkSlateGray2'
'DarkSlateGray3'	'DarkSlateGray4'	'aquamarine2'
'aquamarine4'	'DarkSeaGreen1'	'DarkSeaGreen2'
'DarkSeaGreen3'	'DarkSeaGreen4'	'SeaGreen1'
'SeaGreen2'	'SeaGreen3'	'PaleGreen1'
'PaleGreen2'	'PaleGreen3'	'PaleGreen4'
'SpringGreen2'	'SpringGreen3'	'SpringGreen4'
'green2'	'green3'	'green4'
'chartreuse2'	'chartreuse3'	'chartreuse4'
'OliveDrab1'	'OliveDrab2'	'OliveDrab4'
'DarkOliveGreen1'	'DarkOliveGreen2'	'DarkOliveGreen3'
'DarkOliveGreen4'	'khaki1'	'khaki2'

（续）

'khaki3'	'khaki4'	'LightGoldenrod1'
'LightGoldenrod2'	'LightGoldenrod3'	'LightGoldenrod4'
'LightYellow2'	'LightYellow3'	'LightYellow4'
'yellow2'	'yellow3'	'yellow4'
'gold2'	'gold3'	'gold4'
'goldenrod1'	'goldenrod2'	'goldenrod3'
'goldenrod4'	'DarkGoldenrod1'	'DarkGoldenrod2'
'DarkGoldenrod3'	'DarkGoldenrod4'	'RosyBrown1'
'RosyBrown2'	'RosyBrown3'	'RosyBrown4'
'IndianRed1'	'IndianRed2'	'IndianRed3'
'IndianRed4'	'sienna1'	'sienna2'
'sienna3'	'sienna4'	'burlywood1'
'burlywood2'	'burlywood3'	'burlywood4'
'wheat1'	'wheat2'	'wheat3'
'wheat4'	'tan1'	'tan2'
'tan4'	'chocolate1'	'chocolate2'
'chocolate3'	'firebrick1'	'firebrick2'
'firebrick3'	'firebrick4'	'brown1'
'brown2'	'brown3'	'brown4'
'salmon1'	'salmon2'	'salmon3'
'salmon4'	'LightSalmon2'	'LightSalmon3'
'LightSalmon4'	'orange2'	'orange3'
'orange4'	'DarkOrange1'	'DarkOrange2'
'DarkOrange3'	'DarkOrange4'	'coral1'
'coral2'	'coral3'	'coral4'
'tomato2'	'tomato3'	'tomato4'
'OrangeRed2'	'OrangeRed3'	'OrangeRed4'
'red2'	'red3'	'red4'
'DeepPink2'	'DeepPink3'	'DeepPink4'
'HotPink1'	'HotPink2'	'HotPink3'
'HotPink4'	'pink1'	'pink2'
'pink3'	'pink4'	'LightPink1'
'LightPink2'	'LightPink3'	'LightPink4'
'PaleVioletRed1'	'PaleVioletRed2'	'PaleVioletRed3'
'PaleVioletRed4'	'maroon1'	'maroon2'
'maroon3'	'maroon4'	'VioletRed1'
'VioletRed2'	'VioletRed3'	'VioletRed4'
'magenta2'	'magenta3'	'magenta4'
'orchid1'	'orchid2'	'orchid3'
'orchid4'	'plum1'	'plum2'
'plum3'	'plum4'	'MediumOrchid1'
'MediumOrchid2'	'MediumOrchid3'	'MediumOrchid4'
'DarkOrchid1'	'DarkOrchid2'	'DarkOrchid3'
'DarkOrchid4'	'purple1'	'purple2'

'purple3'	'purple4'	'MediumPurple1'
'MediumPurple2'	'MediumPurple3'	'MediumPurple4'
'thistle1'	'thistle2'	'thistle3'
'thistle4'	'gray1'	'gray2'
'gray3'	'gray4'	'gray5'
'gray6'	'gray7'	'gray8'
'gray9'	'gray10'	'gray11'
'gray12'	'gray13'	'gray14'
'gray15'	'gray16'	'gray17'
'gray18'	'gray19'	'gray20'
'gray21'	'gray22'	'gray23'
'gray24'	'gray25'	'gray26'
'gray27'	'gray28'	'gray29'
'gray30'	'gray31'	'gray32'
'gray33'	'gray34'	'gray35'
'gray36'	'gray37'	'gray38'
'gray39'	'gray40'	'gray42'
'gray43'	'gray44'	'gray45'
'gray46'	'gray47'	'gray48'
'gray49'	'gray50'	'gray51'
'gray52'	'gray53'	'gray54'
'gray55'	'gray56'	'gray57'
'gray58'	'gray59'	'gray60'
'gray61'	'gray62'	'gray63'
'gray64'	'gray65'	'gray66'
'gray67'	'gray68'	'gray69'
'gray70'	'gray71'	'gray72'
'gray73'	'gray74'	'gray75'
'gray76'	'gray77'	'gray78'
'gray79'	'gray80'	'gray81'
'gray82'	'gray83'	'gray84'
'gray85'	'gray86'	'gray87'
'gray88'	'gray89'	'gray90'
'gray91'	'gray92'	'gray93'
'gray94'	'gray95'	'gray97'
'gray98'	'gray99'	

附录 E

Starting Out with Python, Fourth Edition

import 语句详解

模块是包含函数或类的 Python 源代码文件。Python 标准库中的许多函数都存储在模块中。例如，math 模块包含各种数学函数，random 模块包含与随机数有关的函数。

为了使用存储在模块中的函数或类，必须导入模块。要导入模块，需要在程序的顶部写一个 import 语句。下面是导入 math 模块的 import 语句：

```
import math
```

该语句让 Python 解释器将 math 模块的内容加载到内存中，使得 math 模块中存储的函数或类可供程序使用。要使用模块中的任何元素，必须使用该元素的限定名。这意味着必须在该元素的名称前加上模块的名称，用一个点连接起来。例如，math 模块有 sqrt 函数，可以返回一个数的平方根。要调用 sqrt 函数，需要使用名称 math.sqrt。下面的交互式会话显示了一个示例：

```
>>> import math
>>> x = math.sqrt(25)
>>> print(x)
5.0
>>>
```

导入特定函数或类

之前展示的 import 语句使用方法可以将模块的整个内容加载到内存中。有时你只想从模块导入特定的函数或类。如果是这样的话，你可以将 from 关键字和 import 语句一起使用，如下所示：

```
from math import sqrt
```

这个语句只会从 math 模块导入 sqrt 函数。它还允许你直接调用 sqrt 函数，而不需要在函数名称前面加上模块的名称。下面的交互式会话显示了一个示例：

```
>>> from math import sqrt
>>> x = sqrt(25)
>>> print(x)
5.0
>>>
```

当使用这种形式的 import 语句时，你可以指定多个元素的名称，并用逗号进行分隔。例如，下面的交互式会话仅从 math 模块导入了 sqrt 和 radians 函数：

```
>>> from math import sqrt, radians
>>> x = sqrt(25)
>>> a = radians(180)
>>> print(x)
5.0
>>> print(a)
3.141592653589793
>>>
```

通配符导入

通配符 import 语句可以加载模块的全部内容。这里有一个例子：

```
from math import *
```

这个语句与一般的 import math 语句之间的区别在于，通配符 import 语句不要求模块中的元素必须使用限定名称。例如，下面是一个使用通配符 import 语句的交互式会话：

```
>>> from math import*
>>> x = sqrt(25)
>>> a = radians(180)
>>>
```

这里是使用一般 import 语句的交互式会话：

```
>>> import math
>>> x = math.sqrt(25)
>>> a = math.radians(180)
>>>
```

通常情况下，你应该尽量避免使用通配符 import 语句，因为它会在导入多个模块时产生名称冲突。当一个程序导入的两个模块中有相同名称的函数或类时，就会发生名称冲突。而当你使用模块中函数或类的限定名称时，则不会发生名称冲突。

使用别名

当导入一个模块时，你还可以使用 as 关键字为这个模块分配一个别名。下面的语句给出了一个示例：

```
import math as mt
```

这个语句将 math 模块加载到内存中，并分配了一个别名 mt。要使用模块中的任何元素，可以在元素的名称前面加上别名，用一个点连接起来。例如，要调用 sqrt 函数，可以使用名称 mt.sqrt。以下交互式会话显示了一个示例：

```
>>> import math as mt
>>> x = mt.sqrt(25)
>>> a = mt.radians(180)
>>> print(x)
5.0
>>> print(a)
3.141592653589793
>>>
```

你还可以在导入时为特定函数或类分配别名。下面的语句是从 math 模块导入 sqrt 函数，并指定该函数的别名为 square_root：

```
from math import sqrt as square_root
```

使用该 import 语句之后，你可以使用名称 square_root 调用 sqrt 函数。以下交互式会话显示了一个示例：

```
>>> from math import sqrt as square_root
>>> x = square_root(25)
>>> print(x)
5.0
>>>
```

在下面的交互式会话中，我们从 math 模块导入了两个函数，并为它们各自分配了一个别名。sqrt 函数的别名是 square_root 而 tan 函数的别名是 tangent：

```
>>> from math import sqrt as square_root, tan as tangent
>>> x = square_root(25)
>>> y = tangent(45)
>>> print(x)
5.0
>>> print(y)
1.6197751905438615
```

附录 F
Starting Out with Python, Fourth Edition

使用 pip 工具安装模块

Python 标准库提供的类和函数，可以使程序实现基本操作以及许多复杂任务。然而，标准库并不支持某些操作。当超出标准库范围时，可以有两种选择：一个是自己编写代码，另一个是使用其他人已经编写好的代码。

幸运的是有许多个独立程序员编写的 Python 模块来提供标准 Python 库所不具备的功能。这些模块被称为第三方模块。在被称为 Python 包索引或 PyPI 的 pypi.python.org 网站上有大量第三方模块。

PyPI 提供的模块组织为包。一个包是一个或多个相关模块的集合。下载和安装软件包的最简单方法是使用 pip 工具。从 Python 3.4 版本开始，pip 工具已成为标准 Python 的一个安装程序。要使用 pip 工具在 Windows 系统上安装软件包，需打开命令提示符窗口，然后键入以下格式的命令：

```
pip install package_name
```

package_name 是要下载和安装的软件包的名称。如果使用 Mac 或 Linux 系统，则必须使用 pip3 命令而不是 pip 命令。另外，需要超级用户权限才能在 Mac 或 Linux 系统上执行 pip3 命令，因此必须在命令前加上 sudo，如下所示：

```
sudo pip3 install package_name
```

输入命令后，pip 工具将开始下载并安装软件包。根据软件包的大小，完成安装过程可能需要几分钟的时间。一旦完成，通常可以通过启动 IDLE 并输入命令来验证包是否已经正确安装。

```
>>> import package_name
```

其中 package_name 是安装软件包的名称。如果没有看到错误消息，则可以认为该软件包已成功安装。

在第 7 章中，需要搜索并安装一个名为 matplotlib 的第三方流行软件包。可以使用 matplotlib 软件包来创建图表和图形。

附录 G
Starting Out with Python, Fourth Edition

检查点参考答案

第 1 章

1.1 程序是计算机完成某个特定任务时执行的一组指令。
1.2 硬件是制造计算机的所有物理设备或部件。
1.3 中央处理单元（CPU）、内存、辅存、输入设备和输出设备
1.4 CPU
1.5 内存
1.6 硬盘等二级存储器
1.7 输入设备
1.8 输出设备
1.9 操作系统
1.10 系统工具（或实用工具）
1.11 应用软件
1.12 一个字节
1.13 位
1.14 二进制编码系统
1.15 这是一种编码方案，它使用一组 128 个数字代码来表示英文字母、各种标点符号和其他字符。这些数字代码用于将字符存储在计算机的内存中。（ASCII 代表美国信息交换标准代码。）
1.16 Unicode
1.17 数字数据是以二进制形式存储的数据，数字设备是任何使用二进制数据的设备。
1.18 机器语言
1.19 主存或 RAM
1.20 读取 – 解析 – 执行周期
1.21 它是机器语言的替代品。汇编语言不使用二进制数字来表示指令，而是使用称为助记符的短字。
1.22 高级语言
1.23 语法
1.24 编译器
1.25 解析器
1.26 语法错误

第 2 章

2.1 任何要求你编写程序的人员，团体或组织
2.2 为了满足客户要求程序必须实现的功能
2.3 一系列实现任务必须采取的明确逻辑步骤
2.4 一种没有语法规则且不能被编译或执行的非正式语言。相反，程序员使用伪代码来创建程序的原型或"模型"。
2.5 以图形方式描述程序中发生的步骤的图表
2.6 椭圆是起始或终止符号，平行四边形是输出或输入符号，矩形正在处理符号。

2.7 print('Jimmy Smith')

2.8 print("Python's the best!")

2.9 print('The cat said "meow"')

2.10 引用计算机内存中值的名字

2.11 99bottles 是非法的标识符，因为它以一个数字开头。r&d 是非法的标识符，& 不被允许。

2.12 不相同，因为变量名称区分大小写。

2.13 它是非法的，因为接收赋值的变量（amount）必须出现在 = 运算符的左侧。

2.14 值是 val。

2.15 value1 将引用一个 int（整数）类型。value2 将引用一个 float（浮点数）类型。value3 将引用一个 float（浮点数）类型。value4 将引用一个 int（整数）类型。value5 将引用一个 str（字符串）类型。

2.16 0

2.17 last_name = input("Enter the customer's last name: ")

2.18 sales = float(input('Enter the sales for the week: '))

2.19 完整结果如下表：

表达式	值
6 + 3 * 5	21
12 / 2 - 4	2
9 + 14 * 2 - 6	31
(6 + 2) * 3	24
14 / (11 - 4)	2
9 + 12 * (8 - 3)	69

2.20 4

2.21 1

2.22 如果不希望 print 函数在显示输出完成时另启一个新行输出，则可以将该函数传递给特殊参数 end = ' '。

2.23 可以将参数 sep = 传递给 print 函数，指定所需的字符。

2.24 它是换行转义字符。

2.25 它是字符串连接运算符，它将两个字符串连接在一起。

2.26 65.43

2.27 987,654.13

2.28 （1）有名常量使得程序更加明了，（2）可以很容易地对程序进行大范围的修改，（3）有助于防止使用幻数时常见的印刷错误。

2.29 DISCOUNT_PERCENTAGE = 0.1

2.30 0 度

2.31 用 turtle.forward 命令。

2.32 用命令 turtle.right(45)

2.33 首先使用 turtle.penup() 命令来抬起绘画的笔。

2.34 turtle.heading()

2.35 turtle.circle(100)

2.36 turtle.pensize(8)

2.37　turtle.pencolor('blue')

2.38　turtle.bgcolor('black')

2.39　turtle.setup(500, 200)

2.40　turtle.goto(100, 50)

2.41　turtle.pos()

2.42　turtle.speed(10)

2.43　turtle.speed(0)

2.44　要用颜色填充形状，在绘制形状之前使用 turtle.begin_fill() 命令，然后在绘制形状后使用 turtle.end_fill() 命令。执行 turtle.end_fill() 命令时，使用当前的填充颜色来填充形状。

2.45　使用 turtle.write() 命令

第 3 章

3.1　控制一组语句执行的顺序的一种逻辑设计。

3.2　只有在某些情况下才能执行某一组语句的一种程序结构。

3.3　选择结构提供分支执行路径。只有测试的条件为真时，程序将执行这一分支。

3.4　可以得到为真或假的表达式。

3.5　可以确定一个值是否大于、小于、大于或等于、小于或等于、等于或不等于另一个值。

3.6　```
if y == 20:
    x = 0
```

3.7　```
if sales >= 10000:
    commissionRate = 0.2
```

3.8　if-else 选择结构有两种可能的执行途径。如果条件为真，则采用一条路径，如果条件为假，则采用另一条路径。

3.9　if-else

3.10　当条件不成立时。

3.11　z 不小于 a。

3.12　Boston
　　　NewYork

3.13　```
if number == 1:
    print('One')
elif number == 2:
    print('Two')
elif number == 3:
    print('Three')
else:
    print('Unknown')
```

3.14　使用逻辑运算符来联合多个布尔子表达式的表达式。

3.15　F
　　　T
　　　F
　　　F
　　　T
　　　T
　　　T
　　　F
　　　F
　　　T
```

3.16　T
　　　F
　　　T
　　　T
　　　T

3.17　and 运算符：如果 and 运算符左侧的表达式为 false，则不会判断右侧的表达式。
　　　or 运算符：如果 or 运算符左侧的表达式为 true，则右侧的表达式不会被判断。

3.18　`if speed >= 0 and speed <= 200:`
　　　　　`print('The number is valid')`

3.19　`if speed < 0 or speed > 200:`
　　　　　`print('The number is not valid')`

3.20　True or False

3.21　当程序中存在某种情况时做出标记的一个变量

3.22　使用 `turtle.xcor()` 和 `turtle.ycor()` 函数。

3.23　可以在 `turtle.isdown()` 函数中使用 not 操作符，如下所示：
　　　`if turtle.isdown():`
　　　　　statement

3.24　使用 `turtle.heading()` 函数。

3.25　使用 `turtle.isvisible()` 函数

第 4 章

4.1　可以使一段代码重复执行的结构

4.2　使用 true/false 条件来控制重复执行次数的循环

4.3　重复执行给定次数的循环

4.4　执行循环体中的语句

4.5　执行循环体之前

4.6　0 次。循环条件 count<0 为假不执行循环体，直接退出。

4.7　一个不断重复无法停止的循环，直到程序被强行中断。

4.8　`for x in range(6):`
　　　　　`print('I love to program!')`

4.9　0
　　　1
　　　2
　　　3
　　　4
　　　5

4.10　2
　　　3
　　　4
　　　5

4.11　0
　　　100
　　　200
　　　300
　　　400
　　　500

4.12　10
　　　9
　　　8
　　　7
　　　6

4.13　累计一系列数值的变量

4.14　应该初始化并且应该初始化为 0。如果累加器的值不是初始化为 0，它将以任意值开始，循环结束后累加值加也是一个不确定的值，得不到正确的累加和。

4.15　15

4.16　15
　　　5

4.17　a) `quantity += 1`
　　　b) `days_left -= 5`
　　　c) `price *= 10`
　　　d) `price /= 2`

4.18　标记位是一个特殊的值，标志着项目列表的结束。

4.19　标记位的值必须是唯一的，以免在列表中被误认为常规值。

4.20　这意味着如果提供不良数据（垃圾）作为程序的输入，那么程序将产生不良数据（垃圾）作为输出。

4.21　在程序处理输入数据之前，程序应该检查输入数据的有效性。如果输入无效，则应丢弃它，并提示用户输入正确的数据。

4.22　读取输入，然后执行验证循环。如果输入数据无效，则执行循环体。在循环体中，显示错误消息，以便用户知道输入无效，然后读取再次输入。只要输入无效，循环就会重复。直至得到合法的输入。

4.23　这是在输入验证循环之前发生的读取输入操作。目的是获取第一次输入值用于验证判断。

4.24　0 次或无

第 5 章

5.1　函数是程序中执行特定任务的一组语句。

5.2　大任务被分成几个较容易执行的小任务。

5.3　如果在程序中有多处执行的特定操作，可以编写一个函数来执行该操作，然后在需要时多次执行该函数。

5.4　可以为不同程序所需的常见任务编写函数。这些功能可以被导入每个需要它们的程序中。

5.5　当一个开发程序包含多个执行特定任务的函数时，不同的程序员可以分配编写不同函数的工作。

5.6　函数定义包含两部分：函数定义和函数体。函数定义指示函数的起点，函数体是构成该函数的语句列表（语句体）。

5.7　调用函数意味着执行该函数。

5.8　当到达函数结尾处时，计算机返回到调用该函数的程序，该程序将从调用处恢复执行。

5.9　由于 Python 解释器使用缩进来确定块开始和结束的位置

5.10　局部变量是一个在函数内部声明的变量。它属于声明它的函数，只有同一个函数中的语句可以访问它。

5.11　可以访问变量的程序范围

5.12　是的，这是允许的。

5.13　实参

5.14　形参

5.15　变量的作用域是声明该变量的整个函数体。

5.16　不，它没有。

5.17　a. 通过关键字传递
　　　b. 按位置传递

5.18 整个程序

5.19 有三个原因不使用全局变量：
- 全局变量使调试变得困难。程序中的任何语句都可以更改全局变量的值。如果发现在全局变量中存在错误值，则必须跟踪访问它的每个语句以确定错误值来自哪里。在几千行代码的程序中这可能很困难。
- 如果在程序中调用多个使用全局变量的函数，这会导致这样的函数十分混乱。很可能不得不重新设计它，以使它不依赖于全局变量。
- 全局变量使程序难以理解。全局变量可以被程序中的任何语句修改。如果想要理解程序中访问全局变量的所有部分，你必须意识到程序中访问全局变量的所有部分。

5.20 全局常量是程序中每个函数都可以使用的名称。允许使用全局常量，因为它们的值不能被改变，所以不必担心在程序执行过程中它的值被改变。

5.21 区别在于一个返回值的函数将一个值返回给调用它的语句，而一个简单的函数不会返回值。

5.22 执行一些常用任务预先编写的函数

5.23 术语"黑箱"用于描述任何接受输入的机制，使用输入执行某些操作（不可见）并产生输出。

5.24 它将 1 ~ 100 范围内的随机整数赋给变量 x。

5.25 它打印 1 ~ 20 范围内的随机整数。

5.26 打印 10 ~ 19 范围内的随机整数。

5.27 它打印一个随机的浮点数，范围为 0.0，但不包括 1.0。

5.28 它打印一个 0.1 ~ 0.5 的随机浮点数。

5.29 它使用系统时间，获取计算机的内部时钟。

5.30 如果始终使用相同的种子值，则随机数函数将始终生成相同的伪随机数。

5.31 它将一个值返回给调用它的程序部分。

5.32
  a) do_something
  b) 它返回的值是传递给它的参数的两倍。
  c) 20

5.33 返回值 True 或 False 的函数

5.34 import math

5.35 square_root = math.sqrt(100)

5.36 angle = math.radians(45)

第 6 章

6.1 程序写入数据的文件。它被称为输出文件，因为程序将输出数据送给它。

6.2 程序读取数据的文件。它被称为输入文件，因为程序从它接收输入数据。

6.3 （1）打开文件。（2）处理文件。（3）关闭文件。

6.4 文本和二进制。文本文件包含使用诸如 ASCII 之类的方案编码为文本的数据。即使文件包含数字，这些数字也会作为一系列字符存储在文件中。因此，该文件可能会在文本编辑器（如记事本）中打开并查看。如果二进制文件包含尚未转换为文本的数据。那么就无法使用文本编辑器查看阅读二进制文件的内容了。

6.5 顺序和直接访问。当使用顺序访问文件时，可以从文件的开头到文件的末尾访问数据。当使用直接访问文件时，可以直接跳转到文件中的任何一段数据，而不必读取它之前的数据。

6.6 磁盘上的文件名和引用文件对象的变量名。

6.7 文件的内容被删除。

6.8 打开文件会在文件和程序之间建立连接。它还创建文件和文件对象之间的关联。

6.9 关闭文件将程序与文件断开关联。

6.10 读取文件下一个位置的标记。当打开输入文件时，其最初读取标记被设置为文件中的第一项。

6.11 以附加（追加）模式打开文件。当以追加模式将数据写入文件时，数据将写入文件现有内容的末尾。

6.12
```
outfile = open('numbers.txt', 'w')
for num in range(1, 11):
    outfile.write(str(num) + '\n')
outfile.close()
```

6.13 `readline` 方法在读取超出文件末尾时返回一个空字符串（''）。

6.14
```
infile = open('numbers.txt', 'r')
line = infile.readline()
while line != '':
    print(line)
    line = infile.readline()
infile.close()
```

6.15
```
infile = open('data.txt', 'r')
for line in infile:
    print(line)
infile.close()
```

6.16 记录是描述一个项的完整数据，而字段是记录中的一个单条数据。

6.17 将所有原始文件的记录复制到临时文件中，但是当到达要修改的记录时，不会写入其旧内容到临时文件。而是将其修改后的值写入临时文件中。最后将原始文件中的剩余记录复制到临时文件中。

6.18 将所有原始文件的记录复制到临时文件中，但要删除的记录除外。然后临时文件取代原始文件。删除原始文件并重命名临时文件，并为原始文件名。

6.19 程序运行时发生异常。在大多数情况下，异常会导致程序突然中止。

6.20 程序停止。

6.21 `IOError`

6.22 `ValueError`

第 7 章

7.1 [1, 2, 99, 4, 5]

7.2 [0, 1, 2]

7.3 [10, 10, 10, 10, 10]

7.4 1
3
5
7
9

7.5 4

7.6 使用内置 `len` 函数。

7.7 [1, 2, 3]
[10, 20, 30]
[1, 2, 3, 10, 20, 30]

7.8 [1, 2, 3]
[10, 20, 30, 1, 2, 3]

7.9 [2, 3]

7.10 [2, 3]

7.11 [1]

7.12 [1, 2, 3, 4, 5]

7.13 [3, 4, 5]

7.14 Jasmine's family:

['Jim', 'Jill', 'John', 'Jasmine']

7.15 remove 方法搜索并删除包含特定值的元素。del 语句删除特定索引处的元素。

7.16 可以使用内置的 min 和 max 函数。

7.17 可以使用语句 b, names.append('Wendy')。这是因为元素 0 不存在。如果尝试使用语句 a，则会发生错误。

7.18 a) index 方法在列表中搜索一个项并返回包含该项的第一个元素的索引。

b) insert 方法在指定的索引处插入一个项到列表中。

c) sort 方法将列表中的项按升序排序。

d) reverse 方法反转列表中项的顺序。

7.19 该列表包含 4 行和 2 列。

7.20 mylist = [[0, 0, 0, 0], [0, 0, 0, 0],

[0, 0, 0, 0], [0, 0, 0, 0]]

7.21 for r in range(4):
    for c in range(2):
        print(numbers[r][c])

7.22 元组和列表之间的主要区别是元组是不可变的。这意味着一旦创建了一个元组，它就不能被改变。

7.23 这有三个原因：

- 处理元组比处理列表要快，因此当处理大量数据并且数据不会被修改时，元组是很好的选择。
- 元组是安全的。由于不允许更改元组的内容，因此可以将数据存储在一个元组中，并确信它不会被程序中的任何代码（意外或其他）修改。
- Python 中有某些操作需要使用元组。

7.24 my_tuple =tuple(my_list)

7.25 my_list = list(my_tuple)

7.26 两个 list：一个保存数据点的 X 坐标，另一个保存 Y 坐标。

7.27 直线图。

7.28 使用 xlabel 和 ylabel 函数。

7.29 调用 xlim 和 ylim 函数，传递 xmin、xmax、ymin 和 ymax 参数的值。

7.30 调用 xticks 和 yticks 函数。将两个参数传递给这些函数。第一个参数是一个刻度标记位置列表，第二个参数是要在指定位置显示的标签列表。

7.31 两个 list：一个包含每个 bar 左边的 X 坐标，另一个包含沿着 Y 轴的每个 bar 的高度。

7.32 bar 将是红色、蓝色、红色和蓝色。

7.33 传递一个列表作为参数的值。饼图函数将会计算列表中元素值的总和，然后使用该总和作为整体值。然后，列表中的每个元素将成为饼图中的一个切片。切片的大小表示该元素的值占整体值的百分比。

第 8 章

8.1 for letter in name:
    print(letter)

8.2 0

8.3 9

8.4 如果使用超出特定字符串范围的索引，将会发生 IndexError 异常。

8.5 使用内置的 len 函数。

8.6 第二个语句试图为字符串中的单个字符赋值。但字符串是不可变的，所以表达式 animal[0] 不能出现在赋值运算符的左侧。

8.7 cde

8.8 defg

8.9 abc

8.10 abcdefg

8.11
```
if 'd' in mystring:
    print('Yes, it is there.')
```

8.12 `little = big.upper()`

8.13
```
if ch.isdigit():
    print('Digit')
else:
    print('No digit')
```

8.14 a A

8.15
```
again = input('Do you want to repeat ' +
              'the program or quit? (R/Q) ')
while again.upper() != 'R' and again.upper() != 'Q':
    again = input('Do you want to repeat the ' +
                  'program or quit? (R/Q) ')
```

8.16 $

8.17
```
for letter in mystring:
    if letter.isupper():
        count += 1
```

8.18 `my_list = days.split()`

8.19 `my_list = values.split('$')`

第 9 章

9.1 键和值

9.2 键

9.3 字符串 'start' 是键，整数 1472 是值。

9.4 存储键值对 'id': 54321 到 employee 字典中。

9.5 ccc

9.6 可以使用 in 运算符来遍历特定的键。

9.7 删除 key 为 654 的元素。

9.8 3

9.9 1
     2
     3

9.10 pop 方法接受一个键作为参数，返回与该键相关的值，并从字典中移除该键值对。popitem 方法返回一个随机选择的键值对作为元组，并从字典中移除该键值对。

9.11 将所有字典的键及其值作为一系列元组返回。

9.12 将字典中的所有关键字作为一系列元组返回。

9.13 将字典中的所有值作为一系列元组返回。

9.14 无序
9.15 没有
9.16 可以调用内置的 set 函数。
9.17 该集合将包含这些元素（与顺序无关）：'J'、'u'、'p'、'i'、't'、'e' 和 'r'。
9.18 该组将包含一个元素：25。
9.19 该集合将包含这些元素（与顺序无关）：'w'、' '、'x'、'y' 和 'z'。
9.20 该集合将包含这些元素（与顺序无关）：1、2、3 和 4。
9.21 该集合将包含这些元素（与顺序无关）：'www'、'xxx'、'yyy' 和 'zzz'。
9.22 将该集合作为参数传递给 len 函数。
9.23 该组将包含这些元素（与顺序无关）：10、9、8、1、2 和 3。
9.24 该集合将包含这些元素（与顺序无关）：10、9、8、'a'、'b' 和 'c'。
9.25 如果要删除的指定元素不在集合中，remove 方法会引发 KeyError 异常，但 discard 方法不会引发异常。
9.26 可以使用 in 运算符来检索元素。
9.27 {10, 20, 30, 100, 200, 300}
9.28 {3, 4}
9.29 {1, 2}
9.30 {5, 6}
9.31 {'a', 'd'}
9.32 set2 是 set1 的子集，set1 是 set2 的超集。
9.33 将对象转换为可以保存到文件供以后读取的字节流的过程。
9.34 'wb'
9.35 'rb'
9.36 pickle 模块。
9.37 pickle.dump
9.38 pickle.load

第 10 章

10.1 对象是一个包含数据和过程的软件实体。
10.2 封装是将数据和代码集合到一个对象中。
10.3 当对象的内部数据对外部代码隐藏，并且对该数据的访问权限仅限于对象的方法时，数据将受到保护而不会意外损坏。另外，对象外部的代码不需要知道对象数据的格式或内部结构。
10.4 public 公共方法可以被对象外部的代码访问，private 私有方法不能被对象之外的实体访问，它们被设计为可以在内部访问的形式。
10.5 蓝图的比喻代表一个类。
10.6 对象是 cookie。
10.7 其目的是初始化一个对象的数据属性。它在创建对象后立即执行。
10.8 当一个方法执行时，必须有一种方法指引应该操作哪个对象的数据属性。这就是 self 参数的来源。当一个方法被调用时，Python 会自动使其 self 参数引用该方法应该指定的特定对象。
10.9 以两个下划线开始属性命名。
10.10 它返回表示对象的字符串。
10.11 通过将对象传递给内置的 str 方法。
10.12 属于某个类的特定实例的属性。

10.13　10

10.14　返回类中的属性值但不改变它的方法称为访问器。将数值存储在数据属性中或以其他方式更改数据属性的值的方法称为赋值方法。

10.15　最上面写类的名字。中间写包含类的数据属性的列表。底部写类的成员方法列表。

10.16　与问题域有关的真实世界对象、人和主要事件的书面描述。

10.17　如果你充分了解了待解决的问题域，你可以自己写一个问题域的描述。如果不完全了解问题域，应该请专家写下问题域说明。

10.18　首先，确定问题描述中的名词、代词和代词短语。然后，优化列表以消除重复项、在问题域中不需要关注的条目、代表对象而不是类的条目以及表示为变量值的条目。

10.19　类描述属性和行为。

10.20　针对这问题下，类必须知道包含什么属性？类要做什么行为？

10.21　不，不会总提及。

第 11 章

11.1　超类是一个泛化类，而子类是一个特殊化类。

11.2　当一个对象是另一个对象的特殊化版本时，它们之间存在 "is-a" 关系。特殊化对象 "is-a" 泛化对象的版本。

11.3　它继承了所有超类的属性。

11.4　Bird 是超类，Canary 是子类。

11.5　I'm a vegetable.

　　　I'm a potato.

第 12 章

12.1　递归算法需要多次调用方法。每次方法调用都需要 JVM 执行几个动作。这些操作包括为参数和本地变量分配内存，并存储方法终止后程序返回位置的地址。所有这些行为都被称为开销。在迭代算法中，哪个使用循环，这种开销是不必要的。

12.2　终止递归条件情况。

12.3　使用递归解决问题的情况。

12.4　当它到达基本情况。

12.5　直接递归，递归方法调用它自身。间接递归，方法 A 调用方法 B，而方法 B 又调用方法 A。

第 13 章

13.1　用户与操作系统交互的计算机媒介。

13.2　命令行界面通常显示提示，用户键入一个命令，然后执行该命令。

13.3　程序。

13.4　响应触发事件的程序，例如用户点击按钮。

13.5　a) Label - 显示一行文字或图像的区域。

　　　b) Entry - 用户可以从键盘单行输入的区域。

　　　c) Button - 一个按钮，在点击它时可以引发一个动作。

　　　d) Frame - 一个容器，可容纳其他控件。

13.6　创建一个 tkinter 模块的 Tk 类的实例。

13.7　这个函数在关闭主窗口之前死循环一样不间断运行。

13.8　pack 方法将控件安排在适当的位置上，并且在显示主窗口时使控件可见。

13.9　一个将放在另一个之上。

13.10　side = 'left'

13.11 使用 Entry 控件的 get 方法来获取用户输入到控件中的数据。

13.12 一个字符串。

13.13 tkinter

13.14 存储在 StringVar 对象中的任何值都将自动显示在 Label 小部件中。

13.15 使用 Radio 按钮。

13.16 使用 Check 按钮。

13.17 当创建一组 Radiobutton 时，将它们全部与同一个 IntVar 对象相关联。还可以为每个 Radiobutton 控件指定一个唯一的整数值。当选择其中一个 Radiobutton 控件时，它将其唯一的整数值存储在 IntVar 对象中。

13.18 将不同的 IntVar 对象与每个 Checkbutton 关联起来。选中 Checkbutton 时，其关联的 IntVar 对象将保持值 1。当取消选中 Checkbutton 时，其关联的 IntVar 对象将保持值 0。

13.19 （0，0）

13.20 （139，479）

13.21 使用 Canvas 控件，点（0，0）位于窗口的左上角。在 turtle 图形中，点（0，0）位于窗口的中心。另外，使用 Canvas 控件时，随着向下滚动屏幕，Y 坐标也会增加。在 turtle 图形中，随着向下滚动屏幕，Y 坐标会减少。

13.22 a) create_oval

b) create_rectangle

c) create_rectangle

d) create_polygon

e) create_oval

f) create_arc

推荐阅读

程序设计基础（原书第3版）

书号：978-7-111-59680-6　定价：79.00元

作者：[美] 托尼·加迪斯（Tony Gaddis）著　王立柱 刘俊飞 译

本书是一本独立于语言的编程入门书，面向零基础的学生介绍编程概念和逻辑。书中使用易于理解的伪代码、流程图和其他工具辅助教学，规避了语法的困扰；通过清晰易懂的语言、大量的程序设计实例和细致入微的解释，让读者轻松地掌握核心概念和编程技巧。